华为HCIA-Datacom实验指南

王 达◎主编

人民邮电出版社

北 京

图书在版编目（CIP）数据

华为HCIA-Datacom实验指南 / 王达主编. -- 北京 :
人民邮电出版社, 2021.11
ISBN 978-7-115-56777-2

Ⅰ. ①华… Ⅱ. ①王… Ⅲ. ①计算机网络－指南
Ⅳ. ①TP393-62

中国版本图书馆CIP数据核字(2021)第170473号

内 容 提 要

本书共有30个实验，分别介绍了HCIA-Datacom认证大纲中要求的各项主要功能的配置与管理方法，同时对一些难以理解的技术原理，以抓包的方式对各个主要协议的报文格式和通信原理进行了深入的剖析。本书最后一个实验是综合实验，介绍了典型的有线+无线中小型企业组网的配置方案，全面体现了各项主要功能在企业网络中协同应用的配置方法。

本书是一本全实战实验的图书，适合作为学习华为HCIA-Datacom认证考试的学员自学用书，以及高等院校、培训机构的教学用书，也可以作为初级网络职业人士的参考手册。

◆ 主　　编 王 达
　责任编辑 李 静
　责任印制 陈 犇

◆ 人民邮电出版社出版发行　　北京市丰台区成寿寺路11号
　邮编 100164　　电子邮件 315@ptpress.com.cn
　网址 https://www.ptpress.com.cn
　北京七彩京通数码快印有限公司印刷

◆ 开本：787×1092　1/16
　印张：23.5　　　　　2021年11月第1版
　字数：558千字　　　　2024年12月北京第5次印刷

定价：149.80元

读者服务热线：(010)53913866　印装质量热线：(010)81055316
反盗版热线：(010)81055315
广告经营许可证：京东市监广登字20170147号

前　　言

2020年4月18日，华为技术有限公司（以下简称“华为”）发布了Datacom（数通）系列。该系列是华为职业认证体系的重构，是对原来RS认证系列的全面升级。

本书创作背景

HCIA-Datacom认证系列的认证大纲内容比以前HCIA-R&S 2.5认证大纲的内容多了许多，难度也增加了不少，其根本原因为华为对数通领域的认证体系进行了重构，对技能的需求从原来横向的路由交换变成了纵向的中小型企业网络的全方位运维，所以难度大大增加了。

虽然考试难度增加了，但HCIA证书的含金量也大大提高了。当然，这对许多初级网络职业人士来说，入门的门槛高了许多，迫切需要一本与新的认证体系大纲相匹配的教材，于是作者编写了本书。

本书的主要特色

本书是一本全实战的认证培训教材，具有以下主要特色。

- 内容丰富、系统

本书有30个实战实验，不仅全面再现了华为HCIA-Datacom认证的实战技能要求，还深入剖析了一些主要技术的工作原理，对从全局理解计算机网络通信原理非常有帮助。

- 真正实战、步骤清晰、结果明确

各实验均是在ENSP模拟器中模拟实战环境进行的，每个实验均有对应的拓扑结构图、相关背景知识介绍和实验要求说明，每一步配置都有详细的配置代码，并配有实验结果验证图，可以拿来即用，实战性高。

- 抓包式的通信原理剖析

为了从底层分析数据通信原理，在一些技术原理理解的实验中，作者对相应的协议报文通过抓包的方式分析了报文格式，按照计算机网络体系结构逐层分析各个主要协议的报文封装格式，并详细介绍了一些关键字段的含义和功能应用。一方面可加深读者对主要协议报文格式的记忆和理解，另一方面从全局分析了计算机网络数据通信原理、数据封装、转发流程。

- 内容专业

本书作者是国内资深的网络技术专家，同时也是全国优秀作者、多部国家十三五重点图书/华为官方ICT培训教材的作者、国家网络管理师认证教材指定作者。20年来，作者出版了近80部计算机网络著作，并有多部图书版权输出国外，获得过数十项各级荣誉。

- 作者经验丰富

作者拥有 20 多年在工作、学习、图书创作、课程录制和直播培训过程中所积累的大量独家、实用且专业的经验。本书内容是作者宝贵经验的体现。

服务与支持

本书由长沙达哥网络科技有限公司（原名“王达大讲堂”）组织编写，并由该公司创始人王达先生负责统稿。感谢华为技术有限公司在编写中为本书提供了大量的学习资源。

由于编者水平有限，书中难免有错误之处，敬请各位批评指正，万分感谢！

目　录

实　验 1　二层交换原理……2
一、背景知识……4
二、实验目的……5
三、实验拓扑结构和要求……6
四、实验配置思路……6
五、实验配置和结果验证……6
实　验 2　三层交换和 ARP 的工作原理……12
一、背景知识……14
二、实验目的……16
三、实验拓扑结构和要求……16
四、实验配置思路……17
五、实验配置和结果验证……17
实　验 3　以太网帧和 IPv4 数据包格式……26
一、以太网帧格式……29
二、IPv4 数据包格式……32
实　验 4　TCP 传输原理和数据段格式……36
一、TCP 数据段的格式……38
二、TCP 连接的建立流程……39
三、TCP 数据传输……43
四、TCP 连接释放流程……45
实　验 5　数据转发流程……50
一、数据转发的基本原理……53
二、数据转发流程……53
实　验 6　Ping 和 Tracert 的工作原理……62
一、背景知识……64
二、实验目的……65
三、实验拓扑结构和要求……65
四、实验配置……65

五、实验结果验证……66
实　验 7　配置密码/AAA 认证 Telnet 登录……76
一、背景知识……78
二、实验目的……79
三、实验拓扑结构和要求……79
四、实验配置思路……79
五、实验配置和结果验证……80
实　验 8　VRP 系统的基本操作和配置……84
一、实验目的……86
二、实验拓扑结构……86
三、实验配置和结果验证……86
实　验 9　通过 FTP 进行配置文件更新和备份……98
一、背景知识……100
二、实验目的……101
三、实验拓扑结构和要求……101
四、实验配置思路……101
五、实验配置和结果验证……101
实　验 10　配置手工模式以太网链路聚合……108
一、背景知识……110
二、实验目的……111
三、实验拓扑结构和要求……111
四、实验配置思路……111
五、实验配置……112
六、实验结果验证……112
实　验 11　配置 LACP 模式 Eth-Trunk……118
一、背景知识……120
二、实验目的……120
三、实验拓扑结构和要求……121
四、实验配置思路……121
五、实验配置……122
六、实验结果验证……123
实　验 12　STP 工作原理及 STP/ RSTP 基本功能配置……128
一、背景知识……130
二、实验目的……131

三、实验拓扑结构和要求……131
四、实验配置和结果验证……132
实　验 13　配置基于端口和基于 MAC 地址 VLAN 划分……140
一、背景知识……142
二、实验目的……144
三、实验拓扑结构和要求……144
四、实验配置思路……145
五、实验配置和结果验证……145
实　验 14　配置多 VLAN 服务器共享和不同 VLAN 跨设备二层互通……154
一、背景知识……156
二、实验目的……156
三、实验拓扑结构和要求……156
四、实验配置思路……157
五、实验配置和结果验证……158
实　验 15　配置通过 Dot1q 终结子接口和 VLANIF 实现 VLAN 间通信……164
一、背景知识……166
二、实验目的……166
三、实验拓扑结构和要求……167
四、实验配置思路……167
五、实验配置和结果验证……168
实　验 16　配置直连式小型 WLAN 网络……172
一、背景知识……174
二、实验特点及目的……175
三、实验拓扑结构和要求……176
四、实验配置思路……177
五、实验配置……177
六、实验结果验证……181
实　验 17　配置旁挂式中型 WLAN 网络……184
一、背景知识……186
二、实验特点及目的……186
三、实验拓扑结构和要求……186
四、实验配置思路……188
五、实验配置……189
六、实验结果验证……195
实　验 18　配置 DHCP 全局地址池和接口地址池……198

一、背景知识……200
二、实验目的……200
三、实验拓扑结构和要求……201
四、实验配置思路……201
五、实验配置……202
六、实验结果验证……205
实 验 19 配置动态 NAT 和 Easy IP……208
一、背景知识……210
二、实验目的……211
三、实验拓扑结构和要求……211
四、实验配置思路……212
五、实验配置……213
六、实验结果验证……215
实 验 20 配置 NAT Server……220
一、背景知识……222
二、实验目的……222
三、实验拓扑结构和要求……223
四、实验配置思路……223
五、实验配置……224
六、实验结果验证……225
实 验 21 配置 IPv4 静态路由、默认路由和浮动静态路由……230
一、背景知识……232
二、实验目的……233
三、实验拓扑结构和要求……233
四、实验配置思路……234
五、实验配置……234
六、实验结果验证……238
实 验 22 配置 OSPF 路由……244
一、背景知识……246
二、实验目的……247
三、实验拓扑结构和要求……248
四、实验配置思路……249
五、实验配置……249
六、实验结果验证……254
实 验 23 配置利用 ACL 进行报文过滤和用户访问控制……258

一、背景知识……260
二、实验目的……260
三、实验拓扑结构和要求……261
四、实验配置思路……261
五、实验配置……263
六、实验结果验证……266
实　验 24　配置 PPP 接口 IP 地址和认证……270
一、背景知识……272
二、实验目的……272
三、实验拓扑结构和要求……273
四、实验配置和结果验证……273
实　验 25　配置 PPPoE 客户端和 PPPoE 服务器……280
一、背景知识……282
二、实验目的……285
三、实验拓扑结构和要求……285
四、实验配置思路……286
五、实验配置……287
六、实验结果验证……288
实　验 26　多种方式配置 IPv6 链路本地地址和全球单播地址……292
一、背景知识……294
二、实验目的……296
三、实验拓扑结构和要求……296
四、实验配置和结果验证……297
实　验 27　配置 IPv6 静态路由……304
一、背景知识……306
二、实验目的……307
三、实验拓扑结构和要求……307
四、实验配置思路……308
五、实验配置和结果验证……308
实　验 28　配置 DHCPv6 客户端和服务器……316
一、背景知识……318
二、实验目的……319
三、实验拓扑结构和要求……319
四、实验配置思路……320
五、实验配置……321

六、实验结果验证……………………………………………………………………325

实 验 29 配置 Python 在网络自动运维中的应用……………………………………328

一、背景知识……………………………………………………………………330
二、实验目的……………………………………………………………………331
三、实验拓扑结构和要求………………………………………………………331
四、实验配置思路………………………………………………………………331
五、实验配置……………………………………………………………………332
六、实验结果验证………………………………………………………………334

实 验 30 配置中小型企业综合网络……………………………………………340

一、实验简介……………………………………………………………………342
二、实验拓扑结构………………………………………………………………342
三、实验要求……………………………………………………………………345
四、实验配置思路………………………………………………………………345
五、实验配置和结果验证………………………………………………………346

实验1 二层交换原理

本章主要内容

一、背景知识

二、实验目的

三、实验拓扑结构和要求

四、实验配置思路

五、实验配置和结果验证

一、背景知识

[illegible]交换机是根据同一个 IP 网段[illegible]交换机进行转发的。本实验介绍[illegible]因为同一[illegible]交换机上[illegible]IP 网段，所[illegible]
[illegible]设备，设备接口的以太网 MAC[illegible]

[illegible]

[illegible]位全 1 的 MAC 地址为广播地址（FF-FF-FF-FF-FF-FF），用来表示[illegible]Network，局域网）上的所有节点设备。

③ 组播 MAC 地址：[illegible]第 8 位[illegible]为组播 MAC 地址（例如 01-00-5E-00-00-00）[illegible]LAN 上[illegible]
[illegible]01-80-c2[illegible]组播 MAC 地址为 BPDU（Bridge Protocol Data Unit）[illegible]

[illegible]MAC 地址表

[illegible]

[illegible]

[illegible]MAC 地址表[illegible]100 种[illegible]MAC 地址表[illegible]

一、背景知识

二层交换是指在同一个 IP 网段内，数据是通过二层交换机进行转发的。本实验介绍以太网的二层交换原理。因为数据发送端口和接收端口在同一个 IP 网段，所以不需要通过 IP 地址来寻址，也不需要路由，直接利用各个设备接口的以太网 MAC（Media Access Control，介质访问控制）地址进行寻址。

1. MAC 地址

MAC 地址也称硬件地址，是以太网协议的链路层地址。以太网 MAC 地址由 48 位比特、12 个十六进制数字组成，其中从左到右，0～23 位（共 24 位）是厂商向 IETF（Internet Engineering Task Force，因特网工程任务组）等机构申请用来标识厂商的代码，24～47 位由厂商自行分派，它是各个厂商制造的所有网卡或以太网设备接口的唯一编号。

以太网 MAC 地址可以分为以下 3 种类型。

① 物理 MAC 地址：这种类型的 MAC 地址唯一地标识了以太网上的一个节点，该地址为全球唯一的硬件地址。

② 广播 MAC 地址：48 位全 1 的 MAC 地址为广播地址（FF-FF-FF-FF-FF-FF），用来表示 LAN（Local Area Network，局域网）上的所有节点设备。

③ 组播 MAC 地址：除广播地址外，第 8 位（从左到右的第 8 位，对应 7 比特位）为 1 的 MAC 地址为组播 MAC 地址（例如 01-00-00-00-00-00），用来代表 LAN 上的一组节点。其中以 01-80-c2 开头的组播 MAC 地址为 BPDU（Bridge Protocol Data Unit，网桥协议数据单元）MAC 地址，一般作为协议报文的目的 MAC 地址来标识某种协议报文，如 STP（Spanning Tree Protocol，生成树协议）BPDU。

2. MAC 地址表

二层交换设备的不同接口独立发送数据和接收数据，各个接口属于不同的冲突域，因此有效地隔离了网络中物理层冲突域。这使得通过它互连的主机（或网络）间不受流量大小对数据发送冲突的影响。在二层交换中，数据帧转发路径确定的依据是交换机设备上建立的 MAC 地址表，即在一个 LAN 范围内数据交换的依据是交换机上建立的 MAC 地址表。

MAC 地址表记录了交换机通过接收的数据帧学习到的其他设备的 MAC 地址、数据帧进入本地设备的接口（也作为从本地设备到数据帧发送设备的出接口）和入接口所加入的 VLAN 三方面的信息。

MAC 地址表中的表项主要分为动态表项和静态表项。动态 MAC 地址表项是由交换机接口通过自动学习帧中的源 MAC 地址，再加上进入本地设备的接口及其所加入的 VLAN（Virtual Local Area Network，虚拟局域网）信息而生成的。动态 MAC 地址表项保存在本地设备缓存中，用户重启设备或接口卡后，其上面的动态 MAC 地址表项将全部被清理。每个动态 MAC 地址表项都可以被老化，在一个老化周期（默认值是 300 秒）内表项没有得到更新则被删除。如果在一个老化周期内表项被更新，则该表项的老化时间重新开始计算。管理员通过查看本地动态 MAC 地址表项，可以判断两台相连设备之间是否有数据转发；通过查看指定接口关联的动态 MAC 地址表项个数，可获取该接口下通信的用户数。

静态 MAC 地址表项由管理员手动通过 **mac-address static** *mac-address interface-type interface-number* **vlan** *vlan-id* 系统视图命令配置，优先级高于动态 MAC 地址表项。静态 MAC 地址表项保存在本地设备内存中，当管理员保存了配置文件，设备重启后静态 MAC 地址表项将不会被清理，也不会被老化，只能手动删除。静态 MAC 地址表项被绑定后，可以保证合法用户的使用，防止连接在交换机其他接口的非法用户使用该 MAC 地址进行攻击。但要注意，静态 MAC 地址表项中指定的 MAC 地址，必须是单播 MAC 地址，不能是组播 MAC 地址和广播 MAC 地址。

3. 二层交换原理

二层交换设备通过解析和动态学习以太网帧的源 MAC 地址来维护 MAC 地址与出接口的对应关系，生成对应的动态 MAC 地址表项；通过帧中目的 MAC 地址来查找 MAC 地址表，从而决定接收的数据帧应该向哪个接口转发，基本流程如下。

① 二层交换设备收到数据帧后，将其中的源 MAC 地址与接收接口的对应关系写入 MAC 地址表，生成基于源设备的动态 MAC 地址表项，作为以后的二层转发依据。如果本地 MAC 地址表中已有相同的动态 MAC 地址表项，那么该表项的老化时间被刷新。MAC 地址表项采取一定的老化更新机制，老化时间内未得到刷新的表项将被删除。

② 二层交换设备根据数据帧的目的 MAC 地址查找 MAC 地址表，如果没有找到匹配表项，就向所有接口转发（报文的入接口除外）；如果目的 MAC 地址是广播地址，就向所有接口转发（报文的入接口除外）；如果能够找到匹配表项，且关联的出接口不是数据帧的入接口，就向该表项关联的出接口转发。

【说明】 二层交换设备虽然能够隔离冲突域，但不能有效地划分广播域。从前文介绍的二层交换原理可以看出，广播报文以及通过目的 MAC 地址查找失败的报文会向除报文的入接口之外的其他所有接口转发。当网络中的主机数量增多时，就会消耗大量的网络带宽，并且在安全性方面也会带来一系列的问题。虽然通过路由器来隔离广播域是一个办法，但是路由器的高成本以及转发性能低的特点使得这一方法应用有限。

为了解决以上问题，二层交换中出现了基于 IEEE 802.1Q 的 VLAN 技术。此时的 MAC 地址表项中还会有入接口所加入的 VLAN 字段，数据帧的转发不能仅通过查找出接口来决定数据帧的转发路径，必须看对应的出接口是否允许该 VLAN 中的帧通过。

二、实验目的

本实验将通过 IP 地址在同一个 IP 网段（192.168.1.0/24）、加入同一个 VLAN（VLAN 2），但连接在不同二层交换机的两台主机间的 ICMP（Internet Control Message Protocol，因特网控制报文协议）通信，向大家介绍数据帧在二层交换网络中转发的流程。通过本实验的学习将达到以下目的。

① 理解 MAC 地址表项的组成。

② 理解二层交换原理。

三、实验拓扑结构和要求

本实验的拓扑结构如图 1-1 所示，PC1 的 IP 地址为 192.168.1.10/24，MAC 地址为 54-89-98-30-22-C4，PC2 的 IP 地址为 192.168.1.20/24，MAC 地址为 54-89-98-DB-41-13。它们分别连接在二层交换机 LSW1 与 LSW2 的 E0/0/2 接口上，且都加入 VLAN 2 中，两台交换机之间的链路允许 VLAN 2 中的数据帧保留原来的 VLAN 标签通过。

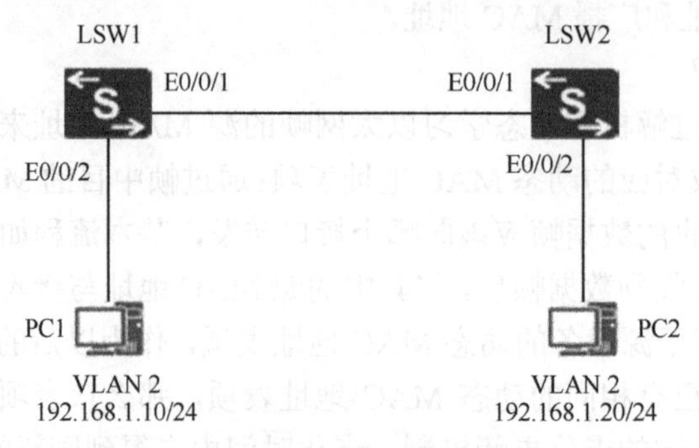

图 1-1 实验拓扑结构

本实验要验证在 PC1 与 PC2 的通信中，数据帧转发的基本流程，即二层交换原理。

四、实验配置思路

本实验的基本配置思路如下。

① LSW1 和 LSW2 上创建 VLAN 2，并把 PC1、PC2 连接的交换机接口加入 VLAN 2 中（此处采用 Access 类型端口），同时配置 LSW1 和 LSW2 的 E0/0/1 接口允许 VLAN 2 中的数据帧以带标签的方式发送（此处采用 Trunk 类型端口）。

② 配置 PC1、PC2 的 IP 地址，验证 PC1 和 PC2 之间二层数据帧的交换流程。

五、实验配置和结果验证

以下是根据前文介绍的配置思路得出的具体配置步骤。

1. LSW1 和 LSW2 上配置 VLAN 2

把 PC1、PC2 连接的交换机 E0/0/2 接口加入 VLAN 2 中，并配置 LSW1 和 LSW2 之间连接的 E0/0/1 接口允许 VLAN 2 中的数据帧以带标签的方式发送（在本实验环境下，可配置为任意类型端口，此处采用 Trunk 类型端口配置）。

【说明】 如果没有配置 VLAN 2（各交换机接口默认都加入 VLAN 1 中，且均以不带 VLAN 标签方式发送数据帧），则两台交换机上不用做任何配置，只需配置两台 PC 的 IP 地址。不过，此时生成的 MAC 地址表项中没有 VLAN 字段。

（1）LSW1 上的配置

```
<Huawei> system-view
[Huawei] sysname LSW1
[LSW1] vlan batch 2  #---创建 VLAN 2
[LSW1] interface ethernet0/0/1
[LSW1-Ethernet0/0/1] port link-type trunk  #---配置 E0/0/1 接口为 Trunk 类型
[LSW1-Ethernet0/0/1] port trunk allow-pass vlan 2  #---配置 E0/0/1 接口允许 VLAN 2 的帧通过
[LSW1-Ethernet0/0/1] quit
[LSW1] interface ethernet0/0/2
[LSW1-Ethernet0/0/2] port link-type access  #---配置 E0/0/2 接口为 Access 类型
[LSW1-Ethernet0/0/2] port default vlan 2 #---配置 E0/0/2 接口加入 VLAN 2
[LSW1-Ethernet0/0/2] quit
```

（2）LSW2 上的配置

```
<Huawei> system-view
[Huawei] sysname LSW2
[LSW2] vlan batch 2
[LSW2] interface gigabitethernet0/0/1
[LSW2-Ethernet0/0/1] port link-type trunk
[LSW2-Ethernet0/0/1] port trunk allow-pass vlan 2
[LSW2-Ethernet0/0/1] quit
[LSW2] interface ethernet0/0/2
[LSW2-Ethernet0/0/2] port link-type access
[LSW2-Ethernet0/0/2] port default vlan 2
[LSW2-Ethernet0/0/2] quit
```

配置 PC1 和 PC2 的 IP 地址分别为 192.168.1.10/24 和 192.168.1.20/24，具体配置略。

2. 验证 PC1 与 PC2 通信的数据帧的交换流程

以上配置完成后，PC1 与 PC2 之间可以互相 Ping 通了，具体如图 1-2、图 1-3 所示。

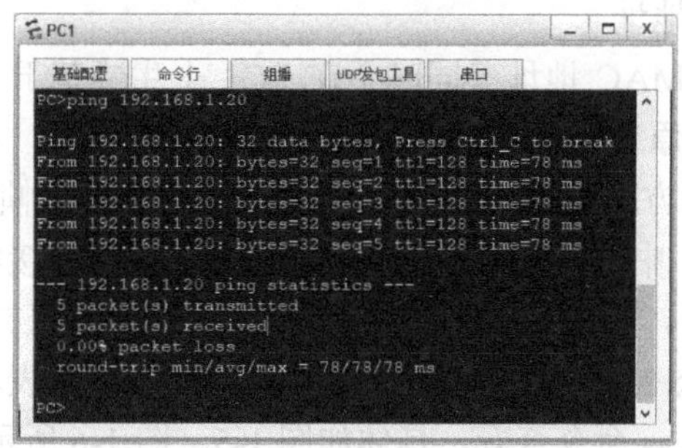

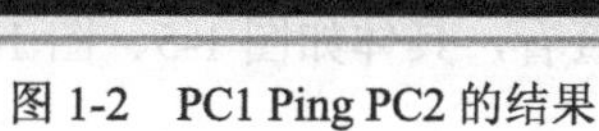
图 1-2 PC1 Ping PC2 的结果

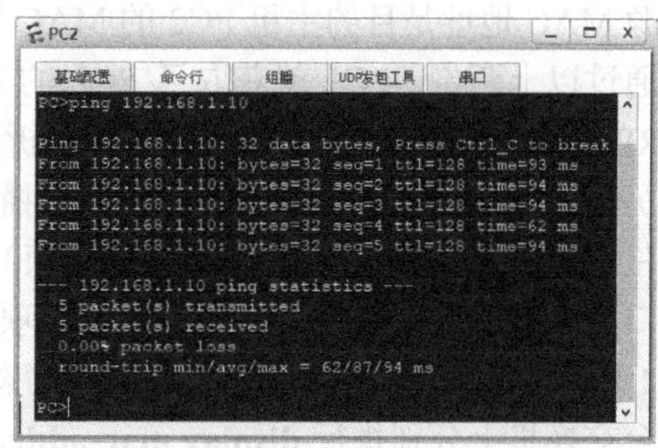

图 1-3 PC2 Ping PC1 的结果

图 1-4 显示了由 PC1 向 PC2 发送 ICMP 报文，到 PC2 向 PC1 返回 ICMP Echo 报文的整个流程（在 LSW1 E0/0/1 接口上抓包所得，下同）。从图 1-4 中可以看出，PC1 通过 ARP（Address Resolution Protocol，地址解析协议）获取目的主机 PC2 的 MAC 地址后，才能对发出的 ICMP 请求报文进行帧封装，具体流程如下。

【说明】 ARP 是三层协议，仅支持网络层的设备发送 ARP 报文，生成 ARP 表项。

① PC1 首次 Ping PC2 时，只知道 PC2 的 IP 地址，不知其 MAC 地址，而进行帧封装时必须知道其目的 MAC 地址，因此 PC1 先以广播方式发送一个 ARP 请求报文，对应图 1-4 中的第 13 个报文。与 PC1 在同一个 IP 网段的所有设备均可收到这个广播的 ARP

Request（请求）报文，但只有与 PC1 同处一个 IP 网段的 PC2 会对该 ARP 请求报文进行接收和处理，因为 ARP 请求报文中“目的 IP 地址”字段的值是 PC2 的 IP 地址。

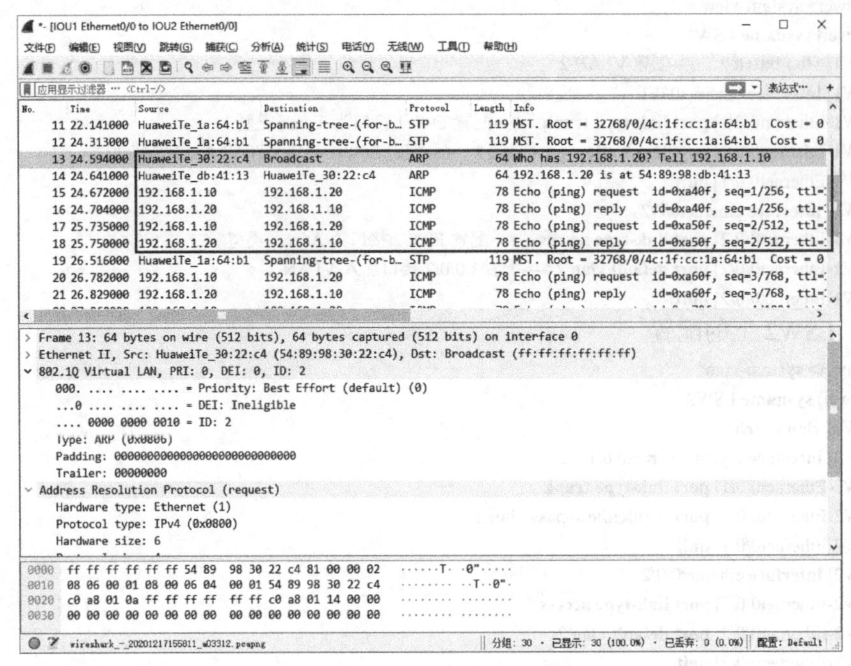

图 1-4 PC1 Ping PC2 的流程

② PC2 在收到广播的 ARP 请求报文后会以一个 ARP Reply（应答）报文（对应图 1-4 中的第 14 个报文）进行响应（同时会在 PC2 上生成基于 PC1 的 ARP 表项），帧中的源 MAC 地址是目的主机 PC2 的 MAC 地址。

通过以上两步，PC1 就获取了 PC2 的 MAC 地址（同时会在 PC1 上生成基于 PC2 的 ARP 表项），具体的 ARP MAC 地址解析原理将在本书的实验 2 中介绍。

另外，LSW1 和 LSW2 收到 PC1 以广播方式发送的 ARP 请求报文后，会根据帧（可以是任何以太网数据帧，不一定是 ARP 帧）中的源 MAC 地址、VLAN ID，以及接收帧的接口为 PC1 生成一个动态 MAC 地址表项。同样，PC2 向 PC1 发送 ARP 应答报文后，LSW1 和 LSW2 上也会为 PC2 生成一个动态 MAC 地址表项。生成的 MAC 地址表项可在两台交换机上分别执行 **display mac-address** 命令查看，具体如图 1-5、图 1-6 所示。

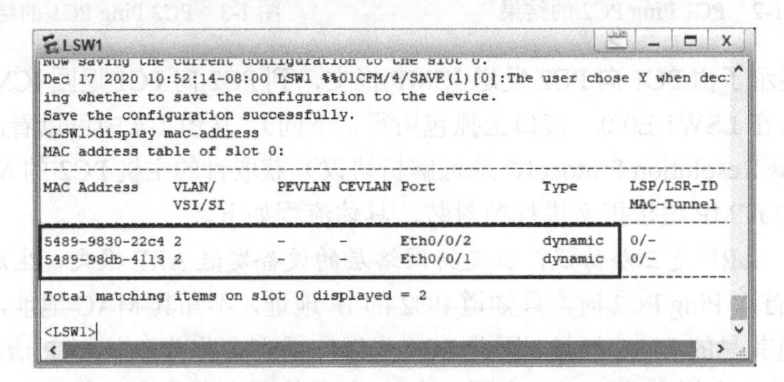

图 1-5 LSW1 上生成的动态 MAC 地址表项

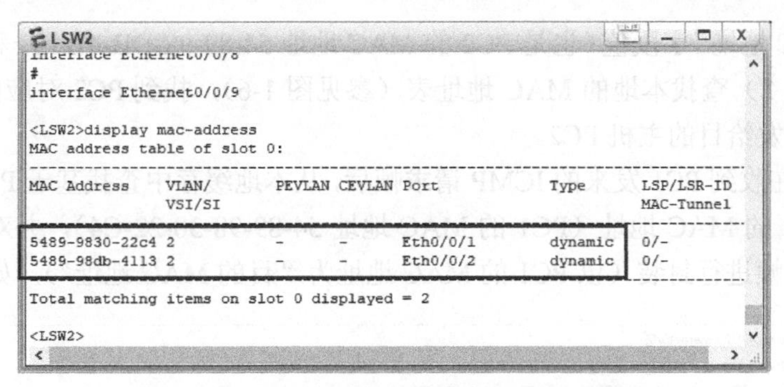

图 1-6　LSW2 上生成的动态 MAC 地址表项

LSW1 和 LSW2 为 PC1、PC2 生成了 MAC 地址表项后，交换机在后续收到任意非广播数据帧（如本实验中执行 Ping 操作时发送的 ICMP 数据帧）时，就可以直接根据帧中的目的 MAC 地址在 MAC 地址表中进行查找。在找到对应的 MAC 地址表项后，交换机再比较帧中的 VLAN 标签是否与对应 MAC 地址表项中的 VLAN ID 一致，如果一致就可以把数据帧从该表项中映射的接口进行转发。

③ 在 PC1 Ping PC2 的过程中，PC1 从本地缓存中保存的 ARP 表项获取目的主机 PC2 的 MAC 地址（54-89-98-DB-41-13），并对向 PC2 发送的 ICMP 请求报文进行帧封装（以 PC2 的 MAC 地址为“目的 MAC 地址”），如图 1-7 所示。

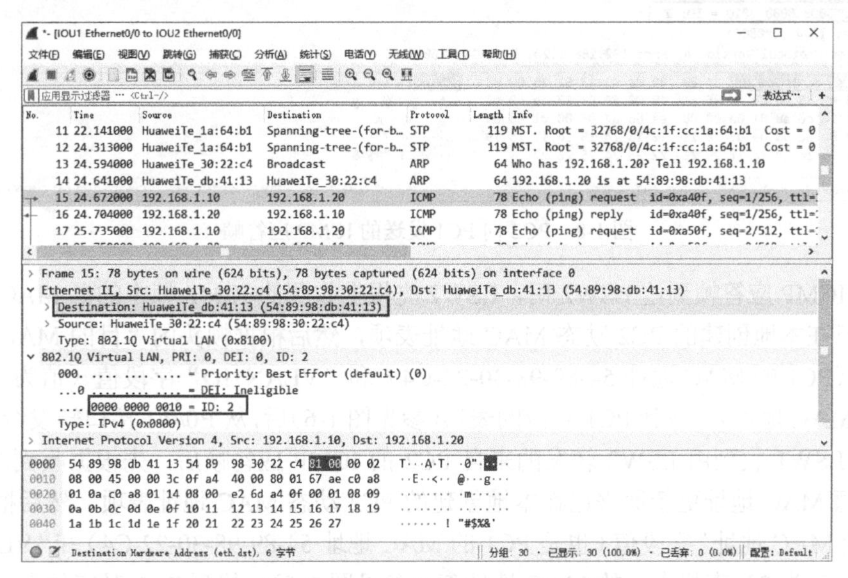

图 1-7　PC1 发送的 ICMP 请求帧

④ ICMP 请求帧到达 LSW1 后，LSW1 首先根据收到的 ICMP 帧中的源 MAC 地址更新原来已在本地创建的 PC1 动态 MAC 地址表项，然后根据帧头的“目的 MAC 地址”字段值（PC2 的 MAC 地址 54-89-98-DB-41-13）和“VLAN ID”字段值（值为 2）查找本地的 MAC 地址表，找到 PC2 对应的表项（参见图 1-5）后，从 E0/0/1 接口转发给 LSW2。

⑤ LSW2 收到由 LSW1 转发的来自 PC1 的 ICMP 请求帧后，先根据收到的 ICMP 帧中的源 MAC 地址更新原来已在本地创建的 PC1 动态 MAC 地址表项，然后根据帧头

的“目的 MAC 地址”字段值（也是 PC2 的 MAC 地址 54-89-98-DB-41-13）和“VLAN ID”字段值（值为 2）查找本地的 MAC 地址表（参见图 1-6），找到 PC2 对应的表项后，从 E0/0/2 接口转发给目的主机 PC2。

⑥ PC2 在收到 PC1 发来的 ICMP 请求帧后，从本地缓存中查找基于 PC1 的 ARP 表项，获取 PC1 的 MAC 地址（PC1 的 MAC 地址 54-89-98-30-22-C4），并对向 PC1 发送的 ICMP 应答帧进行封装（以 PC1 的 MAC 地址为“目的 MAC 地址”），如图 1-8 所示。

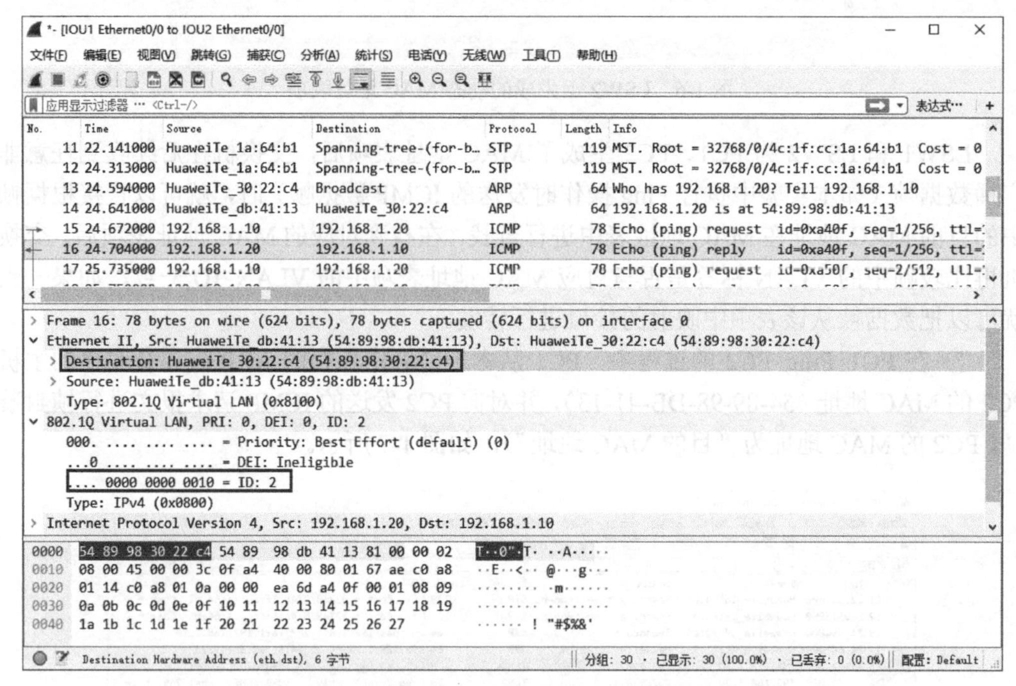

图 1-8 PC2 向 PC1 发送的 ICMP 应答帧

⑦ ICMP 应答帧到达 LSW2 后，LSW2 先根据收到的 ICMP 帧中的源 MAC 地址更新原来已在本地创建的 PC2 动态 MAC 地址表项，然后根据帧头的“目的 MAC 地址”字段值（PC1 的 MAC 地址 54-89-98-30-22-C4）和“VLAN ID”字段值（值为 2）查找本地的 MAC 地址表，找到 PC1 对应的表项（参见图 1-6）后，从 E0/0/1 接口转发给 LSW1。

⑧ LSW1 收到由 LSW2 转发的来自 PC2 的 ICMP 应答帧后，先根据收到的 ICMP 帧中的源 MAC 地址更新原来已在本地创建的 PC2 动态 MAC 地址表项，然后根据帧头的“目的 MAC 地址”字段值（也是 PC1 的 MAC 地址 54-89-98-30-22-C4）和“VLAN ID”字段值（值为 2）查找本地的 MAC 地址表（参见图 1-5），找到 PC1 对应的表项后，从 E0/0/2 接口转发给目的主机 PC1。

至此，一组 ICMP 请求、应答报文的二层交换过程就完成了。其他 ICMP 报文的转发过程与上述过程一样。但要注意，动态 MAC 地址表项有老化周期，一个周期内没有更新（根据表项中的 MAC 地址更新表项中的其他字段值），则该表项将自动被清除。当源和目的设备再次通信时，要先通过 ARP 解析 MAC 地址，同时在交换机上建立动态 MAC 地址表项，才能再次按新建立的 MAC 地址表项进行二层数据交换。

实验2
三层交换和ARP的工作原理

本章主要内容

一、背景知识

二、实验目的

三、实验拓扑结构和要求

四、实验配置思路

五、实验配置和结果验证

一、背景知识

[illegible]VLAN中[illegible]

[illegible]

[illegible]Processing Unit，中央处理器）进行[illegible]

[illegible]路由器也支持，因为它仅用来在以太网中通过IP获[illegible]MAC地址。ARP与IP一样均处于网络层，但它在网络层内部[illegible]ARP数据包无法跨越子网转发。

1. ARP的必要性

之所以需要ARP，是因为在以太网的IP分组封装过程中，[illegible]MAC地址[illegible]

[illegible]

[illegible]

[illegible]的MAC地址。

[illegible]

2. ARP表的类型

[illegible]ARP[illegible]

[illegible]IP地址、MAC地址[illegible]

[illegible]的MAC地址。

ARP表项包括动态ARP表项和静态ARP表项两种。动态ARP表项由设备自[illegible]

一、背景知识

三层交换是指**连接在同一台三层交换机上**、不同 IP 网段、不同 VLAN 中用户通过 VLANIF 接口进行的数据交换过程。三层交换仅可在三层以太网交换机上进行，主要是因为三层交换机有专门的三层交换芯片，可直接进行基于硬件的三层数据交换，而路由器没有三层交换芯片，都是通过 CPU（Central Processing Unit，中央处理器）进行基于软件的 IP 路由转发。

三层交换机有两种三层转发方式：一种是传统的 IP 路由方式，另一种是三层交换方式。三层交换功能依靠三层交换芯片完成，而 IP 路由三层转发功能主要依靠 CPU 进行，这就决定了两者在转发性能上的差别。当然，三层交换机不能完全替代路由器，路由器具备丰富的接口类型、良好的流量服务等级控制、强大的路由能力等，这些仍是三层交换机欠缺的。

三层交换的核心是三层交换机上专用的交换芯片，但在三层交换过程中要用到 ARP。**ARP 应用于三层交换机，且路由器也支持**，因为它仅用来在以太网中通过 IP 地址解析对应设备的以太网 MAC 地址。ARP 与 IP 一样均位于网络层，但它在网络层内部的子层次要低于 IP，因此 ARP 数据包无须经过 IP 封装。

1. ARP 的必要性

之所以需要 ARP，是因为在以太网的 IP 数据包转发中，每经过一个 IP 网段都需要重新进行帧封装，对以太网帧头部中的源 MAC 地址和目的 MAC 地址进行重新封装。源 MAC 地址通常为数据包发送接口的 MAC 地址，目的 MAC 地址要区分以下两种情形。

① 如果目的设备与源设备在同一个 IP 网段，则目的 MAC 地址是目的设备的 MAC 地址。

② 如果源设备与目的设备不在同一个 IP 网段，则目的 MAC 地址是转发路径中接收该数据包的下一跳设备（即网关）接口的 MAC 地址。

在网络应用中，我们只知道目的设备的 IP 地址，而不知道其对应的 MAC 地址。但 IP 数据包要通过以太网接口发送就必须经过以太网协议的帧封装，因此要通过 ARP 来获取目的设备（目的设备与源设备在同一个 IP 网段时）或 IP 数据包转发路径中下一跳设备（目的设备与源设备不在同一个 IP 网段时）的 MAC 地址。

ARP 只能直接获取与源设备在同一个 IP 网段的设备的 MAC 地址，而不能也不需要直接获取与源设备不在同一个 IP 网段的目的设备的 MAC 地址。因为在 IP 数据包的三层转发中，每一跳都需要重新以发送接口 MAC 地址作为源 MAC 地址，以同一个 IP 网段的接收接口（下一跳设备接口）MAC 地址作为目的 MAC 地址进行帧封装。

2. ARP 表项及其作用

在以太网中，主机或三层网络设备会维护一张 ARP 表，该表用于存储网络中各台设备的 IP 地址、MAC 地址和出接口的对应关系，以便在进行帧封装时可以立即找到对应设备的 MAC 地址。

ARP 表项包括动态 ARP 表项和静态 ARP 表项两种。动态 ARP 表项是设备对接收的ARP数据包中的源IP地址、源MAC地址和接收接口的学习而自动生成的。静态ARP表项是由管理员手动静态配置的。

动态ARP表项保存在缓存中，当设备重启时将被清除，且有老化周期（华为设备中默认为1200秒），即在该周期内没有进行ARP表项更新（可以是内容完全无变化，也可以是除IP地址之外的其他参数发生了变化）时被老化，删除原来的ARP表项；静态ARP表项保存在内存中，设备重启时不会被清除，也不会被老化，除非人为删除。静态ARP表项的优先级高于动态ARP表项，即同一个IP地址既有关联的动态ARP表项又有静态ARP表项时，以静态ARP表项为准，此时与之对应的动态ARP表项将被覆盖，不会起到作用。

对于以下场景，用户可以配置静态ARP表项。

① 对于网络中的重要设备，如各种服务器、网关等，用户可以在交换机上配置静态ARP表项，这样可以避免交换机上重要设备的IP地址对应的ARP表项被ARP攻击报文错误更新。

② 当网络中用户设备的MAC地址为组播MAC地址时，用户可以在交换机上配置静态ARP表项。因为默认情况下，**设备收到源MAC地址为组播MAC地址的ARP报文时不会进行ARP学习**。

③ 当希望禁止某个IP地址访问设备时，用户可以在交换机上配置静态ARP表项，将该IP地址与一个网络中不存在的MAC地址进行绑定。

3. 三层交换的基本流程

三层交换可用来实现不同IP网段设备间的三层通信，**但仅限于源设备和目的设备所在网段均直连在同一台三层交换机的情况下**，否则要通过IP路由来实现。三层交换的基本流程如下。

① 源设备和目的设备不在同一个IP网段，因此源设备需要先向网关接口（目的IP地址是网关接口IP地址，通常是一个VLANIF接口）以广播方式发送ARP请求报文，以获取网关接口的MAC地址，同时会生成网关接口的动态ARP表项。

② 网关在收到源设备发送的ARP请求报文后（ARP请求报文中的“目的IP地址”是网关的IP地址），会以ARP应答报文进行响应，其中的源MAC地址就是源设备需要获取的网关接口MAC地址。同时，网关为源设备生成一个动态ARP表项、一个动态MAC地址表项，利用生成的动态ARP表项中的信息在三层交换芯片中生成对应的一条三层转发表项。

③ 源设备利用网关接口MAC地址对要向目的设备发送的数据帧进行封装，目的MAC地址是网关接口的MAC地址，目的IP地址是目的设备的IP地址。

④ 网关收到源设备向目的设备发送的数据帧后，发现目的MAC地址是自己的一个三层接口（源设备的网关接口），而目的IP地址不是该接口的IP地址，确定需要进行三层转发。网关首先查找交换芯片中的三层转发表项，但由于是初次通信，在交换芯片中没有找到所需的三层转发表项。

⑤ 网关将数据（去掉帧头后的数据包）送到CPU进行软件处理，查找IP路由表。由于采用三层交换的网段均连接在同一台三层交换机上，因此在网关上会找到目的设备所在网段的直连路由表项，然后根据该直连路由表项找到转发的出接口（目的设备的网关接口，通常也是一个VLANIF接口），把发给目的设备的数据包转发到该接口上（不能立即向目的设

备发送，因为还不知道目的设备的MAC 地址，无法进行帧封装）。

⑥ 网关在连接目的设备的接口上以广播方式发送一个 ARP 请求报文（报文中的源IP 地址和源 MAC 地址均是该接口的），以获取目的设备的 MAC 地址。目的设备收到该报文后以 ARP 应答报文进行响应，同时建立自己的网关接口（网关向目的设备发送 ARP 请求报文的接口）的动态 ARP 表项。

⑦ 网关在收到目的设备的 ARP 应答报文后，利用 ARP 应答报文中的源 MAC 地址对源设备发给目的设备的数据帧进行重新封装（作为帧中的目的 MAC 地址），最后发给目的设备。同时，网关根据收到的 ARP 应答报文中的源 MAC 地址和源 IP 地址信息，在 ARP 表中添加目的设备的一条动态 ARP 表项和一条动态 MAC 地址表项，然后再利用生成的动态 ARP 表项中的信息在交换芯片中添加到达目的设备的一条三层转发表项。

⑧ 目的设备在收到由网关转发、来自源设备的数据包后，根据应用需求决定是否要进行响应。响应报文可根据此前网关在交换芯片中为源设备添加的三层转发表项，直接由交换芯片转发给源设备。

二、实验目的

通过本实验的学习将达到以下目的：

① 理解 ARP 请求报文和 ARP 应答报文的封装格式；

② 理解 ARP 的 MAC 地址解析原理；

③ 理解三层交换原理及其应用的场景。

三、实验拓扑结构和要求

本实验的拓扑结构如图 2-1 所示，LSW 是一台三层交换机，PC1 和 PC2 位于不同的IP 网段和不同的 VLAN（分别位于 VLAN 2 和 VLAN 3 中），但这两个 VLAN 网段都直接连接在三层交换机 LSW 上。本实验通过 PC1 与 PC2 的 ICMP 通信过程验证 ARP MAC 地址的解析原理和三层交换原理。

【说明】 PC1 和 PC2 可以不直接连接在三层交换机 LSW 上，只要 PC1、PC2 与 LSW 上所配置的对应 VLANIF 接口在同一个 IP 网段，且两个 VLANIF 接口均是在 LSW 上创建并配置即可，即 PC1、PC2 与 LSW 之间的连接可以存在二层交换机。

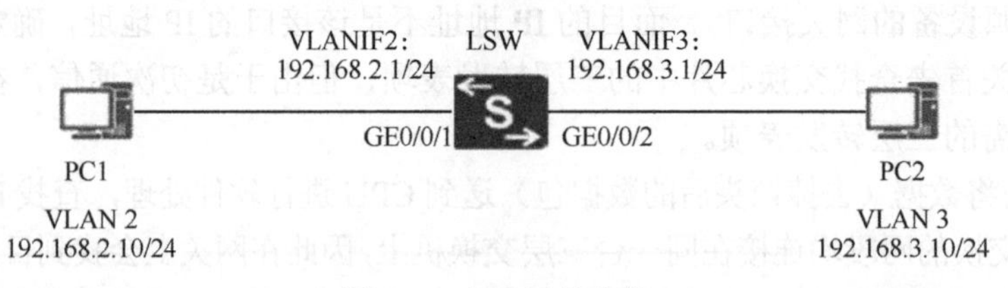

图 2-1 实验拓扑结构

四、实验配置思路

本实验的基本配置思路如下。

① LSW 三层交换机上创建 VLAN 2 和 VLAN 3，并把连接 PC1 和 PC2 的两个接口以 Access 类型加入对应的 VLAN 中。同时配置 PC1 和 PC2 的 IP 地址和网关（对应的 VLANIF 接口 IP 地址）。

② PC1 Ping PC2 的过程中验证 ARP 的 MAC 地址的解析原理和三层交换原理。

五、实验配置和结果验证

以下是根据前面介绍的配置思路得出的具体配置步骤。

1. LSW 上配置 VLAN，包括创建对应的 VLANIF 接口，并配置其 IP 地址，PC1 和 PC2 上配置 IP 地址和网关

```
<Huawei> system-view
[Huawei] sysname LSW
[LSW] vlan batch 2 3
[LSW] interface gigabitethernet0/0/1
[LSW-Gigabitethernet0/0/1] port link-type access
[LSW-Gigabitethernet0/0/2] port default vlan 2
[LSW-Gigabitethernet0/0/1] quit
[LSW] interface gigabitethernet0/0/2
[LSW-Gigabitethernet0/0/2] port link-type access
[LSW-Gigabitethernet0/0/2] port default vlan 3
[LSW-Gigabitethernet0/0/2] quit
[LSW] interface vlan 2
[LSW-Vlanif2] ip address 192.168.2.1 24
[LSW-Vlanif2] quit
[LSW] interface vlan 3
[LSW-Vlanif3] ip address 192.168.3.1 24
[LSW-Vlanif3] quit
```

PC1 的 IP 地址为 192.168.2.10/24，网关 IP 地址为 LSW 上 VLANIF2 接口的 IP 地址 192.168.2.1/24；PC2 的 IP 地址为 192.168.3.10/24，网关 IP 地址为 LSW 上 VLANIF3 接口的 IP 地址 192.168.3.1/24。具体配置方法略。

以上配置完成后，PC1 可与 PC2 实现三层互通。下面以 PC1 Ping PC2 为例介绍这两台主机在不同 IP 网段通过三层交换机 LSW 的三层交换功能实现三层互通的原理。

2. 验证 ARP 的 MAC 地址的解析原理和三层交换原理

① PC1 向 PC2 发起 Ping 操作，在发送第一个 ICMP 请求报文时，由于 PC1 与 PC2 不在同一个 IP 网段，PC1 配置了网关（LSW 上的 VLANIF2 接口）IP 地址，但 PC1 上没有网关的 ARP 表项，因此没有网关的 MAC 地址，所以先触发向网关 LSW 发送一个 ARP 请求报文。

此 ARP 请求报文中帧头的**“目的 MAC 地址”字段为 48 位全 1（对应 12 个全 F）**

的广播 MAC 地址，表示是采用广播方式发送的，而 ARP 报头中的“目的 MAC 地址”字段为 48 位全 0，表示未知；帧头和 ARP 报头中的“目的 IP 地址”字段值均为网关 VLANIF2 接口的IP地址192.168.2.1，“源IP地址”字段值均为PC1的IP地址192.168.2.10，“源 MAC 地址”字段值为 PC1 的 MAC 地址 54:89:98:52:5B:19，具体如图 2-2 所示。

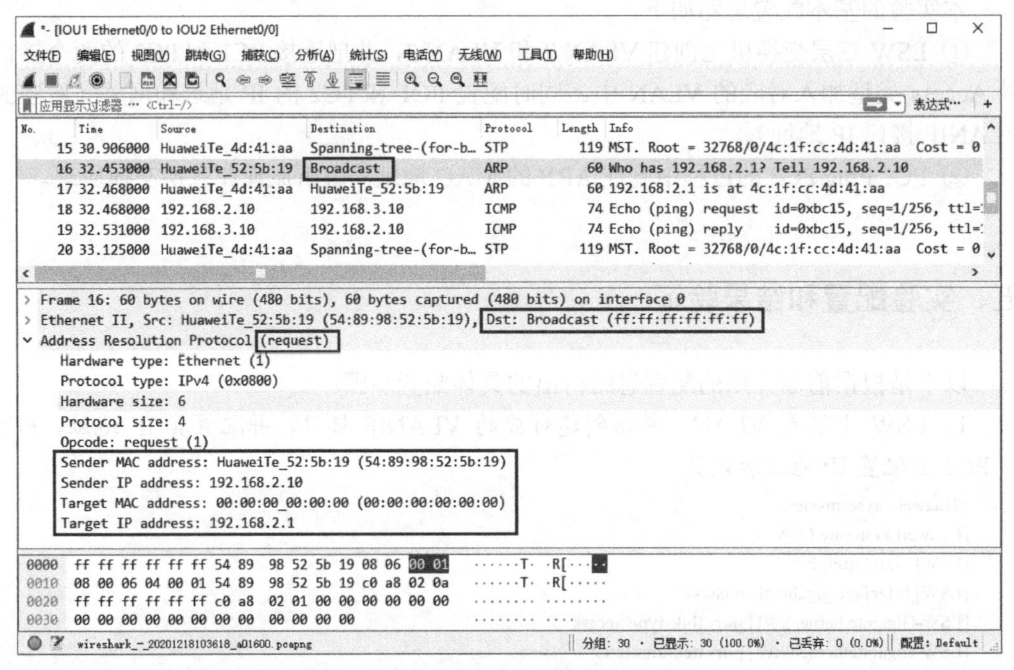

图 2-2 PC1 向网关发送的 ARP 请求报文

② 因为 PC1 以广播方式发送 ARP 请求报文，所以与 PC1 处于相同 IP 网段的设备，包括网关 VLANIF2 接口都可以收到 ARP 请求报文。但只有网关会接收，因为 ARP 请求报文中的“目的 IP 地址”字段值是网关 VLANIF2 的 IP 地址，其他同网段的设备接收 ARP 请求报文后会直接丢弃。

网关在收到 ARP 请求报文后，首先从中学习源 MAC 地址信息和源 IP 地址信息，然后在交换机上为 PC1 生成一条动态 ARP 表项、一条动态 MAC 地址表项，并根据 PC1 的动态 ARP 表项在三层交换芯片中添加一条三层转发表项，最后以单播方式向 PC1 发送 ARP 应答报文，对 PC1 发送的 ARP 请求报文进行响应。

在这个 ARP 应答报文中，帧头和 ARP 报头中的“源 MAC 地址”字段值为网关 VLANIF2 接口的 MAC 地址（4c:1f:cc:4d:41:aa），“源 IP 地址”字段值为网关 VLANIF2 接口的 IP 地址（192.168.2.1），“目的 MAC 地址”字段值为 PC1 的 MAC 地址（54:89:98:52:5B:19），“目的 IP 地址”字段值为 PC1 的 IP 地址（192.168.2.10），具体如图 2-3 所示。

③ PC1 收到来自网关 LSW 的 ARP 应答报文后，学习其中的源 MAC 地址、源 IP 地址信息，为网关 VLANIF2 接口生成一条动态的 ARP 表项。

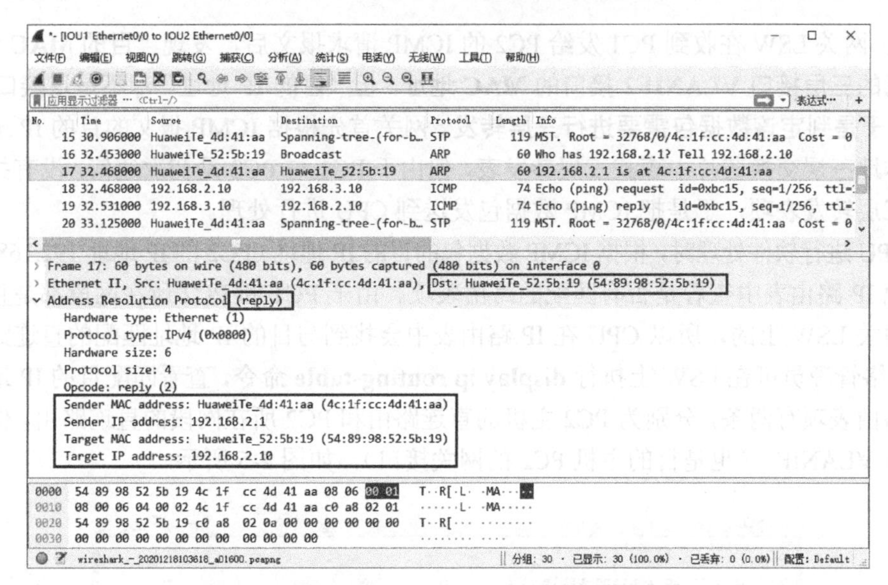

图 2-3 网关 LSW 向 PC1 发送的 ARP 应答报文

以上为 ARP 进行一次 MAC 地址解析的全过程。

④ 然后 PC1 以收到的来自网关 VLANIF2 接口的 ARP 应答报文中的源 MAC 地址作为目的 MAC 地址，对向 PC2 发送的 ICMP 请求报文进行帧封装，即 **ICMP 帧头的“目的 MAC 地址”字段值是网关 VLANIF2 接口的 MAC 地址（4c:1f:cc:4d:41:aa）。但此时的 IPv4 报头中的“目的 IP 地址”字段值仍是目的主机 PC2 的 IP 地址 192.168.3.10**，具体如图 2-4 所示。

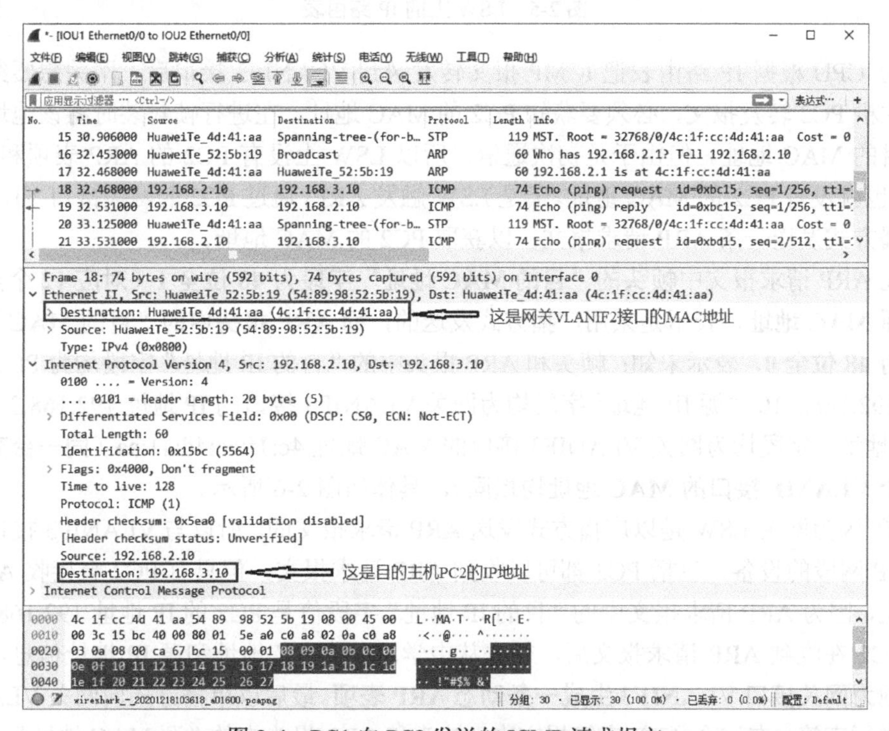

图 2-4 PC1 向 PC2 发送的 ICMP 请求报文

⑤ 网关 LSW 在收到 PC1 发给 PC2 的 ICMP 请求报文后，**发现“目的 MAC 地址”为自己的三层接口 VLANIF2 接口的 MAC 地址，但“目的 IP 地址”却不是该接口的 IP 地址，于是判定该数据包需要进行三层转发**。网关首先根据 ICMP 报文的目的 IP 地址信息在本地三层交换芯片中查找三层转发表，但由于 PC1 与 PC2 是初次通信，没有找到匹配的三层转发表项，于是把 ICMP 数据包发送到 CPU 进行处理。

CPU 进行软件处理时，根据 ICMP 数据包的目的 IP 地址（PC2 的 IP 地址 192.168.3.10）在本地 IP 路由表中查看是否有匹配的路由表项。由于 PC1 和 PC2 所在网段都是直接连接在网关 LSW 上的，所以 CPU 在 IP 路由表中会找到与目的 IP 地址匹配的直连路由表项。网络管理员可在 LSW 上执行 **display ip routing-table** 命令，查看匹配目的 IP 地址的直连路由表项有两条，分别为 PC2 主机的直连路由和 PC2 所在网段的直连路由，但出接口均为 VLANIF3（也是目的主机 PC2 的网关接口），如图 2-5 所示。

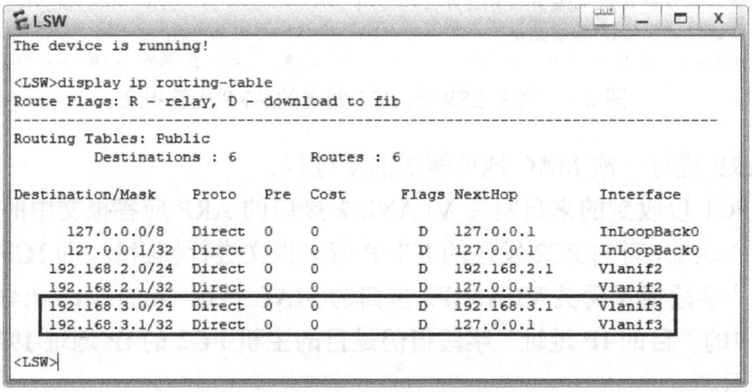

```
LSW
The device is running!

<LSW>display ip routing-table
Route Flags: R - relay, D - download to fib
------------------------------------------------------------------------------
Routing Tables: Public
         Destinations : 6        Routes : 6

Destination/Mask    Proto   Pre  Cost      Flags NextHop         Interface

      127.0.0.0/8   Direct  0    0           D   127.0.0.1       InLoopBack0
      127.0.0.1/32  Direct  0    0           D   127.0.0.1       InLoopBack0
    192.168.2.0/24  Direct  0    0           D   192.168.2.1     Vlanif2
    192.168.2.1/32  Direct  0    0           D   127.0.0.1       Vlanif2
    192.168.3.0/24  Direct  0    0           D   192.168.3.1     Vlanif3
    192.168.3.1/32  Direct  0    0           D   127.0.0.1       Vlanif3

<LSW>
```

图 2-5 LSW 上的 IP 路由表

⑥ CPU 根据 IP 路由表把 ICMP 报文转发送到 VLANIF3 接口后，网关想要继续向目的主机 PC2 转发报文，必须要获知 PC2 的 MAC 地址，在进行帧封装时将该地址作为帧的目的 MAC 地址。但由于是初次通信，所以 LSW 上没有 PC2 的 ARP 表项和 MAC 表项，也就没有 PC2 的 MAC 地址。于是 LSW 触发 ARP，通过 PC2 的网关接口 VLANIF3 以广播方式发送一条 ARP 请求报文，以获取 PC2 的 MAC 地址。

此 ARP 请求报文中**帧头的“目的 MAC 地址”字段为 48 位全 1（对应 12 个全 F）的广播 MAC 地址**，表示是采用广播方式发送的，**而 ARP 报头中的“目的 MAC 地址”字段为 48 位全 0**，表示未知；帧头和 ARP 报头中的“目的 IP 地址”字段均为 PC2 的 IP 地址 192.168.3.10，“源 IP 地址”字段均为网关 VLANIF3 接口的 IP 地址 192.168.3.1，“源 MAC 地址”字段均为网关 VLANIF3 接口的 MAC 地址 4c:1f:cc:4d:41:aa（**同一台交换机上各个 VLANIF 接口的 MAC 地址均相同**），具体如图 2-6 所示。

⑦ 因为网关 LSW 是以广播方式发送 ARP 请求报文的，所以与 VLANIF3 接口处于相同 IP 网段的设备，包括 PC2 都可以收到 ARP 请求报文，但只有 PC2 会接收 ARP 请求报文，因为 ARP 请求报文中的“目的 IP 地址”字段值是 PC2 的 IP 地址 192.168.3.10。

PC2 在收到 ARP 请求报文后，首先从中学习源 MAC 地址和源 IP 地址信息，然后**在本地为网关接口 VLANIF3 生成一条动态 ARP 表项**。最后以单播方式向网关 VLANIF3 接口进行应答。在这个 ARP 应答报文中，帧头和 ARP 报头中的“源 MAC 地址”和“源

IP 地址”字段值都是 PC2 的 MAC 地址（54:89:98:F9:17:D4）、IP 地址（192.168.3.10），“目的 MAC 地址”和“目的 IP 地址”字段值都是网关 VLANIF3 接口的 MAC 地址（4c:1f:cc:4d:41:aa）、IP 地址（192.168.3.1），具体如图 2-7 所示。

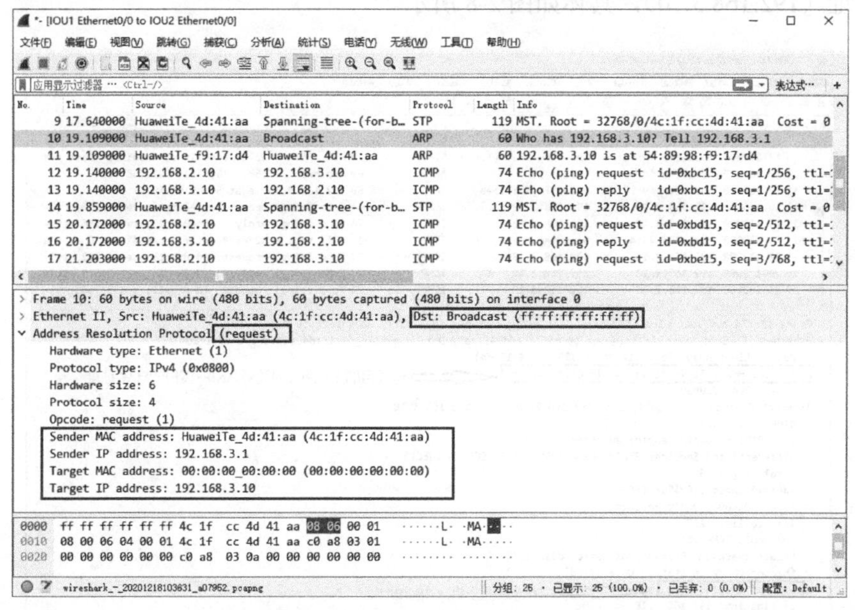

图 2-6 网关 LSW 向 PC2 发送的 ARP 请求报文

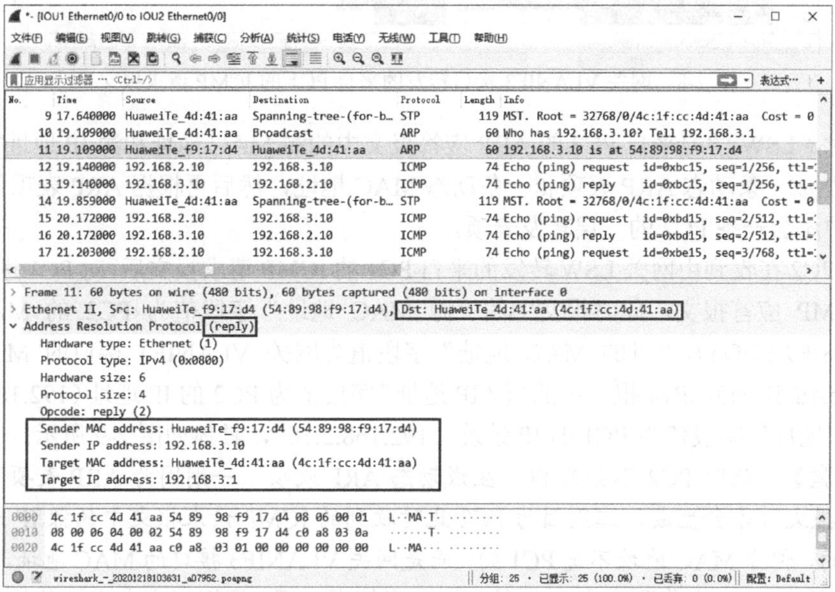

图 2-7 PC2 向网关 VLANIF3 接口发送的 ARP 应答报文

⑧ 网关在收到来自 PC2 的 ARP 应答报文后，根据学习到的 PC2 MAC 地址（ARP 应答报文中的源 MAC 地址），对接收的 PC1 向 PC2 发送的 ICMP 请求报文进行帧封装，然后转发给目的主机 PC2。此时帧头中的源 MAC 地址和目的 MAC 地址要进行重新封

装，“源 MAC 地址”字段值改为网关 VLANIF3 接口的 MAC 地址（4c:1f:cc:4d:41:aa），“目的 MAC 地址”字段值改为 PC2 的 MAC 地址（54:89:98:F9:17:D4），IPv4 报头中的“源 IP 地址”和“目的 IP 地址”不变，仍分别是 PC1 的 IP 地址（192.168.2.10）和 PC2 的 IP 地址（192.168.3.10），具体如图 2-8 所示。

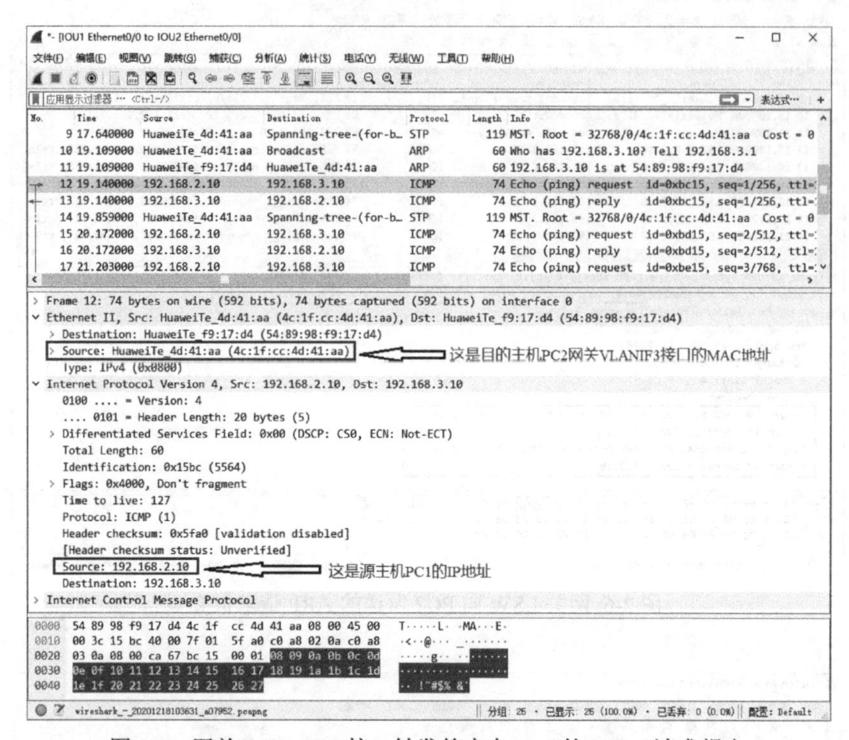

图 2-8 网关 VLANIF3 接口转发的来自 PC1 的 ICMP 请求报文

同时，LSW 学习来自 PC2 的 ARP 应答报文中的源 MAC 地址和源 IP 地址等信息，为 PC2 生成一条动态 ARP 表项和一条动态 MAC 地址，然后再根据 ARP 表项信息在三层芯片中添加一条 PC2 的三层转发表项。

⑨ PC2 在收到由网关 LSW 转发的来自 PC1 的 ICMP 请求报文后，对 PC1 进行应答，发送 ICMP 应答报文。此时报文中的“源 MAC 地址”字段值为 PC2 的 MAC 地址（54:89:98:F9:17:D4），“目的 MAC 地址”字段值为网关 VLANIF3 接口的 MAC 地址（4c:1f:cc:4d:41:aa），IPv4 报头中的“源 IP 地址”字段值为 PC2 的 IP 地址（192.168.3.10），“目的 IP 地址”字段值为 PC1 的 IP 地址（192.168.2.10），具体如图 2-9 所示。

【注意】 此时 PC2 不会为 PC1 生成动态 ARP 表项，一则因为 ARP 表项仅会在收到 ARP 报文时才会生成，二则因为 PC2 此时收到的 ICMP 请求报文中的源 IP 地址虽然是 PC1 的，但源 MAC 地址不是 PC1 的，而是网关 VLANIF3 接口的 MAC 地址，不统一。

⑩ 网关 LSW 在收到来自 PC2 的 ICMP 应答报文后，根据原来在交换芯片中为 PC1 生成的三层转发表项，找到对应的出接口 VLANIF2，然后经过帧重新封装后直接转发给 PC1。此时网关转发的来自 PC2 的 ICMP 应答帧中的“源 MAC 地址”字段值改为 PC1 的网关 VLANIF2 接口的 MAC 地址（4c:1f:cc:4d:41:aa），“目的 MAC 地址”字段值为 PC1 的 MAC 地址（54:89:98:52:5B:19），IPv4 报头中的“源 IP 地址”和“目的 IP 地址”不

变，仍分别是 PC2 的 IP 地址（192.168.3.10）和 PC1 的 IP 地址（192.168.2.10），具体如图 2-10 所示。**但 PC1 收到网关 VLANIF2 接口转发的来自 PC2 的 ICMP 应答报文也不会生成 PC2 的 ARP 表项，原因同上。**

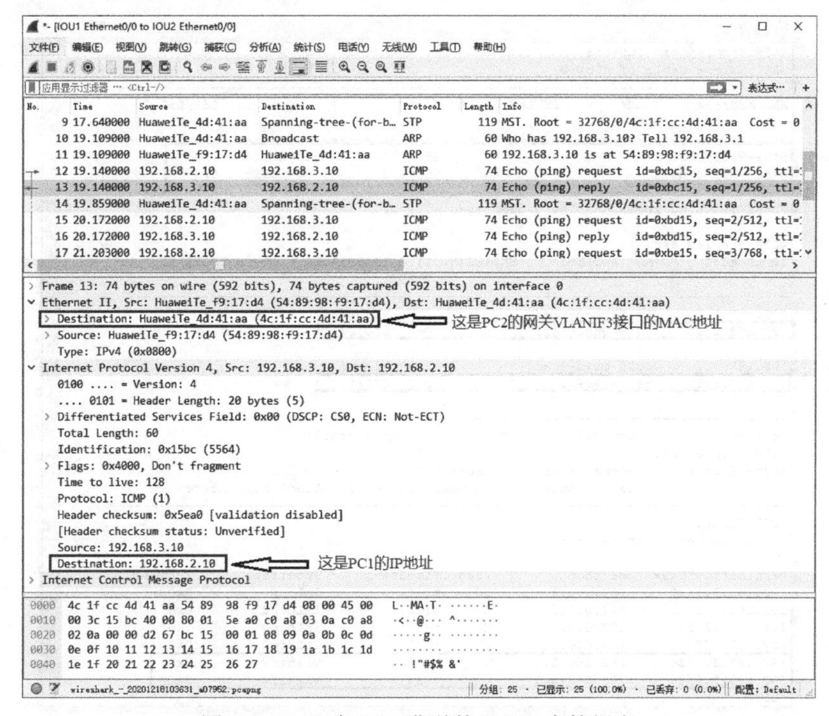

图 2-9　PC2 向 PC1 发送的 ICMP 应答报文

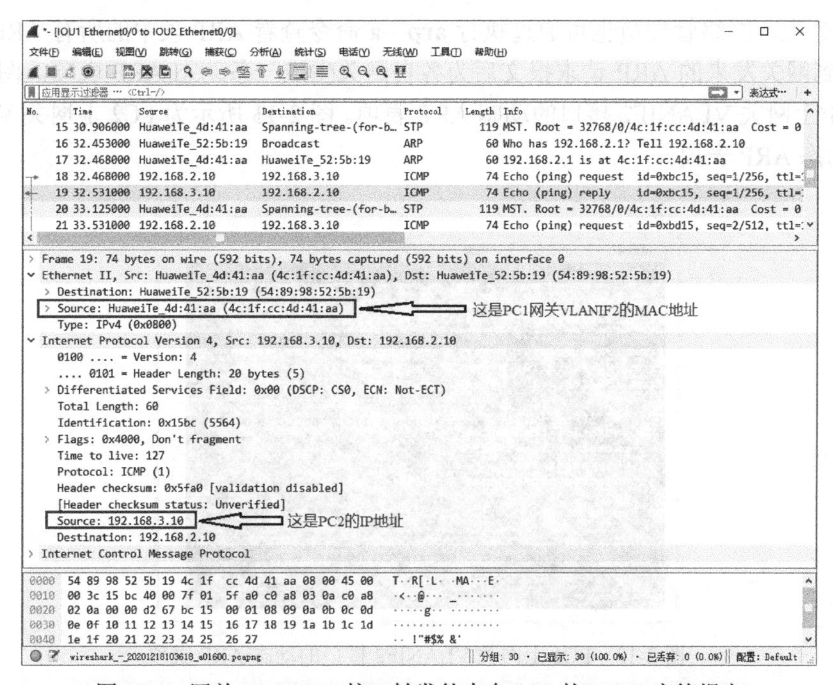

图 2-10　网关 VLANIF2 接口转发的来自 PC2 的 ICMP 应答报文

至此，PC1 与 PC2 之间的一组 ICMP 通信过程就完成了。网络管理员可在交换机任意视图下分别执行 **display mac-address**、**display arp** 和 **display fib** 命令查看生成的动态 ARP 表项、动态 MAC 地址表项和三层转发表项，如图 2-11 所示。

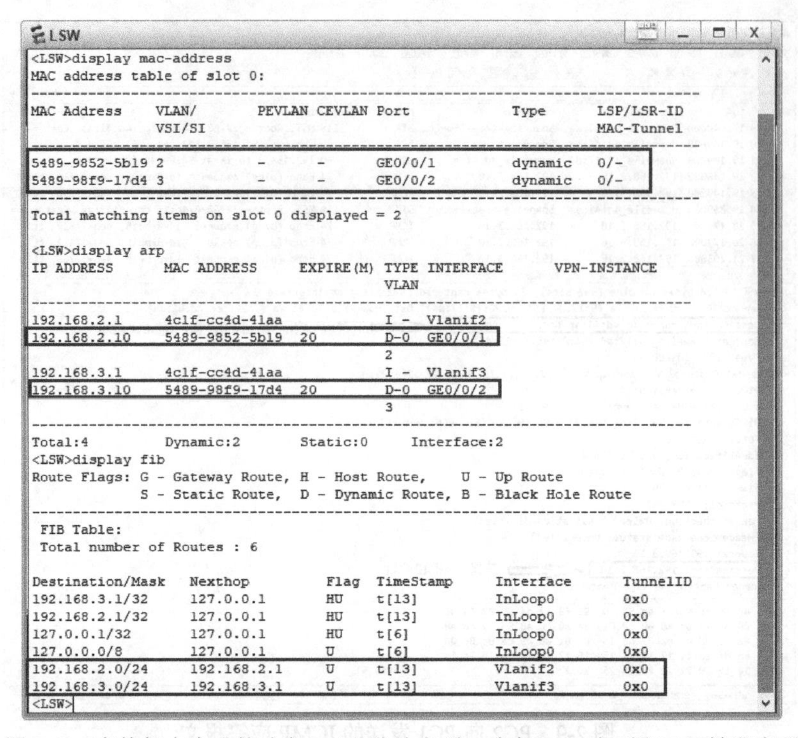

图 2-11　交换机上生成的动态 MAC 地址表项、动态 ARP 表项和三层转发表项

在 PC 上，网络管理员也可通过执行 **arp –a** 命令查看 ARP 表中的所有 ARP 表项，PC 在收到网关发来的 ARP 请求报文后为各自网关生成一条动态 ARP 表项。图 2-12 所示为 PC1 上网关 VLANIF2 接口的动态 ARP 表项。图 2-13 所示为 PC2 上网关 VLANIF3 接口的动态 ARP 表项。

图 2-12　PC1 上网关 VLANIF2 接口的动态 ARP 表项

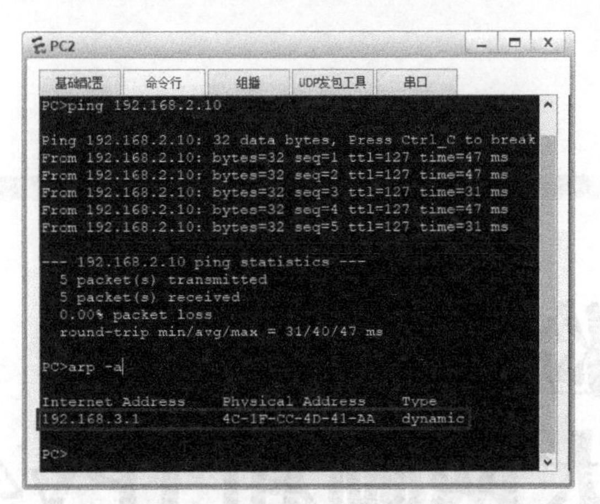

图 2-13　PC2 上网关 VLANIF3 接口的动态 ARP 表项

通过以上 ARP 解析和三层转发表项的建立，PC1 与 PC2 后续的通信不再需要借助路由表来确定数据包的转发出接口，可直接利用在网关 LSW 上对 PC1 和 PC2 生成的三层转发表项进行转发，大大提高了转发效率，这就是三层交换的原理。

实验3 以太网帧和 IPv4 数据包格式

本章主要内容

一、以太网帧格式

二、IPv4 数据包格式

理解以太网帧、IPv4 数据包格式对于理解数据通信原理和故障分析与排除都非常重要。本实验的拓扑结构如图 3-1 所示，Client（客户端）所连接的 LSW1 E0/0/1 接口以 Access 类型加入 VLAN 10 中，LSW1 和 LSW2 之间链路的两端交换机的接口为 Trunk 类型，允许 VLAN 10 中的数据帧以带标签方式发送；LSW2 的 GE0/0/2 接口可以有多种配置方式，只需确保该端口发送的 VLAN 10 中的数据帧不带标签即可，因为对端的 AR1 的 GE0/0/0 接口为三层模式，不能接收带 VLAN 标签的数据帧。以下为其中一种配置方式。

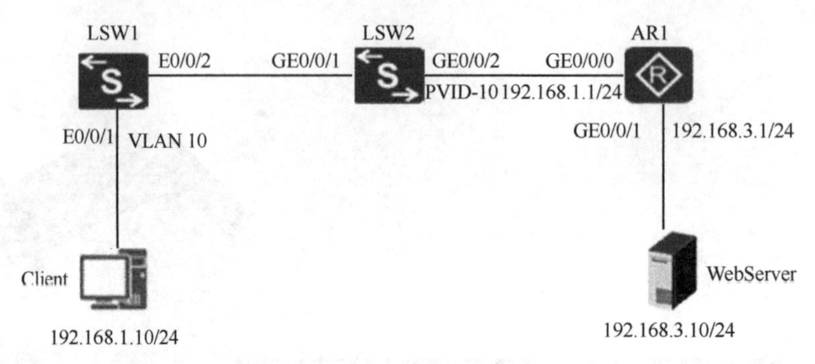

图 3-1 实验拓扑结构

1. LSW1 上的配置

```
<Huawei> system-view
[Huawei] sysname LSW1
[LSW1] vlan batch 10
[LSW1] interface ethernet0/0/1
[LSW1-Ethernet0/0/1] port link-type access
[LSW1-Ethernet0/0/1] port default vlan 10
[LSW1-Ethernet0/0/1] quit
[LSW1] interface ethernet0/0/2
[LSW1-Ethernet0/0/2] port link-type trunk
[LSW1-Ethernet0/0/2] port trunk allow-pass vlan 10
[LSW1-Ethernet0/0/2] quit
```

2. LSW2 上的配置

```
<Huawei>system-view
[Huawei] sysname LSW2
[LSW2] vlanbatch10
[LSW2] interfacegigabitethernet0/0/1
[LSW2-Gigabitethernet0/0/1] port link-type trunk
[LSW2-Gigabitethernet0/0/1] port trunk alllow-pass vlan10
[LSW2-Gigabitethernet0/0/1] quit
[LSW2] interfacegigabitethernet0/0/2
[LSW2-Gigabitethernet0/0/2] port link-type hybrid
[LSW2-Gigabitethernet0/0/2] port hybrid untaggedvlan10
[LSW2-Gigabitethernet0/0/2] quit
```

3. AR1 上的配置

```
[AR1] interface gigabitethernet0/0/0
[AR1- Gigabitethernet0/0/0] ip address 192.168.1.1 24
[AR1- Gigabitethernet0/0/0] quit
[AR1] interface gigabitethernet0/0/1
[AR1- Gigabitethernet0/0/1] ip address 192.168.3.1 24
[AR1- Gigabitethernet0/0/1] quit
```

本实验通过对客户端访问 Web 服务器（Web Server）的过程进行抓包，再现以太网帧和 IPv4 数据包格式，以此加深对这些报文中主要字段的含义和作用的理解。

一、以太网帧格式

帧是数据链路层的数据单元，以太网帧的帧头封装的是源设备和与源设备位于同一个 IPv4 网段的目的设备 MAC 地址（目的设备与源设备在同一个 IPv4 网段时）或下一跳设备的接口 MAC 地址（目的设备与源设备不在同一个 IPv4 网段时）等信息。**数据帧每经过一个 IP 网段都要重新进行封装，源 MAC 地址和目的 MAC 地址都会发生变化。**

1. 主要帧格式

以太网帧目前主要有两种，一种为 Ethernet Ⅱ帧，另一种为 IEEE 802.3 帧。Ethernet Ⅱ帧是目前应用最广的一种以太网帧类型，绝大多数协议的帧格式都是采用这种格式进行封装，帧格式如图 3-2 所示。

6Byte	6Byte	2Byte	46~1500Byte	4Byte
DMAC	SMAC	Type	Data	FCS

图 3-2　Ethernet Ⅱ帧格式

Ethernet Ⅱ帧头包括 DMAC（Destination MAC，目的 MAC 地址）、SMAC（Source MAC，源 MAC 地址）和 Type（类型）3 个字段，共 14 个字节。Type 字段用来标识上层协议类型，如 IPv4 值为 0x0800、ARP 值为 0x0806。Data（数据）字段包括了所有上层协议数据，如 ARP 数据包、IPv4 数据包、ICMP 数据包、TCP/UDP 数据段等。帧尾 4 个字节的 FCS（Frame Check Sequence，帧校验序列）字段用来对帧的完整性进行校验，**但不在帧中显示**，因为帧校验实际上是在物理层进行的，校验完后 FCS 字段会被删除。

Ethernet Ⅱ帧既可以不带 VLAN 标签，又可以带 VLAN 标签。由交换机设备转发时，如果端口把某个 VLAN 中的帧配置为带标签发送，SMAC 字段和 Type 字段之间会插入一个 4 个字节的 IEEE 802.1Q VLAN 标签字段（帧的总长度增加 4 个字节），它被称为 IEEE 802.1Q 帧，或者 VLAN 帧，帧格式如图 3-3 所示。

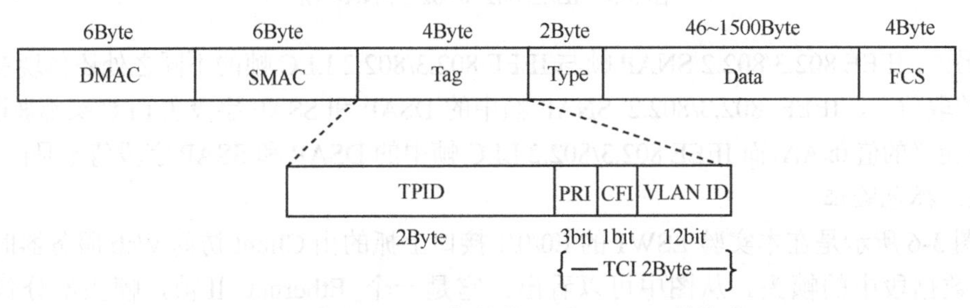

图 3-3　插入 VLAN 标签的 IEEE 802.1Q 帧格式

所有 VLAN 帧都属于 Ethernet Ⅱ类型帧，因为 TCP/IP 应用都是以 Ethernet Ⅱ帧格式进行封装的。

IEEE 802.3 帧主要应用有两种。一种是最初的 IEEE 802.3/802.2 LLC（Logical Link

Control，逻辑链路控制）帧，主要用于对一些二层协议，如 BPDU 进行封装，帧格式如图 3-4 所示。

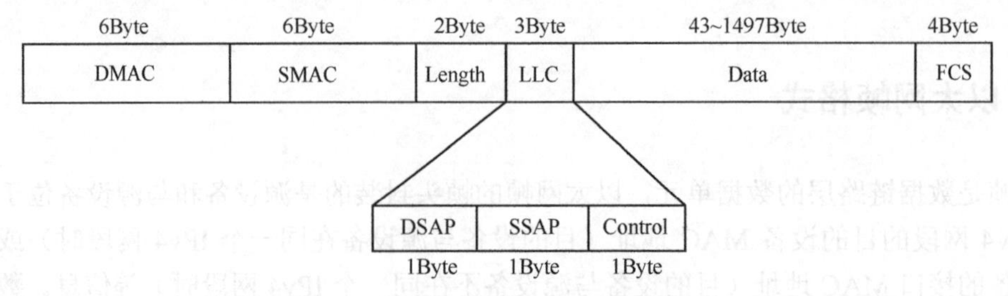

图 3-4 IEEE 802.3/802.2 LLC 帧格式

在帧格式上，IEEE 802.3/802.2 LLC 帧与 Ethernet Ⅱ帧的主要区别为：一是 IEEE 802.3/802.2 LLC 帧多一个 3 个字节的 LLC 字段，该字段包括 DSAP（Destination Service Access Point，目标服务接入点）、SSAP（Source Service Access Point，源服务接入点）和 Control（控制标识以太网服务，值固定为 0x03）3 个子字段；二是 Ethernet Ⅱ帧中的 Type 字段被换成了 Length 字段，用于标识帧中 Data 字段的字节数。因为 IEEE 802.3 仅支持 IP 网络，不用标识上层协议类型，所以不需要 Type 字段。

另一种典型的 IEEE 802.3 帧为 IEEE 802.3/802.2 SNAP（SubNetwork Access Protocol，子网接入协议）帧。它是在 IEEE 802.3/802.2 LLC 帧的 LLC 字段和 Data 字段间插入了一个 5 个字节的 SNAP 字段，其中包括 Org Code（机械代码）和 Type 字段（如图 3-5 所示），Type 字段用于标识上层协议类型（可位于网络层，也可位于数据链路层），与 Ethernet Ⅱ帧中的 Type 字段的作用一样。

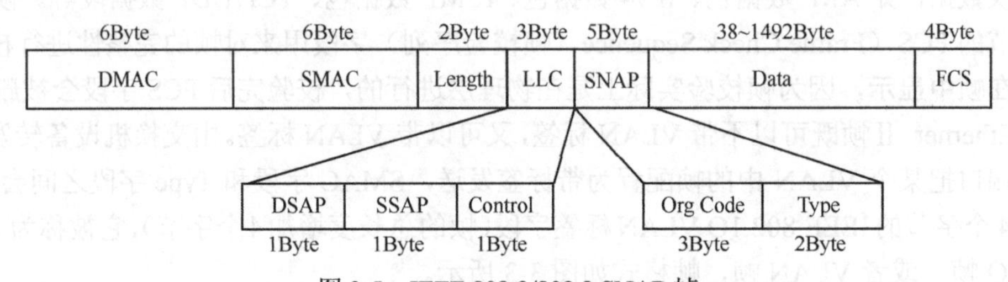

图 3-5 IEEE 802.3/802.2 SNAP 帧

另外，IEEE 802.3/802.2 SNAP 帧与 IEEE 802.3/802.2 LLC 帧的不同之处还体现在一些字段的取值上，IEEE 802.3/802.2 SNAP 帧中的 DSAP 和 SSAP 字段在 LLC 头都被设置成 SNAP 定义的值 0xAA，而 IEEE 802.3/802.2 LLC 帧中的 DSAP 和 SSAP 字段值不是固定的。

2. 抓包验证

图 3-6 所示是在本实验 LSW1 的 E0/0/1 接口上抓的由 Client 访问 Web 服务器时一个 TCP 数据段中的帧头。从图中可以看出，它是一个 Ethernet Ⅱ帧，帧头部分包含了 DMAC、SMAC 和 Type 3 个字段，其中 Type 字段值为 0x0800，代表上层协议是 IPv4。

帧尾没有图 3-2 所示的 FCS 字段，因为 FCS 字段在数据由物理层向数据链路层上传时已被删除。另外，帧中也没有 VLAN 标签，因为这是由 Client 发送的帧，主机设备发送的数据帧通常都是不带标签的。

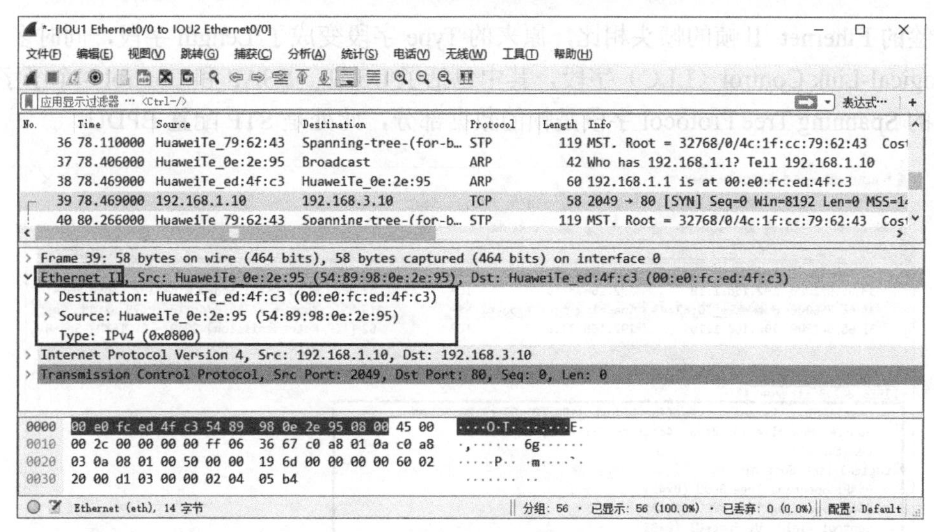

图 3-6　在 LSW1 E0/0/1 接口抓的由 Client 发送的不带标签的 Ethernet Ⅱ帧

图 3-7 所示是在 LSW1 的 E0/0/2 接口抓的一个由 LSW1 转发 Client 给 Web 服务器的 TCP 数据段的帧头。因为 LSW1 连接 Client 的 E0/0/1 接口加入了 VLAN 10，且 LSW1 的 E0/0/2 接口上对 VLAN 10 的数据帧采取保留原 VLAN 标签发送方式，所以此帧头除了图 3-6 所示的 3 个字段外，SMAC 字段和 Type 字段之间还插入了一个 4 个字节的 802.1Q Virtual LAN（VLAN）标签字段，但它仍为 Ethernet Ⅱ帧。其中的“Type：802.1Q Virtual LAN（0x8100）”就是 VLAN 标签字段中的 TPID（Tag Protocol Identifier，标签协议标识）子字段。

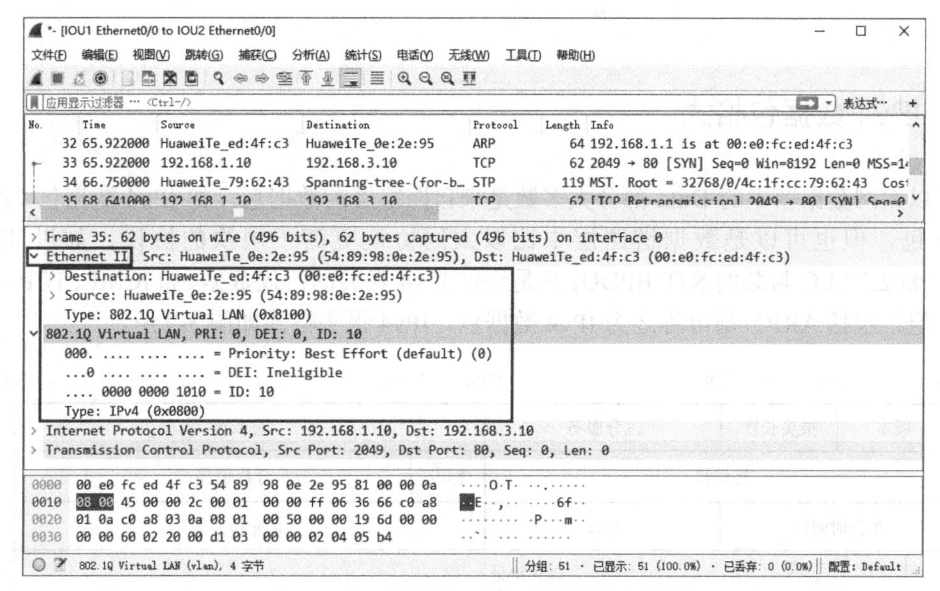

图 3-7　在 LSW1 E0/0/2 接口抓的由 LSW1 转发的带标签的 IEEE 802.1Q 帧

以上两个帧格式均是 Ethernet Ⅱ帧，图 3-8 所示是在 LSW1 E0/0/2 接口抓的一个由 LSW1 交换机自己发送 STP BPDU 的 IEEE 802.3/802.2 LLC 帧。从图中可以看出，与不带标签的 Ethernet Ⅱ帧的帧头相比，原来的 Type 字段变成了 Length 字段，同时多了一个 Logical-Link Control（LLC）字段，其中包括了 DSAP、SSAP 和 Control 3 个子字段。后面的 Spanning Tree Protocol 字段是帧的数据部分，此处是 STP 配置 BPDU。

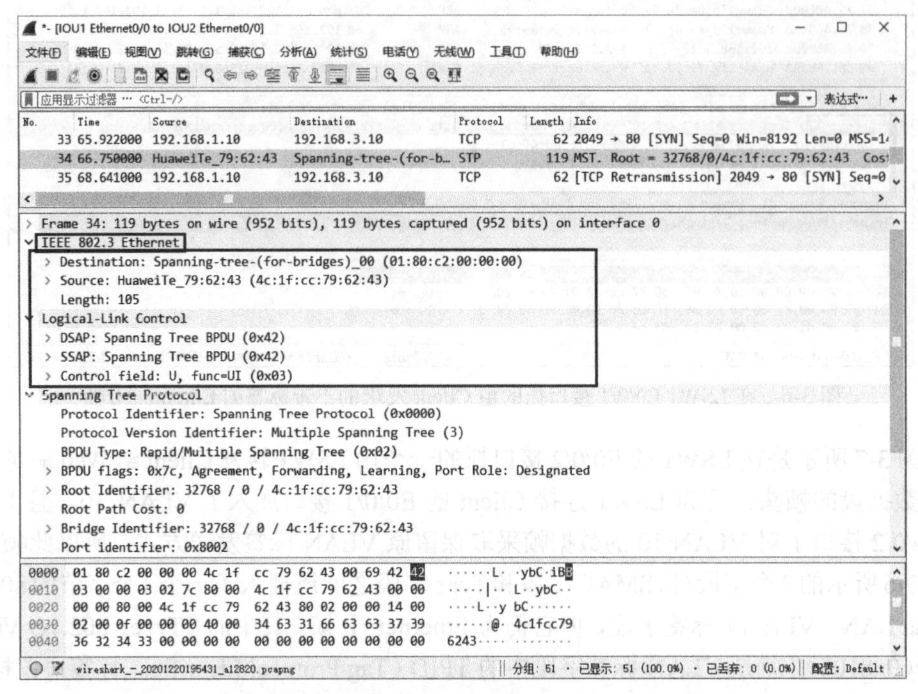

图 3-8 在 LSW1 E0/0/2 接口抓的由 LSW1 发送的 STP IEEE 802.3/802.2 LLC 帧

二、IPv4 数据包格式

以太网数据帧中的 Data 部分大多数是来自网络层的数据包，如 IPv4 数据包、ARP 数据包，但也可以是数据链路层中比以太网协议更高子层次的协议，如以 IEEE 802.3/802.2 LLC 封装的 STP BPDU。凡是经过 IPv4 封装的协议数据（如 ICMP、TCP/UDP 等，但不包括 ARP）都可称之为 IPv4 数据包，IPv4 报头格式如图 3-9 所示。

0　3bit　7bit　15bit　18bit　31bit

<table>
<tr><td>版本</td><td>报头长度</td><td>区分服务</td><td colspan="2">总长度</td></tr>
<tr><td colspan="3">标识符</td><td>标志</td><td>分片偏移</td></tr>
<tr><td colspan="2">生存时间值</td><td>协议</td><td colspan="2">头部校验和</td></tr>
<tr><td colspan="5">源IP地址</td></tr>
<tr><td colspan="5">目的IP地址</td></tr>
<tr><td colspan="4">选项</td><td>填充</td></tr>
</table>

图 3-9 IPv4 报头格式

IPv4报头中的各个字段的含义及其作用如下。

1. Header Length（报头长度）

该字段仅标识IPv4报头部分的字节数，包括了Options（选项）和Padding（填充）字段，但不包括Data部分。IPv4基本报头长度固定为20个字节，加上可选的选项和填充字段，最长不能超过60个字节。

2. Total Length（总长度）

该字段标识的是整个IPv4数据包的字节数，包括IPv4报头和Data部分。这个字段一共16位，可以标识的最大值为65535，对应的最大字节数为65536（因为字节是从0开始编号的），即64KB。

理论上，IP数据包的长度超过64kB时要进行分片，但事实上不同链路类型的MTU（Maximum Transmission Unit，最大传输单元）不尽相同。在常用的以太网中，MTU最大值为1500个字节（对应Ethernet Ⅱ帧中的Data字段的取值范围），**因此一个IP数据包的长度大于1500个字节就要进行分片。**

【注意】 IPv4数据包的最小长度没有限制，不一定要大于Ethernet Ⅱ帧中Data字段的最小值，即46个字节，如一个ACK TCP数据段，整个IP数据包的长度为20个字节的IPv4基本报头加20个字节的TCP基本报头，共40个字节。以太网在接收到小于46个字节的帧时会自动填充到46个字节。

3. Flags（标志）

该字段包括3个标志位，**仅对经过分片的IPv4数据包有意义，不分片的数据包全部置0。**目前只有两位有意义，最高位保留（总是置0）。最低位置1时为MF（More Fragment，更多分片），表示后面还有分片，即本分片不是原始数据包拆分后的最后一个分片；最低位置0时表示后面没有其他分片。中间位置为1时为DF（Don't Fragment，不分片），表示该IPv4数据包没有经过分片；中间位置为0时表示已经过分片，**但在分片的数据包中才可置1，不分片的数据包总是置0。**

IPv4数据包被分片时，上层协议的协议头必须全部在第一个分片中，即从第二个分片开始Data字段全部是原始IPv4数据包中Data字段的内容。但同一个IPv4数据包拆分的每个分片都会加一个IPv4地址信息相同的IPv4报头，且其中的Identification（标识符）字段值也都是一样的。

4. Fragment Offset（分片偏移）

该字段共13位，用于目的端对经过分片的IPv4数据包进行重组排序，**也仅对经过分片的数据包有意义，不分片的数据包置0。**当一个IPv4数据包拆分为多个分片时，第一个分片的字段值为0，其余分片的字段值以8个字节为单位分别计算分片中Data字段第一个字节相对原来IPv4数据包中Data字段第一字节偏移的字节数。偏移值越大，IPv4数据包在目的端进行分片重组时越排在后面。

5. Header Checksum（头部校验和）

该字段仅对IPv4数据包的IPv4报头进行校验，不对Data部分进行校验。

6. Padding（填充）

该字段仅当IPv4报头长度不为4个字节的整数倍时才有，**其作用仅是使IPv4报头的长度为4个字节的整数倍，并不是使IPv4数据包的长度大于等于Ethernet Ⅱ帧中**

Data 字段的最小值。

另外要注意，传统的 IP 通信中，IPv4 数据包中的源 IP 地址和目的 IP 地址总是保持不变，而以太网帧头中的源 MAC 地址和目的 MAC 地址在每一跳都要进行重新封装。

图 3-10 所示为本实验在 LSW1 的 E0/0/1 接口抓的一个由 Client 访问 Web 服务器并建立 TCP 连接时 SYN TCP 数据段中的 IPv4 报头。

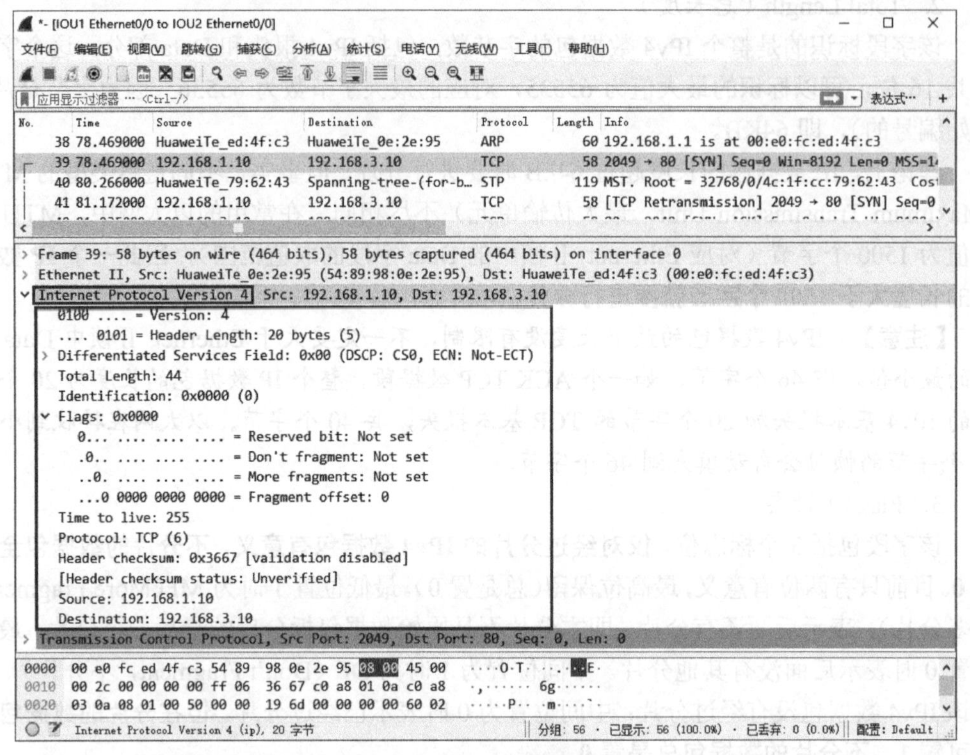

图 3-10　IPv4 数据包示例

从图 3-10 中可以看出，本 IPv4 数据包中没有 Options 字段，因为 Header Length 字段长度为 20 个字节，恰好为 IPv4 基本报头长度，也是 4 个字节的整数倍，所以也没有“填充”字段。因为 Total Length 字段值为 44，所以本 IPv4 数据包的总长度为 44 个字节。这样一来，Data 部分——TCP 数据段的长度为 24 个字节。

另外，从图 3-10 所示的 IPv4 数据包格式中可以看出，加上 Fragment Offset 字段，一共 16 位的 Flags 字段全为 0，值为 0x0000，因为本 IPv4 数据包没有经过分片。Protocol（协议）字段值为 0x06，表示 Data 部分的协议类型为 TCP。当然，Protocol 字段也可以是其他高于 IPv4 层次的协议，如 ICMP、IGMP（Internet Group Management Protocol，互联网组管理协议）、OSPF（Open Shortest Path First，开放最短路径优先）、UDP 等。

图 3-11 所示是一个 ACK TCP 数据段中的 IPv4 数据包，从图中可以看出它的总长度为 40 个字节，包含 20 个字节的 IPv4 基本报头和 20 个字节的 TCP 基本报头。尽管它小于 Ethernet Ⅱ帧中 Data 字段的最小值，但数据链路层进行帧封装时会自动填充，不用在 IPv4 报头和 TCP 数据段头部进行填充。IPv4 报头和 TCP 数据段头部中的“填充”（Padding）字段仅在 IPv4 报头、TCP 数据段头部的长度不是 4 个字节整数倍时才能以 0

进行填充，使其达到 4 个字节的整数倍。

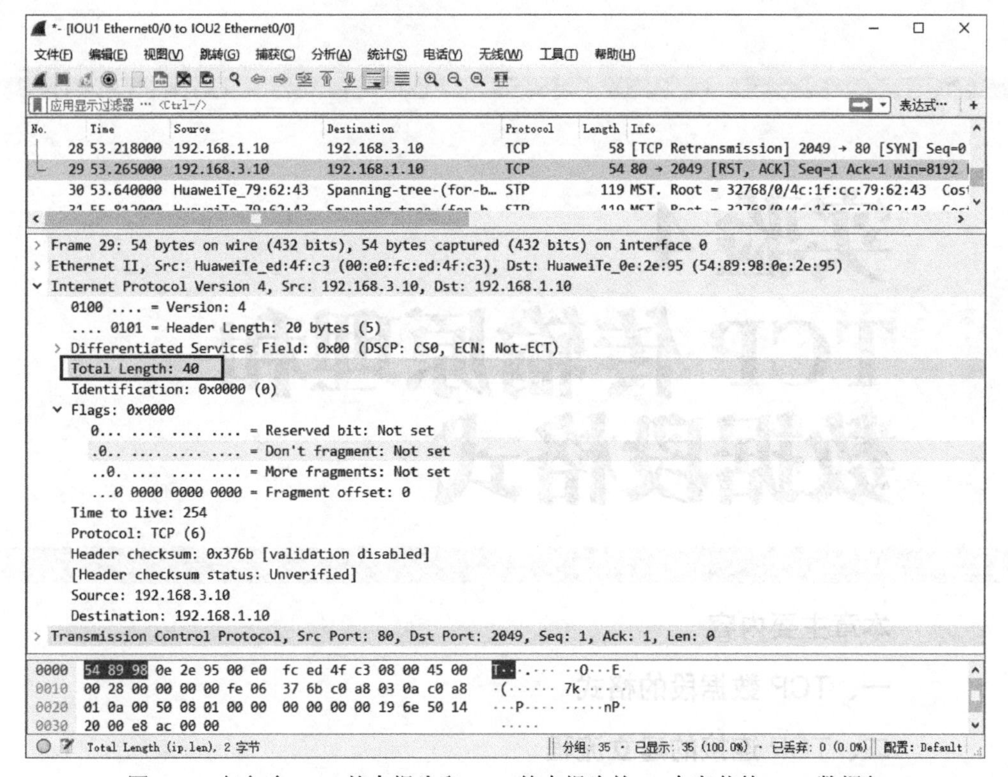

图 3-11　仅包含 IPv4 基本报头和 TCP 基本报头的 40 个字节的 IPv4 数据包

实验 4 TCP 传输原理和数据段格式

本章主要内容

一、TCP 数据段的格式

二、TCP 连接的建立流程

三、TCP 数据传输

四、TCP 连接释放流程

TCP 用于应用层中采用 TCP 作为传输层协议的数据进行封装，形成 TCP 数据段。TCP 是一种可靠的端到端的传输层协议，仅应用于单播通信。采用 TCP 作为传输层协议的应用层服务，在进行网络应用前，源端和目的端必须先建立一个专门的 TCP 连接，因此这些应用层服务都是面向连接的，如 FTP（File Transfer Protocol，文件传输协议）、Telnet、HTTP 服务等。

本实验采用和实验 3 一样的方案，其拓扑结构如图 4-1 所示，配置方法参见实验 3。本实验通过对 Client 以 Web 方式访问 Web 服务器的过程进行抓包来再现 TCP 建立连接、数据传输和连接释放的流程，同时巩固 TCP 数据段的格式。

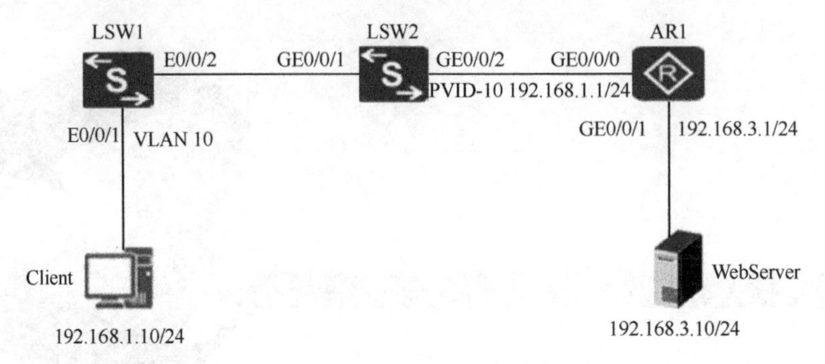

图 4-1 实验拓扑结构

一、TCP 数据段的格式

TCP 数据段的格式如图 4-2 所示。TCP 头部中的字段的含义及其作用如下。

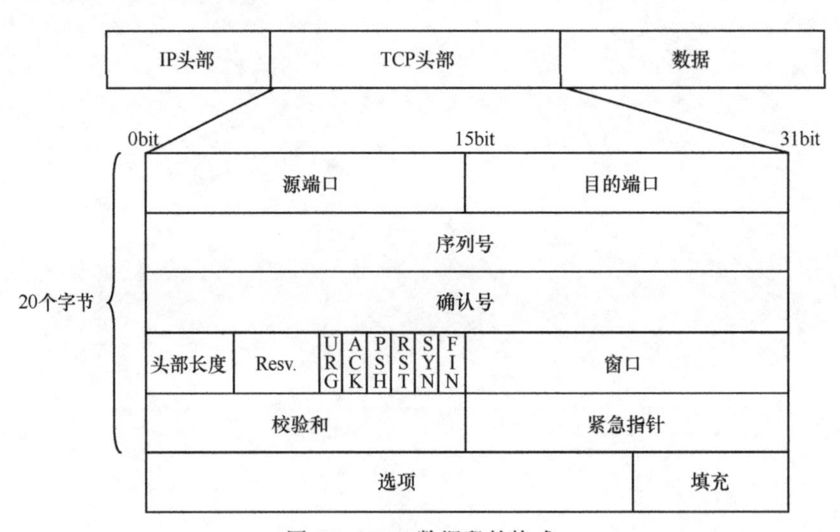

图 4-2 TCP 数据段的格式

1. Sequence Number（序列号）

该字段用于标识一个 TCP 数据段的序列号，占 4 个字节(32 比特)。**序列号指 Data**

字段中第一个字节的编号（Data 字段的每一个字节都要进行编号）。初始序列号是随机的，是 0~4 294 967 295 的任意值，但在抓包软件（如 Wireshark）中通常是以相对序列号（Relative Sequence Number）显示的。下一个 TCP 数据段的序列号等于当前数据段的序列号+Data 字段字节数。如当前 TCP 数据段的序列号是 10，而 Data 字段共有 22 个字节，则下一个数据段的序列号为 10+22=32。

2. Acknowlegment Number（确认号）

该字段指本端期望接收对端下一个数据段的序列号，**不是已正确接收到的最后一个字节的序列号，而是已正确接收的连续数据段中最大数据字节的编号加 1**，也是上次接收来自对端的 TCP 数据段在 Wireshark 中显示的 Next Sequence Number（下一个序列号）值。

3. Header Length（头部长度，也称"数据偏移"）

该字段是以 4 个字节为单位来标识 TCP 头部的总长度，以便目的端把数据向应用层上传时能准确地去掉 TCP 头部，仅保留 Data 字段部分。该字段共 4 位，最大值为 15，再乘以 4 个字节单位，故 TCP 头部的最大长度为 15×4=60 个字节。如果没有 Options 字段，则该字段值为 5，即 TCP 头部为 20 个字节。

与 IPv4 头部一样，TCP 头部的长度也必须是 4 个字节的整数倍，当不是 4 个字节的整数倍时，必须通过 Padding（填充）字段以 0 填充，使 TCP 头部的总长度为 4 个字节的整数倍。

4. ACK（Acknowledgement，确认）

这是一个标志位，指 TCP 数据段中 Acknowlegment Number 字段是否有效，置 1 时表示有效，表示这是一个 ACK 确认数据段。**ACK 数据段中没有 Data 部分**。

5. SYN（Synchronization，同步）

这也是一个标志位，表示这是一个请求建立 TCP 连接的 SYN 数据段。如果对端同意建立 TCP 连接，则对方会返回一个 ACK=1 的确认数据段，同时 SYN 标志位也置 1，表示同时向本端请求建立 TCP 连接。**SYN 数据段中没有 Data 部分**。

6. FIN（Final，最后）

这也是一个标志位，用于向对端发起释放 TCP 连接的请求，表示本端没有数据要向对端传输。**FIN 数据段中没有 Data 部分**。

7. Window（窗口）

该字段用来表示本端当前可用于存储传入数据段（**仅包括数据段的 Data 部分，去掉了 TCP 头部**，准备向应用层上传）的字节大小，即发送方当前还可以接收的最大字节数（可作为下次向本端发送数据时确定数据段大小的依据，以免溢出）。该字段为 16 位，因此最大值为 65535，即最大的窗口大小为 64kB，也就是一次最大只能发送 64kB 的 TCP 数据段（仅指 Data 部分）。当对端发来的 TCP 数据段中不包含 Data 字段时（如 TCP 连接建立、释放阶段的数据段），该数据段不会在本地缓存中保存，因此不会消耗本地缓存空间。

二、TCP 连接的建立流程

TCP 连接的建立是一个三次握手的过程，通常由应用服务的客户端发起。TCP 连接建立的过程中，发送的 TCP 数据段中没有 Data 部分，基本流程如下（以下 TCP 数据段均是在实验中的 LSW1 E0/0/2 接口上抓取的）。

① 客户端发送一个 SYN 标志（Flags）位置 1 的 TCP SYN 数据段，请求与服务器端建立 TCP 连接。**这是第一次握手。**

图 4-3 所示为一个由 Client 向 Web 服务器发起 TCP 连接建立请求的 TCP SYN 数据段。“TCP Segment Len：0”表示本数据段没有 Data 部分，但这不是 TCP 数据段的一个字段，仅是 Wireshark 软件给出的一个说明。在 Flags 部分，仅 SYN 标志位置 1，表示这是一个单纯的 SYN 数据段，仅用于向 Web 服务器发起 TCP 连接建立请求。

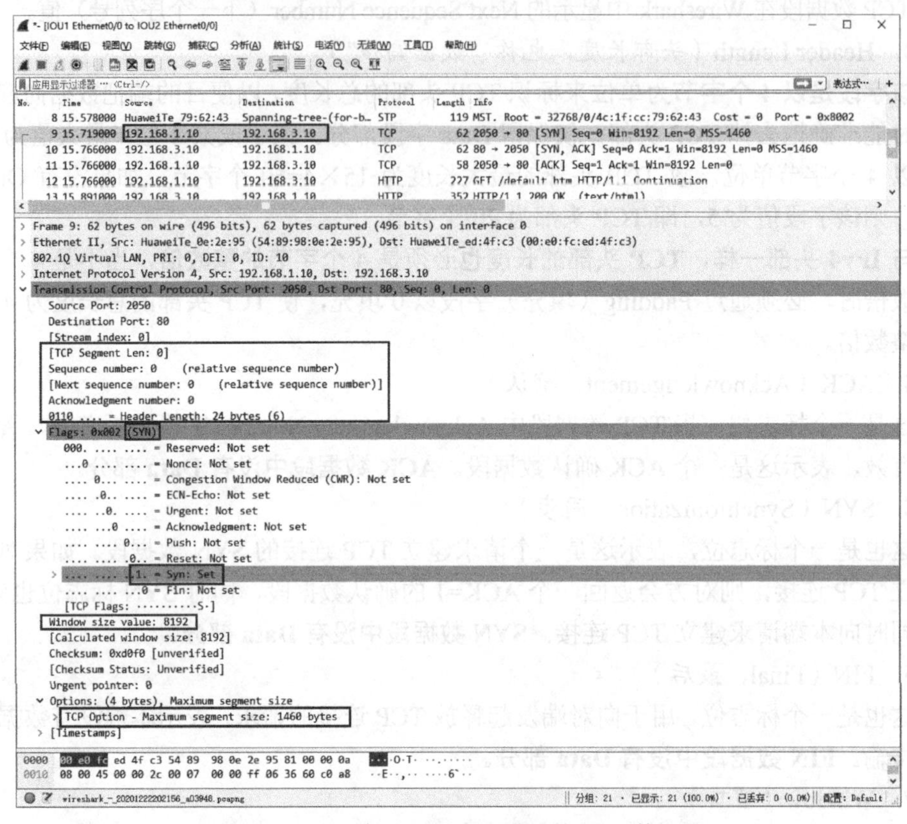

图 4-3　Client 向 Web 服务器发送的 SYN 数据段

图 4-3 所示的该数据段的序列号为 0，后面有一个“relative sequence number”的说明，表示这是一个相对序列号，因为初始的序列号可能是一个很大的随机整数，不一定是 0。因为这是 Client 发送的第一个数据段，为了更好识别，所以以相对序列号 0 来代表。

图 4-3 中的“Next sequence number：0”不是 TCP 数据段中的字段，而是 Wireshark 软件给出的一个说明，表示本端发送的下一个 TCP 数据段的序列号为 0。这个值等于当前数据段的序列号+当前数据段 Data 字段的字节数，因为在 TCP 连接建立的过程，TCP 数据段没有 Data 字段，即 Data 字段的长度为 0，当前的序列号也为 0，根据下一个数据段的序列号等于当前序列号+Data 字段字节数，故可得出下一个数据段的序列号也为 0。但这个规则对于 TCP 连接建立阶段不一定准确，因为 Client 发送的第二个 TCP 数据段

的序列号有时并不等于0，而是等于1，具体如图4-5所示。**在TCP连接建立的同一端发送的TCP数据段的序列号总是以1为单位进行递增的。**

图4-3中的Acknowledgment number为0，表示期望收到来自Web服务器的第一个TCP数据段。但本数据段中的ACK标志位为0，因此Acknowledgment number字段值无效，Web服务器在收到这个SYN数据段后不会对该字段值进行处理。

Header Length字段为24个字节，表示在本TCP数据段中除了基本的TCP报头外还有选项，该选项为4个字节的Maximum Segment（最大数据段）选项，这是TCP连接建立过程中必须在两端进行协商的选项。

【注意】 Window size value（窗口大小值）字段的值为8192，当Client发送第二个TCP数据段后再查看这个字段的值，会发现这个值不变（如图4-5所示），因为在TCP连接建立阶段，各个数据段均没有Data部分，不会消耗缓存空间。

② 服务器在收到客户端发来的SYN数据段后，会发送一个ACK标志位、SYN标志位均置1的TCP SYN+ACK数据段，一方面是对客户端发送建立TCP连接SYN请求数据段的确认，另一方面向客户端发送一个建立TCP连接的SYN请求数据段。**这是第二次握手。**

图4-4所示为Web服务器在收到Client发来的SYN数据段后发送的一个SYN+ACK数据段。如这个数据段中ACK标志位置1，表示这是对Client发来的SYN数据段的确认，同时表示本数据段中的Acknowledgment number字段值有效；SYN标志位也置1，表示这同时也是Web服务器向Client发送的建立TCP连接的SYN请求数据段。

因为这是Web服务器向Client发送的第一个TCP数据段，所以Sequence number字段值为0。又因为Web服务器已成功接收到来自Client的序列号为0、数据段长度（仅指Data字段长度）也为0的TCP数据段，所以期望下次接收的数据段序列号为1，Acknowledgment number字段值为1。

图4-4中的“TCP Segment Len：0”表示本TCP数据段的长度为0，即没有Data字段部分。Header Length字段为24个字节，表示在本TCP数据段中除了基本的TCP报头外还有选项，该选项为4个字节的Maximum Segment选项，用来与对端协商MSS参数值。

③ 客户端在收到服务器发来的TCP连接建立请求后也发送一个ACK标志位置1的ACK确认数据段。**这是第三次握手。**

图4-5所示是Client在收到来自Web服务器发来的SYN+ACK数据段后，对SYN标志位置1时建立的TCP连接请求进行确认，发送一个ACK标志位置1的TCP ACK确认数据段。这也是Client向Web服务器发送的第二个TCP数据段。

图4-5中Sequence number字段值为1，不是在图4-3的第一个TCP数据段中“Next sequence number”部分显示的0，所以这个WireShark说明不适用于TCP连接阶段。Acknowledgment number字段值为1，表示期望下次接收来自Web服务器的数据段的序列号为1，因为Client已成功收到来自Web服务器的序列号为0、数据段长度（仅指Data字段长度）也为0的TCP数据段。Header Length字段为20个字节，恰好等于TCP基本报头的长度，表示本数据段不包括任何选项。由此也可证明，Maximum Segment选项的协商仅在SYN数据段交互之间。

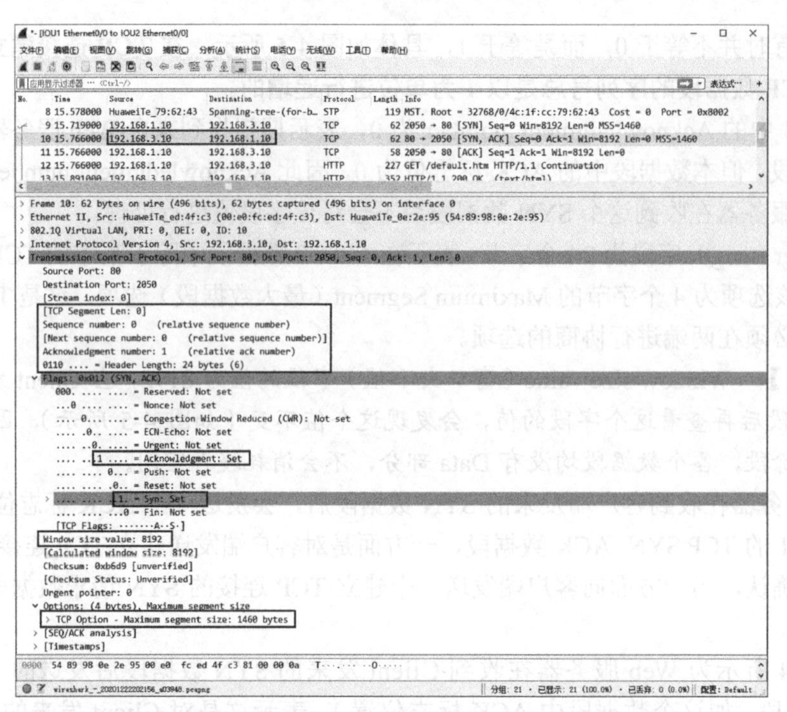

图 4-4 Web 服务器向 Client 发送的 SYN+ACK 数据段

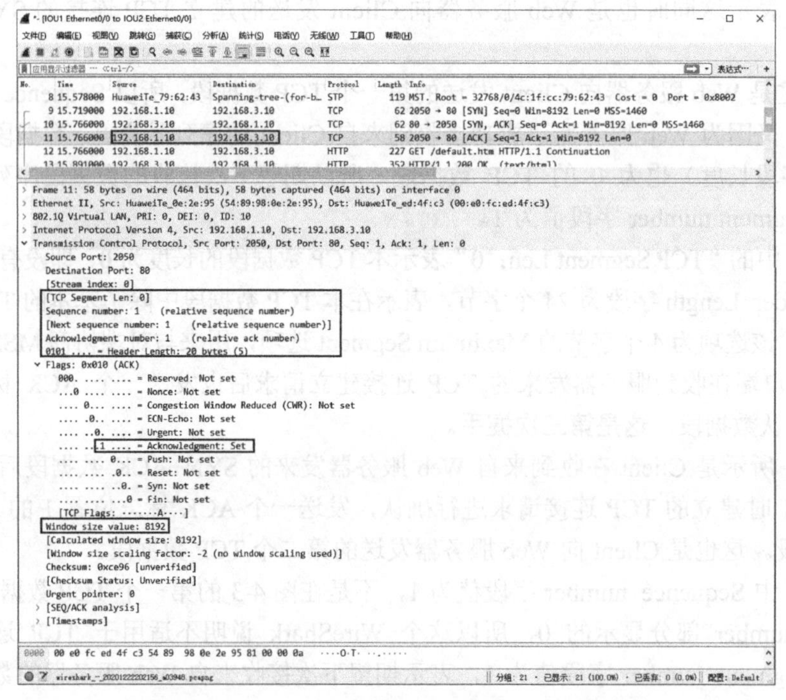

图 4-5 Client 向 Web 服务器发送的 ACK 数据段

另外，在图 4-5 中，Window size value 字段值仍为 8192（与 Client 发送的第一个数据段中该字段值一样，如图 4-3 所示），因为尽管接收到来自 Web 服务器的一个数据段，但由于没有 Data 字段部分，所以不会在本地缓存中保存数据。

至此，双方都向对方发送了一个 TCP 连接建立请求，同时双方都对对方发来的 TCP 连接请求进行了确认。完成了 Client 和 Web 服务器之间的 TCP 连接建立过程，双方就可以进行正式的应用层数据传输了。

三、TCP 数据传输

本实验以 Client 通过 Web 方式访问 Web 服务器上的一个主页为例进行介绍。

图 4-6 所示为 Client 向 Web 服务器发送一个 Get 请求 HTTP 报文，在 TCP 头部中 ACK 标志位置 1，表示其中的 Acknowledgment number 字段值有效，Push 标志位置 1，表示该数据段需要立即向应用层提交。

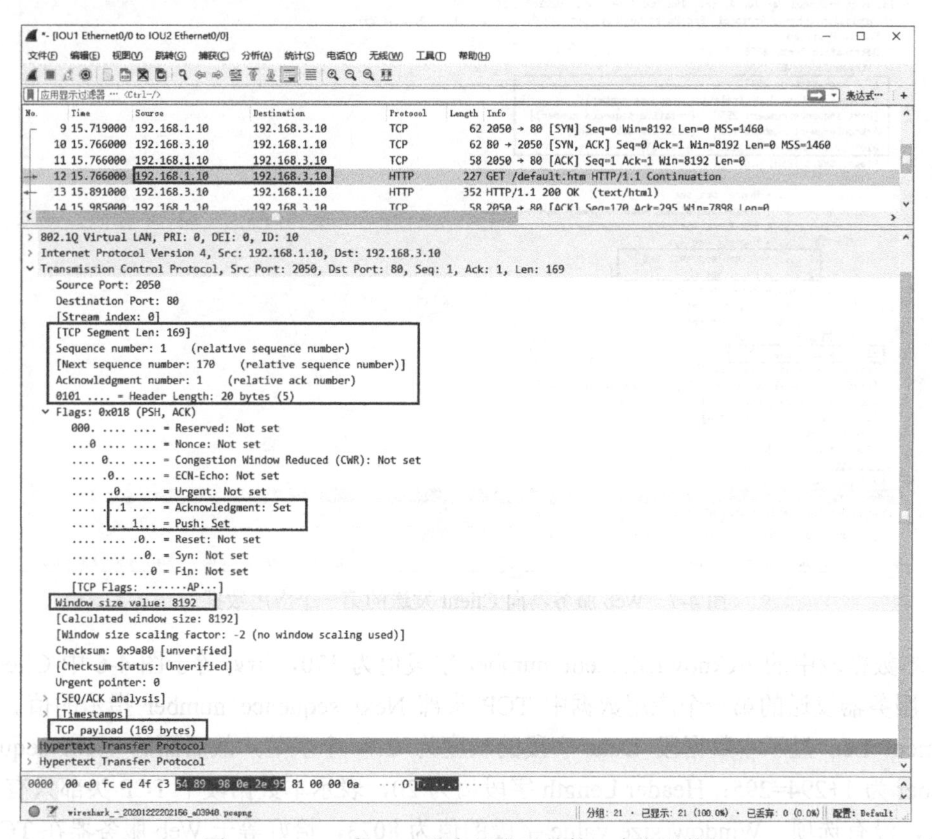

图 4-6　Client 向 Web 服务器发送的第一个应用数据

另外，此报文中的 TCP 数据段中的 Sequence number 字段值与 Client 在 TCP 连接建立阶段发送的最后一个 ACK 确认数据段的序列号一样，均为 1，**这是因为上一个 ACK 确认数据段中没有 Data 部分，且这两个数据段是由 Client 连续发送的**。TCP Segment Len 显示本数据段 Data 字段的长度为 169 个字节，故后面的 Next sequence number 为 1+169=170；Header Length 字段值为 20，表示该数据段中 TCP 头部只有基本报头，没有选项。

图 4-7 所示为 Web 服务器在收到 Client 发送的 Get 请求报文后向 Client 返回的主页文件，其中 ACK、Push 标志位置 1。但这个数据段的 Sequence number 字段值与 Web 服务器在 TCP 连接建立阶段发送的最后一个 SYN+ACK 确认数据段的序列号 0 不一样（这里为 1），**因为尽管上一个数据段没有 Data 部分，但这两个数据段不是由 Web 服务器连续发送的。**

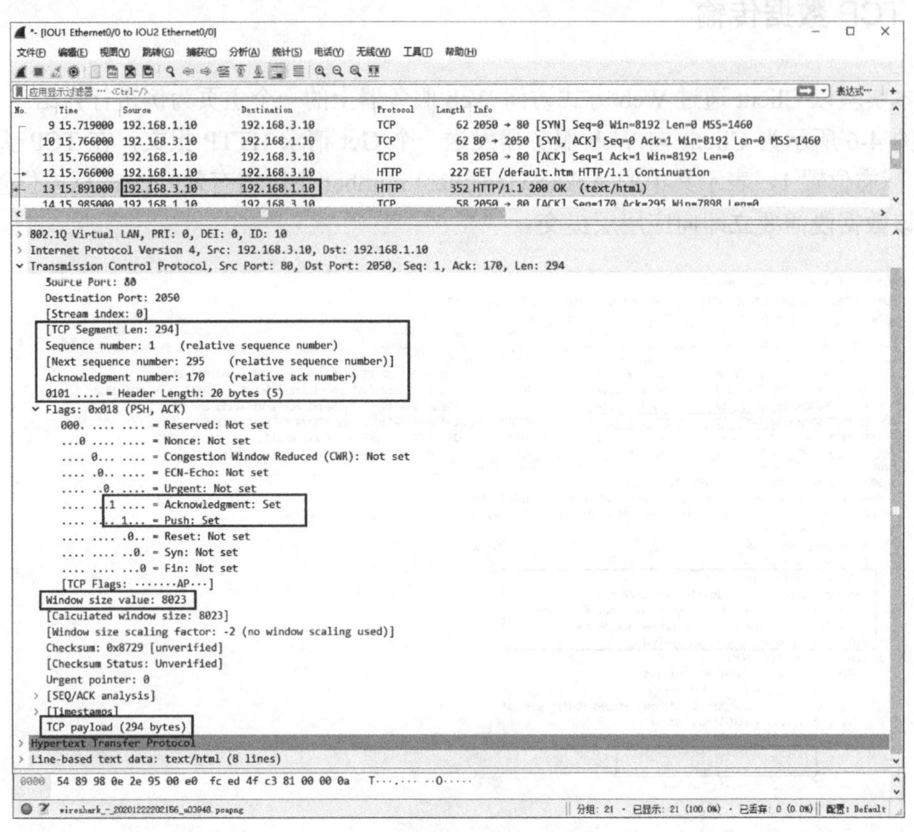

图 4-7 Web 服务器向 Client 发送的第一个应用数据

本数据段中的 Acknowledgment number 字段值为 170，恰好等于图 4-6 中 Client 向 Web 服务器发送的第一个应用数据中 TCP 头部 Next sequence number 指示的值。TCP Segment Len 显示本数据段 Data 字段的长度为 294 个字节，故后面的 Next sequence number 为 1+294=295；Header Length 字段值为 20，表示本数据段中 TCP 头部只有基本报头，没有选项。Window size value 字段的值为 8023，恰好等于 Web 服务器在 TCP 连接建立时窗口大小 8192 减去所接收的数据段的值 169。

图 4-8 所示为 Client 在收到 Web 服务器发来的 Web 主页文件后，发送的一个 TCP ACK 确认数据段。这个数据段中 TCP Segment Len 显示为 0，表示没有 Data 部分。Sequence number 字段值为 170，恰好等于图 4-6 中 Client 向 Web 服务器发送的第一个应用数据中 TCP 头部 Next sequence number 指示的值，也等于图 4-7 中 Web 服务器向 Client 发送的第一个应用数据中的 Acknowledgment number 字段值。

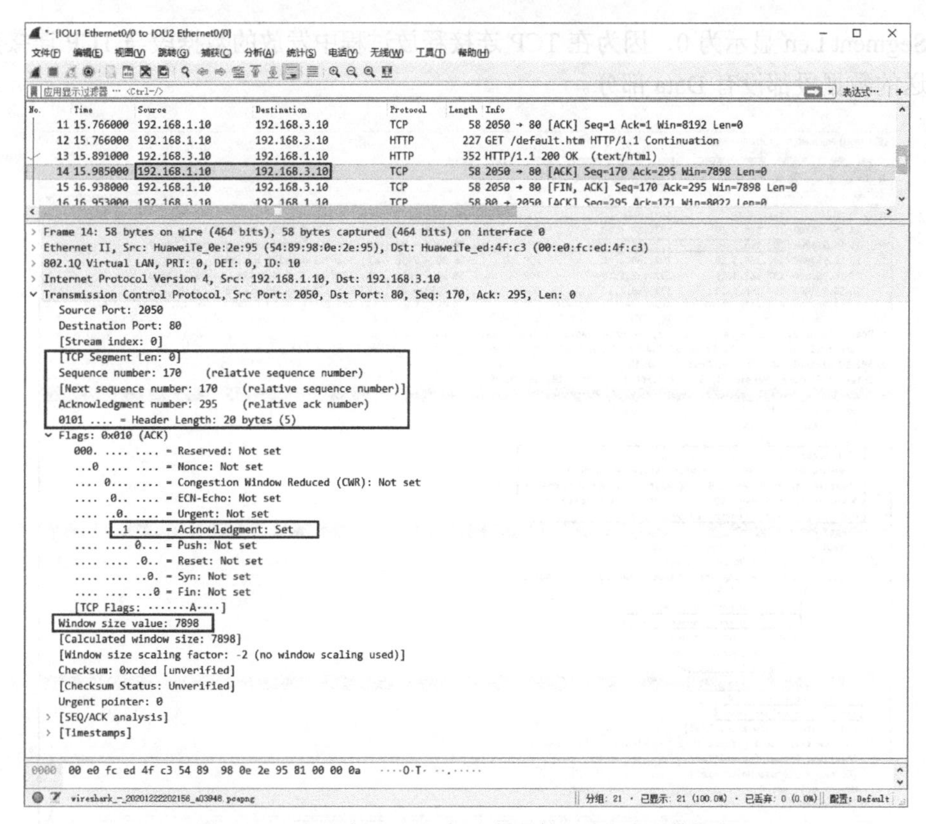

图 4-8 Client 向 Web 服务器发送的 ACK 确认数据段

另外，本数据段中显示 Window size value 字段的值为 7898，恰好等于图 4-6 中显示的窗口大小值 8192 减去上次接收的来自 Web 服务器的应用数据段的值 294。

四、TCP 连接释放流程

TCP 连接建立过程要经历三次握手，而 TCP 连接释放过程要经历四次握手，基本流程如下。

① 传输完数据的一方（可以是任意一方，在此假设为客户端）想终止连接，于是向服务器发送一个 FIN 标志位置 1（ACK 标志位也置 1，表示 Acknowledgment number 字段值有效）的 TCP FIN+ACK 数据段，**此处的序列号与最近一次发送的 TCP ACK 数据段的序列号一样**，这是因为上一个 ACK 确认数据段中没有 Data 部分，且这两个数据段是由客户端连续发送的。**如果本数据段与上一个数据段不是由同一端连续发送的，则序列号不同。**

图 4-9 所示为 Client 对来自 Web 服务器的应用数据发送 TCP ACK 数据段后，想要释放原来与 Web 服务器建立的 TCP 连接时发送的 FIN 数据段。其中 FIN 标志位和 ACK 标志位均为 1，Sequence number 与上一个 TCP ACK 数据段的序列号（参见图 4-8）一样都是 170。Acknowledgment number、Window size value 两个字段值也与图 4-8 中的一样，

TCP Segment Len 显示为 0，因为在 TCP 连接释放过程中发放的数据段与 TCP 连接建立中发送的数据段都没有 Data 部分。

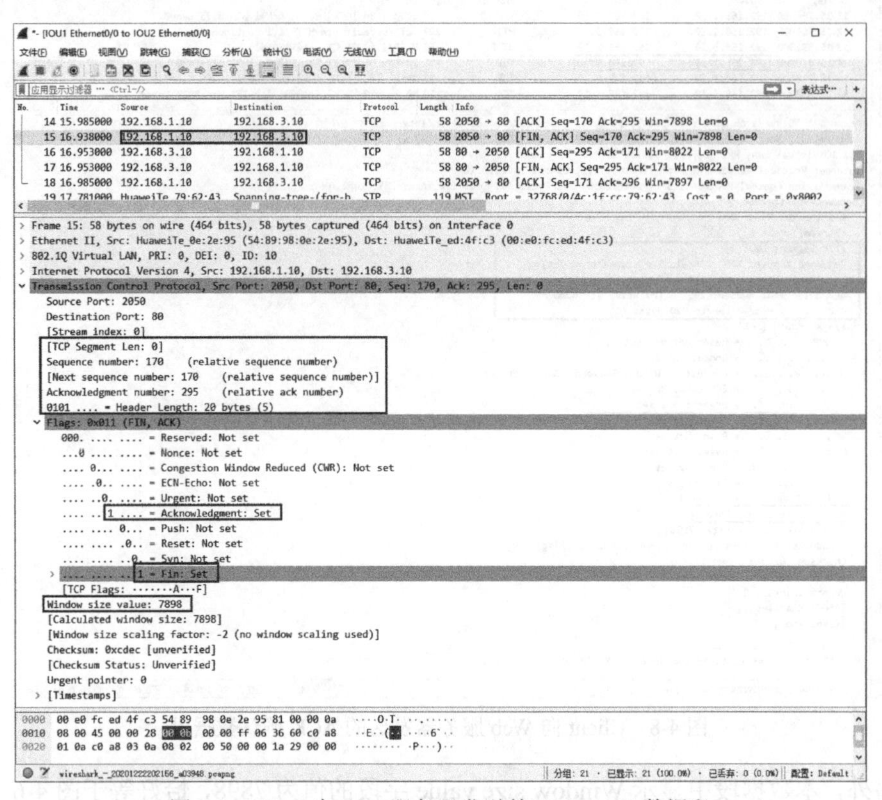

图 4-9　Client 向 Web 服务器发送的 FIN+ACK 数据段

② 服务器回应一个 ACK 标志位置 1 的 TCP 数据段进行确认，序列号为服务器最后传输的一个数据段的序列号+最后传输的数据段的 Data 字段长度。确认号为接收的来自客户端的 FIN+ACK 数据段的序列号+1，因为来自客户端的 FIN+ACK 数据段没有 Data 部分。

此时服务器通知上层的应用进程，释放客户端到服务器方向的连接，TCP 处于半关闭状态，即客户端已经没有数据要发了，但服务器若发送数据，客户端仍接收，因此这个状态可能会持续一段时间。

图 4-10 所示为 Web 服务器收到来自 Client 的 FIN+ACK 数据段后发送的一个 ACK 确认数据段，仅 ACK 标志位置 1。本数据段中，Sequence number 字段值是收到来自 Client 的 FIN+ACK 数据段中的 Acknowledgment number 字段值 295。Acknowledgment number 字段是收到的 FIN+ACK 确认数据段的序列号+1，即 170+1=171，因为收到的 FIN+ACK 确认数据段中没有 Data 部分。

本数据段中的 Window size value 字段值 8022 与 Web 服务器上次发送的最后一个应用数据段的 Window size value 字段值 8023（如图 4-7 所示）不一样，小了 1 个字节。因为在这两个数据段间，Web 服务器收到的来自 Client 的 ACK 确认数据段和 FIN+ACK 数据段均没有 Data 部分。作者做了几个不同的应用服务实验，发现在有些应用服务中，

图 4-10 和图 4-7 中的 Window size value 字段值是相同的，可能是不同应用在缓存中保存的数据有些区别。

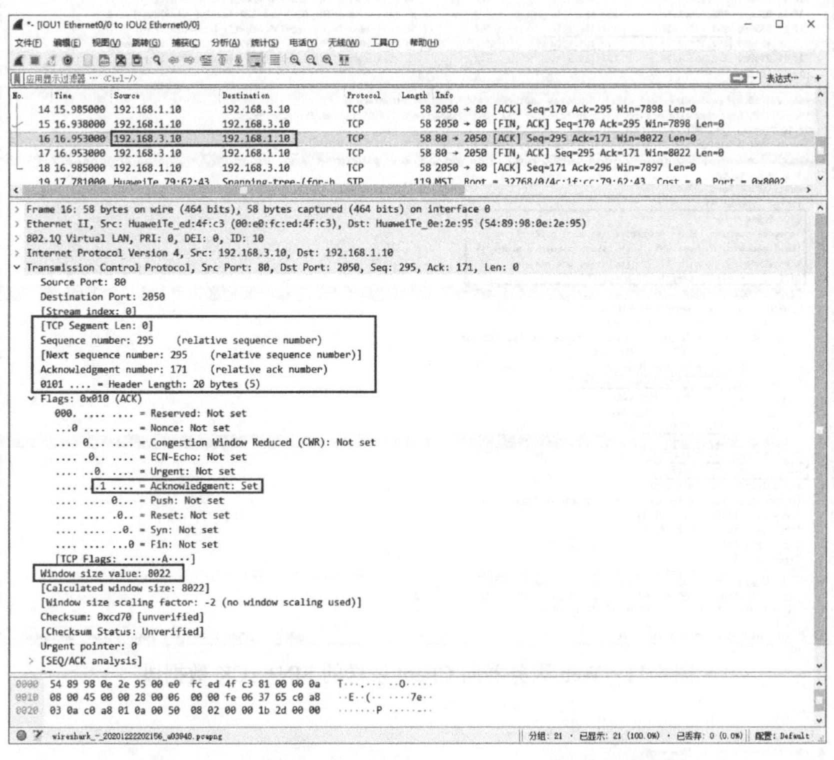

图 4-10　Web 服务器向 Client 发送的 ACK 确认数据段

③ 客户端收到服务器的 ACK 确认数据段后，等待服务器发出 FIN 数据段。如果服务器没有要向客户端发送的数据，其应用进程就通知 TCP 释放连接。这时服务器会向客户端发送释放 TCP 连接的 FIN 数据段，确认号仍与前面发送的 ACK 数据段中的确认号相同，序列号可能与前面发送的 ACK 数据段中的序列号相同（服务器在发送完 ACK 数据段后没有发送数据），也可能不同（服务器在发送完 ACK 数据段后又发送了数据）。

图 4-11 所示为服务器在发送完 ACK 数据段后立即发送的 FIN+ACK 数据段，FIN 标志位、ACK 标志位均置 1。这是在发送完 ACK 数据段后继续发送的(中间没有向 Client 再传输数据)，因此包括 Sequence number、Acknowledgment number、Window size value 等字段值均与前面的 ACK 数段中的对应字段值一样，因为数据段中没有 Data 部分。

④ 客户端在收到服务器发来的 FIN+ACK 数据段后，对服务器发送的 TCP 连接释放请求进行确认，并发送一个 ACK 数据段。

图 4-12 所示是 Client 在收到 Web 服务器的 FIN+ACK 数据段后发送的一个 ACK 确认数据段，仅 ACK 标志位置 1。这里的 Sequence number 字段值是 Client 上次发送的 FIN+ACK 数据段（如图 4-9 所示）中的 Sequence number 字段值+1=170+1=171；Acknowledgment number 字段值也是图 4-9 中 Acknowledgment number 字段值+1= 295+1= 296。这与 TCP 连接建立阶段一样，虽然 TCP 释放阶段发送的数据段没有 Data 部分，**但非连续发送的数据段的序列号、确认号仍要依次加 1。**

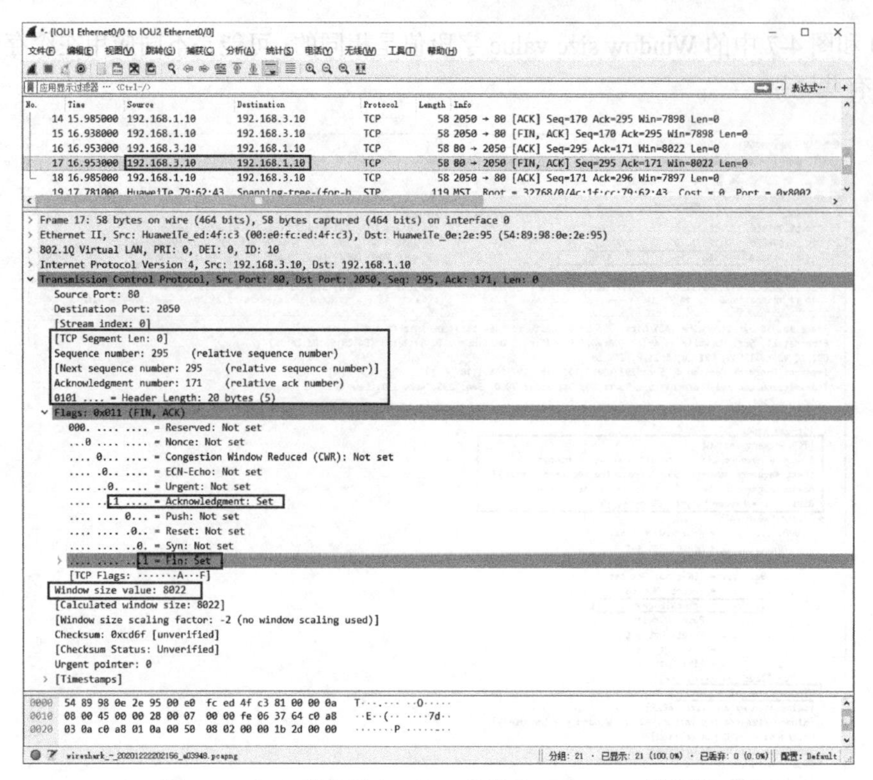

图 4-11 Web 服务器向 Client 发送的 FIN+ACK 数据段

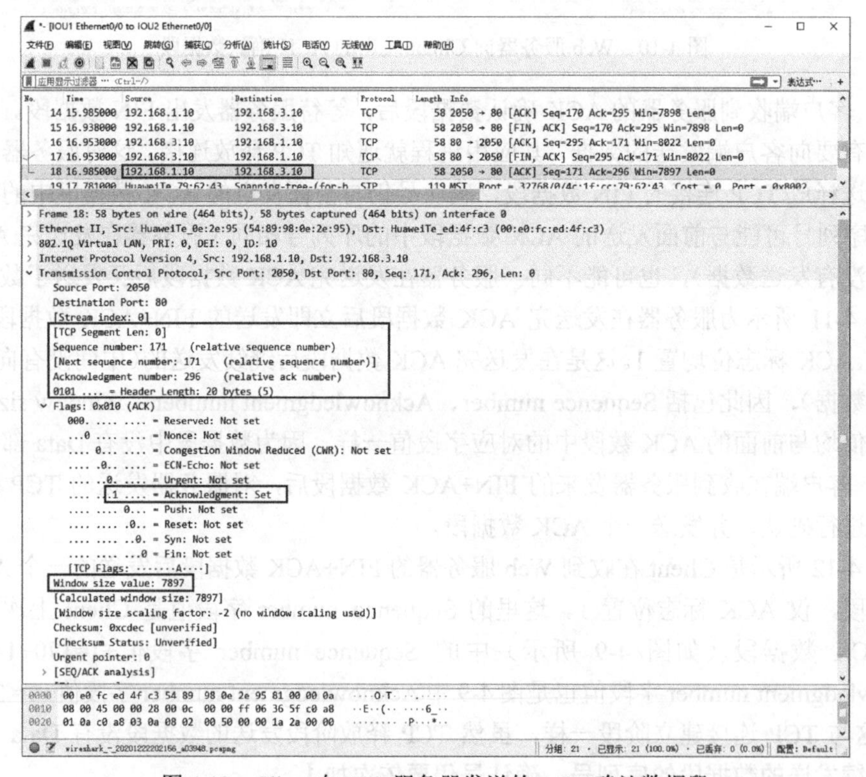

图 4-12 Client 向 Web 服务器发送的 ACK 确认数据段

实验5 数据转发流程

本章主要内容

一、数据转发的基本原理

二、数据转发流程

通过对前几个实验的学习，我们对以太网二/三层交换原理、以太网数据帧格式、IP 数据包格式和 TCP 数据段格式有了一个比较全面、深入的了解。本实验将以 Client 以 Web 方式访问网络中 Web 服务器的应用为例介绍数据的整个转发流程，其拓扑结构如图 5-1 所示，具体配置如下（本实验用户不划分 VLAN，各台路由器上均采用 IPv4 静态路由实现各个 IP 网段三层互通）。

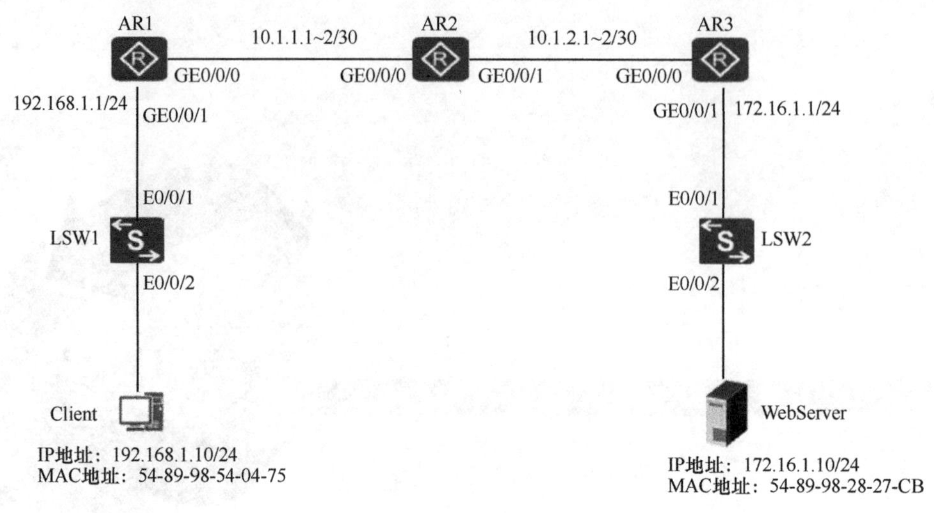

图 5-1 实验拓扑结构

1. AR1 上的配置

```
<Huawei> system-view
[Huawei] sysname AR1
[AR1] interface gigabitethernet0/0/0
[AR1-GigabitEthernet0/0/0] ip address 10.1.1.1 30
[AR1-GigabitEthernet0/0/0] quit
[AR1] interface gigabitethernet0/0/1
[AR1-GigabitEthernet0/0/1] ip address 192.168.1.1 24
[AR1-GigabitEthernet0/0/1] quit
[AR1] ip route-static 172.16.1.0 24 10.1.1.2   #---配置到达 Web 服务器所在网段的静态路由
```

2. AR2 上的配置

```
<Huawei> system-view
[Huawei] sysname AR2
[AR2] interface gigabitethernet0/0/0
[AR2-GigabitEthernet0/0/0] ip address 10.1.1.2 30
[AR2-GigabitEthernet0/0/0] quit
[AR2] interface gigabitethernet0/0/1
[AR2-GigabitEthernet0/0/1] ip address 10.1.2.1 30
[AR2-GigabitEthernet0/0/1] quit
[AR2] ip route-static 192.168.1.0 24 10.1.1.1     #---配置到达 Client 所在网段的静态路由
[AR2] ip route-static 172.16.1.0 24 10.1.2.2     #---配置到达 Web 服务器所在网段的静态路由
```

3. AR3 上的配置

```
<Huawei> system-view
[Huawei] sysname AR3
[AR3] interface gigabitethernet0/0/0
[AR3-GigabitEthernet0/0/0] ip address 10.1.2.2 30
[AR3-GigabitEthernet0/0/0] quit
```

```
[AR3] interface gigabitethernet0/0/1
[AR3-GigabitEthernet0/0/1] ip address 172.16.1.1 24
[AR3-GigabitEthernet0/0/1] quit
[AR3] ip route-static 192.168.1.0 24 10.1.2.1      #---配置到达 Client 所在网段的静态路由
```

Client 在 Web 服务器配置 IP 地址和网关的过程略。

一、数据转发的基本原理

数据转发的基本原理如下。

① 当源设备与目的设备在同一个 IP 网段时，则直接根据目的设备的 MAC 地址进行寻址，依据交换机上的 MAC 地址表找到转发出接口。

② 当源设备与目的设备不在同一个 IP 网段时，在数据到达目的设备所在 IP 网段前，根据目的设备的 IP 地址或对应的目的网络查找本地 IP 路由表，以获取从本地设备到达下一跳设备的转发出接口；当数据到达目的设备所在的 IP 网段时，根据目的设备 MAC 地址进行寻址，依据交换机上的 MAC 地址表找到转发出接口。

③ 无论是源自网络层的 IP 数据包，还是源自应用层的数据，它们在源端都要经过数据链路层的帧封装。当源设备与目的设备在同一个 IP 网段时，帧头中的源 MAC 地址就是源设备的 MAC 地址，目的 MAC 地址就是目的设备的 MAC 地址，当数据帧在整个 LAN 内转发时，帧头中的源/目的 MAC 地址保持不变；源设备与目的设备不在同一个 IP 网段时，数据帧每到达下一跳设备后，继续转发时要重新进行帧封装，帧头的源 MAC 地址变为本地设备的出接口 MAC 地址，目的 MAC 地址为下一跳设备（根据路由查找）接收接口的 MAC 地址，即数据帧每经过一个 IP 网段，帧头中的源/目的 MAC 地址都将发生改变。但通常情况下，IP 数据包头部中的源 IP 地址和目的 IP 地址会在整个传输中保持不变。

④ 在进行数据帧封装时，本地设备没有目的设备（本地设备与目的设备在同一个 IP 网段时）或下一跳设备接收接口（本地设备与目的设备不在同一个 IP 网段时）的 MAC 地址时，必须先通过 ARP 进行解析。当源设备与目的设备不在同一个 IP 网段时，源设备要通过 ARP 获取网关的 MAC 地址，后面每一跳三层设备也要各自通过 ARP 获取下一跳设备接收接口（或目的设备）的 MAC 地址。

⑤ 源设备与目的设备进行 TCP 数据通信前，它们之间须先建立专门的 TCP 连接。TCP 数据段在向应用层传输时，要同时根据 IP 数据包头中的源 IP 地址和目的 IP 地址，以及 TCP 数据段头部中的源端口和目的端口识别具体的目的设备和对应的应用进程，以便在源设备与目的设备间建立专门的端到端 TCP 传输通道。

二、数据转发流程

本实验以基于 TCP 的 HTTP 应用为例介绍整个通信流程，源端与目的端首次进行通信时涉及以下几个阶段。

1. ARP MAC 地址解析

源自计算机网络体系结构数据链路层或以上层次的数据，在通过计算机网卡或交换机、路由器等网络设备接口发送时都要经过帧封装。以太网卡或以太网接口上都需要在帧头中封装源 MAC 地址和目的 MAC 地址。源 MAC 地址通常是发送数据帧的以太网卡或以太网接口的 MAC 地址，但目的 MAC 地址不一定是目的设备的 MAC 地址，可能是下一跳设备接收数据帧的以太网卡或以太网接口的 MAC 地址。

在进行网络应用时，我们通常仅配置下一跳设备的 IP 地址，而没有配置其 MAC 地址。在初次通信时，主机或三层设备上没有生成对应的 ARP 表项，因此没有对应的下一跳设备的 MAC 地址，需要借助 ARP 来根据 IP 地址获取对应的下一跳设备的 MAC 地址。

要注意的是，ARP 仅可解析在同一个 IP 网段的设备的 MAC 地址，不能跨网段解析。当源设备与目的设备中间相隔多个三层设备时，这些三层设备需分别发送 ARP 请求报文来解析各自下一跳设备的 MAC 地址。

本实验中，Client 以 Web 方式访问 Web 服务器时，发现 Web 服务器与自己不在同一个 IP 网段，需要以网关接口（AR1 的 GE0/0/1 接口）的 MAC 地址作为目的 MAC 地址进行封装。但由于是初次通信，Client 上没有网关的 ARP 表项，所以需要通过 ARP 获取网关 GE0/0/1 接口的 MAC 地址。

图 5-2 所示为在 AR1 GE0/0/1 接口上抓的 Client 向网关 AR1 发送的 ARP 请求报文，AR1 返回 ARP 应答报文的 ARP 报文交互过程。从 Client 到 Web 服务器的路径中，AR1、AR2 和 AR3 这 3 个三层设备也要分别发送 ARP 请求报文以获取路径（通过 IP 路由查找）中的下一跳设备接口的 MAC 地址。

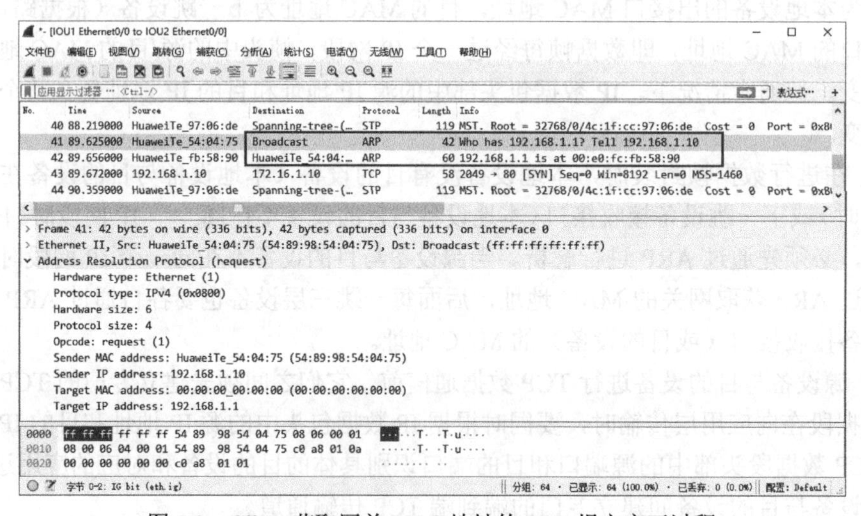

图 5-2 Client 获取网关 MAC 地址的 ARP 报文交互过程

图 5-2 中，ARP 请求报文的帧头源 MAC 地址为 Client 的 MAC 地址 54-89-98-54-04-75，目的 MAC 地址为 ff-ff-ff-ff-ff-ff，为广播 MAC 地址，表示是以广播方式发送的；ARP 报头中源 IP 地址为 Client 的 IP 地址 192.168.1.10，目的 IP 地址为 192.1681.1，源 MAC 地址为 Client 的 MAC 地址 54-89-98-54-04-75，目的 MAC 地址为 00-00-00-00-00-00，表示未知。AR1 在收到 Client 发来的广播 ARP 请求报文后，以单播方式向 Client 发送 ARP 应答报文，

从ARP应答报文的源MAC地址中获取网关的MAC地址。

2. TCP连接建立

获取了网关MAC地址后，Client还不能正式与目的设备Web服务器进行网络应用通信（路径中其他三层设备解析下一跳或目的设备MAC地址的过程，由这些三层设备各自进行，与Client无关），因为Client以Web方式访问Web服务器时是基于TCP传输层协议的，所以Client还需和Web服务器之间建立TCP连接。

① 图5-3所示为在AR1 GE0/0/1接口上抓的包，框中的3次TCP数据段的交互过程就是TCP连接建立的三次握手过程。

Client向Web服务器发送TCP SYN数据段，帧头中的源MAC地址为Client的MAC地址54-89-98-54-04-75，目的MAC地址为Client中网关AR1 GE0/0/1接口的MAC地址00-e0-fc-fb-58-90；IPv4数据包头的源IP地址为Client的IP地址192.168.1.10，目的IP地址为Web服务器的IP地址172.16.1.10；TCP数据段头部中的源端口为大于等于1024的随机TCP端口（此处为2049），目的端口为Web服务器的TCP 80端口。

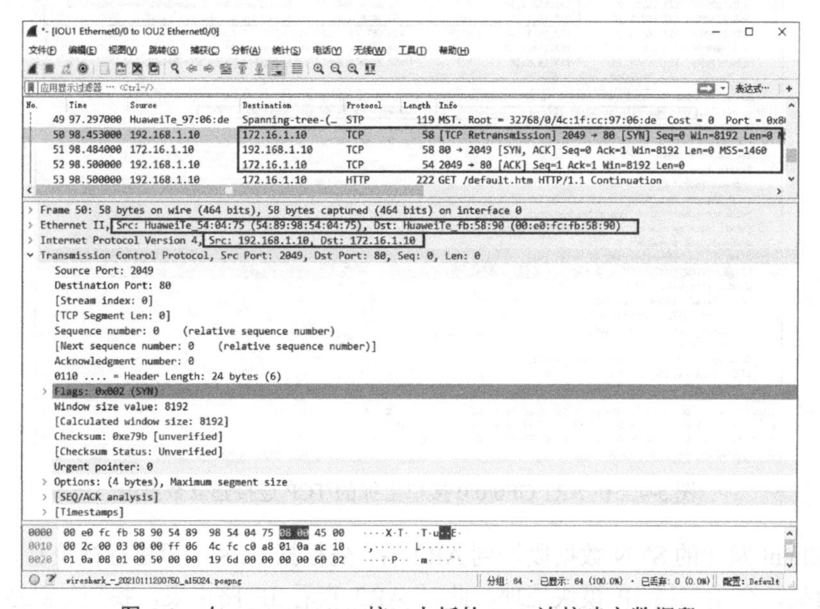

图5-3 在AR1 GE0/0/1接口上抓的TCP连接建立数据段

② Client发送的SYN数据段到达AR1后，根据FCS字段进行帧校验，校验成功后去掉帧头（帧解封装），交由三层IP模块处理。首先根据IP数据包头部信息中的校验和字段值，检查IP报头的完整性。然后根据目的IP地址检查路由表，确定是否能够将数据包转发到目的设备。进行数据包转发时，网络管理员要对IP报头中的TTL（Time To Live，生存时间值）值进行修改（逐跳减1，为0时不能再继续转发），同时要检查IP数据包大小，超过出接口的MTU值时要进行分片。其他数据包的处理方式一样，不再赘述。

此时要在AR1上查看IP路由表，找到与到达目的设备Web服务器匹配的IP路由表项（此处是在AR1上配置的到达Web服务器所在网段172.16.1.0/24的静态路由），然后找到对应的出接口和下一跳（AR2的GE0/0/0接口），再根据之前通过ARP解析生成的下一跳的ARP表项得到下一跳的MAC地址，重新对TCP SYN数据段进行帧封装，最后转发到 AR2。

图 5-4 所示为在 AR1 GE0/0/0 接口上抓的包，框中的 3 次 TCP 数据段交互过程也是 Client 与 Web 服务器之间建立 TCP 连接的三次握手过程。

AR1 转发 Client 向 Web 服务器发送的 TCP SYN 数据段，对应图中的第 5 个数据段。**此时帧头中的源/目的 MAC 地址与图 5-3 中的不一样，**源 MAC 地址为 AR1 GE0/0/0 接口 MAC 地址 00-e0-fc-fb-58-8f，目的 MAC 地址为 AR1 的下一跳——AR2 GE0/0/0 接口的 MAC 地址 00-e0-fc-0a-14-8d。IPv4 数据包头部的源/目的 IP 地址，以及 SYN 数据段中的源/目的端口与图 5-3 中的一样。后面两个数据段（图中第 6、7 个数据段）分别是由 Web 服务器向 Client 发送的 SYN+ACK 数据段和 Client 向 Web 服务器进行确认的 ACK 数据段。

【说明】 网络设备接口的 MAC 地址可在任意视图下执行 **display interface** 命令查看。

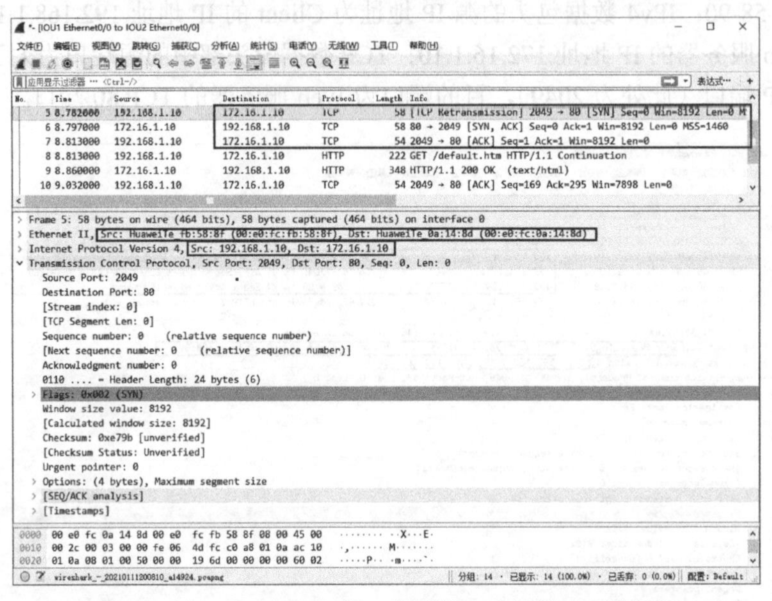

图 5-4 在 AR1 GE0/0/0 接口上抓的 TCP 连接建立数据段

③ Client 发送的 SYN 数据段转到 AR2 后，先根据 FCS 字段进行帧校验，校验成功后去掉帧头，交由三层 IP 模块处理。此时 AR2 查看 IP 路由表，找到与到达目的设备 Web 服务器匹配的 IP 路由表项（此处是在 AR2 上配置的到达 Web 服务器所在网段 172.16.1.0/24 的静态路由），然后找到对应的出接口和下一跳（AR3 的 GE0/0/0 接口），再根据之前通过 ARP 解析生成的下一跳的 ARP 表项得到下一跳的 MAC 地址，重新对 TCP SYN 数据段进行帧封装，最后转发到 AR3。

图 5-5 所示为在 AR2 GE0/0/1 接口上抓的包，框中的 3 次 TCP 数据段交互过程也是 Client 与 Web 服务器之间建立 TCP 连接的三次握手过程。

AR2 转发 Client 向 Web 服务器发送的 TCP SYN 数据段，对应图中的第 4 个数据段。**此时帧头中的源/目的 MAC 地址与图 5-4 中的不一样，**源 MAC 地址为 AR2 GE0/0/1 接口的 MAC 地址 00-e0-fc-0a-14-8e，目的 MAC 地址为 AR2 的下一跳——AR3 GE0/0/0 接口的 MAC 地址 00-e0-fc-ea-34-07。IPv4 数据包头部的源/目的 IP 地址，以及 SYN 数据段中的源/目的端口与图 5-3 中的一样。后面两个数据段（图中第 5、6 个数据段）分别是由 Web 服务器向

Client 发送的 SYN+ACK 数据段和 Client 向 Web 服务器进行确认的 ACK 数据段。

④ Client 发送的 SYN 数据段转到 AR3 后，根据 FCS 字段进行帧校验，校验成功后去掉帧头，交由三层 IP 模块处理。通过查看 IP 路由表，发现目的 IP 地址对应的设备 Web 服务器是直接连接在本地设备上的，于是根据对应的直连路由找到对应的出接口，再根据之前通过 ARP 解析得到的 Web 服务器的 MAC 地址，重新对 TCP SYN 数据段进行帧封装，转发到目的设备 Web 服务器。

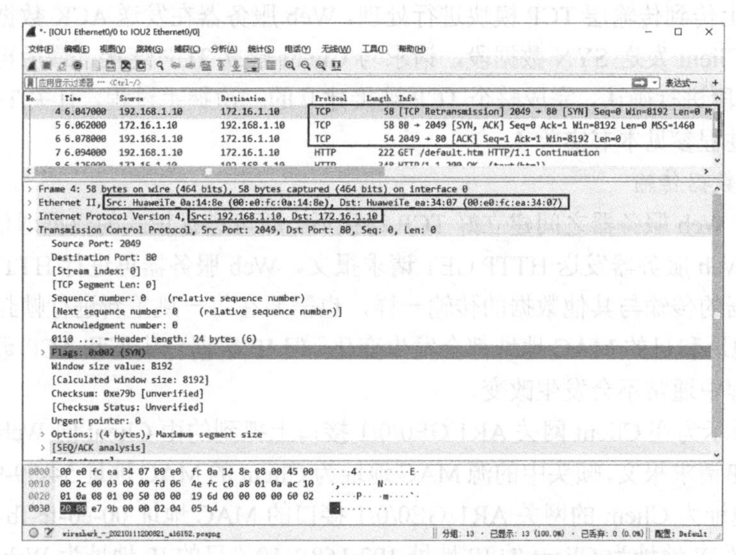

图 5-5　在 AR2 GE0/0/1 接口上抓的 TCP 连接建立数据段

图5-6所示为在AR3 GE0/0/1接口上抓的包，框中的3次TCP数据段交互过程也是Client与Web服务器之间建立TCP连接的三次握手过程。

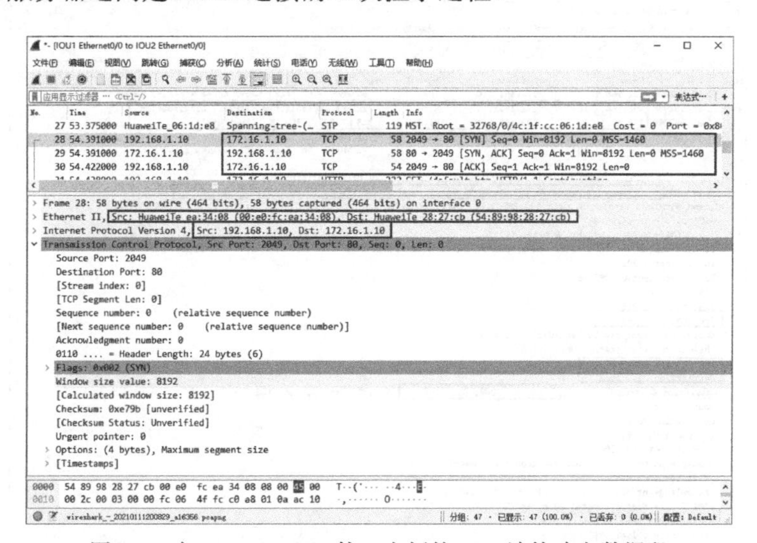

图 5-6　在 AR3 GE0/0/1 接口上抓的 TCP 连接建立数据段

AR3转发Client向Web服务器发送的TCP SYN数据段，对应图中的第28个数据段。此时帧头中的源/目的MAC地址与图5-5中的不一样，源MAC地址为AR3 GE0/0/1接口的MAC地址00-e0-fc-ea-34-08，目的MAC地址为目的设备Web服务器的MAC地址54-89-98-28-27-CB。IPv4数据包头部的源/目的IP地址，以及SYN数据段中的源/目的端口与图5-3中的一样。后面两个数据段（图中第29、30个数据段）分别是由Web服务器向Client发送的SYN+ACK数据段和Client向Web服务器进行确认的ACK数据段。

Client 发送的 SYN 数据段到达目的设备 Web 服务器后，先根据 FCS 字段进行帧校验，校验成功后去掉帧头、IPv4 数据包头，以获取源端口信息和目的端口信息，然后把 SYN 数据段上传到传输层 TCP 模块进行处理。Web 服务器在发送 ACK 数据段进行确认的同时会向 Client 发送 SYN 数据段，请求与 Client 建立 TCP 连接，最后再由 Client 发送 ACK 数据段进行确认，完成整个 TCP 连接建立的三次握手过程，有关 TCP 连接建立的三次握手过程参见本书实验 4。

3. *应用数据传输*

Client 与 Web 服务器之间建立好 TCP 连接后，即可进行正式的数据通信，本实验中是 Client 向 Web 服务器发送 HTTP GET 请求报文，Web 服务器再进行 HTTP 响应。

应用数据的传输与其他数据的传输一样，也需要在每一跳重新进行帧封装，帧头中的源 MAC 地址和目的 MAC 地址都会发生变化，但 IP 数据包头部和 TCP 数据段头部在整个传输过程中通常不会发生改变。

图 5-7 所示为在 Client 网关 AR1 GE0/0/1 接口上抓到的由 Client 向 Web 服务器发送的 HTTP GET 请求报文，帧头中的源 MAC 地址为 Client 的 MAC 地址 54-89-98-54-04-75，目的 MAC 地址为 Client 的网关 AR1 GE0/0/1 接口的 MAC 地址 00-e0-fc-fb-58-90；IPv4 数据包头的源 IP 地址为 Client 的 IP 地址 192.168.1.10，目的 IP 地址为 Web 服务器的 IP 地址 172.16.1.10；TCP 数据段头部中的源端口大于等于 1024 的随机 TCP 端口（与建立 TCP 连接时所用的端口一样，此处为 2049），目的端口为 Web 服务器的 TCP 80 端口。

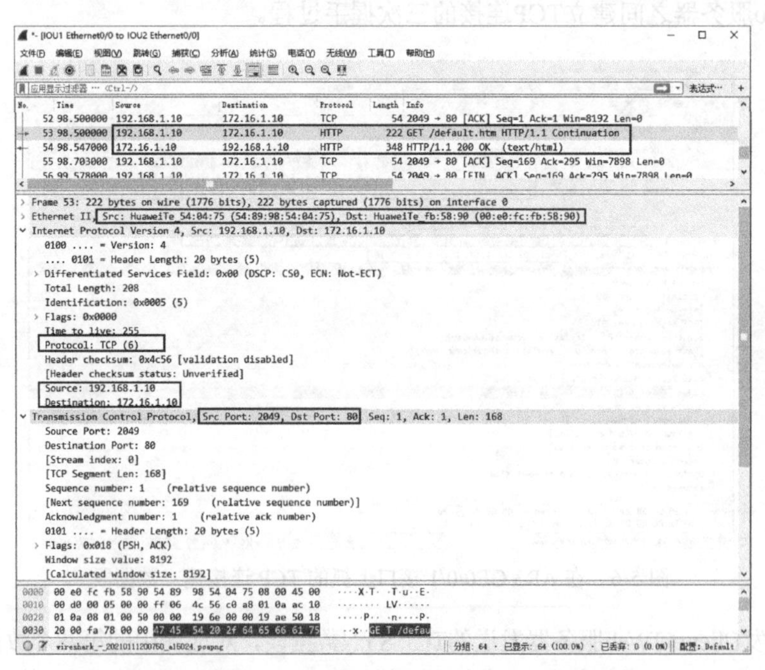

图 5-7 在 AR1 GE0/0/1 接口上抓的 HTTP GET 报文

图 5-8 所示为在 AR1 GE0/0/0 接口上抓到的由 Client 向 Web 服务器发送的 HTTP GET 请求报文。**此时帧头中的源/目的 MAC 地址与图 5-7 中的不一样**，源 MAC 地址为 AR1 GE0/0/0 接口 MAC 地址 00-e0-fc-fb-58-8f，目的 MAC 地址为 AR1 的下一跳——AR2 GE0/0/0 接口的 MAC 地址 00-e0-fc-0a-14-8d。IPv4 数据包头部的源/目的 IP 地址，以及 TCP 数据段中的源/目的端口与图 5-7 中的一样。

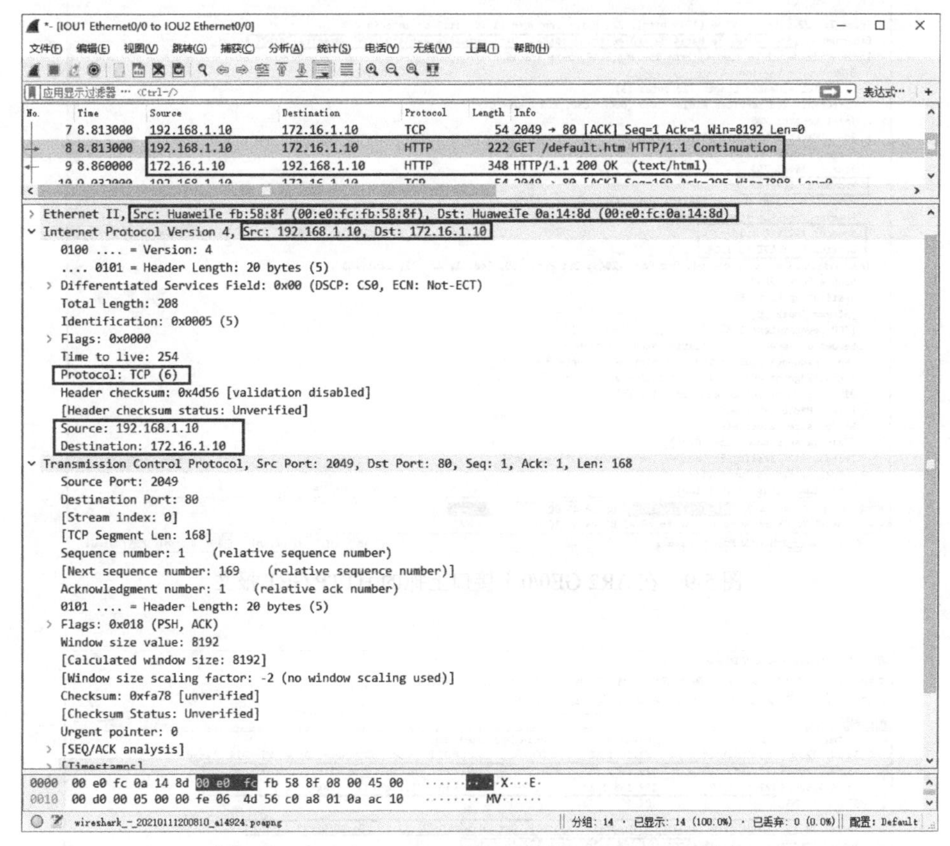

图 5-8　在 AR1 GE0/0/0 接口上抓的 HTTP GET 报文

图 5-9 所示为在 AR2 GE0/0/1 接口上抓到的由 Client 向 Web 服务器发送的 HTTP GET 请求报文。**此时帧头中的源/目的 MAC 地址与图 5-8 中的不一样**，源 MAC 地址为 AR2 GE0/0/1 接口的 MAC 地址 00-e0-fc-0a-14-8e，目的 MAC 地址为 AR2 的下一跳——AR3 GE0/0/0 接口的 MAC 地址 00-e0-fc-ea-34-07。IPv4 数据包头部的源/目的 IP 地址，以及 TCP 数据段中的源/目的端口与图 5-7 中的一样。

图 5-10 所示为在 AR3 GE0/0/1 接口上抓到的由 Client 向 Web 服务器发送的 HTTP GET 请求报文。**此时帧头中的源/目的 MAC 地址与图 5-9 中的不一样**，源 MAC 地址为 AR3 GE0/0/1 接口的 MAC 地址 00-e0-fc-ea-34-08，目的 MAC 地址为目的设备 Web 服务器的 MAC 地址 54-89-98-28-27-CB。IPv4 数据包头部的源/目的 IP 地址，以及 TCP 数据段中的源/目的端口与图 5-7 中的一样。

Client 发给 Web 服务器的 HTTP GET 报文到达 Web 服务器后，先去掉帧头，然后根据 TCP 数据段头部的目的端口 TCP 80 可知对应的应用层服务为 HTTP，于是把数据转发给 HTTP 处理。最后由 Web 服务器向 Client 发送 HTTP 响应报文。

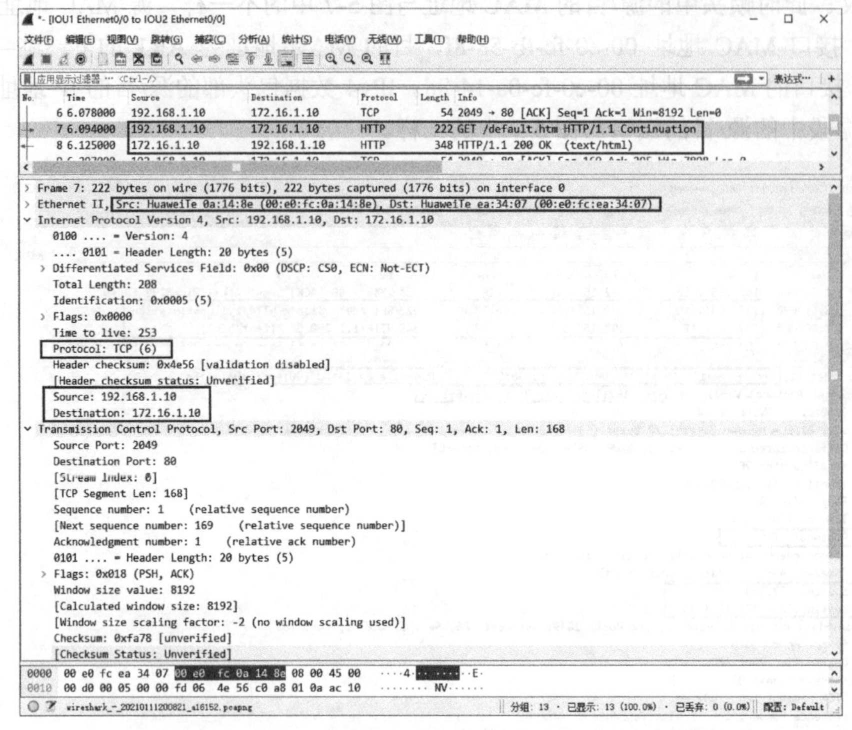

图 5-9 在 AR2 GE0/0/1 接口上抓的 HTTP GET 报文

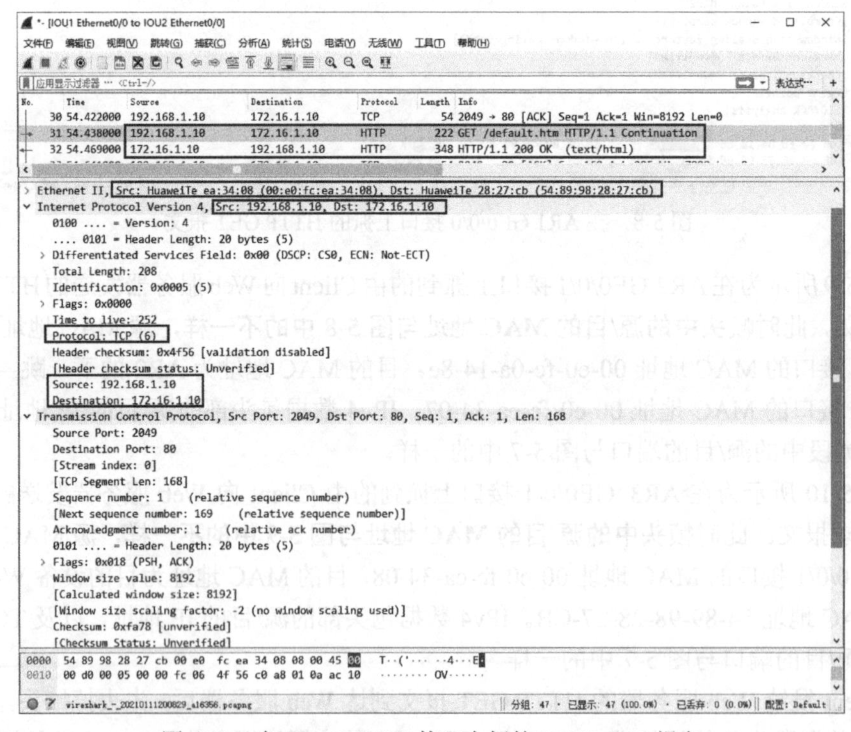

图 5-10 在 AR3 GE0/0/1 接口上抓的 HTTP GET 报文

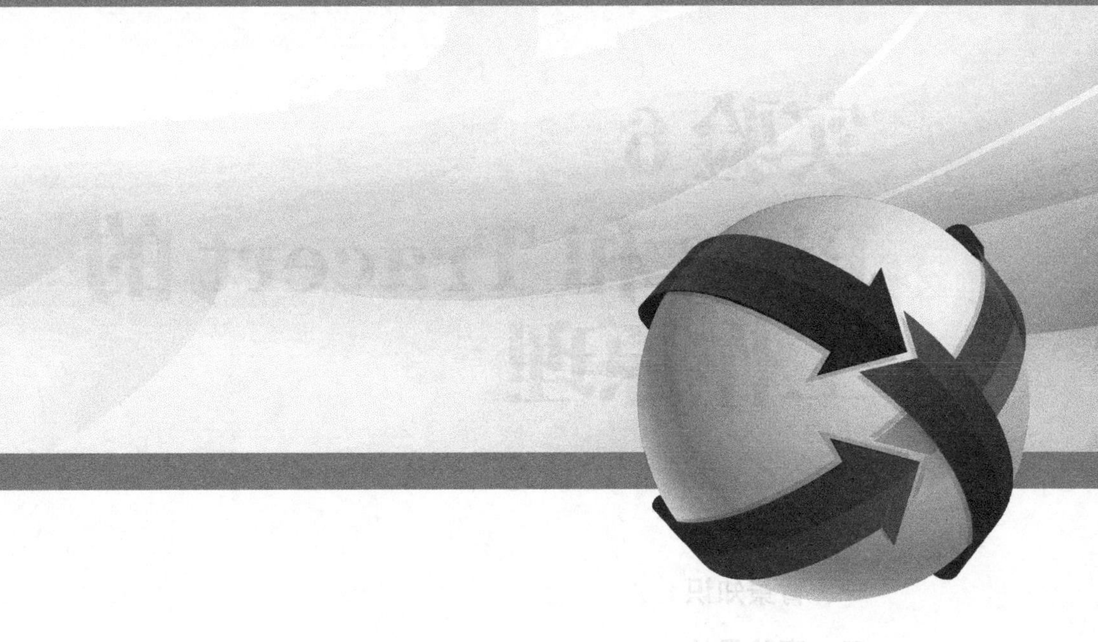

实验6 Ping和Tracert的工作原理

本章主要内容

一、背景知识

二、实验目的

三、实验拓扑结构和要求

四、实验配置

五、实验结果验证

一、背景知识

ICMP 工作于网络体系结构中的网络层，它的子层次比 IP 高，因此在源端 ICMP 报文需要经过 IP 封装，即 ICMP 报文在向数据链路层传输前，需要先后封装 ICMP 报头和 IP 报头。ICMP 报文到达数据链路层要进行帧头中的“目的 MAC 地址”封装，在目的 MAC 地址未知的情况下，仍需通过 ARP 进行解析。

ICMP 包括 ICMP Echo Request（ICMP 回显请求）、ICMP Echo Reply（ICMP 回显应答）两种消息。Ping 和 Tracert 都是基于 ICMP 的应用程序。Ping 程序应用了 ICMP 的消息回显功能和错误报告功能，用于测试源端和目的端之间网络层的连通性，以及发生错误的原因。ICMP 定义了各种错误消息，根据回显信息中的错误消息，源端可以判断到达目的端的网络路径中断的原因。Tracert 应用 IP 报文在传输过程中 TTL 超时时会触发发送 ICMP Echo Reply 消息的特性，用于测试源端和目的端之间哪段路径出现了问题。

1. *Ping 程序的基本工作原理*

Ping 程序的基本工作原理如下。

① 源端发送 ICMP Echo Request 消息（一般默认情况下，执行一次 Ping 命令会发送 5 个 Echo Request 消息，但这个次数可以通过 Ping 命令参数设置），如果到达目的端的网络是可达的，目的端在收到 ICMP Echo Request 消息后会以 ICMP Echo Reply 消息进行响应。ICMP Echo Reply 消息中的 Identifier （标识符）和 Sequence Number 字段值与接收的 ICMP Echo Request 消息中的 Identifier 和 Sequence Number 字段值是相同的。

② 源端在收到目的端返回的 ICMP Echo Reply 消息后，会根据应答消息中的信息把一些主要参数信息回显在屏幕上。如目的 IP 地址（即发送 ICMP Echo Reply 消息的设备 IP 地址）、Sequence Number（即返回的 ICMP Echo Reply 消息的序列号）、time 参数值（这是从源端发送 ICMP Echo Request 消息开始，到收到对应的 ICMP Echo Reply 消息时所消耗的总时长）、ttl 参数值（这是 ICMP Echo Reply 消息中 IP 报头的 TTL 字段值）等。

如果源端发送的 ICMP Echo Request 消息到不了目的端，或超过了等待接收 ICMP Echo Reply 消息的时间，均会显示 ICMP 错误消息。这些错误消息有多种，典型的如输入的目的端 IP 地址不是合法的 IP 地址（如输入的 IP 地址不全）时显示 Host Unreachable（主机不可达），输入的目的 IP 地址在网络中找不到时显示 Destination host unknown（目的主机未知），源端与目的端之间的路由不可达时显示 Network Unreachable（网络不可达），因网络性能或者因为没有及时解析目的端 MAC 地址等原因导致没有在规定时间内收到 ICMP Echo Reply 消息时显示 request timedout（请求超时）等。管理员通过对这些消息的分析可以进一步分析故障原因，找到对应的故障排除方法。

2. *Tracert 程序的基本工作原理*

Tracert 程序利用 IP 报文在传输过程中，当 TTL 超时时会触发发送 ICMP Echo Reply 错误消息的特性，在 IP 报头中将 TTL 字段值设置从 1 开始（即从第一跳开始），以依次递增1的方式向目的端发送一个ICMP Echo Request消息。当到达某一跳由于TTL超时不能继续向下传输时会触发发送一条"Time-to-live exceeded"ICMP Echo Reply错误消息。如果没有收到某一跳返回的ICMP Echo Reply消息（此时对应跳的检测回显信息中显示*），则表明从上一跳到达该跳之间的网络不可达。管理员就可以有针对性地进行故障定位，从而快速地进行故障排除。默认情况下，每一跳要进行3次测试，发送3个ICMP Echo Request报文。

二、实验目的

通过本实验的学习将达到以下目的。

① 理解Ping、Tracert程序的工作原理；

② 理解ICMP报文格式。

三、实验拓扑结构和要求

本实验的拓扑结构如图6-1所示，其采用静态路由实现全网互通。验证正常情况下，Ping和Tracert测试时发送ICMP Echo Request和ICMP Echo Reply消息，以及异常情况下返回的错误消息。

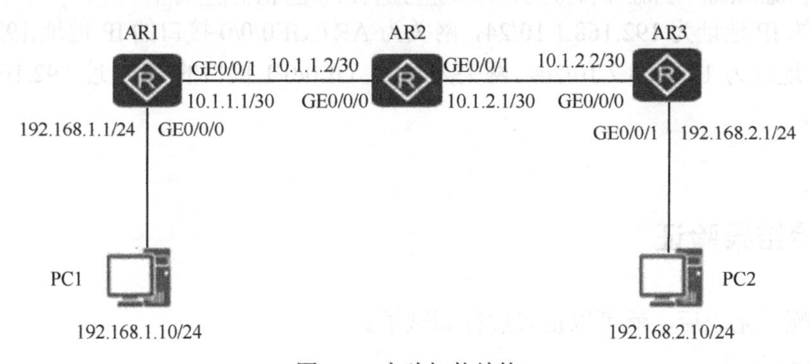

图6-1　实验拓扑结构

四、实验配置

本实验的配置很简单，仅需配置各个路由器接口的IP地址、PC的IP地址和网关，以及各台路由器所需的静态路由。

1. AR1上的配置

```
<Huawei> system-view
[Huawei] sysname AR1
```

```
[AR1] interface gigabitethernet0/0/0
[AR1-Gigabitethernet0/0/0] ip address 192.168.1.1 24
[AR1-Gigabitethernet0/0/0]quit
[AR1] interface gigabitethernet0/0/1
[AR1-Gigabitethernet0/0/1] ip address 10.1.1.1 30
[AR1-Gigabitethernet0/0/1]quit
[AR1] ip route-static 192.168.2.0 24 10.1.1.2   #---配置到达 PC2 所在网段的静态路由
```

2. AR2 上的配置

```
<Huawei> system-view
[Huawei] sysname AR2
[AR2] interface gigabitethernet0/0/0
[AR2-Gigabitethernet0/0/0] ip address 10.1.1.2 30
[AR2-Gigabitethernet0/0/0]quit
[AR2] interface gigabitethernet0/0/1
[AR2-Gigabitethernet0/0/1] ip address 10.1.2.1 30
[AR2-Gigabitethernet0/0/1]quit
[AR2] ip route-static 192.168.1.0 24 10.1.1.1   #---配置到达 PC1 所在网段的静态路由
[AR2] ip route-static 192.168.2.0 24 10.1.2.2   #---配置到达 PC2 所在网段的静态路由
```

3. AR3 上的配置

```
<Huawei> system-view
[Huawei] sysname AR3
[AR3] interface gigabitethernet0/0/0
[AR3-Gigabitethernet0/0/0] ip address 10.1.2.2 30
[AR3-Gigabitethernet0/0/0]quit
[AR3] interface gigabitethernet0/0/1
[AR3-Gigabitethernet0/0/1] ip address 192.168.2.1 24
[AR3-Gigabitethernet0/0/1]quit
[AR3] ip route-static 192.168.1.0 24 10.1.2.1   #---配置到达 PC1 所在网段的静态路由
```

PC1 的 IP 地址为 192.168.1.10/24，网关为 AR1 GE0/0/0 接口的 IP 地址 192.168.1.1；PC2 的 IP 地址为 192.168.2.10/24，网关为 AR3 GE0/0/1 接口的 IP 地址 192.168.2.1，具体配置略。

五、实验结果验证

以上配置完成后，就可以正式进行测试了。

1. Ping 测试

图 6-2 所示为在 PC1 上执行 **ping** 192.168.2.10 命令，得出 PC1 Ping PC2 的结果，我们可以看出 PC1 和 PC2 之间互通。之所以前 3 次 Ping 不通（显示超时），是因为 PC1 与 PC2 位于不同 IP 网段，路径中经过了多个网络，且这是 PC1 和 PC2 上首次通信，PC1 上并没有同一个网段网关 AR1 GE0/0/0 接口的 ARP 表项，即不知道网关的 MAC 地址，需要通过 ARP 来解析。同样当 PC1 发送的 ICMP 报文到达 AR2 后，AR2 也要通过 ARP 查找它的网关（或下一跳）AR3 的 GE0/0/0 接口的 MAC 地址。而 ICMP 报文到达 AR3 后，AR3 还要通过 ARP 查找目的主机 PC2 的 MAC 地址，这都需要时间，导致在规定时间内没有收到 ICMP Echo Reply 消息，所以 PC1 前 3 次 Ping 测试都显示 Request timeout（请求超时），Ping 测试不成功。

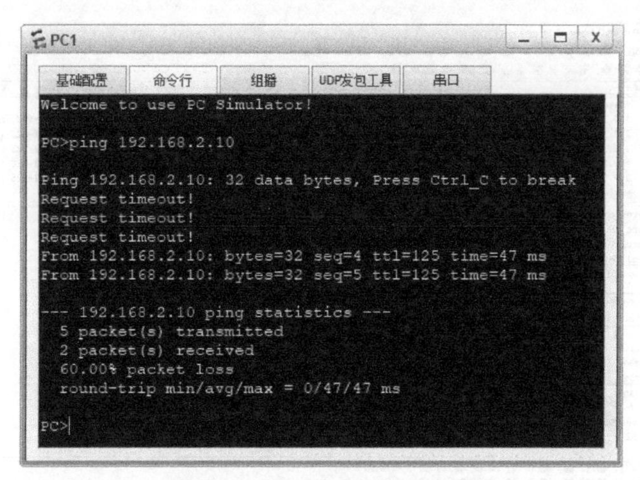

图 6-2 PC1 Ping PC2 的结果

图 6-3 所示为 PC1 前 3 次发送 ICMP Echo Request 报文后，因为没有在规定时间内收到ICMP Echo Reply报文，所以Wireshark软件提示"No response seen"（没见到响应），表示这次Ping测试不成功。

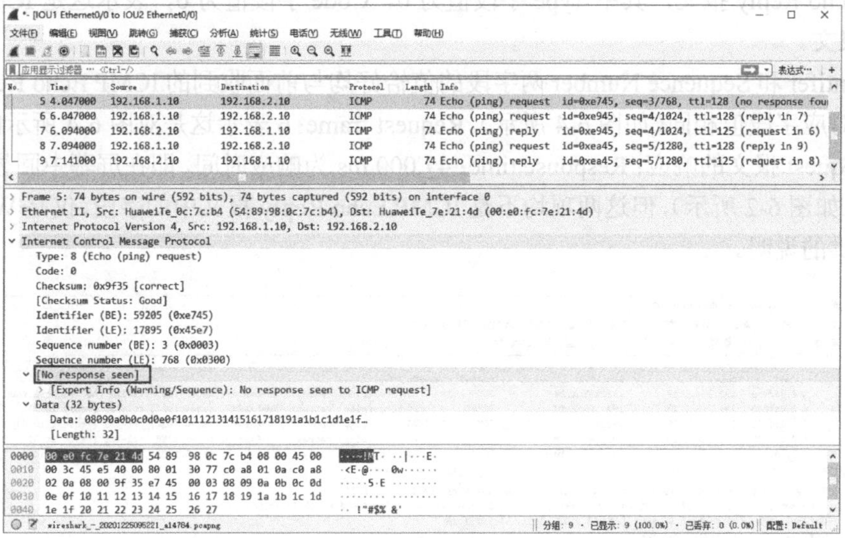

图 6-3 不成功的 Ping 测试 ICMP Echo Request 报文

其中Type字段值为8，Code字段值为0，表示这是ICMP Echo Request报文。Identifer和Sequence Number两个字段均有两个值，BE的全称为big-endian byte order（大字节序），即低位字节在内存的高地址端，高位字节在内存的低地址端；LE 的全称为 little-endian byte order（小字节序），即低位字节在内存的低地址端，高位字节在内存的高地址端。因此两种不同存储方式下得出两个字段值。

图 6-4 所示为 PC1 第 4 次成功进行 Ping 测试时所发送的 ICMP Echo Request 报文。PC2 针对这个 ICMP Echo Request 报文而响应的 ICMP Echo Reply 报文中，Identifer 和 Sequence Number 这两个字段值应该完全相同。

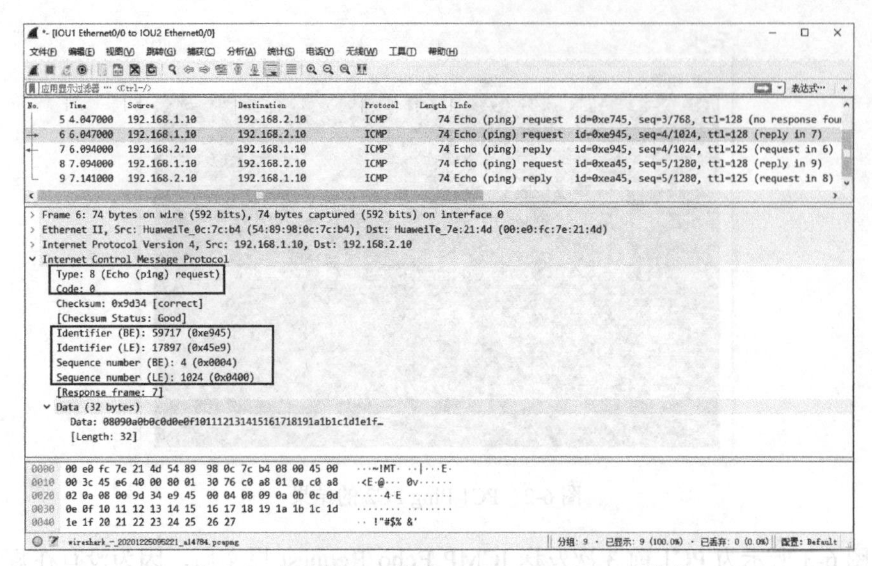

图 6-4 成功的 Ping 测试 ICMP Echo Request 报文

图 6-5 所示为 PC2 在收到前面 PC1 发送的 ICMP Echo Request 报文后返回的一个 ICMP Echo Reply 报文，其中 Type 字段值为 0，Code 字段值为 0，表示这是 ICMP Echo Reply 报文。

Identifer 和 Sequence Number 两字段的值恰好均与前面收到的 ICMP Echo Request 报文中的对应字段值相同（如图 6-4 所示）。Request frame：6 表示这是对图 6-4 所示的 ICMP Echo Request 报文的响应；Response time：47.000 ms 为响应时间，即在屏幕中回显的 time 字段值（如图 6-2 所示），但这两项均不是 ICMP Echo Reply 报文中的字段，仅是 Wrieshark 软件提供的说明。

*- [IOU1 Ethernet0/0 to IOU2 Ethernet0/0]
文件(F) 编辑(E) 视图(V) 跳转(G) 捕获(C) 分析(A) 统计(S) 电话(Y) 无线(W) 工具(T) 帮助(H)
应用显示过滤器 … <Ctrl-/>
No. Time Source Destination Protocol Length Info
5 4.047000 192.168.1.10 192.168.2.10 ICMP 74 Echo (ping) request id=0xe745, seq=3/768, ttl=128 (no response fou
6 6.047000 192.168.1.10 192.168.2.10 ICMP 74 Echo (ping) request id=0xe945, seq=4/1024, ttl=128 (reply in 7)
7 6.094000 192.168.2.10 192.168.1.10 ICMP 74 Echo (ping) reply id=0xe945, seq=4/1024, ttl=125 (request in 6)
8 7.094000 192.168.1.10 192.168.2.10 ICMP 74 Echo (ping) request id=0xea45, seq=5/1280, ttl=128 (reply in 9)
9 7.141000 192.168.2.10 192.168.1.10 ICMP 74 Echo (ping) reply id=0xea45, seq=5/1280, ttl=125 (request in 8)
Frame 7: 74 bytes on wire (592 bits), 74 bytes captured (592 bits) on interface 0
Ethernet II, Src: HuaweiTe_7e:21:4d (00:e0:fc:7e:21:4d), Dst: HuaweiTe_0c:7c:b4 (54:89:98:0c:7c:b4)
Internet Protocol Version 4, Src: 192.168.2.10, Dst: 192.168.1.10
Internet Control Message Protocol
Type: 0 (Echo (ping) reply)
Code: 0
Checksum: 0xa534 [correct]
[Checksum Status: Good]
Identifier (BE): 59717 (0xe945)
Identifier (LE): 17897 (0x45e9)
Sequence number (BE): 4 (0x0004)
Sequence number (LE): 1024 (0x0400)
[Request frame: 6]
[Response time: 47.000 ms]
Data (32 bytes)
Data: 08090a0b0c0d0e0f101112131415161718191a1b1c1d1e1f…
[Length: 32]
0000 54 89 98 0c 7c b4 00 e0 fc 7e 21 4d 08 00 45 00
0010 00 3c 45 e6 40 00 7d 01 33 76 c0 a8 02 0a c0 a8
0020 01 0a 00 00 a5 34 e9 45 00 04 08 09 0a 0b 0c 0d
0030 0e 0f 10 11 12 13 14 15 16 17 18 19 1a 1b 1c 1d
wireshark_-_20201225095221_a14784.pcapng
分组: 9 · 已显示: 9 (100.0%) · 已丢弃: 0 (0.0%) 配置: Default

图 6-5 PC2 发送的 ICMP Echo Reply 报文

现假设我们在 PC1 上分别输入一个非法的 IP 地址（如输入一个不全的 IP 地址 192.168.2），或输入网络中根本不存在的 IP 地址（如网络中没有 192.168.2.20），看到回显信息中分别提示 192.168.2 这个 IP 地址的主机不可达（host 192.168.2 unreachable）和请求超时（Request timeout），如图 6-6 所示。

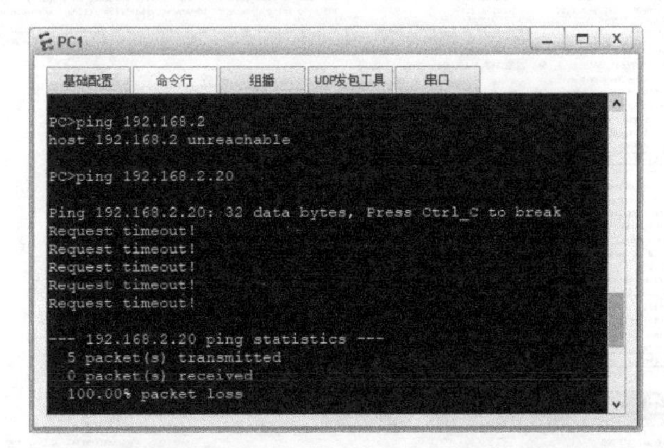

图 6-6　输入非法的 IP 地址和网络中不存在的 IP 地址的回显信息

如果到达目的端的路由不通，执行 Ping 测试时也是显示请求超时。

2. Tracert 测试

正常情况下，PC1 可以成功与 PC2 三层互通，此时在 PC1 上执行 tracert 192.168.2.10 命令，结果如图 6-7 所示，显示 PC1 到 PC2 的各跳 IP 地址，以及从各跳返回的 ICMP Echo Reply 报文的一些参数信息。

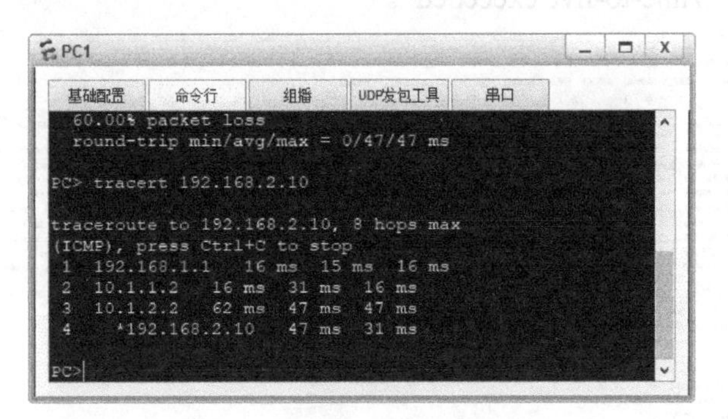

图 6-7　成功的 Tracert 测试结果

至于执行一次 **tracert** 命令要测试多少跳，发送多少个 ICMP Echo Request 报文，就要根据从源端到目的端所经过的跳数而定，但每一跳默认要进行 3 次测试。本实验中 PC1 是直接连接在 AR1 上的，PC2 是直接连接在 AR3 上的，从 PC1 到 PC2，中间经过了 4 跳，所以正常情况下要进行 12 次测试。但如果网络出现故障，可能会进行多次尝试，默认最多测试 8 跳、24 次。

图 6-8 所示为 PC1 在执行 tracert 命令对第一跳进行测试时发送的 ICMP Echo Request 报文，其中可以看到，IP 报头中 TTL 字段值为 1，因为还没到目的主机 PC2，所以不会收到 PC2 的 ICMP Echo Reply 报文，在 ICMP 报文中有一个“No response seen”的 Wireshark 软件说明。

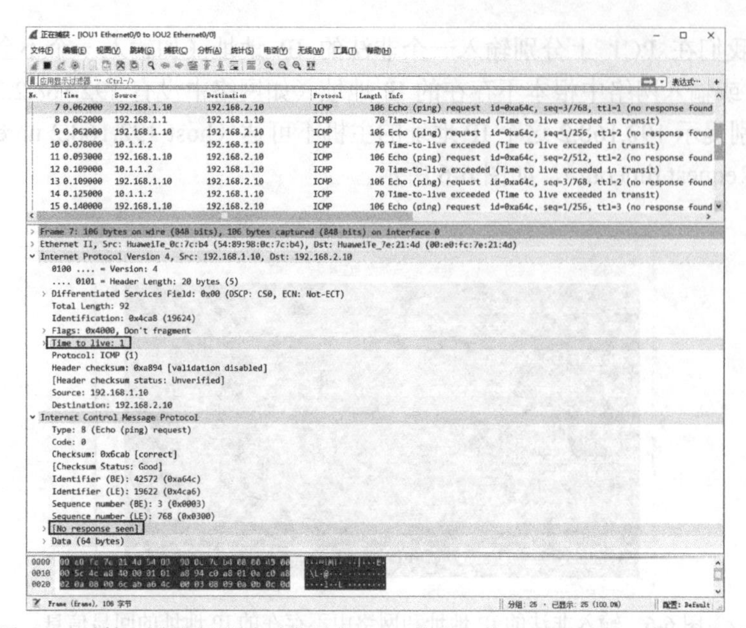

图 6-8 对第一跳进行测试时发送的 TTL 值为 1 的 ICMP Echo Request 报文

因为这个 ICMP Echo Request 报文中的 TTL 值为 1，到达其网关（AR1 的 GE0/0/0 接口）后就不能再继续向下一跳传输了，所以此时 PC1 网关会触发返回一条 TTL 超时的 ICMP Echo Reply 报文给 PC1，如图 6-9 所示。ICMP 报文中的 Type 字段值为 11，Code 字段值为 0，表示这是一个 ICMP Echo Reply 报文，但返回的错误消息中显示错误原因为 TTL 超时，即“Time-to-live exceeded”。

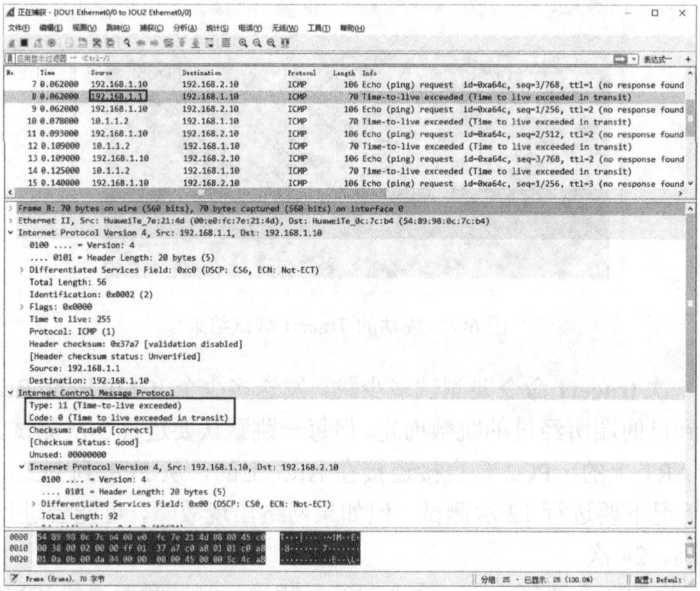

```
正在捕获 - [IOU1 Ethernet0/0 to IOU2 Ethernet0/0]
文件(F) 编辑(E) 视图(V) 跳转(G) 捕获(C) 分析(A) 统计(S) 电话(Y) 无线(W) 工具(T) 帮助(H)
应用显示过滤器 … <Ctrl-/>                                           表达式…
No.  Time      Source        Destination   Protocol Length Info
   7 0.062000  192.168.1.10  192.168.2.10  ICMP     106 Echo (ping) request  id=0xa64c, seq=3/768, ttl=1 (no response found
   8 0.062000  192.168.1.1   192.168.1.10  ICMP      70 Time-to-live exceeded (Time to live exceeded in transit)
   9 0.062000  192.168.1.10  192.168.2.10  ICMP     106 Echo (ping) request  id=0xa64c, seq=1/256, ttl=2 (no response found
  10 0.078000  10.1.1.2      192.168.1.10  ICMP      70 Time-to-live exceeded (Time to live exceeded in transit)
  11 0.093000  192.168.1.10  192.168.2.10  ICMP     106 Echo (ping) request  id=0xa64c, seq=2/512, ttl=2 (no response found
  12 0.109000  10.1.1.2      192.168.1.10  ICMP      70 Time-to-live exceeded (Time to live exceeded in transit)
  13 0.109000  192.168.1.10  192.168.2.10  ICMP     106 Echo (ping) request  id=0xa64c, seq=3/768, ttl=2 (no response found
  14 0.125000  10.1.1.2      192.168.1.10  ICMP      70 Time-to-live exceeded (Time to live exceeded in transit)
  15 0.140000  192.168.1.10  192.168.2.10  ICMP     106 Echo (ping) request  id=0xa64c, seq=1/256, ttl=3 (no response found
> Frame 8: 70 bytes on wire (560 bits), 70 bytes captured (560 bits) on interface 0
> Ethernet II, Src: HuaweiTe_7e:21:4d (00:e0:fc:7e:21:4d), Dst: HuaweiTe_0c:7c:b4 (54:89:98:0c:7c:b4)
v Internet Protocol Version 4, Src: 192.168.1.1, Dst: 192.168.1.10
    0100 .... = Version: 4
    .... 0101 = Header Length: 20 bytes (5)
  > Differentiated Services Field: 0xc0 (DSCP: CS6, ECN: Not-ECT)
    Total Length: 56
    Identification: 0x0002 (2)
  > Flags: 0x0000
    Time to live: 255
    Protocol: ICMP (1)
    Header checksum: 0x37a7 [validation disabled]
    [Header checksum status: Unverified]
    Source: 192.168.1.1
    Destination: 192.168.1.10
v Internet Control Message Protocol
    Type: 11 (Time-to-live exceeded)
    Code: 0 (Time to live exceeded in transit)
    Checksum: 0xda04 [correct]
    [Checksum Status: Good]
    Unused: 00000000
  v Internet Protocol Version 4, Src: 192.168.1.10, Dst: 192.168.2.10
      0100 .... = Version: 4
      .... 0101 = Header Length: 20 bytes (5)
    > Differentiated Services Field: 0x00 (DSCP: CS0, ECN: Not-ECT)
      Total Length: 92
0000  54 89 98 0c 7c b4 00 e0  fc 7e 21 4d 08 00 45 c0
0010  00 38 00 02 00 00 ff 01  37 a7 c0 a8 01 01 c0 a8
0020  01 0a 0b 00 da 04 00 00  00 00 45 00 00 5c 4c a8
Frame (frame), 70 字节        分组: 25 · 已显示: 25 (100.0%)    配置: Default
```

图 6-9 第一跳返回的包含 TTL 超时的错误消息的 ICMP Echo Reply 报文

图 6-10 所示为 PC1 在执行 tracert 命令对第二跳进行测试时发送的 ICMP Echo Request 报文，其中可以看到，IP 报头中 TTL 字段值为 2，因为还没到目的主机 PC2，所以不会

收到 PC2 的 ICMP Echo Reply 报文，在报文中有一个"No response seen"的 Wireshark 软件说明。

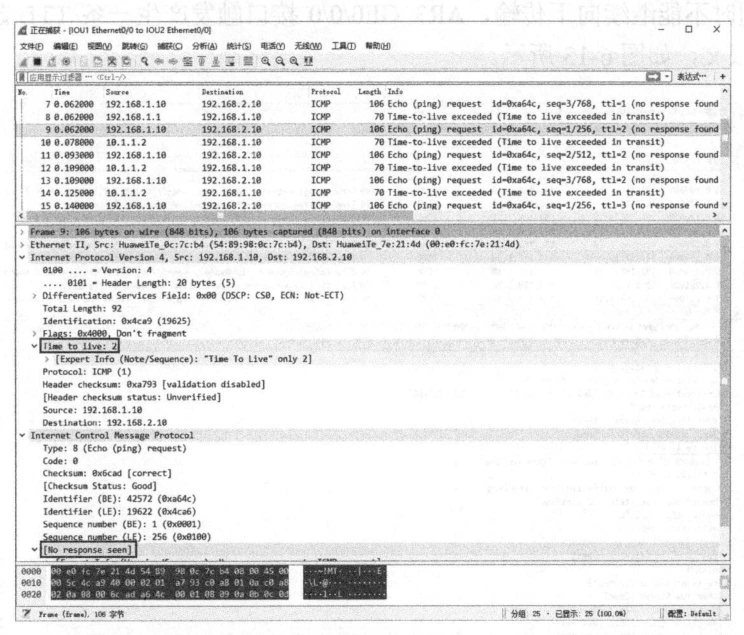

图 6-10　对第二跳进行测试时发送的 TTL 值为 2 的 ICMP Echo Request 报文

因为这个 ICMP Echo Request 报文中的 TTL 值为 2，到达其网关（AR1 的 GE0/0/0 接口）后可以继续传输一跳到 AR2 的 GE0/0/0 接口，但此时不能再继续向下一跳传输了，所以此时 AR2 GE0/0/0 接口会触发返回一条 TTL 超时的 ICMP Echo Reply 报文给 PC1，如图 6-11 所示。

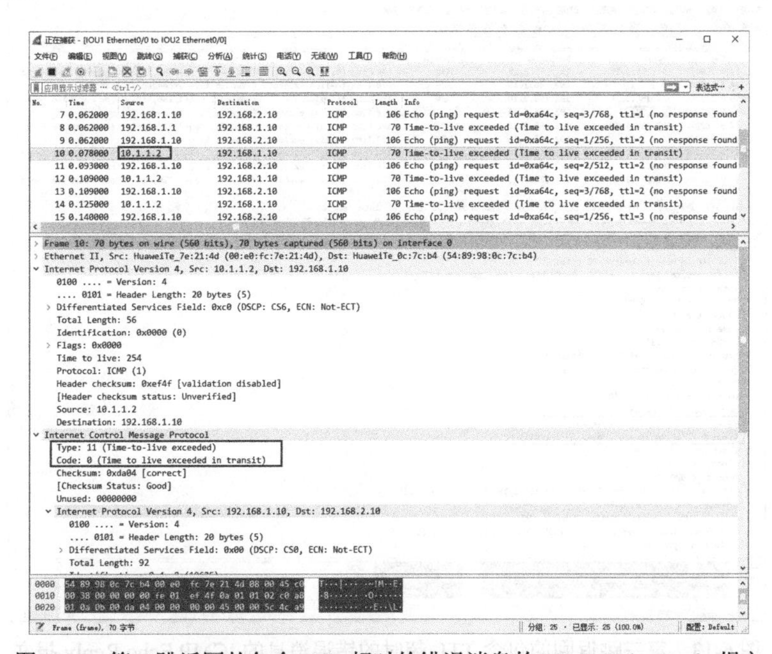

图 6-11　第二跳返回的包含 TTL 超时的错误消息的 ICMP Echo Reply 报文

图 6-12 所示为 PC1 在执行 tracert 命令对第三跳进行测试时发送的 ICMP Echo Request 报文，其中 TTL 字段值为 3，所以该 ICMP 报文可以传输到 AR3 的 GE0/0/0 接口，同样因为 TTL 超时不能继续向下传输，AR3 GE0/0/0 接口触发产生一条 TTL 超时的 ICMP Echo Reply 报文，如图 6-13 所示。

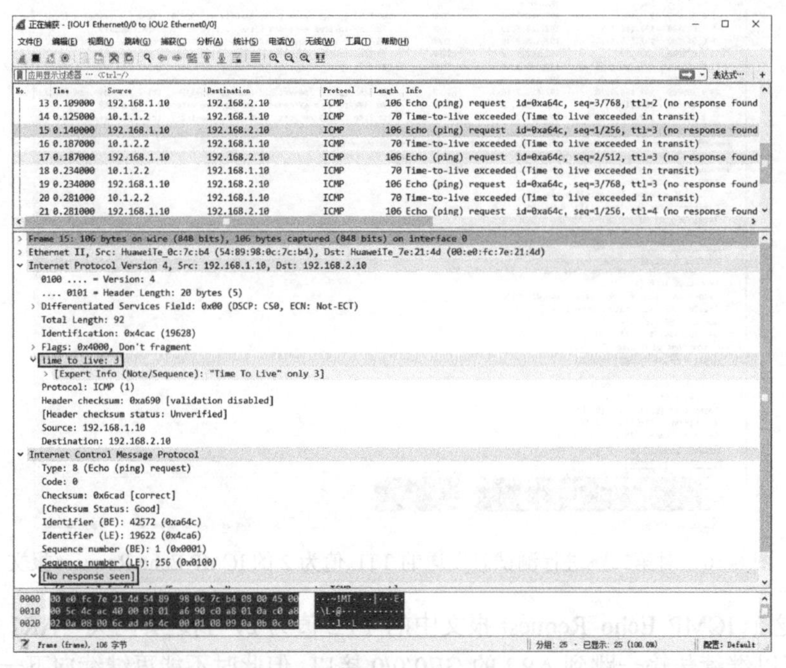

图 6-12 对第三跳进行测试时发送的 TTL 值为 3 的 ICMP Echo Request 报文

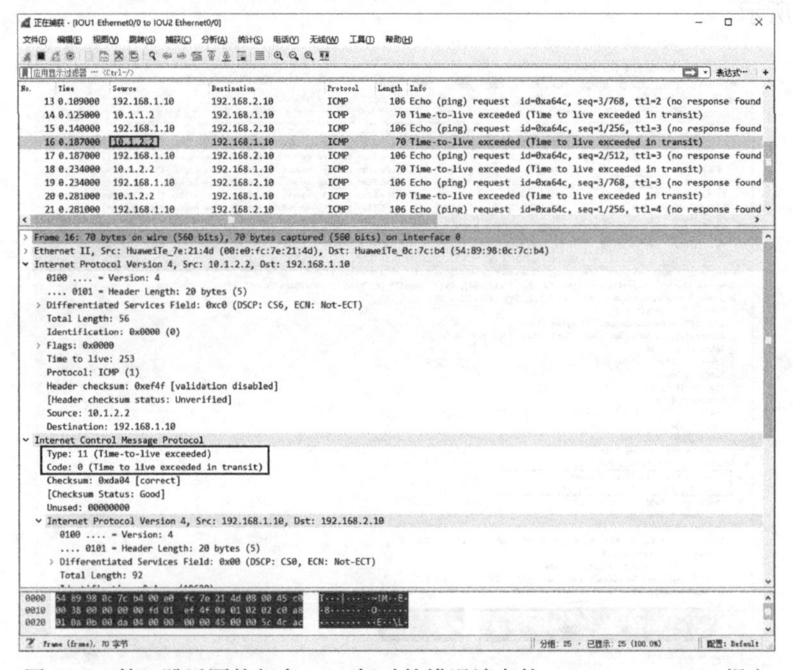

图 6-13 第三跳返回的包含 TTL 超时的错误消息的 ICMP Echo Reply 报文

图6-14所示为PC1在执行tracert命令对第四跳进行测试时发送的ICMP Echo Request报文，其中TTL字段值为4，可以从AR3继续传输到下一跳。而目的主机PC2恰好直接连接在AR3，所以最终把PC1发送的ICMP Echo Request报文传输给目的主机PC2。正因如此，图6-14中Wireshark软件没有显示“No response seen”的说明，最终由PC2返回的ICMP Echo Reply报文不包含TTL超时的错误消息，如图6-15所示。

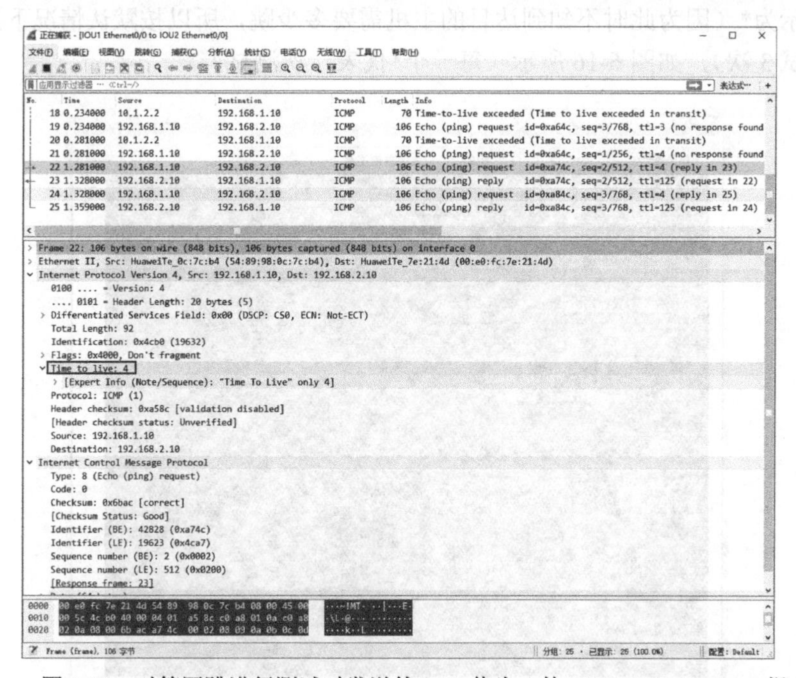

图6-14 对第四跳进行测试时发送的TTL值为4的ICMP Echo Request报文

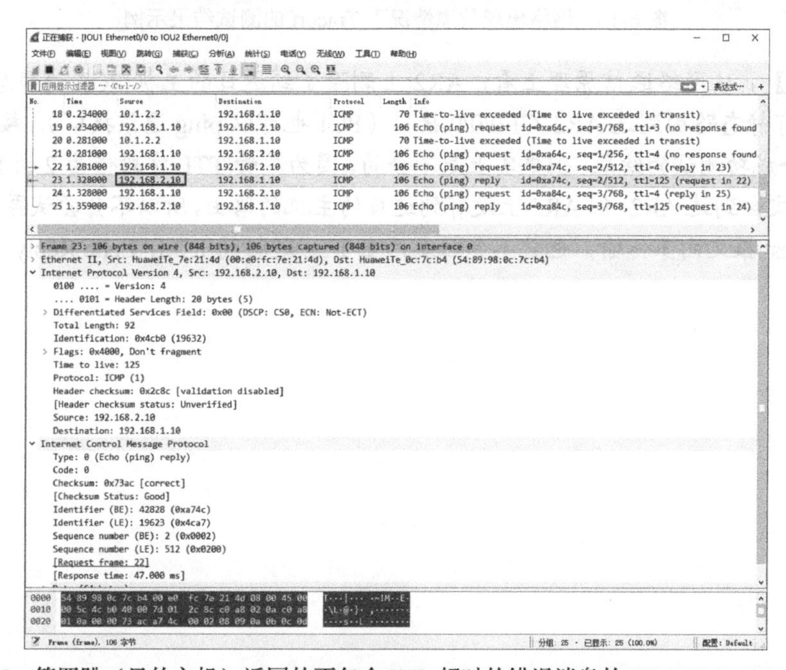

图6-15 第四跳（目的主机）返回的不包含TTL超时的错误消息的ICMP Echo Reply报文

以上为正常情况下的测试结果，如果某一跳网络不通，会直接导致从本跳到后面各跳的网络都不通。此时，在执行 **tracert** 命令时，对应跳的测试结果显示为*。

现假设实验中 AR2 上通过 **undo ip route-static** 192.168.2.0 24 10.1.2.2 命令把原来配置的到达目的主机 PC2 所在网络的静态路由删除。此时 PC1 Ping 不通 PC2，执行 **tracert** 192.168.2.10 命令会显示只有到达第一跳——其网关 AR1 GE0/0/0 接口的测试是正常的，后面均显示为*（因为此时不知到达目的主机需要多少跳，所以按默认情况下测试 8 跳，每一跳测试 3 次），如图 6-16 所示（每一个*代表一次测试）。

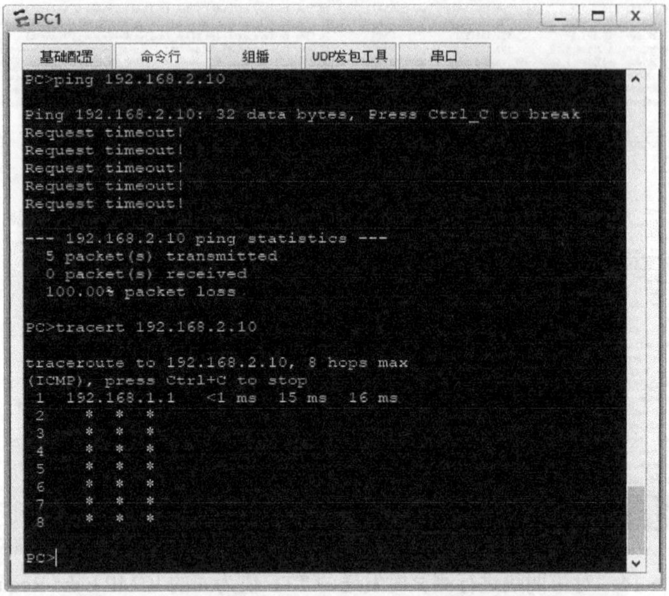

```
PC1
基础配置 命令行 组播 UDP发包工具 串口
PC>ping 192.168.2.10

Ping 192.168.2.10: 32 data bytes, Press Ctrl_C to break
Request timeout!
Request timeout!
Request timeout!
Request timeout!
Request timeout!

--- 192.168.2.10 ping statistics ---
  5 packet(s) transmitted
  0 packet(s) received
  100.00% packet loss

PC>tracert 192.168.2.10

traceroute to 192.168.2.10, 8 hops max
(ICMP), press Ctrl+C to stop
 1  192.168.1.1   <1 ms  15 ms  16 ms
 2    *  *  *
 3    *  *  *
 4    *  *  *
 5    *  *  *
 6    *  *  *
 7    *  *  *
 8    *  *  *

PC>
```

图 6-16　网络出现故障情况下 Tracert 的测试结果示例

【说明】　从网络通信原理上看，AR2 上删除了到达目的主机 PC2 的静态路由，而 AR1 上仍有静态路由到达 AR2 GE0/0/0 接口（PC1 也可以 ping 通该接口），按理 AR2 也会返回一个成功测试的结果。但事实上是不会的，因为尽管 TTL 字段值为 2 的 ICMP Echo Request 报文会到达 AR2，但 AR2 上没有到达目的主机的路由，所以不会尝试再把该 ICMP Echo Request 报文向下传输，也就不会触发产生 TTL 超时的 ICMP Echo Reply 报文。

实验 7 配置密码/AAA 认证 Telnet 登录

本章主要内容

一、背景知识

二、实验目的

三、实验拓扑结构和要求

四、实验配置思路

五、实验配置和结果验证

一、背景知识

我们将通过本实验对 Telnet 应用和 AAA 访问控制这两项技术的应用配置方法进行介绍。

Telnet 是一种 C/S（Client/Server，客户端/服务器）结构应用层服务，在网络运维中常用于对网络设备进行远程登录、配置与管理。Telnet 采用 TCP 作为传输层协议，对应 TCP 23 号端口，因此在进行 Telnet 登录设备之前要先在源端与目的端之间建立 TCP 连接，然后还要在它们之间建立 Telnet 连接。建立 Telnet 连接的过程中可以进行身份认证，防止非法用户登录网络，进行非法的设备配置修改和查看设备配置信息。

Telnet 登录的身份认证有密码认证和用户名/密码组合的 AAA 认证两种方式，AAA 认证方式更加安全。AAA 包括认证、授权和计费 3 种服务，在企业网络中常用到认证和授权这两种服务。认证是用来验证用户是否有资格获得网络访问权；授权是对通过认证的用户授予允许使用的服务；计费是记录授权用户对网络资源的使用情况。

AAA 认证包括不认证、本地认证和远端认证 3 种方式。采用本地认证时，被访问设备需要在本地创建用于进行身份认证的用户账户；采用远端认证时，网络需要配置专门用于用户身份认证的 RADIUS（Remote Authentication Dial In User Service，远程认证拨入用户服务）或 HWTACACS（Huawei Terminal Access Controller Access Control System，华为终端访问控制器访问控制系统）服务器，并在这些认证服务器上配置用于身份认证的用户账户。

AAA 授权包括不授权、本地授权和远端授权 3 种方式。采用本地授权时，设备根据为本地用户账号配置的相关属性进行授权。采用远端授权时，网络中配置的 RADIUS 或 HWTACACS 服务器对用户进行授权，但 RADIUS 认证和 RADIUS 授权是捆绑的，即通过了 RADIUS 认证又同时进行了授权。

AAA 计费仅可采用 RADIUS 或 HWTACACS 远端计费方式，没有本地计费方式。

默认情况下，AAA 采用本地认证方式、本地授权方式和不计费方式。HCIA-Datacom 认证只需掌握本地认证方式地配置方法和本地授权方式的配置方法。

AAA 配置根据需要配置认证方案、授权方案和计费方案，然后把这些方案在对应的 AAA 域下应用。为了使不同类型的用户采用不同的认证、授权和计费方案，用户可以新建 AAA 域，然后在新建的域下应用相应的认证、授权和计费方案。

默认情况下，设备存在“default”和“default_admin”两个域。“default”用于普通接入用户的域，“default_admin”用于管理员的域，默认情况下均处于激活状态，使用默认的认证方案和计费方案。用户认证时，如果输入不带域名的用户名，将与对应的默认域认证；如果输入带域名的用户名，需要带上正确的域名。

二、实验目的

通过本实验的学习将达到如下目的：

① 掌握密码认证方式的 Telnet 登录配置方法。

② 掌握 AAA 本地认证、本地授权方式的 Telnet 登录配置方法。

③ 掌握基于域的 AAA 认证和授权方案的配置思路。

三、实验拓扑结构和要求

本实验的拓扑结构如图 7-1 所示，其中 AR2 表示 Telnet 客户端，即要进行 Telnet 登录的设备（可以是用户主机，也可以是网络中其他网络设备），AR3 表示 Telnet 服务器，即被 Telnet 登录的设备。

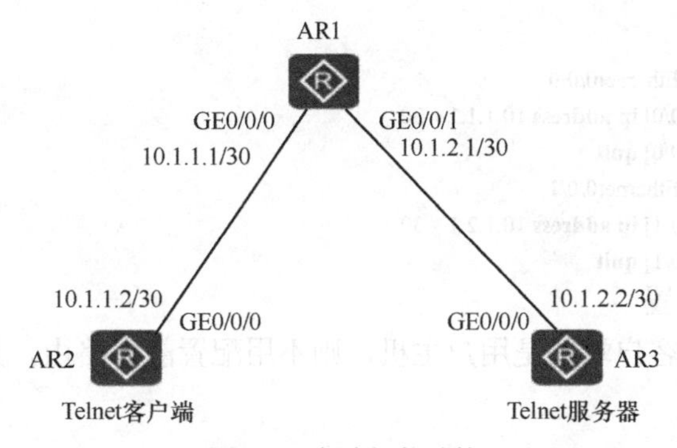

图 7-1　实验拓扑结构

本实验要求 AR2 分别采用密码认证方式和 AAA 认证方式配置对 AR3 进行 Telent 登录。

四、实验配置思路

① 配置各个设备接口的 IP 地址和静态路由，实现 Telnet 客户端与 Telnet 服务器之间的三层互通。

② 在 AR3 上先后采用密码认证方式、AAA 认证方式配置 Telnet 服务器。

采用密码认证方式时的密码为 lycb；采用 AAA 认证方式时，AAA 域名为 dage.com，用户名为 winda@dage.com，密码为 lycb，AAA 本地授权采用默认的用户级别授权方式。

带 AAA 域名的用户认证配置思路如下：

① 创建 AAA 认证、授权和计费方案（实验不配置计费方案）；

② 新建AAA域，进入对应的AAA域视图；

③ 在AAA域视图下应用对应的认证、授权和计费方案；

④ 在用户访问时输入带域名的用户名进行认证。

【说明】采用密码认证方式时，用户Telnet登录成功后所拥有的用户级别是由该用户使用的VTY（Virtual Type Terminal，虚拟类型终端）用户界面配置的用户级别决定的。而采用AAA认证方式时，如果对应用户配置了用户级别，该用户Telnet登录成功后所拥有的用户级别是由为该用户配置的用户级别决定的；如果没有为该用户配置用户级别，则采用该用户所使用的VTY用户界面配置的用户级别。默认情况下，Telnet用户具有最低的0用户级别权限，登录成功后仅可执行基本的查看操作，不能进行任何配置操作。

五、实验配置和结果验证

1. 配置各个设备接口的IP地址和静态路由

（1）AR1上的配置

```
<Huawei> system-view
[Huawei] sysname AR1
[AR1] interface GigabitEthernet0/0/0
[AR1-GigabitEthernet0/0/0] ip address 10.1.1.1   30
[AR1-GigabitEthernet0/0/0] quit
[AR1] interface GigabitEthernet0/0/1
[AR1-GigabitEthernet0/0/1] ip address 10.1.2.1   30
[AR1-GigabitEthernet0/0/1] quit
```

（2）AR2上的配置

如果担当Telnet客户端的是用户主机，则不用配置静态路由，只需配置网关。

```
<Huawei> system-view
[Huawei] sysname AR2
[AR2] interface GigabitEthernet0/0/0
[AR2-GigabitEthernet0/0/0] ip address 10.1.1.2   30
[AR2-GigabitEthernet0/0/0] quit
[AR2] ip route-static 10.1.2.0 30 10.1.1.1   #---配置到达 AR3 GE0/0/0 接口所在网段的静态路由
```

（3）AR3上的配置

```
<Huawei> system-view
[Huawei] sysname AR3
[AR3] interface GigabitEthernet0/0/0
[AR3-GigabitEthernet0/0/0] ip address 10.1.2.2   30
[AR3-GigabitEthernet0/0/0] quit
[AR3] ip route-static 10.1.1.0 30 10.1.2.1   #---配置到达 AR2 GE0/0/0 接口所在网段的静态路由
```

2. 配置采用密码认证方式的Telnet服务器

认证密码为lycb，登录后的用户级别为15（最高级）。

```
[AR3] user-interface vty 0 4
[AR3-ui-vty0-4] authentication-mode password
Please configure the login password (maximum length 16):lycb   #---以交互方式配置登录密码
[AR3-ui-vty0-4] protocol inbound telnet   #---配置以上 VTY 用户界面支持 Telnet 服务
[AR3-ui-vty0-4] user privilege level 15   #---配置以上 VTY 用户界面的用户级别为 15（最高级）
[AR3-ui-vty0-4] quit
[AR3] telnet server enable   #---使能 Telnet 服务器功能，大多数机型已默认使能，故可不配置
```

【说明】新的 VRP 系统版本中，Telnet 登录密码是采用交互方式配置的，若设备不支持，管理员可用 **set authentication password cipher** *password* 命令配置。

配置完成后，以担当 Telnet 服务器的 AR3 的 GE0/0/0 接口的 IP 地址为 Telnet 登录的目的 IP 地址。管理员在 AR2 的用户视图（如果担当 Telnet 客户端的是用户主机，则进入 cmd 命令行）下执行 **telnet** 10.1.2.2 命令，并按提示输入登录密码 lycb（注意密码区分大小写），如图 7-2 所示。此时命令行提示符变成了“<AR3>”，表明已成功登录 AR3 中。因为已为 Telnet 用户配置了最高的用户级别，所以用户可以执行所有的设备配置与管理操作。

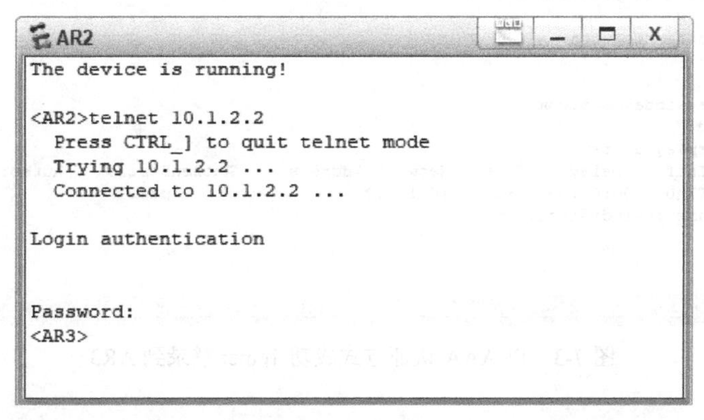

图 7-2　以密码认证方式成功 Telnet 登录到 AR3 的命令行界面

3. 在 AR3 上配置 Telnet 服务器，采用 AAA 本地认证和授权方案

本实验 Telnet 登录 AAA 方案中将新建一个名为 dage.com 的 AAA 域，该域中的配置采用名为 dagethen 的认证方案（采用默认的本地认证方式），名为 dagethor 的授权方案（采用默认的本地授权方式）。

```
[AR3] user-interface vty 0 4
[AR3-ui-vty0-4] authentication-mode aaa
[AR3-ui-vty0-4] protocol inbound telnet
[AR3-ui-vty0-4] quit
[AR3] aaa
[AR3-aaa] authentication-scheme dagethen    #---创建名为 dagethen 的认证方案
[AR3-aaa-authen-dagethen] authentication-mode local    #---采用本地认证方案
[AR3-aaa-authen-dagethen] quit
[AR3-aaa] authorization-scheme dagethor #---创建名为 dagethor 的授权方案
[AR3-aaa-author-dagethen] authorization-mode local    #---采用本地授权方案
[AR3-aaa-author-dagethen] quit
[AR3-aaa] domain dage.com    #--创建名为 dage.com 的域
[AR3-aaa-domain-dage.com] authentication-scheme dagethen
[AR3-aaa-domain-dage.com] authorization-scheme dagethor
[AR3-aaa-domain-dage.com] quit
[AR3-aaa] local-user winda@dage.com password cipher lycb
[AR3-aaa] local-user winda@dage.com privilege level 15    #---设置本地用户的用户级别为 15（最高级）
[AR3-aaa] local-user winda@dage.com service-type telnet    #---配置用户支持 telnet 服务
[AR3-aaa] quit
[AR3] telnet server enable
```

以上配置完成后，管理员在 AR2 上执行 **telnet** 10.1.2.2 命令，然后输入带域名（本实验采用的域名为 dage.com）的用户名。用户名为 winda@dage.com，用户密码为 lycb。

登录成功后，管理员可以在 AR3 或 AR2 Telnet 登录 AR3 的界面下，执行 **display users** 命令查看所有已登录该设备的用户，图 7-3 所示为本次 Telnet 登录的用户名 winda@dage.com。本实验中为用户 winda@dage.com 配置了最高的用户级别，因此用户登录后可以执行所有的设备配置与管理操作。

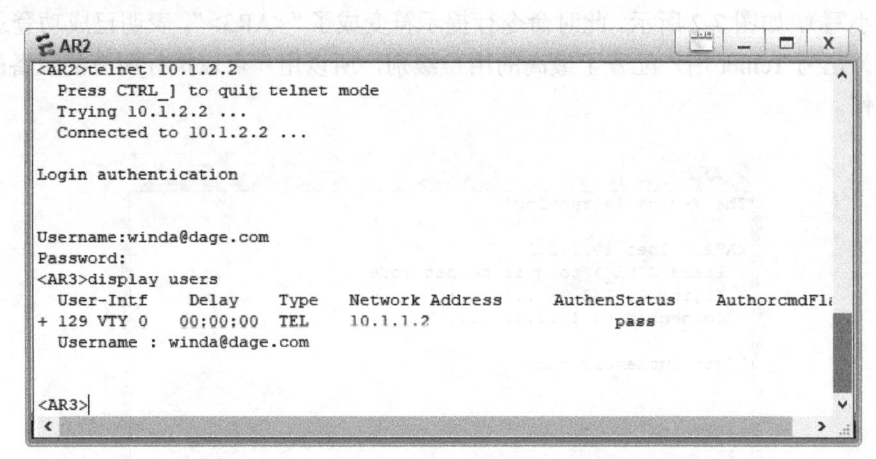

图 7-3　以 AAA 认证方式成功 Telnet 登录到 AR3

实验 8 VRP 系统的基本操作和配置

本章主要内容

一、实验目的

二、实验拓扑结构

三、实验配置和结果验证

一、实验目的

通过本实验的学习我们可掌握以下方法。

① 查看设备运行的 VRP 系统软件版本和硬件配置版本。

② 使用【Tab】键补全功能和“？”帮助命令快速输入或查询所需命令，使用 undo 格式命令行撤销配置、禁用功能或恢复默认配置。

③ 使用快捷键输入命令，使用命令行缩写功能输入命令。

④ 创建、删除、进入、更名目录，显示当前路径，查看当前路径下的文件和目录。

⑤ 复制、移动、删除、更名文件。

⑥ 查看、保存、清除配置文件和当前视图配置，设置下次启动 VRP 系统文件和配置文件，重启设备。

⑦ 配置设备主机名和时钟。

二、实验拓扑结构

本实验的拓扑结构如图 8-1 所示，管理员使用 PC 终端成功 Console 登录到 AR 上。

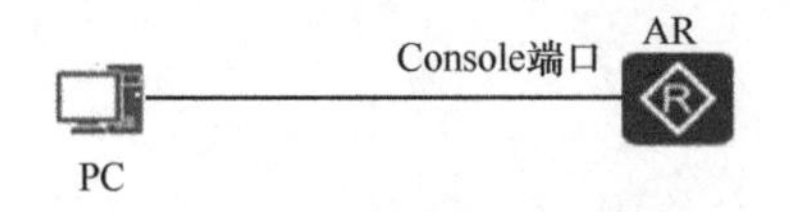

图 8-1 实验拓扑结构

三、实验配置和结果验证

本实验的操作有 VRP 系统基本操作、文件系统管理、配置文件和系统文件管理、设备基础配置 4 个方面。

1. VRP 系统基本操作

① 任意视图下执行 **display version** 命令查看 AR 上运行的 VRP 系统软件版本（包括 VRP 产品发行版本）和硬件配置，显示如下。

```
<Huawei>display version
Huawei Versatile Routing Platform Software
VRP (R) software, Version 5.130 (AR2200 V200R003C00)
Copyright (C) 2011-2012 HUAWEI TECH CO., LTD
Huawei AR2220 Router uptime is 0 week, 0 day, 0 hour, 1 minute
BKP 0 version information:
1. PCB         Version   : AR01BAK2A VER.NC
2. If Supporting PoE : No
3. Board       Type      : AR2220
```

```
4. MPU Slot Quantity : 1
5. LPU Slot Quantity : 6

MPU 0(Master) : uptime is 0 week, 0 day, 0 hour, 1 minute
MPU version information :
1. PCB      Version   : AR01SRU2A VER.A
2. MAB      Version   : 0
3. Board    Type      : AR2220
4. BootROM  Version   : 0
```

从以上信息中可以看出，当前设备为 AR2200 系列路由器，VRP 核心版本为 V 5.130，产品发行版本为 AR2200 V200R003C00。

② 使用【Tab】键补全功能和“？”帮助命令快速输入或查询所需命令。

现要对 AR 上的 GE0/0/0 接口配置 IP 地址，因为命令关键字和千兆以太网接口类型的单词较长，管理员可以在系统视图下输入命令关键字 **int**，然后按下【Tab】键，由于系统能唯一匹配 **interface** 命令关键字，所以会补全完整的 **interface** 命令。空一格后管理员输入千兆以太网接口类型的第一个字母 g，然后按下【Tab】键，系统会补全完整的 gigabitethernet 单词。空一格后，再输入接口编号 0/0/0 即可，具体步骤如下所示。

```
[Huawei]int     #---输入后按一下【Tab】键补全
[Huawei]interface g #---输入 g 后再按一下【Tab】键补全
[Huawei]interface GigabitEthernet 0/0/0   #---手动输入 0/0/0
[Huawei-GigabitEthernet0/0/0]
```

下面为 GE0/0/0 接口配置 IP 地址。假设只记得配置 IP 地址的命令的第一个单词为 **ip**，此时管理员可以在 **ip** 关键字后面空一格，然后输入“？”，系统便会显示接口视图下所有以 **ip** 关键字开头的命令，具体如下。

```
[Huawei-GigabitEthernet0/0/0]ip ?
  accounting          <Group> accounting command group
  address             <Group> address command group
  binding             Enable binding of an interface with a VPN instance
  fast-forwarding     Enable fast forwarding
  forward-broadcast   Specify IP directed broadcast information
  netstream           IP netstream feature
  verify              IP verify
[Huawei-GigabitEthernet0/0/0]ip
```

现假设不知道配置 IP 地址时的参数格式，管理员在 **ip address** 后面空一格然后输入“？”命令，系统便会显示 **ip address** 命令后面所有可带的参数，具体如下。

```
[Huawei-GigabitEthernet0/0/0]ip address ?
  IP_ADDR<X.X.X.X>  IP address
  bootp-alloc       IP address allocated by BOOTP
  dhcp-alloc        IP address allocated by DHCP
  unnumbered        Share an address with another interface
[Huawei-GigabitEthernet0/0/0]ip address
```

现假设给 GE0/0/0 接口配置 IP 地址 192.168.1.1，但不知道后面子网掩码的正确输入格式，管理员在 **ip address** 192.168.1.1 后空一格然后输入“？”命令，出现两种输入格式，具体如下。

```
[Huawei-GigabitEthernet0/0/0]ip address 192.168.1.1 ?
  INTEGER<0-32>     Length of IP address mask
  IP_ADDR<X.X.X.X>  IP address mask
[Huawei-GigabitEthernet0/0/0]ip address 192.168.1.1
```

③ 使用 **undo** 命令行删除、取消原来配置或恢复默认配置。

现假设前面给 GE0/0/0 接口配置的 IP 地址不正确，需要删除。管理员可在 GE0/0/0 接口视图下执行 **undo ip address** 192.168.1.1 24 命令删除，然后执行 **quit** 命令从当前的接口视图返回到上一级视图——系统视图，再次执行 **quit** 命令可返回到更上一级视图——用户视图，或者执行 **return** 命令或按下【Ctrl+Z】组合键直接返回到用户视图。

```
[Huawei-GigabitEthernet0/0/0]undo ip address 192.168.1.1 24
Jan 12 2021 16:48:15-08:00 Huawei %%01IFNET/4/LINK_STATE(l)[1]:The line protocol
 IP on the interface GigabitEthernet0/0/0 has entered the DOWN state.
[Huawei-GigabitEthernet0/0/0] quit
[Huawei] quit
```

【说明】 **Undo**命令行一般用来删除、取消原有配置、恢复默认配置或者禁用某项功能。但并不是所有命令的**undo**格式都直接在原命令前加上**undo**关键字，要删除或取消某个参数的唯一配置时不需要带参数配置（带上反而是错误的，无法执行），如要删除设备原来配置的主机名，则直接执行 **undo sysname**命令，后面不带原来的主机名，因为设备的主机名只有一个，所以删除时不需要指定原来配置的主机名，否则会出现"Error:Too many parameters found at '^' position."错误提示。

某个参数有多个配置，当需要取消某一个配置时，则需要带上指定的参数配置。如取消接口 IPv4 地址配置时，因为一个接口可以配置一个主 IPv4 地址和多个从 IPv4 地址，所以如果仅需要删除某一个 IP 地址，则需带上具体的 IPv4 地址参数（删除主 IPv4 地址前需要先删除同一个接口上所有的从 IPv4 地址，否则无法删除），如果直接输入 **undo ip address** 命令，会删除接口上配置的所有主、从 IP 地址。

④ 使用快捷键输入命令，使用命令行缩写输入命令。

管理员可以使用设备中的快捷键，完成命令的快速输入，从而简化操作。常用的系统快捷键见表 8-1。这些系统快捷键是系统中固定的快捷键，不能由用户定义。

表 8-1 VRP 系统常用快捷键

功能键	功能
【Ctrl+A】	将光标移动到当前行的开头
【Ctrl+B】或左光标键←	将光标向左移动一个字符
【Ctrl+C】	停止当前正在执行的功能
【Ctrl+D】	删除当前光标所在位置的字符
【Ctrl+E】	将光标移动到当前行的末尾
【Ctrl+F】或右光标键→	将光标向右移动一个字符
【Ctrl+H】	删除光标左侧的一个字符
【Ctrl+N】	显示历史命令缓冲区中的后一条命令
【Ctrl+P】	显示历史命令缓冲区中的前一条命令
【Ctrl+R】	重新显示当前行信息
【Ctrl+V】	粘贴剪贴板的内容
【Ctrl+W】	删除光标左侧的一个字符串（字）
【Ctrl+X】	删除光标左侧所有的字符
【Ctrl+Y】	删除光标所在位置及其右侧所有的字符
【Ctrl+Z】	返回到用户视图

续表

功能键	功能
【Ctrl+]】	终止呼入的连接或重定向连接
【Esc+B】	将光标向左移动一个字符串（字）
【Esc+D】	删除光标右侧的一个字符串（字）
【Esc+F】	将光标向右移动一个字符串（字）
【Esc+N】	将光标向下移动一行
【Esc+P】	将光标向上移动一行

另外，华为 VRP 系统支持不完整关键字输入，即命令行缩写功能。该功能可使当前视图下输入的字符能够匹配唯一的关键字，可不必输入完整的关键字。该功能提供了一种快捷的命令行输入方式，有助于提高输入效率。

如管理员输入 **display current-configuration** 命令时，由于命令太长，可直接简写为 **d cu**、**di cu** 或 **dis cu** 等，但不能输入 **d c** 或 **dis c** 等，因为以 **d c**、**dis c** 开头的命令不唯一。再如所有 **dislpaly** 命令的关键字均可仅输入 **dis**，进入系统视图的 **system-view** 命令可缩写为 **sys**。

⑤ 用户视图下执行 **display history-command** 命令，查看最近保存的历史命令（**历史命令是以输入时的格式保存，即同一条命令以不同格式输入时会分别保存，但相同格式的同一条命令仅保存最近一次的输入**），如下所示。默认在历史命令缓存区中可保存最近的 10 条历史命令（可通过配置修改），这些命令可通过向上或向下光标键进行调用，以提高命令行的输入效率。如一些接口具有相同或相似配置时通过调用历史命令就可大大提高输入效率。

```
<Huawei>display history-command
  ret
  dis cu
  quit
  ip add 192.168.1.1 24
  int g0/0/0
  sys
  dir
  undo sys
<Huawei>
```

2. 文件系统管理

绝大多数文件系统管理操作命令都是在用户视图下执行的。

① 用户视图下执行 **dir** 命令，可查看当前文件系统路径下所有的文件和目录，以及当前存储器大小和当前剩余可用内存，如下所示。

```
<Huawei>dir
Directory of flash:/

  Idx  Attr     Size(Byte)  Date         Time(LMT)  FileName
    0  drw-              -  Jan 13 2021 00:59:20   dhcp
    1  -rw-        121,802  May 26 2014 09:20:58   portalpage.zip
    2  -rw-          2,263  Jan 13 2021 00:59:16   statemach.efs
    3  -rw-        828,482  May 26 2014 09:20:58   sslvpn.zip
    4  -rw-            520  Jan 13 2021 00:59:13   vrpcfg.zip
```

```
1,090,732 KB total (784,460 KB free)
```

② 首先通过 **mkdir** 命令创建一个名为 test 的目录，然后通过 **copy** 命令把 vrpcfg.zip 文件名改为 vrpcfg.bak 后复制到 test 目录下，再通过 **move** 命令把 sslvpn.zip 文件直接移动到 test 目录下。在出现提示信息时按“y”键确认。注意，目录名后面要跟上“/”，否则被识为文件名。

```
<Huawei>mkdir test
Info: Create directory flash:/test......Done
<Huawei>copy vrpcfg.zip test/vrpcfg.bak
Copy flash:/vrpcfg.zip to flash:/test/vrpcfg.bak? (y/n)[n]:y

100%    complete
Info: Copied file flash:/vrpcfg.zip to flash:/test/vrpcfg.bak...Done
<Huawei>move sslvpn.zip test/
Move flash:/sslvpn.zip to flash:/test/sslvpn.zip? (y/n)[n]:y
%Moved file flash:/sslvpn.zip to flash:/test/sslvpn.zip.
<Huawei>
```

【说明】Copy 命令用来进行文件复制，当目标文件与源文件在同一个目录下时，目标文件名不能与源文件名一样；当目标文件与源文件不在同一个目录下时，目标文件名与源文件名可以一样，也可以不一样。**Move** 命令用来把文件从一个目录移动到另一个目录，移动后的目标文件名可以与源文件名一样，也可以不一样。

③ 通过 **cd** test 命令进入 test 目录，通过 **dir** 命令查看 test 目录下的文件和子目录，通过 **pwd** 命令查看当前路径。从输出信息可以看出，原来复制的 vrpcfg.bak 文件、移动的 sslvpn.zip 文件已在 test 目录下，当前路径也是在 flash:存储器根目录下的 test 目录下。

```
<Huawei>cd test
<Huawei>dir
Directory of flash:/test/

  Idx  Attr     Size(Byte)  Date          Time(LMT)  FileName
    0  -rw-            520  Jan 13 2021 01:56:46  vrpcfg.bak
    1  -rw-        828,482  May 26 2014 09:20:58  sslvpn.zip

1,090,732 KB total (784,452 KB free)
<Huawei>pwd
flash:/test
<Huawei>
```

④ 通过 **cd** /命令返回到 flash:存储器根目录（根目录用“/”表示），然后执行 **dir** 命令，发现前面新建的 test 目录（在 Attr 属性中，第一位为“d”即表示目录，为“-”即表示文件），并且原来在 flash:存储器根目录下的 ssvpn.zip 文件不见了（因为被移动到 test 目录中）。再通过 **rmdir** test 命令删除前面创建的 test 目录，我们会发现删除不了，因为只能删除空目录，而目前该目录不为空，如下所示。

```
<Huawei>cd /
<Huawei>dir
Directory of flash:/

  Idx  Attr     Size(Byte)  Date          Time(LMT)  FileName
    0  drw-              -  Jan 13 2021 01:57:10  test
    1  drw-              -  Jan 13 2021 00:59:20  dhcp
```

```
   2  -rw-          121,802  May 26 2014 09:20:58   portalpage.zip
   3  -rw-            2,263  Jan 13 2021 00:59:16   statemach.efs
   4  -rw-              520  Jan 13 2021 00:59:13   vrpcfg.zip

1,090,732 KB total (784,452 KB free)
<Huawei>rmdir test
Remove directory flash:/test? (y/n)[n]:y
%Removing directory flash:/test...
Error: Directory is not empty
<Huawei>
```

⑤ 再次通过 **cd** test 命令进入 test 目录，通过 **copy** 命令把 sslvpn.zip 命令复制到 flash:存储器根目录进行备份，通过 **delete** 命令依次删除（放进回收站）该目录下的两个文件。然后通过 **cd** /命令返回 flash:目录，再次执行 **rmdir** test 命令删除 test 目录，此时可成功删除。

```
<Huawei>cd test
<Huawei>copy sslvpn.zip flash:
Copy flash:/test/sslvpn.zip to flash:/sslvpn.zip? (y/n)[n]:y

  1%  complete
  2%  complete
  3%  complete
  4%  complete
  5%  complete
  6%  complete
  7%  complete
……
99%  complete
100%  complete
Info: Copied file flash:/test/sslvpn.zip to flash:/sslvpn.zip...Done
<Huawei>delete vrpcfg.bak
Delete flash:/test/vrpcfg.bak? (y/n)[n]:y
Info: Deleting file flash:/test/vrpcfg.bak...succeed.
<Huawei>delete sslvpn.zip
Delete flash:/test/sslvpn.zip? (y/n)[n]:y
Info: Deleting file flash:/test/sslvpn.zip...succeed.
<Huawei>cd /
<Huawei>rmdir test
Remove directory flash:/test? (y/n)[n]:y
%Removing directory flash:/test...Done!
<Huawei>
```

⑥ 在 flash:存储器根目录下执行 **dir /all** 命令，可查看当前路径下的所有文件和目录，包括前面没有彻底删除只是放进回收站的文件。这类文件的文件名用“[ ]”标识，如下所示。

```
<Huawei>dir /all
Directory of flash:/

  Idx  Attr    Size(Byte)  Date         Time(LMT)   FileName
    0  drw-             -  Jan 13 2021 00:59:20   dhcp
    1  -rw-       121,802  May 26 2014 09:20:58   portalpage.zip
    2  -rw-         2,263  Jan 13 2021 00:59:16   statemach.efs
    3  -rw-       828,482  Jan 13 2021 02:20:02   sslvpn.zip
    4  -rw-           520  Jan 13 2021 00:59:13   vrpcfg.zip
```

```
    5  -rw-           520  Jan 13 2021 02:10:43   [vrpcfg.bak]
    6  -rw-       828,482  Jan 13 2021 02:19:20   [sslvpn.zip]
```

再次执行 **reset recycle-bin** 命令可彻底删除回收站中的文件。

3. 配置文件和系统文件管理

配置文件和系统文件管理主要包括保存、查看、删除配置文件及配置系统启动时所用的配置文件和系统文件等。新设备第一次启动时是以出厂配置运行的，没有生成配置文件。

① 用户视图下直接执行 **save** 命令会生成默认的 vrpcfg.zip 配置文件，如果要以其他文件名保存配置，可在 **save** 命令后面带上具体的配置文件名，**但配置文件的扩展文件名只能是.zip 或.cfg**。以下为以默认的 vrpcfg.zip 配置文件保存配置，然后以 vrpconf.cfg 保存配置文件。

```
<Huawei>save
  The current configuration will be written to the device.
  Are you sure to continue? (y/n)[n]:y
  It will take several minutes to save configuration file, please wait
  Configuration file had been saved successfully
  Note: The configuration file will take effect after being activated
<Huawei>save vrpconf.cfg
 Are you sure to save the configuration to vrpconf.cfg? (y/n)[n]:y
  It will take several minutes to save configuration file, please wait......
  Configuration file had been saved successfully
  Note: The configuration file will take effect after being activated
<Huawei>
```

以上两个配置文件在同一时间先后保存，因此配置信息是一样的。可以通过 **compare configuration** 命令比较当前的配置文件（最近保存的配置文件 vrpconf.cfg）与下次启动的配置文件（默认为第一次保存的配置文件，此处为 vrpcfg.zip）的内容是否一致，如果结果显示"The current configuration is the same as the specified configuration file"，则表示两个配置文件的配置完全一样。

```
<Huawei>compare configuration vrpcfg.zip
 The current configuration is the same as the specified configuration file
<Huawei>
```

② 用户视图下执行 **dir** 命令可看到前面保存的两个配置文件；任意视图下执行 **display current-configuration** 命令（也可输入 **dis cu** 缩写格式）可查看当前的运行配置，当设备屏幕一屏，显示不完时会在一屏的最后显示"---more---"，按空格键继续显示下一屏，按回车键显示下一行，按【Ctrl+C】或【Ctrl+Z】组合键中断显示，返回到命令行提示符。当前运行配置可以与配置文件中的配置一样，也可以不一样。要使当前运行配置保存在配置文件中，需要执行 **save** 命令。

```
<Huawei>dir
Directory of flash:/

  Idx  Attr     Size(Byte)  Date        Time(LMT)  FileName
    0  drw-              -  Jan 13 2021 00:59:20   dhcp
    1  -rw-            884  Jan 13 2021 02:44:34   vrpconf.cfg
    2  -rw-        121,802  May 26 2014 09:20:58   portalpage.zip
    3  -rw-          2,263  Jan 13 2021 00:59:16   statemach.efs
    4  -rw-        828,482  Jan 13 2021 02:20:02   sslvpn.zip
    5  -rw-            249  Jan 13 2021 02:44:16   private-data.txt
```

```
  6  -rw-          576  Jan 13 2021 02:44:16   vrpcfg.zip

1,090,732 KB total (783,636 KB free)
<Huawei>dis cu
[V200R003C00]
#
 snmp-agent local-engineid 800007DB03000000000000
 snmp-agent
#
 clock timezone China-Standard-Time minus 08:00:00
#
portal local-server load flash:/portalpage.zip
#
 drop illegal-mac alarm
#
 wlan ac-global carrier id other ac id 0
#
 set cpu-usage threshold 80 restore 75
#
aaa
 authentication-scheme default
 authorization-scheme default
 accounting-scheme default
 domain default
 domain default_admin
 local-user admin password cipher %$%$K8m.Nt84DZ}e#<0`8bmE3Uw}%$%$
 local-user admin service-type http
#
  ---- More ----
```

③ 进入 GE0/0/1 接口视图，执行 **display this** 命令（也可输入 **dis this** 缩写格式），可查看当前视图的配置，如下所示。

```
<Huawei>sys
Enter system view, return user view with Ctrl+Z.
[Huawei]int g0/0/0
[Huawei-GigabitEthernet0/0/0]dis this
[V200R003C00]
#
interface GigabitEthernet0/0/0
 ip address 192.168.1.1 255.255.255.0
#
return
[Huawei-GigabitEthernet0/0/0]
```

④ 任意视图下执行 **display startup** 命令可查看设备本次及下次启动加载的系统软件和配置文件。模拟器中没有安装单独的系统软件，所以“Startup system software”和“Next startup system software”两项均显示为 null（空），如下所示。**系统软件的文件扩展名必须是.cc**。

```
[Huawei-GigabitEthernet0/0/0]display startup
MainBoard:
  Startup system software:                   null
  Next startup system software:              null
  Backup system software for next startup:   null
  Startup saved-configuration file:          flash:/vrpcfg.zip
```

```
Next startup saved-configuration file:        flash:/vrpcfg.zip
  Startup license file:                        null
  Next startup license file:                   null
  Startup patch package:                       null
  Next startup patch package:                  null
  Startup voice-files:                         null
  Next startup voice-files:                    null
[Huawei-GigabitEthernet0/0/0]
```

从以上输出信息中可以看出，本次和下次启动加载的配置文件都是 vrpcfg.zip，因为我们在前面先执行了 **save** 命令，保存了默认的配置文件 vrpcfg.zip。设备在初次启动且没有保存配置文件时，本次和下次启动加载的配置文件都为 null。

⑤ 用户视图下执行 **startup saved-configuration** vrpconf.cfg，把下次启动时加载的配置文件改为 vrpconf.cfg（注意，加载的配置文件必须保存在存储器的根目录下），然后在任意视图下执行 **display startup** 命令查看设备本次及下次加载的配置文件，会发现下次启动时加载的配置文件已改为 vrpconf.cfg。

```
<Huawei>startup saved-configuration vrpconf.cfg
This operation will take several minutes, please wait...
Info: Succeeded in setting the file for booting system
<Huawei>display startup
MainBoard:
  Startup system software:                     null
  Next startup system software:                null
  Backup system software for next startup:     null
  Startup saved-configuration file:            flash:/vrpcfg.zip
  Next startup saved-configuration file:       flash:/vrpconf.cfg
  Startup license file:                        null
  Next startup license file:                   null
  Startup patch package:                       null
  Next startup patch package:                  null
  Startup voice-files:                         null
  Next startup voice-files:                    null
<Huawei>
```

⑥ 如果发现下次启动加载的配置文件比较乱或有错误，想要清除其中的配置信息，管理员可在用户视图下执行 **reset saved-configuration** 命令，取消系统下次启动时指定的配置文件，恢复为默认的出厂配置（**下次启动的配置文件为空**）。再次在任意视图下执行 **dir** 命令，管理员可以看到原来下次启动的配置文件 vrpconf.cfg 的大小为 0，表示其中的配置信息被清空了。然后执行 display startup 命令会发现当前启动的配置文件（startup saved-configuration file）和下次启动配置文件（next startup saved-configuration file）均被取消，显示为（null）。

```
<Huawei>reset saved-configuration
This will delete the configuration in the flash memory.

The device configuratio
ns will be erased to reconfigure.

Are you sure? (y/n)[n]:y
 Clear the configuration in the device successfully.
<Huawei>dir
Directory of flash:/
```

```
Idx  Attr     Size(Byte)  Date          Time(LMT)   FileName
  0  drw-              -  Jan 13 2021 00:59:20   dhcp
  1  -rw-              0  Jan 13 2021 03:18:35   vrpconf.cfg
  2  -rw-        121,802  May 26 2014 09:20:58   portalpage.zip
  3  -rw-          2,263  Jan 13 2021 03:18:35   statemach.efs
  4  -rw-        828,482  Jan 13 2021 02:20:02   sslvpn.zip
  5  -rw-            249  Jan 13 2021 02:44:16   private-data.txt
  6  -rw-            120  Jan 13 2021 03:18:35   vrpcfg.zip

1,090,732 KB total (783,636 KB free)
<Huawei>display startup
MainBoard:
  Startup system software:                   null
  Next startup system software:              null
  Backup system software for next startup:   null
  Startup saved-configuration file:          null
  Next startup saved-configuration file:     null
  Startup license file:                      null
  Next startup license file:                 null
  Startup patch package:                     null
  Next startup patch package:                null
  Startup voice-files:                       null
  Next startup voice-files:                  null
<Huawei>
```

使用 **reset saved-configuration** 命令取消指定系统下次启动时使用的配置文件后，如果不再通过 **startup saved-configuration** 命令重新指定新的配置文件为下次启动文件，则在执行 **reboot** 命令重启设备时系统会提示是否要保存当前配置，**此时要选择不保存**(键入 **n**)，使设备在下次启动时采用出厂配置，否则设备在重启前又会以保存的默认配置文件 vrpcfg.zip 作为下次启动的配置文件，设备在重启后配置并没有清除，这点要特别注意。

```
<Huawei>reboot
Info: The system is comparing the configuration, please wait.
Warning: All the configuration will be saved to the next startup configuration.
Continue ? [y/n]:n
System will reboot! Continue ? [y/n]:y
Info: system is rebooting ,please wait...
```

4. 设备基础配置

网络设备的基础配置主要包括设备主机名以及系统日期和时间的配置。

（1）配置设备主机名

网络中设备众多，为了便于识别，管理员需要为不同设备配置一个不同的主机名。默认情况下，华为 S 系列交换机的主机名为 HUAWEI，华为 AR 系列路由器的主机名为 Huawei。配置设备主机名的方法为在系统视图下通过 sysname 命令（可输入 **sys** 简写格式）配置，主机名区分大小写，长度范围为 1～246 个字符。如下为配置当前设备的主机名为 AR1。

```
<Huawei>sys
Enter system view, return user view with Ctrl+Z.
[Huawei]sysname AR1
[AR1]
```

（2）配置系统日期和时间

新设备或者旧设备在使用过程中会出现系统时间和实际时间不符的情况，这就需要进行重新调整。当然需要在全网各台设备上同时进行调整，以确保网络中各台设备的时钟同步。必要时还可在网络中通过 NTP（Network Time Protocol，网络时间协议）配置时钟同步源。

在配置设备日期和时间前，管理员可先在任意视图下执行 **display clock** 命令查看当前的时钟配置，如下所示。

```
<AR1>display clock
2021-01-13 16:14:35
Wednesday
Time Zone(China-Standard-Time) : UTC-08:00
<AR1>
```

如果发现当前日期或时间不正确，管理员可在用户视图下通过 **clock datetime** *HH:MM:SS YYYY-MM-DD* 命令进行调整。参数 HH:MM:SS 为调整后的小时（取值范围为 0～23）、分钟（取值范围为 0～59）、秒（取值范围为 0～59），参数 *YYYY-MM-DD* 为年、月、日。如下为设置当前日期和时间为 2021 年 1 月 13 日 0 时 0 分 0 秒。

```
<Huawci> clock datetime 0.0.0 2021-01-13
```

除了日期和时间外，还可能涉及时区的调整，因为系统时钟=UTC（Universal Time Coordinated，协调世界时）+时区偏移+夏令时偏移。时区是在用户视图下通过 **clock timezone** *time-zone-name* {**add** | **minus** } *offset* 命令基于 UTC 上的偏移进行配置的，其中参数 *offset* 指定与 UTC 的时间偏移，其格式为 HH:MM:SS（小时:分钟:秒）。如我国的时区 名为 BJ，在 UTC 基础上正向偏移 8 小时，配置如下。

```
<Huawei> clock timezone BJ add 08:00:00
```

配置完成后，管理员可在任意视图下执行 **display clock** 命令验证时钟配置是否正确。

实验 9 通过 FTP 进行配置文件更新和备份

本章主要内容

一、背景知识

二、实验目的

三、实验拓扑结构和要求

四、实验配置思路

五、实验配置和结果验证

一、背景知识

FTP 是一种 C/S 构应用层服务，用于进行文件传输，在网络运维中常用于对网络设备配置文件、系统文件的更新和备份。

1. FTP 连接

FTP 采用 TCP 作为传输层协议，所以利用 FTP 进行文件传输前要先在源端和目的端建立专门的 TCP 连接。不仅如此，在建立好 TCP 连接后，FTP 还要建立两个连接，即 FTP 控制连接和 FTP 数据连接，然后才能进行正式的文件传输。

FTP 控制连接建立的过程相当于 FTP 客户端登录 FTP 服务器的过程，由 FTP 服务器对登录的用户进行身份验证。FTP 控制连接建立是在 FTP 客户端与 FTP 服务器之间建立好 TCP 连接后进行的，**由 FTP 客户端主动**通过一个大于等于 1024 的随机 TCP 端口向 FTP 服务器的 TCP 21 号端口发送连接请求，然后分别进行 FTP 用户名和密码的验证。

FTP 数据连接仅当有数据传输时才会触发建立，实际上也是一个普通的 TCP 连接三次握手过程。FTP 数据连接分为主动模式和被动模式，默认情况下是主动模式，可通过 **passive** 命令设置数据连接模式为被动模式。

在主动模式 FTP 数据连接中，连接建立请求是**由 FTP 服务器主动通过 TCP 20 号端口向 FTP 客户端在建立 FTP 控制连接时所用的传输层端口**（客户端会通过 **port** 命令告知服务器）发起的；在被动模式 FTP 数据连接中，连接建立请求是**由 FTP 客户端主动通过一个新的 TCP 端口**（也是一个随机端口，通常是建立控制连接时所用 TCP 端口+1）向 FTP 服务器在此之前向客户端告知的一个 TCP 端口（**也是一个随机端口**）发起的。

若 FTP 客户端配置了防火墙功能，且 FTP 传输方式为主动模式，此时客户端防火墙会阻止外网 FTP 服务器主动向内网 FTP 客户端发起 FTP 会话请求，因此建议选择被动模式。在被动模式下，数据连接是由 FTP 客户端主动向 FTP 服务器发起的，客户端防火墙不会阻止客户端主动向外网 FTP 服务器发起的 FTP 会话请求，因为默认情况下，防火墙只对外网主动访问内网的请求进行过滤。

2. FTP 文件传输模式

利用 FTP 进行文件传输时，不同的文件类型要选择对应的文件传输模式。FTP 有 **Binary**（二进制）和 **ASCII** 两种文件传输模式。Binary 模式用于传输系统软件、图形图像、声音影像、压缩文件、数据库等程序文件；ASCII 模式用于传输纯文本文件（如设备配置文件）。

3. FTP 服务器的基本配置任务

华为网络设备默认担当 FTP 客户端的角色，可以配置为 FTP 服务器，基本配置任务如下：

① 使能 FTP 服务器功能；

② 配置用于 AAA 本地认证的本地 FTP 用户账户；

③ 配置本地 FTP 用户账户对应的 FTP 主目录。

配置完成后，管理员可以在 FTP 客户端通过 **ftp** *ip-address* 命令访问 FTP 服务器；通过 **get** *remote-filename* [*local-filename*]命令从 FTP 服务器下载文件进行文件更新；通过

put *local-filename* [*remote-filename*]命令把文件上传到 FTP 服务器进行备份。文件传输完成后，管理员可以通过 **close** 或 **disconnect** 命令断开与 FTP 服务器的连接。

二、实验目的

通过本实验的学习将达到如下目的。

① 理解 FTP 控制连接和两种模式下数据连接的建立流程。

② 理解 FTP 服务器的配置方法。

③ 掌握利用 FTP 进行文件上传、下载的方法。

三、实验拓扑结构和要求

本实验的拓扑结构如图 9-1 所示，两台 AR 路由器分别担当 FTP 客户端（FtpClient）和 FTP 服务器（FtpServer）的角色。现假设 FTP 客户端需要更新配置文件，希望从 FTP 服务器上下载配置文件。同时把 FTP 客户端 VRP 系统中的 sslvpn.zip 压缩文件上传到 FTP 服务器上进行备份。

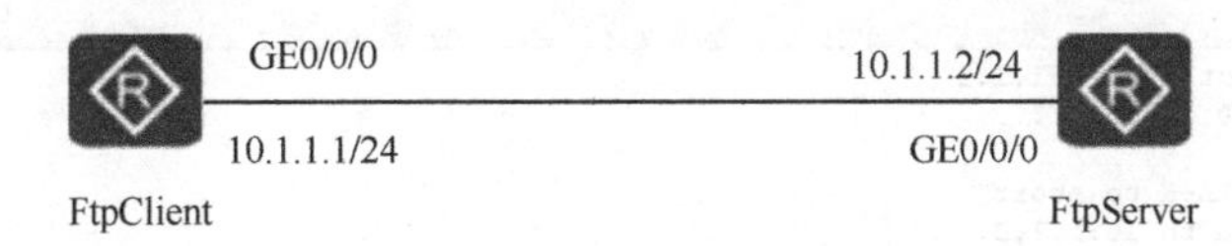

图 9-1　实验拓扑结构

四、实验配置思路

根据前面介绍的 FTP 服务器配置任务，得出本实验的基本配置思路，具体如下。

① 在 FtpServer 上配置 FTP 服务器的基本功能，包括使能 FTP 服务器功能，创建并配置 FTP 用户账户和用户主目录（即 FTP 授权目录）。

② 在 FtpClient 上登录 FTP 服务器，采用默认的主动模式、ASCII 文件传输模式从 FTP 服务器中下载配置文件 vrpcfg.zip，用于 FTP 客户端配置文件更新。

③ 在 FtpClient 上采用被动模式、Binary 文件传输模式，将本地 VRP 系统中的 sslvpn.zip 文件上传到 FTP 服务器上进行备份。

五、实验配置和结果验证

① 在 FtpServer 上配置 FTP 服务器的基本功能。FTP 用户名为 winda，密码为

123@huawei，主目录为 Flash:/，然后保存配置（以生成默认的 vrpcfg.zip 配置文件）。

```
<Huawei> system-view
[Huawei] sysname FtpServer
[FtpServer] interface gigabitethernet0/0/0
[FtpServer-Gigabitethernet0/0/0] ip address 10.1.1.2 24
[FtpServer-Gigabitethernet0/0/0] quit
[FtpServer] ftp server enable
[FtpServer] aaa
[FtpServer-aaa] local-user winda password cipher 123@huawei   #---创建用户 winda，并设置其密码为 123@huawei
[FtpServer-aaa] local-user winda privilege level 15   #---设置用户 winda 具有最高的 15 级权限
[FtpServer-aaa] local-user winda service-type ftp   #---设置用户 winda 支持的服务类型为 ftp
[FtpServer-aaa] local-user winda ftp-directory flash:/   #---设置用户 winda 的主目录为 flash:根目录
[FtpServer-aaa] return
< FtpServer> save   #---以默认的 vrpcfg, zip 配置文件保存配置
```

② 在 FtpClient 上配置接口 IP 地址，然后登录 FTP 服务器（与 FTP 服务器建立 TCP 连接和 FTP 控制连接），根据提示依次输入用户名 winda 和密码 123@huawei。

```
<Huawei> system-view
[Huawei] sysname FtpClient
[FtpClient] interface gigabitethernet0/0/0
[FtpClient-Gigabitethernet0/0/0] ip address 10.1.1.1 24
[FtpClient-Gigabitethernet0/0/0] return
< FtpClient > ftp 10.1.1.2
```

FTP 客户端成功登录 FTP 服务器后的界面如图 9-2 所示。

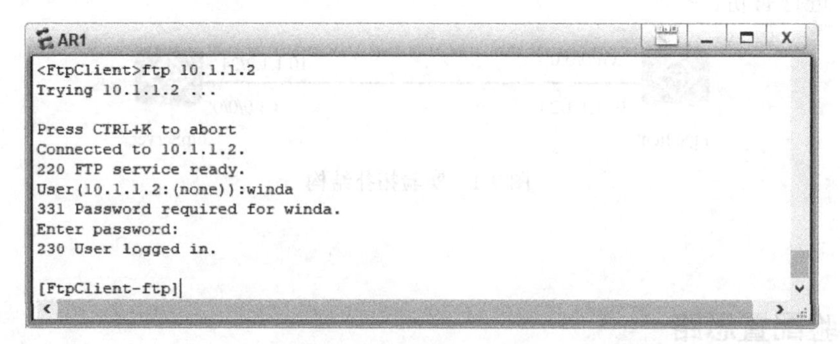
```
<FtpClient>ftp 10.1.1.2
Trying 10.1.1.2 ...

Press CTRL+K to abort
Connected to 10.1.1.2.
220 FTP service ready.
User(10.1.1.2:(none)):winda
331 Password required for winda.
Enter password:
230 User logged in.

[FtpClient-ftp]
```

图 9-2　FTP 客户端成功登录 FTP 服务器后的界面

在 FTP 用户登录前，FTP 客户端与 FTP 服务器之间需建立正常的 TCP 连接（是一个三次握手过程），如图 9-3 所示。首先 FTP 客户端以一个随机 TCP 端口（本实验中为 TCP 50112 端口）向 FTP 服务器的 TCP 21 端口发送一个 TCP SYN 数据段，请求与 FTP 服务器建立 TCP 连接（参见图 9-3 中的第 3 个 TCP SYN 数据段）。然后 FTP 服务器通过 TCP 21 端口向 FTP 客户端进行确认，并同时发送一个 TCP SYN 数据段，向 FTP 客户端请求建立 TCP 连接（参见图 9-3 中的第 4 个 TCP SYN+ACK 数据段）。最后 FTP 客户端向 FTP 服务器的 TCP 21 端口进行确认（参见图 9-3 中第 5 个 TCP ACK 数据段）。

TCP 连接建立完成后，FTP 服务器会向 FTP 客户端发送一个状态码为 220 的 FTP 响应报文（对应图 9-3 中的第 6 个 FTP 数据报文），告诉客户端 FTP 服务已准备就绪（FTP service ready）。FTP 客户端也会发送一个 TCP ACK 报文进行确认（对应图 9-3 中的第 7 个 TCP ACK 数据段）。

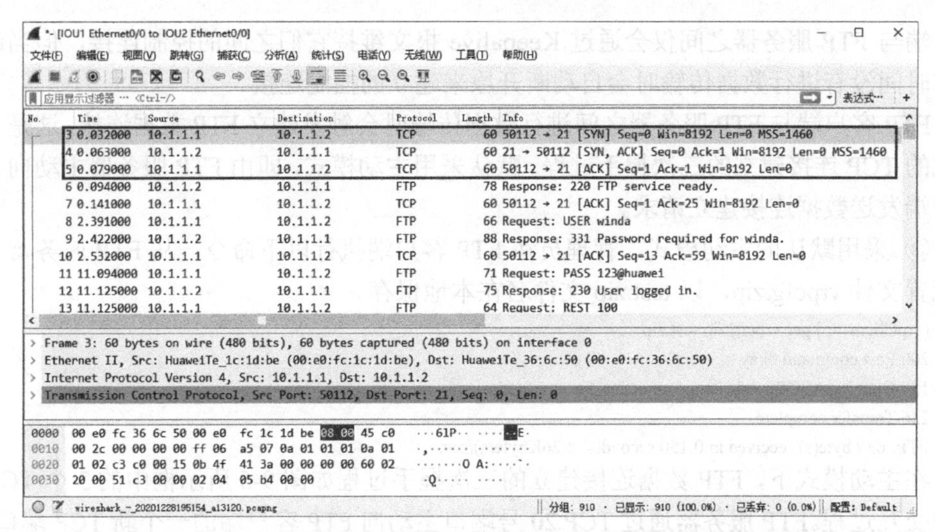

图 9-3　FTP 客户端与 FTP 服务器之间建立 TCP 连接的三次握手过程

FTP 客户端与 FTP 服务器之间建立好 TCP 连接后，接下来就要建立 FTP 控制连接，即 FTP 用户登录过程，具体如图 9-4 所示框中的 5 个报文交互过程。

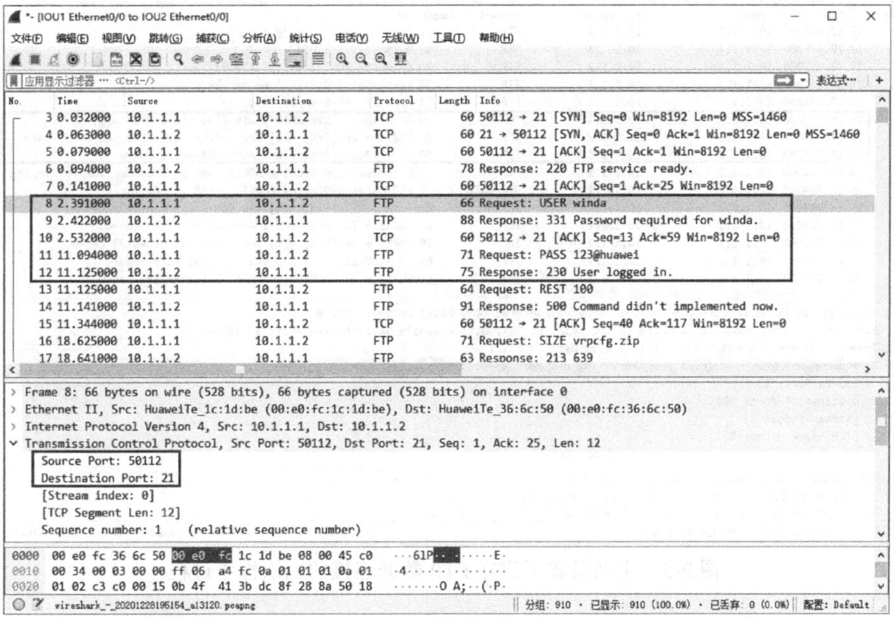

```
No. Time      Source   Destination Protocol Length Info
3  0.032000  10.1.1.1 10.1.1.2 TCP 60 50112 → 21 [SYN] Seq=0 Win=8192 Len=0 MSS=1460
4  0.063000  10.1.1.2 10.1.1.1 TCP 60 21 → 50112 [SYN, ACK] Seq=0 Ack=1 Win=8192 Len=0 MSS=1460
5  0.079000  10.1.1.1 10.1.1.2 TCP 60 50112 → 21 [ACK] Seq=1 Ack=1 Win=8192 Len=0
6  0.094000  10.1.1.2 10.1.1.1 FTP 78 Response: 220 FTP service ready.
7  0.141000  10.1.1.1 10.1.1.2 TCP 60 50112 → 21 [ACK] Seq=1 Ack=25 Win=8192 Len=0
8  2.391000  10.1.1.1 10.1.1.2 FTP 66 Request: USER winda
9  2.422000  10.1.1.2 10.1.1.1 FTP 88 Response: 331 Password required for winda.
10 2.532000  10.1.1.1 10.1.1.2 TCP 60 50112 → 21 [ACK] Seq=13 Ack=59 Win=8192 Len=0
11 11.094000 10.1.1.1 10.1.1.2 FTP 71 Request: PASS 123@huawei
12 11.125000 10.1.1.2 10.1.1.1 FTP 75 Response: 230 User logged in.
13 11.125000 10.1.1.1 10.1.1.2 FTP 64 Request: REST 100
14 11.141000 10.1.1.2 10.1.1.1 FTP 91 Response: 500 Command didn't implemented now.
15 11.344000 10.1.1.1 10.1.1.2 TCP 60 50112 → 21 [ACK] Seq=40 Ack=117 Win=8192 Len=0
16 18.625000 10.1.1.1 10.1.1.2 FTP 71 Request: SIZE vrpcfg.zip
17 18.641000 10.1.1.2 10.1.1.1 FTP 63 Response: 213 639

Frame 8: 66 bytes on wire (528 bits), 66 bytes captured (528 bits) on interface 0
Ethernet II, Src: HuaweiTe_1c:1d:be (00:e0:fc:1c:1d:be), Dst: HuaweiTe_36:6c:50 (00:e0:fc:36:6c:50)
Internet Protocol Version 4, Src: 10.1.1.1, Dst: 10.1.1.2
Transmission Control Protocol, Src Port: 50112, Dst Port: 21, Seq: 1, Ack: 25, Len: 12
    Source Port: 50112
    Destination Port: 21
    [Stream index: 0]
    [TCP Segment Len: 12]
    Sequence number: 1    (relative sequence number)

0000 00 e0 fc 36 6c 50 00 e0 fc 1c 1d be 08 00 45 c0
0010 00 34 00 03 00 00 ff 06 a4 fc 0a 01 01 01 0a 01
0020 01 02 c3 c0 00 15 0b 4f 41 3b dc 8f 28 8a 50 18
```

图 9-4　FTP 客户端与 FTP 服务器之间建立控制连接的过程

FTP 控制连接的建立是由 **FTP 客户端主动发起的**，在这个过程中 FTP 服务器要对登录的 FTP 用户进行身份验证，FTP 客户端仍使用前面 TCP 连接建立时所用的临时端口（本实验中为 TCP 50112），FTP 服务器仍使用 TCP 21 端口。FTP 用户成功登录 FTP 服务器后，FTP 服务器会返回一个 230 的状态码（对应图 9-4 中第 12 个 FTP 数据报文）。

FTP 控制连接建立后如果没有进行数据传输，是不会自动建立数据连接的，这时 FTP

客户端与 FTP 服务器之间仅会通过 Keepalive 报文维持它们之间的控制连接，但当超过规定时间没有进行数据传输时会自动断开原来建立的控制连接。

FTP 客户端与 FTP 服务器之间进行数据传输时会触发建立 FTP 数据连接，这是一个普通的 TCP 连接建立的三次握手过程。默认采用主动模式，即由 FTP 服务器主动向 FTP 客户端发送数据连接建立请求。

③ 采用默认的主动模式，管理员在 FTP 客户端执行以下命令，从 FTP 服务器上下载配置文件 vrpcfg.zip，以 test.zip 文件名在本地保存。

```
[FtpClient-ftp] get vrpcfg.zip test.zip
200 Port command okay.
150 Opening ASCII mode data connection for vrpcfg.zip.
226 Transfer complete.
FTP: 639 byte(s) received in 0.150 second(s) 4.26Kbyte(s)/sec.
```

在主动模式下，FTP 数据连接建立的三次握手过程如图 9-5 所示框中的 3 个 TCP 数据段交互过程。FTP 服务器通过 TCP 20 号端口主动向 FTP 客户端的一个新 TCP 端口（由 FTP 客户端事先通过 **PORT** 命令告知 FTP 服务器）发出连接请求。

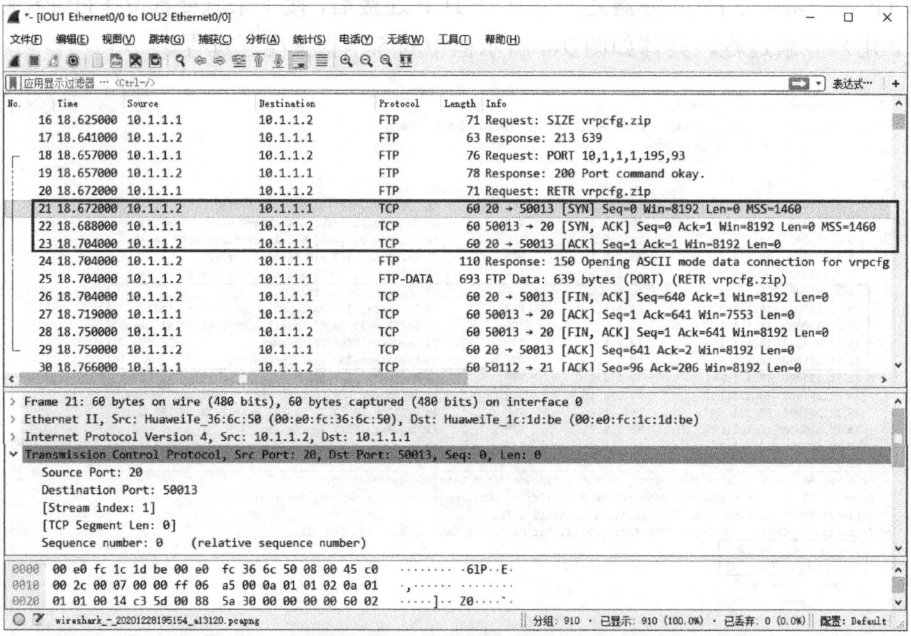

图 9-5　主动模式下建立 FTP 数据连接的三次握手过程

在 FTP 服务器正式向 FTP 客户端发送建立数据连接所用的 TCP SYN 数据段之前，FTP 客户端与 FTP 服务器之间要先进行一些数据传输信息的交互，如 FTP 客户端告知服务器要传输文件 vrpcfg.zip（对应图 9-5 中第 16 个 FTP 数据报文），通过 **PORT** 命令（对应图 9-5 中第 18 个 FTP 数据报文）告知服务器自己使用的 IP 地址（为 10.1.1.1）和传输层端口号（为 195×256+93=50013），FTP 服务器收到后进行相应的确认（对应图 9-5 中第 19 个 FTP 数据报文）。

图 9-5 中第 25 个 FTP-DATA 数据包为正式的 FTP 数据传输，数据全部传完后，发送端会发送一个传输完成的 FTP 响应报文。此时，管理员可以在 FTP 客户端上执行 **dir**

命令查看文件系统，会发现从 FTP 服务器上下载的 test.zip 配置文件，如图 9-6 所示。

```
AR1
  Configuration console time out, please press any key to log on

<FtpClient> dir
Directory of flash:/

  Idx  Attr     Size(Byte)  Date         Time(LMT)  FileName
    0  drw-              -  Dec 28 2020  11:51:17   dhcp
    1  -rw-        121,802  May 26 2014  09:20:58   portalpage.zip
    2  -rw-            639  Dec 28 2020  11:52:27   test.zip
    3  -rw-          2,263  Dec 28 2020  11:51:13   statemach.efs
    4  -rw-        828,482  May 26 2014  09:20:58   sslvpn.zip
    5  -rw-            585  Dec 28 2020  11:51:10   vrpcfg.zip

1,090,732 KB total (784,456 KB free)
<FtpClient>
```

图 9-6 FTP 客户端从 FTP 服务器下载并改名的配置文件 test. zip

如果没有其他的数据要传输，过一段时间，FTP 客户端与 FTP 服务器之间会通过 TCP FIN 数据段关闭它们之间建立的数据连接。这是一个普通的 TCP 连接释放的四次握手过程（对应图 9-5 中第 26~29 个 TCP 数据段）。

④ 在 FTP 客户端执行 **passive** 命令，把 FTP 数据连接模式改为被动模式，执行 **binary** 命令把文件传输模式改为 Binary 模式，然后把 FTP 客户端上的二进制程序文件——sslvpn.zip 文件上传到 FTP 服务器进行备份，上传后的文件名为 sslvpn.bak。

```
[FtpClient-ftp] passive
Info: Succeeded in switching passive on.

[FtpClient-ftp] binary
200 Type set to I.

[FtpClient-ftp] put sslvpn.zip sslvpn.bak
227 Entering Passive Mode (10,1,1,2,192,136).
125 BINARY mode data connection already open, transfer starting for sslvpn.bak.
 1%_ 3%_ 5%_ 7%_ 9%_11%_13%_15%_17%_19%_21%_23%_25%_27%_29%_31%_33%_35%_37%
_39%_41%_43%_45%_47%_49%_51%_53%_55%_57%_59%_61%_63%_65%_67%_69%_71%_73%_75%
_77%_79%_81%_83%_85%_87%_88%_90%_92%_94%_96%_98%_ 100%
226 Transfer complete.
FTP: 828482 byte(s) sent in 3.060 second(s) 270.74Kbyte(s)/sec.

[FtpClient-ftp]
```

在被动模式下，FTP 数据连接的建立过程如图 9-7 所示，首先 FTP 客户端通过一个新的 TCP 端口（本实验中为 TCP 50195）主动向 FTP 服务器的一个临时端口（已在 FTP 服务器发给 FTP 客户端的应答报文中通告）发起连接请求（参见图 9-7 中的第 44 个 TCP SYN 数据段）。然后 FTP 服务器发送 SYN+ACK 数据段进行确认，并同时向 FTP 客户端发起 TCP 连接请求（参见图 9-7 中的第 45 个 TCP 数据段）。最后 FTP 客户端发送 ACK 数据段对 FTP 服务器的 TCP 连接请求进行确认（参见图 9-7 中的第 46 个数据段）。

在正式建立 FTP 数据连接前，FTP 客户端和 FTP 服务器之间要交互信息。首先 FTP 客户端通过 PASV 命令告知 FTP 服务器自己处于被动模式（参见图 9-7 中的第 42 条 FTP 数据报文），然后 FTP 服务器进行响应，告知自己所用的 IP 地址（10.1.1.2）和 TCP 端口号（参见图 9-7 中的第 43 条 FTP 数据报文，本实验中为 193×256+81=49489）。

```
*- [IOU1 Ethernet0/0 to IOU2 Ethernet0/0]
文件(F) 编辑(E) 视图(V) 跳转(G) 捕获(C) 分析(A) 统计(S) 电话(Y) 无线(W) 工具(T) 帮助(H)
应用显示过滤器 … <Ctrl-/>                                                表达式…  +
No. Time      Source    Destination Protocol Length Info
 38 44.516000 10.1.1.2  10.1.1.1    FTP        74 Response: 200 Type set to I.
 39 44.625000 10.1.1.1  10.1.1.2    TCP        60 50112 → 21 [ACK] Seq=104 Ack=250 Win=8192 Len=0
 40 53.141000 10.1.1.1  10.1.1.2    FTP        67 Request: ALLO 828482
 41 53.141000 10.1.1.2  10.1.1.1    FTP        76 Response: 200 Command ALLO ok.
 42 53.157000 10.1.1.1  10.1.1.2    FTP        60 Request: PASV
 43 53.172000 10.1.1.2  10.1.1.1    FTP       100 Response: 227 Entering Passive Mode (10,1,1,2,193,81).
 44 53.172000 10.1.1.1  10.1.1.2    TCP        60 50195 → 49489 [SYN] Seq=0 Win=8192 Len=0 MSS=1460
 45 53.188000 10.1.1.2  10.1.1.1    TCP        60 49489 → 50195 [SYN, ACK] Seq=0 Ack=1 Win=8192 Len=0 MSS=146
 46 53.204000 10.1.1.1  10.1.1.2    TCP        60 50195 → 49489 [ACK] Seq=1 Ack=1 Win=8192 Len=0
 47 53.204000 10.1.1.1  10.1.1.2    FTP        71 Request: STOR sslvpn.bak
 48 53.219000 10.1.1.2  10.1.1.1    FTP       135 Response: 125 BINARY mode data connection already open, tra
 49 53.235000 10.1.1.1  10.1.1.2    TCP        60 50112 → 21 [ACK] Seq=140 Ack=399 Win=8111 Len=0
 50 53.235000 10.1.1.1  10.1.1.2    FTP-DATA 1514 FTP Data: 1460 bytes (PASV) (STOR sslvpn.bak)
 51 53.235000 10.1.1.1  10.1.1.2    FTP-DATA 1514 FTP Data: 1460 bytes (PASV) (STOR sslvpn.bak)
 52 53.235000 10.1.1.1  10.1.1.2    FTP-DATA 1514 FTP Data: 1460 bytes (PASV) (STOR sslvpn.bak)
 53 53.250000 10.1.1.1  10.1.1.2    FTP-DATA 1514 FTP Data: 1460 bytes (PASV) (STOR sslvpn.bak)
 54 53.250000 10.1.1.1  10.1.1.2    FTP-DATA 1514 FTP Data: 1460 bytes (PASV) (STOR sslvpn.bak)

> Internet Protocol Version 4, Src: 10.1.1.2, Dst: 10.1.1.1
v Transmission Control Protocol, Src Port: 21, Dst Port: 50112, Seq: 272, Ack: 123, Len: 46
    Source Port: 21
    Destination Port: 50112
    [Stream index: 0]
    [TCP Segment Len: 46]
    Sequence number: 272    (relative sequence number)

0000  00 e0 fc 1c 1d be 00 e0  fc 36 6c 50 08 00 45 c0   ........6lP..E.
0010  00 56 00 12 00 00 ff 06  a4 cb 0a 01 01 02 0a 01   .V..............
0020  01 01 00 15 c3 c0 dc 8f  29 81 0b 4f 41 b5 50 18   ........)..OA.P.

wireshark_-_20201228195154_a13120.pcapng   分组: 910 · 已显示: 910 (100.0%) · 已丢弃: 0 (0.0%)   配置: Default
```

图 9-7　被动模式下建立 FTP 数据连接的三次握手过程

FTP 数据连接建立完成后，开始进行数据传输，图 9-8 中所有的 FTP-Data 报文都是通过 FTP 传输的数据报文，文件接收端的 FTP 服务器会通过 TCP ACK 数据段进行确认。如果没有其他数据要传输，过一段时间，FTP 客户端与 FTP 服务器之间会通过 TCP FIN 数据段释放原来建立的数据连接。

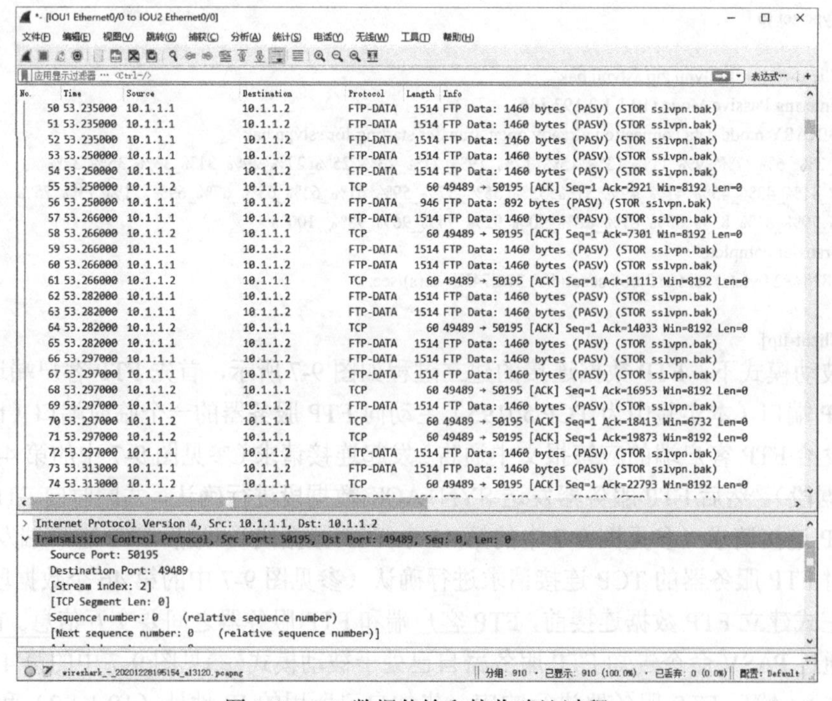

图 9-8　FTP 数据传输和接收确认过程

此时管理员可以在 FTP 服务器上通过 **dir** 命令验证由 FTP 客户端上传的 sslvpn.bak 文件，如图 9-9 所示。

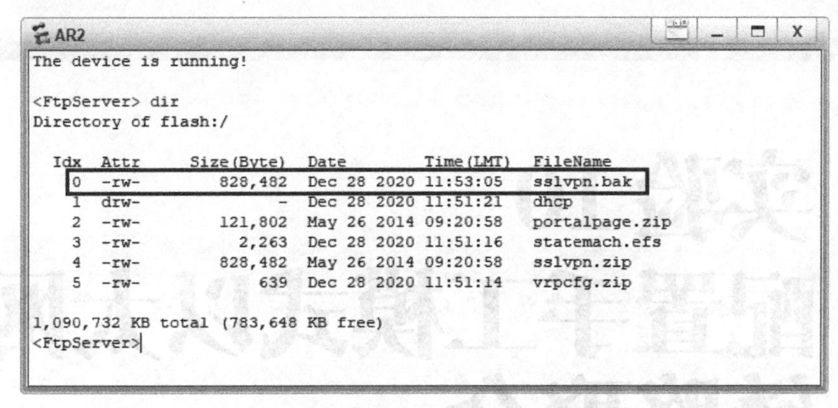

图 9-9　由 FTP 客户端上传到 FTP 服务器并改名的 sslvpm.bak 文件

实验 10 配置手工模式以太网链路聚合

本章主要内容

一、背景知识

二、实验目的

三、实验拓扑结构和要求

四、实验配置思路

五、实验配置

六、实验结果验证

一、背景知识

以太网链路聚合（Eth-Trunk）可将多条以太网物理链路捆绑在一起，形成一条更大带宽的逻辑链路，同时生成一个 Eth-Trunk 逻辑接口。Eth-Trunk 可以在实现增加链路带宽的同时，实现被聚合物理链路之间相互备份和负载分担，提高链路的可靠性和实用性。删除 Eth-Trunk 接口时需要先删除其中所有成员的物理接口。一个 Eth-Trunk 接口下最多可聚合的物理端口数为 8 个。

链路聚合模式分为手工模式和 LACP（Link Aggregation Control Protocol，链路聚合控制协议）模式两种。在手工模式下，Eth-Trunk 的建立、成员接口的加入由管理员手工配置，不需要 LACP 的参与。

1. Eth-Trunk 配置的注意事项

Eth-Trunk 配置的注意事项如下。

① Eth-Trunk 两端的设备配置的链路聚合模式必须一致。

② Eth-Trunk 两端相连的物理接口的数量、双工方式、流控配置必须一致。

③ 交换机端口类型、静态 MAC 地址等配置，必须在 Eth-Trunk 接口上配置，不能在成员接口上配置。

④ 如果本端设备接口加入了 Eth-Trunk，与该接口直连的对端接口也必须加入 Eth-Trunk，这样两端才能正常通信。

⑤ 一个 Eth-Trunk 接口中的成员接口须是和以太网类型相同（但可以是不同介质类型）的接口，如 GE 电接口和 GE 光接口可以加入同一个 Eth-Trunk 接口。V200R011C10 之前的版本支持速率不同的以太网接口不允许加入同一个 Eth-Trunk 接口，但 V200R011C10 及之后的版本，通过 **mixed-rate link enable** 命令可实现端口支持速率不同的接口临时加入同一个 Eth-Trunk 接口。

⑥ 一个以太网接口只能加入一个 Eth-Trunk 接口，如果需要加入其他 Eth-Trunk 接口，必须先退出原来加入的 Eth-Trunk 接口。

⑦ 当成员接口加入 Eth-Trunk 后， MAC 地址学习或 ARP 解析时是以 Eth-Trunk 接口进行的，而不是以其中的成员接口进行。

⑧ Eth-Trunk 的手工模式仅可以配置活动接口下限阈值，LACP 模式可以同时配置上限阈值和下限阈值。活动接口下限阈值可保证最小带宽，当前的活动链路数目小于下限阈值时，Eth-Trunk 接口的状态转为 Down。

2. 手工模式 Eth-Trunk 配置任务

① 创建链路聚合组

② 配置链路聚合模式为手工模式

③ 将成员接口加入聚合组

④ （可选）配置活动接口阈值

⑤ （可选）配置负载分担方式

二、实验目的

通过本实验的学习将达到如下目的。

① 理解手工模式 Eth-Trunk 的基本原理。

② 掌握手工模式 Eth-Trunk 的配置方法。

三、实验拓扑结构和要求

本实验的拓扑结构如图 10-1 所示，LSW1 和 LSW2 交换机分别连接 VLAN10 和 VLAN20 中的用户。由于两台交换机之间有较大的数据流量，现希望在两台交换机之间聚合三条千兆以太网链路，提供至少 2Gbit/s 的聚合链路带宽，同时实现各成员链路之间可基于报文源 MAC 地址和目的 MAC 地址进行负载分担。

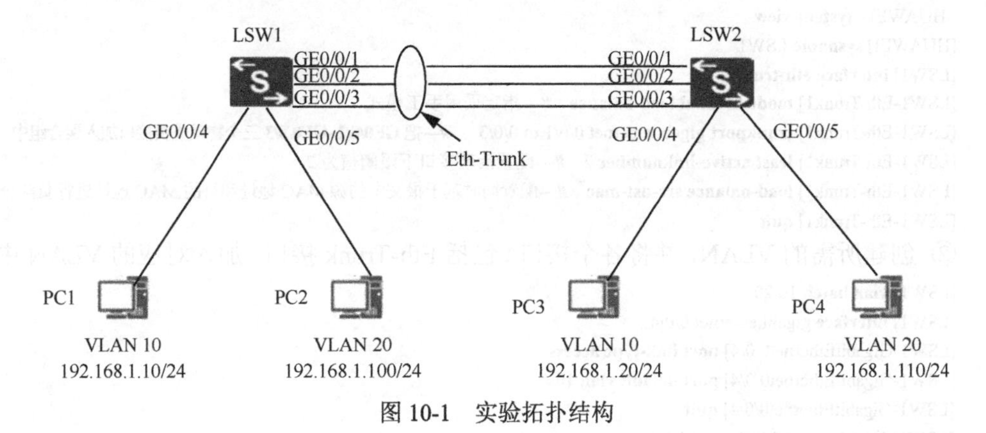

图 10-1　实验拓扑结构

四、实验配置思路

这是一个二层 Eth-Trunk 配置实验，可通过配置 Eth-Trunk 手工模式来满足增加单条链路带宽、最小带宽保证和链路间负载分担等方面的需求，基本配置思路如下。

① 在两台交换机上创建 Eth-Trunk 接口，并加入 GE0/0/0~GE0/0/3 3 个物理成员接口，实现增加链路带宽的目的。同时通过活动接口下限阈值配置 Eth-Trunk 接口中最少 2 个活动接口，以及基于源 MAC 地址和目的 MAC 地址的负载分担方式。

② 在两台交换机上创建所需的 VLAN，并将各个接口（包括 Eth-Trunk 接口）加入对应的 VLAN 中，实现网络中有相同 VLAN 的用户互通。

③ 配置各台 PC 的 IP 地址（略）。

五、实验配置

本实验中 LSW1 和 LSW2 上的配置是对称的，因此仅以 LSW1 为例介绍具体的配置步骤，LSW2 的配置步骤与 LSW1 的一样。

① 创建以太网链路聚合，具体配置如下。

- 创建 Eth-Trunk 接口（两端的 Eth-Trunk 接口编号可以不一样），并指定采用手工模式；
- 在 Eth-Trunk 接口视图下添加成员接口 GE0/0/1～0/0/3（**注意，物理成员接口建议全部保持默认配置**）；
- 在 Eth-Trunk 接口视图下配置活动接口下限阈值为 2，即当活动接口少于 2 个时，Eth-Trunk 接口关闭，各个成员接口独立进行数据传输，以保证聚合链路的最小带宽；
- 配置聚合组中各成员物理链路采用 **src-dst-mac** 负载分担方式。

```
<HUAWEI> system-view
[HUAWEI] sysname LSW1
[LSW1] interface eth-trunk 1
[LSW1-Eth-Trunk1] mode manual load-balance   #---指定采用手工模式
[LSW1-Eth-Trunk1] trunkport gigabitethernet 0/0/1 to 0/0/3   #—把 GE0/0/1~GE0/0/3 三个物理成员接口加入聚合组中
[LSW1-Eth-Trunk1] least active-linknumber 2   #---配置活动接口下限阈值为 2
[LSW1-Eth-Trunk1] load-balance src-dst-mac   #---配置同时基于报文中的源 MAC 地址和目的 MAC 地址进行负载分担
[LSW1-Eth-Trunk1] quit
```

② 创建所需的 VLAN，并将各个接口（包括 Eth-Trunk 接口）加入对应的 VLAN 中。

```
[LSW1] vlan batch 10 20
[LSW1] interface gigabitethernet 0/0/4
[LSW1-GigabitEthernet0/0/4] port link-type access
[LSW1-GigabitEthernet0/0/4] port default vlan 10
[LSW1-GigabitEthernet0/0/4] quit
[LSW1] interface gigabitethernet 0/0/5
[LSW1-GigabitEthernet0/0/5] port link-type access
[LSW1-GigabitEthernet0/0/5] port default vlan 20
[LSW1-GigabitEthernet0/0/5] quit
[LSW1] interface eth-trunk 1
[LSW1-Eth-Trunk1] port link-type trunk
[LSW1-Eth-Trunk1] port trunk allow-pass vlan 10 20
[LSW1-Eth-Trunk1] quit
```

六、实验结果验证

以上配置完成后，可进行以下实验结果验证。

① 在两台交换机的任意视图下执行 **display eth-trunk** 1 命令查看链路聚合配置信息，在 LSW1 上执行该命令的结果如图 10-2 所示。

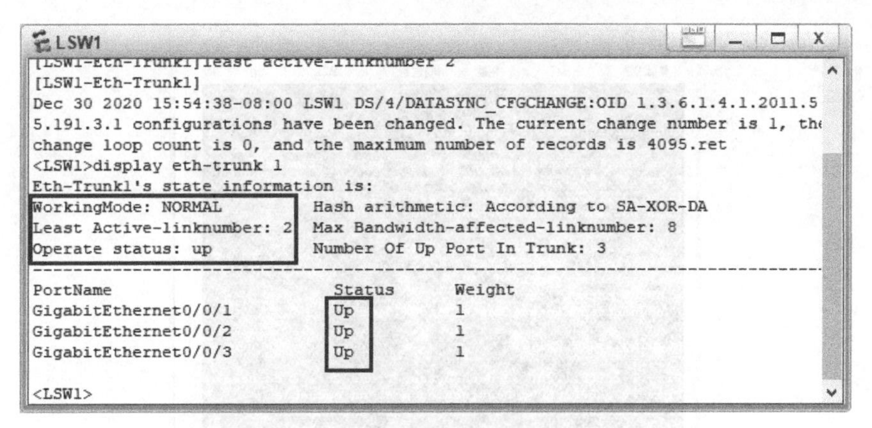

图 10-2　Eth-Trunk 1 聚合组配置信息

从图 10-2 中可以看出，创建的 Eth-Trunk 1 接口状态为 UP，包含了 GigabitEthernet0/0/1、GigabitEthernet0/0/2 和 GigabitEthernet0/0/3 3 个成员接口，且各个成员接口的状态都为 Up。活动接口下限阈值为 2，工作模式（即聚合模式）为 Normal，即手工模式。

② 分别在 VLAN 10 和 VLAN 20 中的主机间进行 Ping 测试。

本实验中各台 PC 在同一个 IP 网段，但由于划分了 VLAN，因此测试的结果为同一个 VLAN 中的主机间可以互通，但不同 VLAN 中的用户不能互通。图 10-3 所示为 PC1 可以 Ping 通 PC3，却 Ping 不通 PC4 的结果，图 10-4 所示为 PC2 可以 Ping 通 PC4，却 Ping 不通 PC3 的结果。

图 10-3　PC1 可 Ping 通 PC3，却 Ping 不通 PC4 的结果

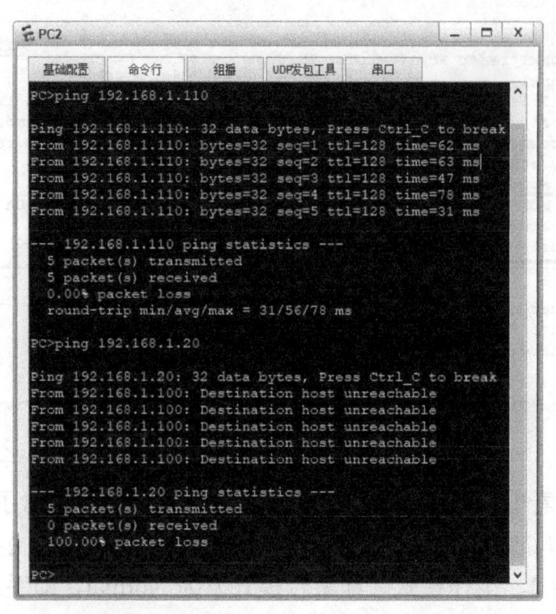

图 10-4　PC2 可 Ping 通 PC4，却 Ping 不通 PC3 的结果

③ 验证成员链路间的相互备份。

在 LSW1 上关闭 GE0/0/1 接口，此时再在 LSW1 和 LSW2 上执行 **display eth-trunk** 1 命令，发现两台交换机上的 GE0/0/1 接口的状态均为 Down，但 Eth-Trunk1 接口的状态仍为 UP，分别如图 10-5、图 10-6 所示。相同 VLAN 中的 PC1 与 PC3 之间，以及 PC2 与 PC4 之间仍可相互 Ping 通。

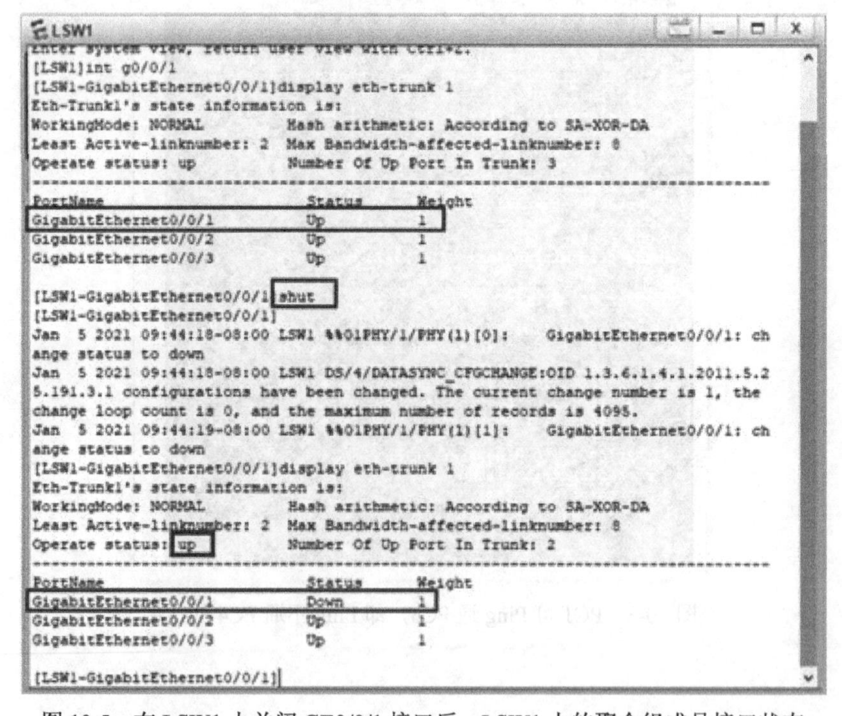

图 10-5　在 LSW1 上关闭 GE0/0/1 接口后，LSW1 上的聚合组成员接口状态

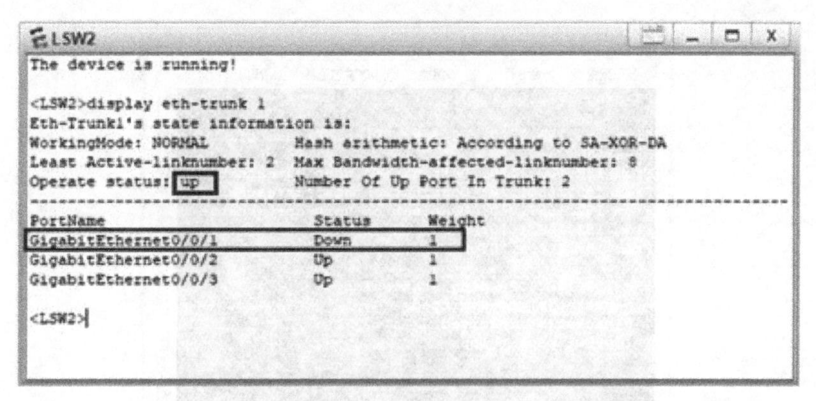

图 10-6　在 LSW1 上关闭 GE0/0/1 接口后，LSW2 上的聚合组成员接口状态

④ 验证活动接口下限阈值配置的作用。

在 LSW1 上同时关闭 GE0/0/1 接口和 GE0/0/2 接口，此时只有 GE0/0/3 接口是活动的，低于设置的阈值 2（默认为 1），所以原来所创建的 Eth-Trunk1 接口会关闭。执行 **display eth-trunk** 1 命令后，Eth-Trunk 1 接口的状态为 Down，如图 10-7 所示。

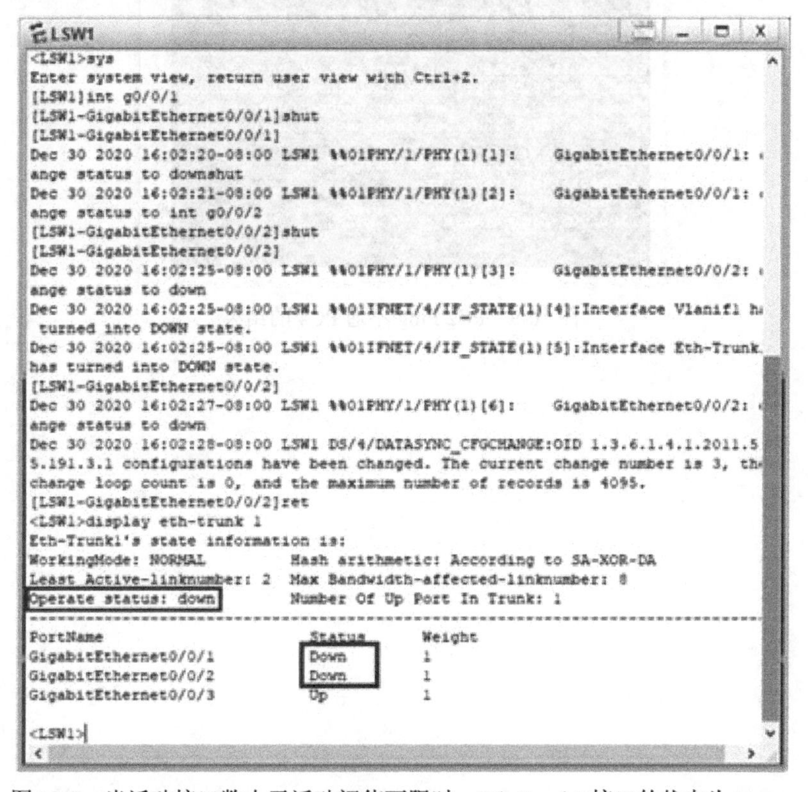

图 10-7　当活动接口数小于活动阈值下限时，Eth-Trunk1 接口的状态为 Down

此时，各物理链路独立承担转发任务，但在此之前并没有在各个成员接口上配置 VLAN，因此 LSW1 和 LSW2 上的 PC 间不能互通，即使在同一个 VLAN 中。图 10-8 所示为 PC1 Ping 不通 PC3 的结果，图 10-9 所示为 PC2 Ping 不通 PC4 的结果。解决方法为在各成员物理接口上独立配置 VLAN。

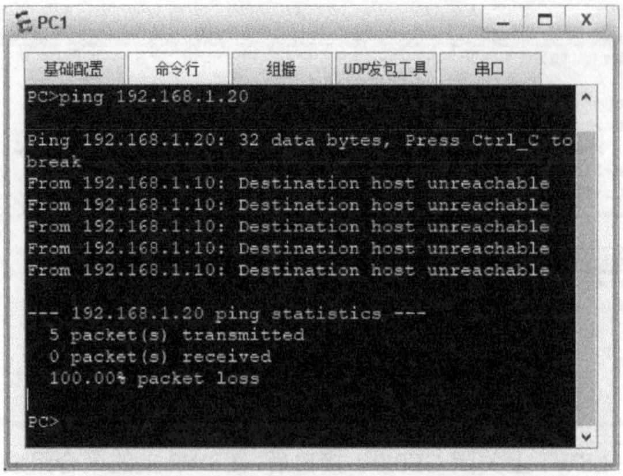

PC1

基础配置 命令行 组播 UDP发包工具 串口

```
PC>ping 192.168.1.20

Ping 192.168.1.20: 32 data bytes, Press Ctrl_C to
break
From 192.168.1.10: Destination host unreachable
From 192.168.1.10: Destination host unreachable
From 192.168.1.10: Destination host unreachable
From 192.168.1.10: Destination host unreachable
From 192.168.1.10: Destination host unreachable

--- 192.168.1.20 ping statistics ---
  5 packet(s) transmitted
  0 packet(s) received
  100.00% packet loss

PC>
```

图 10-8 PC1 Ping 不通 PC3 的结果

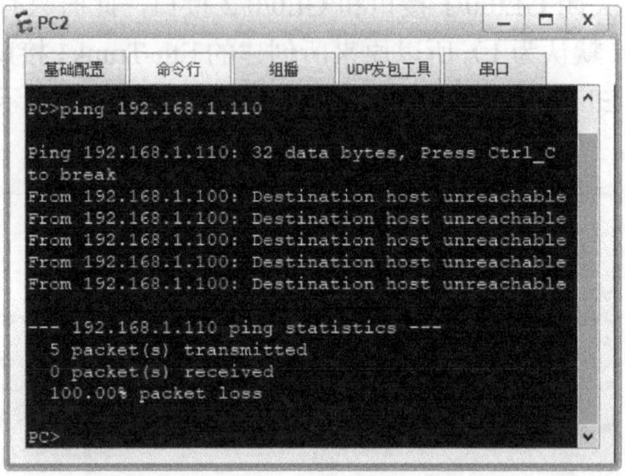

PC2

基础配置 命令行 组播 UDP发包工具 串口

```
PC>ping 192.168.1.110

Ping 192.168.1.110: 32 data bytes, Press Ctrl_C
to break
From 192.168.1.100: Destination host unreachable
From 192.168.1.100: Destination host unreachable
From 192.168.1.100: Destination host unreachable
From 192.168.1.100: Destination host unreachable
From 192.168.1.100: Destination host unreachable

--- 192.168.1.110 ping statistics ---
  5 packet(s) transmitted
  0 packet(s) received
  100.00% packet loss

PC>
```

图 10-9 PC2 Ping 不通 PC4 的结果

实验11 配置LACP模式Eth-Trunk

本章主要内容

一、背景知识

二、实验目的

三、实验拓扑结构和要求

四、实验配置思路

五、实验配置

六、实验结果验证

一、背景知识

手工模式 Eth-Trunk 可以将多个物理接口聚合成一个 Eth-Trunk 逻辑接口，在提高带宽的同时能够检测到同一个聚合组内的成员链路有断路等有限故障，但却无法检测到链路层故障、链路错连等故障。

为此，出现了专门的链路聚合控制协议，即 LACP 模式 Eth-Trunk。LACP 为交换数据的设备提供一种标准的协商方式，供设备根据自身的配置自动形成聚合链路并启动聚合链路收发数据。聚合链路形成以后，LACP 负责维护链路状态、在聚合条件发生变化时自动调整或解散链路聚合。

与手工模式 Eth-Trunk 相比，LACP Eth-Trunk 具有以下特点。

① 可以实现成员接口间 M:N 备份，即在所有成员接口中指定一部分接口作为活动接口，另一部分为备份接口。备份接口不参与数据转发，仅当有活动接口无效时才转为活动接口，参与数据转发。

② 能够自动检测两端设备间聚合链路中成员链路的链路层故障，以及链路错连（即有成员链路连接的两端设备与它同一个聚合组中其他成员链路连接的两端设备不一致）等故障。一旦发现故障，对应的成员接口将不再成为活动接口，不再参与数据转发。

③ 在 LACP 模式 Eth-Trunk 配置中，其中一端的设备需通过系统 LACP 优先级（或按设备的系统 MAC 地址选择，小的优先）被配置为主动端（另一端为被动端）。主动端通过活动接口上限阈值和接口 LACP 优先级配置（或者按接口编号大小选择，小的优先）确定哪些接口为活动接口或备份接口，被动端即使不配置这些参数，也会自动根据主动端活动接口的选择而确定本端哪些接口为活动接口或备份接口。

LACP 模式 Eth-Trunk 的基本配置任务如下：

① 创建链路聚合组；

② 配置链路聚合模式为 LACP 模式；

③ 将成员接口加入聚合组；

④（可选）配置活动接口阈值；

⑤（可选）配置负载分担方式；

⑥（可选）配置系统 LACP 优先级；

⑦（可选）配置接口 LACP 优先级。

二、实验目的

通过本实验的学习将达到如下目的。

① 掌握 LACP 模式 Eth-Trunk 的配置思路和方法。

② 理解 LACP 模式 Eth-Trunk 活动接口的选择原理。

三、实验拓扑结构和要求

本实验的拓扑结构如图 11-1 所示，LSW1 和 LSW2 交换机分别连接 VLAN10 和 VLAN20 中的用户。由于两台交换机之间有较大的数据流量，现希望在两台交换机之间聚合三条千兆以太网链路，在实现相同 VLAN 间的用户可以相互通信的同时提高链路带宽，还要求聚合组中有一条成员链路作为冗余备份链路，另外两条为活动链路。当其中一条活动链路出现故障时，备份链路替代故障链路，保持数据传输的可靠性；高优先级接口因为故障变为非活动接口，故障排除后仍可以成为活动接口。

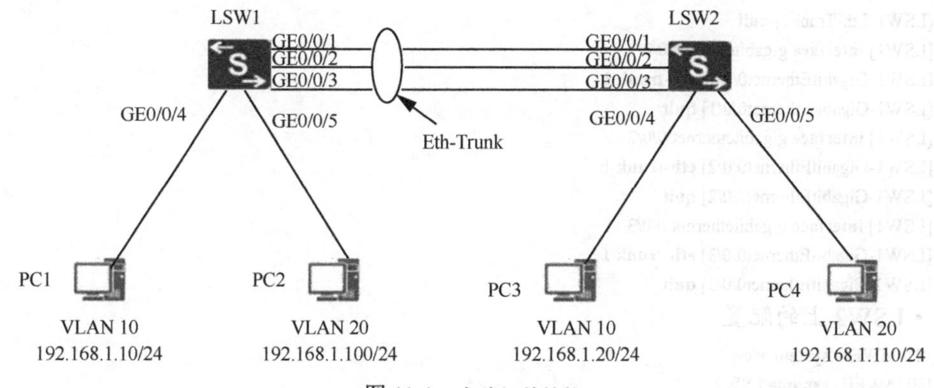

图 11-1　实验拓扑结构

四、实验配置思路

因为本实验要求具有链路备份功能，所以只能采用 LACP 模式的链路聚合方式。根据前面介绍的配置任务，再结合本实验的要求可以得出如下基本配置思路。

① 两台交换机上分别创建 LACP 模式 Eth-Trunk 接口，启用抢占功能（以便优先级高的接口故障排除后仍能成为活动接口），并将成员接口 GE0/0/1～0/0/3 加入 Eth-Trunk 接口中。

② 首先在 LSW1 上配置系统 LACP 优先级为 100（LSW2 上的系统 LACP 优先级保持默认），使 LSW1 成为主动端。然后在主动端 LSW1 上配置活动接口上限阈值为 2，并配置 GE0/0/1 接口和 GE0/0/2 接口的接口 LACP 优先级为 100，GE0/0/3 接口的接口 LACP 优先级保持默认，使两端设备上的 GE0/0/1 接口和 GE0/0/2 接口为活动接口，GE0/0/3 接口为备份接口。

③ 在两台交换机上分别创建 VLAN 10 和 VLAN 20，并将各个接口（包括 Eth-Trunk 接口）加入对应的 VLAN 中，以实现两端相同 VLAN 中的用户可以互通。

④ 配置各台 PC 的 IP 地址（略）。

五、实验配置

① 两台交换机上分别创建 LACP 模式 Eth-Trunk 接口，启用抢占功能，并将成员接口 GE0/0/1～0/0/3 加入 Eth-Trunk 接口中。

• LSW1 上的配置

```
<HUAWEI> system-view
[HUAWEI] sysname LSW1
[LSW1] interface eth-trunk 1
[LSW1-Eth-Trunk1] mode lacp   #---配置 LACP 模式
[LSW1-Eth-Trunk1] lacp preempt enable    #----启用抢占功能
[LSW1-Eth-Trunk1] quit
[LSW1] interface gigabitethernet 0/0/1
[LSW1-GigabitEthernet0/0/1] eth-trunk 1
[LSW1-GigabitEthernet0/0/1] quit
[LSW1] interface gigabitethernet 0/0/2
[LSW1-GigabitEthernet0/0/2] eth-trunk 1
[LSW1-GigabitEthernet0/0/2] quit
[LSW1] interface gigabitethernet 0/0/3
[LSW1-GigabitEthernet0/0/3] eth-trunk 1
[LSW1-GigabitEthernet0/0/3] quit
```

• LSW2 上的配置

```
<HUAWEI> system-view
[HUAWEI] sysname LSW2
[LSW2] interface eth-trunk 1
[LSW2-Eth-Trunk1] mode lacp
[LSW2-Eth-Trunk1] lacp preempt enable
[LSW2-Eth-Trunk1] quit
[LSW2] interface gigabitethernet 0/0/1
[LSW2-GigabitEthernet0/0/1] eth-trunk 1
[LSW2-GigabitEthernet0/0/1] quit
[LSW2] interface gigabitethernet 0/0/2
[LSW2-GigabitEthernet0/0/2] eth-trunk 1
[LSW2-GigabitEthernet0/0/2] quit
[LSW2] interface gigabitethernet 0/0/3
[LSW2-GigabitEthernet0/0/3] eth-trunk 1
[LSW2-GigabitEthernet0/0/3] quit
```

② 首先在 LSW1 上配置系统 LACP 优先级为 100（LSW2 的系统 LACP 优先级保持默认的 32768），使其成为 LACP 主动端。然后在 LSW1 上配置活动接口上限阈值为 2，配置 GE0/0/1 接口、GE0/0/2 的接口 LACP 优先级为 100，GE0/0/3 接口的接口 LACP 优先级保持默认的 32768。LSW2 上的这些配置均保持默认，最终使 LSW1 和 LSW2 上的 GE0/0/1 接口和 GE0/0/2 接口为活动接口，GE0/0/3 接口为备份接口。

```
[LSW1] lacp priority 100
[LSW1] interface eth-trunk 1
[LSW1-Eth-Trunk1] max active-linknumber 2
[LSW1-Eth-Trunk1] quit
[LSW1] interface gigabitethernet 0/0/1
[LSW1-GigabitEthernet0/0/1] lacp priority 100
[LSW1-GigabitEthernet0/0/1] quit
```

```
[LSW1] interface gigabitethernet 0/0/2
[LSW1-GigabitEthernet0/0/2] lacp priority 100
[LSW1-GigabitEthernet0/0/2] quit
```

③ 在两台交换机上分别创建 VLAN 10 和 VLAN 20，并将接口（包括 Eth-Trunk1 接口）加入对应的 VLAN 中。Eth-Trunk1 接口要同时允许 VLAN 10 和 VLAN 20 的数据帧保留原来帧中的 VLAN 标签通过。

• LSW1 上的配置

```
[LSW1] vlan batch 10 20
[LSW1] interface gigabitethernet 0/0/4
[LSW1-GigabitEthernet0/0/4] port link-type access
[LSW1-GigabitEthernet0/0/4] port default vlan 10
[LSW1-GigabitEthernet0/0/4] quit
[LSW1] interface gigabitethernet 0/0/5
[LSW1-GigabitEthernet0/0/5] port link-type access
[LSW1-GigabitEthernet0/0/5] port default vlan 20
[LSW1-GigabitEthernet0/0/5] quit
[LSW1] interface eth-trunk 1
[LSW1-Eth-Trunk1] port link-type trunk
[LSW1-Eth-Trunk1] port trunk allow-pass vlan 10 20
[LSW1-Eth-Trunk1] quit
```

• LSW2 上的配置

```
[LSW2] vlan batch 10 20
[LSW2] interface gigabitethernet 0/0/4
[LSW2-GigabitEthernet0/0/4] port link-type access
[LSW2-GigabitEthernet0/0/4] port default vlan 10
[LSW2-GigabitEthernet0/0/4] quit
[LSW2] interface gigabitethernet 0/0/5
[LSW2-GigabitEthernet0/0/5] port link-type access
[LSW2-GigabitEthernet0/0/5] port default vlan 20
[LSW2-GigabitEthernet0/0/5] quit
[LSW2] interface eth-trunk 1
[LSW2-Eth-Trunk1] port link-type trunk
[LSW2-Eth-Trunk1] port trunk allow-pass vlan 10 20
[LSW2-Eth-Trunk1] quit
```

六、实验结果验证

以上配置完成后可进行以下实验结果验证。

① 在两台交换机的任意视图下执行 **display eth-trunk 1** 命令，得到两台交换机上的 Eth-Trunk 配置信息，具体如图 11-2 和图 11-3 所示。

从图 11-2 中可以看出，LSW1 上已启用了抢占功能，因为显示了抢占延时（Preempt Delay Time）为 30 毫秒，“STATIC”表示当前为 LACP 模式，本端的系统 LACP 优先级（System Priority）为 100。由于 LSW1 上配置了活动接口上限阈值为 2（即最多只能有两个活动接口），所以根据 3 个成员物理接口的接口 LACP 优先级配置，选择优先级最高的 GigabitEthernet0/0/1、GigabitEthernet0/0/2 接口为活动接口（Selected 状态），优先级最低的 GigabitEthernet0/0/3 接口为非活动接口（Unselect 状态），实现了 2 条链路的负载分担和 1 条链路的冗余备份功能。

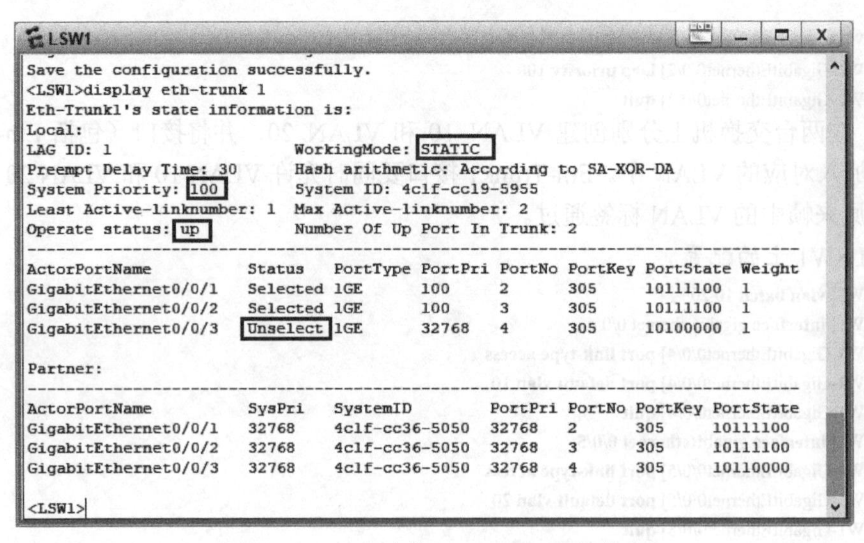

```
LSW1
Save the configuration successfully.
<LSW1>display eth-trunk 1
Eth-Trunkl's state information is:
Local:
LAG ID: 1                    WorkingMode: STATIC
Preempt Delay Time: 30       Hash arithmetic: According to SA-XOR-DA
System Priority: 100         System ID: 4c1f-cc19-5955
Least Active-linknumber: 1   Max Active-linknumber: 2
Operate status: up           Number Of Up Port In Trunk: 2
--------------------------------------------------------------------------------
ActorPortName          Status   PortType PortPri PortNo PortKey PortState Weight
GigabitEthernet0/0/1   Selected 1GE      100     2      305     10111100  1
GigabitEthernet0/0/2   Selected 1GE      100     3      305     10111100  1
GigabitEthernet0/0/3   Unselect 1GE      32768   4      305     10100000  1

Partner:
--------------------------------------------------------------------------------
ActorPortName          SysPri   SystemID        PortPri PortNo PortKey PortState
GigabitEthernet0/0/1   32768    4c1f-cc36-5050  32768   2      305     10111100
GigabitEthernet0/0/2   32768    4c1f-cc36-5050  32768   3      305     10111100
GigabitEthernet0/0/3   32768    4c1f-cc36-5050  32768   4      305     10110000

<LSW1>
```

图 11-2　LSW1 上的 Eth-Trunk1 配置信息

```
LSW2
<LSW2>display eth-trunk 1
Eth-Trunkl's state information is:
Local:
LAG ID: 1                    WorkingMode: STATIC
Preempt Delay Time: 30       Hash arithmetic: According to SA-XOR-DA
System Priority: 32768       System ID: 4c1f-cc36-5050
Least Active-linknumber: 1   Max Active-linknumber: 8
Operate status: up           Number Of Up Port In Trunk: 2
--------------------------------------------------------------------------------
ActorPortName          Status   PortType PortPri PortNo PortKey PortState Weight
GigabitEthernet0/0/1   Selected 1GE      32768   2      305     10111100  1
GigabitEthernet0/0/2   Selected 1GE      32768   3      305     10111100  1
GigabitEthernet0/0/3   Unselect 1GE      32768   4      305     10110000  1

Partner:
--------------------------------------------------------------------------------
ActorPortName          SysPri   SystemID        PortPri PortNo PortKey PortState
GigabitEthernet0/0/1   100      4c1f-cc19-5955  100     2      305     10111100
GigabitEthernet0/0/2   100      4c1f-cc19-5955  100     3      305     10111100
GigabitEthernet0/0/3   100      4c1f-cc19-5955  32768   4      305     10100000

<LSW2>
```

图 11-3　LSW2 上的 Eth-Trunk1 配置信息

从图 11-3 中可以看出，LSW2 上也已启用了抢占功能，LACP 模式，本端的系统 LACP 优先级为默认的 32768，比 LSW1 的系统 LACP 优先级要低，所以 LSW1 为主动端，LSW2 为被动端。根据主动端 LSW1 上活动接口的选择，被动端 LSW2 的 3 个成员物理接口中，对应的 GigabitEthernet0/0/1、GigabitEthernet0/0/2 为活动接口（Selected 状态），GigabitEthernet0/0/3 接口为非活动接口（Unselect 状态）。

【说明】　配置成功后，在一端设备上执行 **display eth-trunk 1** 命令会同时查看本端和对端的成员接口配置信息，否则只会显示本端配置信息。

② 在两台交换机的任意视图下执行 **display interface** eth-trunk 1 命令，在图 11-4 所示的输出信息中发现该聚合接口的当前带宽为 2Gbit/s，因为在该聚合接口中有两条千兆以太网活动接口（非活动接口不参与数据转发，所以不计算在聚合接口带宽之中）。

LSW1
<LSW1>display interface eth-trunk 1
Eth-Trunk1 current state : UP
Line protocol current state : UP
Description:
Switch Port, PVID : 1, Hash arithmetic : According to SA-XOR-DA,Maximal BW: 3
G, Current BW: 2G, The Maximum Frame Length is 9216
IP Sending Frames' Format is PKTFMT_ETHNT_2, Hardware address is 4c1f-cc19-5955
Current system time: 2021-01-09 10:15:44-08:00
Input bandwidth utilization : 0%
Output bandwidth utilization : 0%
PortName Status Weight
GigabitEthernet0/0/1 UP 1
GigabitEthernet0/0/2 UP 1
GigabitEthernet0/0/3 DOWN 1
The Number of Ports in Trunk : 3
The Number of UP Ports in Trunk : 2
<LSW1>

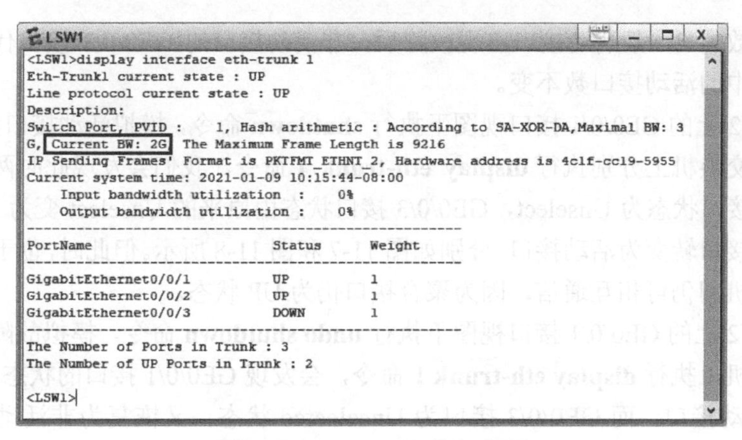

图 11-4　Eth-Trunk 1 接口信息

此时连接在两台交换机上相同 VLAN 中的用户可以直接互通。图 11-5 所示为同位于 VLAN 10 中的 PC1 Ping PC3 的结果，图 11-6 所示为同位于 VLAN 20 中的 PC2 Ping PC4 的结果。

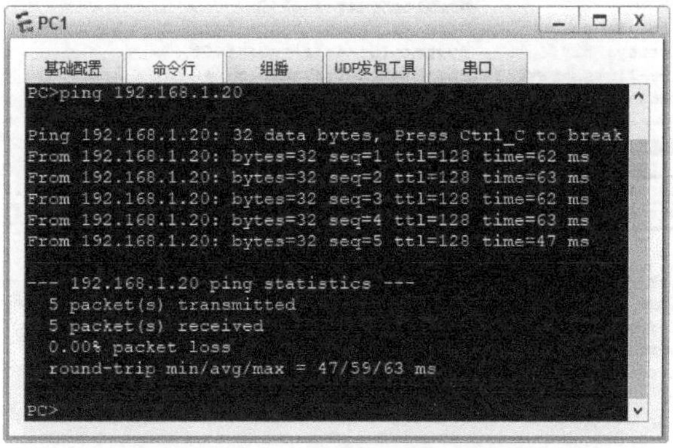

PC1
基础配置
命令行
组播
UDP发包工具
串口
PC>ping 192.168.1.20
Ping 192.168.1.20: 32 data bytes, Press Ctrl_C to break
From 192.168.1.20: bytes=32 seq=1 ttl=128 time=62 ms
From 192.168.1.20: bytes=32 seq=2 ttl=128 time=63 ms
From 192.168.1.20: bytes=32 seq=3 ttl=128 time=62 ms
From 192.168.1.20: bytes=32 seq=4 ttl=128 time=63 ms
From 192.168.1.20: bytes=32 seq=5 ttl=128 time=47 ms
--- 192.168.1.20 ping statistics ---
5 packet(s) transmitted
5 packet(s) received
0.00% packet loss
round-trip min/avg/max = 47/59/63 ms
PC>

图 11-5　PC1 Ping PC3 的结果

PC2
基础配置
命令行
组播
UDP发包工具
串口
PC>ping 192.168.1.110
Ping 192.168.1.110: 32 data bytes, Press Ctrl_C to break
From 192.168.1.110: bytes=32 seq=1 ttl=128 time=94 ms
From 192.168.1.110: bytes=32 seq=2 ttl=128 time=62 ms
From 192.168.1.110: bytes=32 seq=3 ttl=128 time=63 ms
From 192.168.1.110: bytes=32 seq=4 ttl=128 time=62 ms
From 192.168.1.110: bytes=32 seq=5 ttl=128 time=63 ms
--- 192.168.1.110 ping statistics ---
5 packet(s) transmitted
5 packet(s) received
0.00% packet loss
round-trip min/avg/max = 62/68/94 ms
PC>

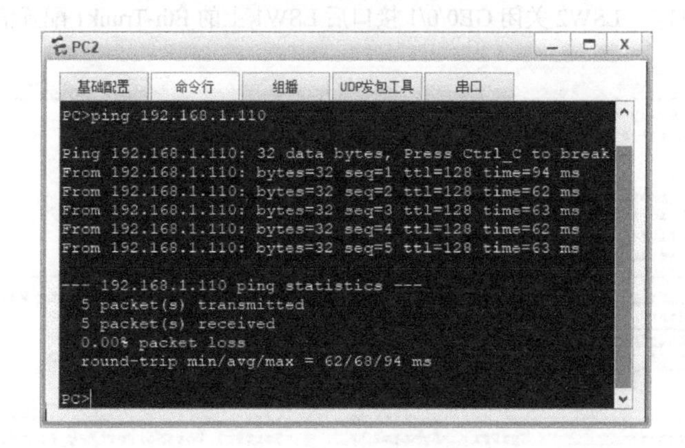

图 11-6　PC2 Ping PC4 的结果

③ 在 LSW1 或 LSW2 上关闭任意一个活动接口，使原来为非活动接口的 GE0/0/3 接口可以代替出现故障的活动接口，成为新的活动接口。因为在两台交换机上配置的最

大活动接口数为 2，某活动接口出现故障后，非活动接口的 GE0/0/3 接口代替后仍能保持聚合链路中的活动接口数不变。

在 LSW2 上的 GE0/0/1 接口视图下执行 **shutdown** 命令，模拟活动接口出现的故障。然后在两台交换机上分别执行 **display eth-trunk 1** 命令，我们会发现此时两台交换机上的 GE0/0/1 接口状态为 Unselect，GE0/0/3 接口状态由原来的 Unselect 变为了 Selected，即由非活动接口转变为活动接口，分别如图 11-7 和图 11-8 所示。但此时，位于相同 VLAN 中的用户主机间仍可相互通信，因为聚合接口仍为 UP 状态。

在 LSW2 上的 GE0/0/1 接口视图下执行 **undo shutdown** 命令，模拟故障排除。然后在两台交换机上执行 **display eth-trunk 1** 命令，会发现 GE0/0/1 接口的状态为 Selected，再次成为活动接口，而 GE0/0/3 接口为 Unselected 状态，又恢复为非活动接口，参见图 11-2 和图 11-3 所示。这是因为在两台交换机上启用了 LACP 抢占功能。

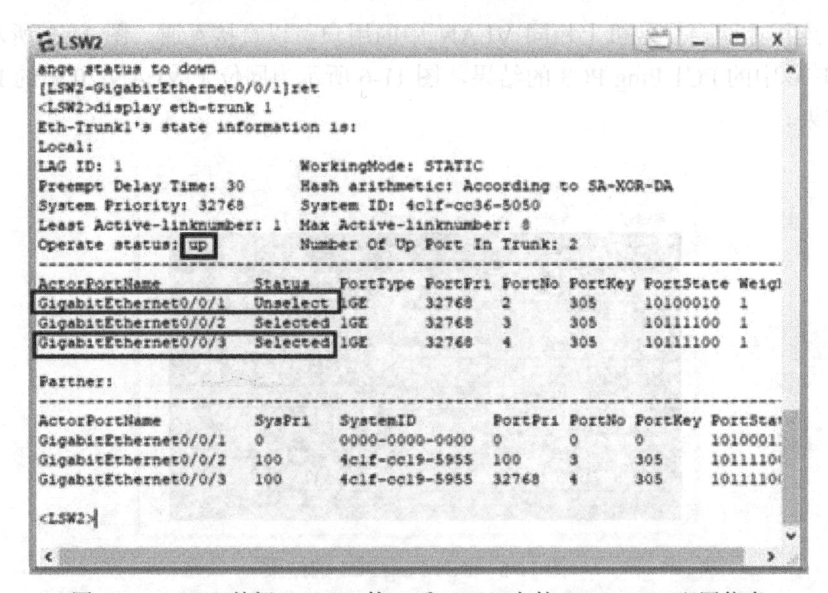

图 11-7　LSW2 关闭 GE0/0/1 接口后 LSW1 上的 Eth-Trunk1 配置信息

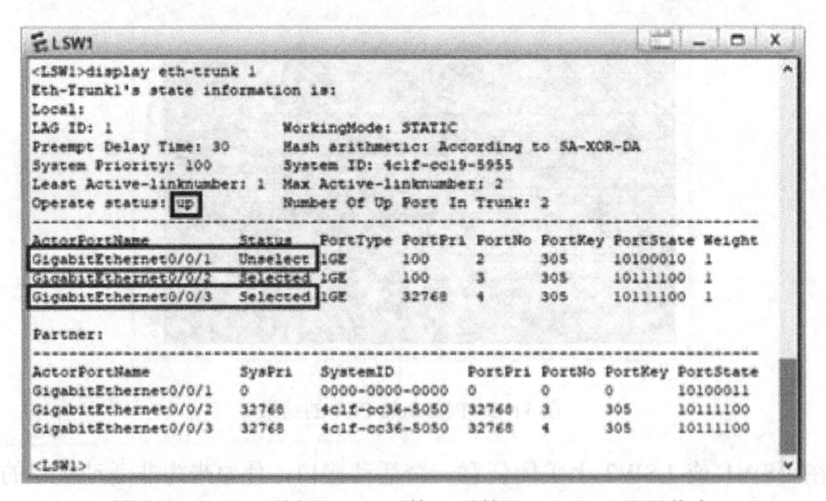

图 11-8　LSW2 关闭 GE0/0/1 接口后的 Eth-Trunk1 配置信息

实验 12 STP 工作原理及 STP/RSTP 基本功能配置

本章主要内容

一、背景知识

二、实验目的

三、实验拓扑结构和要求

四、实验配置和结果验证

一、背景知识

二层交换网络中，为了提供设备之间连接的可靠性，通常采用冗余链路配置。但这又带来一个严重的问题，会形成二层环路，进而产生广播风暴和 MAC 地址表震荡。为了解决这些问题，相关人员开发了 STP。它可以在提供冗余链路的基础上消除二层环路，为二层冗余链路的应用提供了可能。STP 的基本设计思路为：正常情况下，设备之间只允许一条活跃链路进行通信，其他链路会因为有端口呈阻塞状态而不允许数据进行转发，仅起到备份作用，而一旦当前活跃链路出现故障，冗余的备份链路将恢复连接，代替出现故障的原活跃链路，继续进行数据转发工作。

STP 是最初的生成树协议版本，在 IEEE 802.1d 标准中定义，此后又开发了多种更新版本的生成树协议，如在 IEEE 802.1w 标准中定义的 RSTP（Rapid Spanning Tree Protocol，快速生成树协议），在 IEEE 802.1s 标准中定义的 MSTP（Multiple Spanning Tree Protocol，多生成树协议），也有一些厂商私有的生成树协议，如华为的 VBST（VLAN-Based Spanning Tree，基于 VLAN 的生成树）。注意，只有在交换网络中存在二层环路时才需要启用生成树协议，无二层环路时可不启用生成树协议。

STP 和 RSTP 都是单实例生成树协议，即同一个交换网络（不管存在多少个二层环路）只生成一棵无环路的生成树，并选举一个根桥（或根交换机）作为生成树的“根”，其他交换机均为非根桥（或非根交换机）。STP 和 RSTP 的基本工作原理是一样的，主要涉及根桥选举、根端口选举和指定端口选举。

1. *根桥选举原理*

根桥是整个交换网络的核心，是整个生成树的“根”，也是下行交换机访问外部网络必经的节点。根桥的选举是根据各台交换机的 BID（Bridge ID，桥 ID）进行的，而 BID 又包括桥优先级和桥 MAC 地址两部分。根桥的选举规则为先比较各交换机的桥优先级，桥优先级值最小（桥优先级值越小，优先级越高）的将成为根桥；如有多台交换机的桥优先级最小且相同，则再比较它们的桥 MAC 地址，最小的将成为根桥。

2. *根端口选举原理*

根端口是非根桥到达根桥的唯一端口，也是非根桥唯一可以接收由根桥发送的配置 BPDU、上行到达根桥的端口。**但根端口仅在非根桥上有**。非根桥上的根端口的基本选举规则如下：

① 首先比较同一台交换机上连接上行（往根桥方向）交换机的各个端口到达根桥的路径上所有出端口的开销总和，即根路径开销（Root Path Cost，RPC），RPC 开销最小的端口就是根端口；

② 如果本地有多个端口的 RPC 相同，则比较它们连接的上行交换机的 BID，与 BID 最小的上行交换机连接的本地端口将作为根端口；

③ 如果有多个上行端口连接到同一台上行交换机，且 BID 都是最小的，则比较它们连接的上行交换机端口的 PID（Port Identification，端口标识符），与 PID 最小的上行交换机端口连接的本地端口将作为根端口；

④ 如果本端有两个或两个以上端口通过 Hub 连接到同一台上行交换机的同一个端口上，即对端的 PID 相同时，则选择端口中 PID 最小的作为根端口。

3. 指定端口选举原理

指定端口用于向所连接的下行物理网段发送配置 BPDU 和数据报文。**每个物理网段有且只有一个指定端口，根桥上所有活动端口均为指定端口。**指定端口所在交换机为对应物理网段的指定桥（或指定交换机）。

指定端口的选举规则如下。

① 首先比较连接在同一个物理网段的不同端口到达根桥的 RPC，RPC 最小的端口就是对应物理网段的指定端口。

② 如果连接该物理网段的多个端口的 RPC 相同，则比较这些端口所在交换机的 BID，BID 最小交换机上的端口为对应物理网段的指定端口。

③ 如果有多个端口的 RPC 和所在交换机的 BID 都相同（即多个端口在同一台交换机上），则比较这些端口的 PID，PID 最小的为指定端口。

二、实验目的

通过本实验的学习将达到以下目的。

① 理解根桥的选举原理，掌握 STP 根桥、备份根桥和桥优先级的配置方法，以及它们在根桥选举中的影响。

② 理解根端口和指定端口的选举原理，掌握端口开销的配置方法，以及端口开销在根端口和指定端口选举中的影响。

③ 掌握 RSTP 边缘端口的特性及配置方法。

三、实验拓扑结构和要求

本实验的拓扑结构如图 12-1 所示，其中 LSW1 和 LSW2 为汇聚层交换机、LSW3 和 LSW4 为接入层交换机。

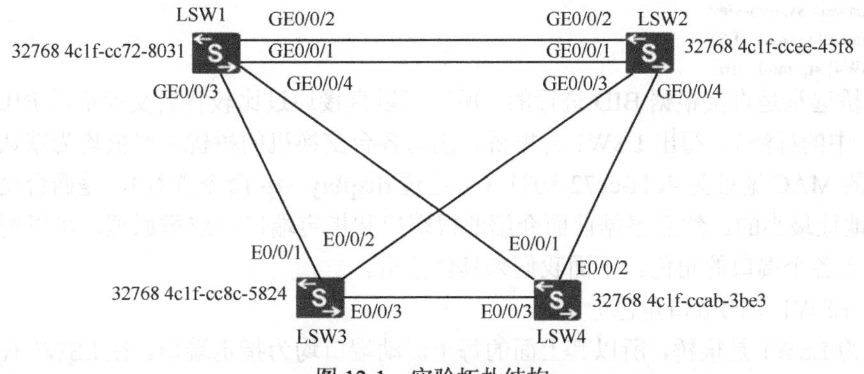

图 12-1　实验拓扑结构

为了提高接入层交换机与汇聚层交换机连接的可靠性，每台接入层交换机分别连接到上行的两个汇聚层交换机上。同时为了提高汇聚层交换机间连接的可靠性，两台汇聚层交换机上采用双链路连接。

为了消除二层环路，本实验将在各台交换机上启用 STP 或 RSTP，然后按如下步骤分别进行配置和结果验证。

① 在各台交换机上启用 STP，其他各个参数全部采用默认配置，分析各台交换机及各个端口的角色，得出 ST 拓扑结构。

② 通过修改桥优先级值，或强制指定根桥和备份根桥，再分析各台交换机及各个端口的角色，得出新的 ST 拓扑结构。

③ 通过修改特定端口的 STP 开销值，再分析各台交换机端口角色的变化，得出新的 ST 拓扑结构。

④ 在以上基础上，修改各台交换机上的 RSTP，验证 ST 拓扑结构是否发生改变，然后配置一些特定端口为边缘端口。

四、实验配置和结果验证

我们按照前面介绍的实验步骤依次进行配置和结果验证。

① 采用默认配置，在各台交换机上启用 STP，然后分析得出 ST 拓扑结构。

- LSW1 上的配置。

```
<Huawei> system-view
[Huawei] sysname LSW1
[LSW1] stp mode stp
```

- LSW2 上的配置。

```
<Huawei> system-view
[Huawei] sysname LSW2
[LSW2] stp mode stp
```

- LSW3 上的配置。

```
<Huawei> system-view
[Huawei] sysname LSW3
[LSW3] stp mode stp
```

- LSW4 上的配置。

```
<Huawei> system-view
[Huawei] sysname LSW4
[LSW4] stp mode stp
```

根桥选举是直接根据 BID 进行的，所以可以直接通过比较各台交换机的 BID（参见图 12-1 中的标注），得出 LSW1 为根桥。因为各台交换机的桥优先级值均为默认值，而 LSW1 的 MAC 地址为 4c1f-cc72-8031（可通过 **display stp** 命令查看），是四台交换机中 MAC 地址最小的。然后根据前面介绍的根端口和指定端口的选举原理，可以得出各台交换机上各个端口的角色。下面我们来具体分析。

- LSW1 上的端口角色分析。

因为 LSW1 是根桥，所以其上面的每个活动端口均为指定端口。在 LSW1 任意视图

下执行 **display stp** 和 **display stp brief** 命令可以验证结果，如图 12-2 所示（在任意交换机上执行 **display stp** 命令，查询到的根交换机是相同的，均为 LSW1）。

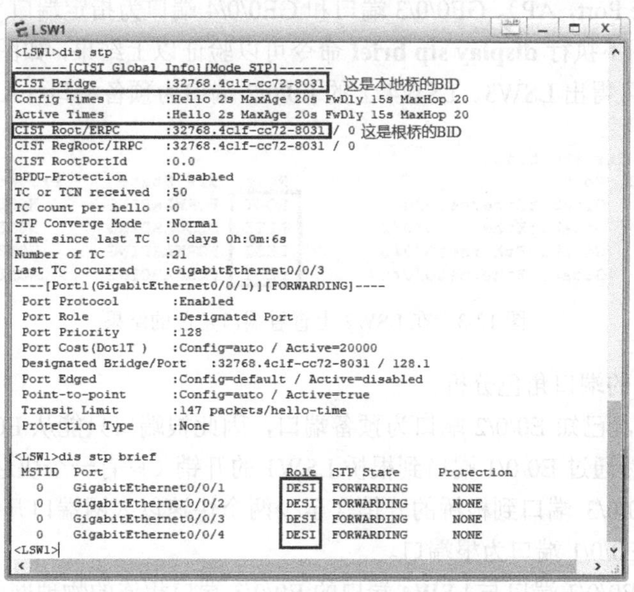

图 12-2 在 LSW1 上查看根桥和端口角色的结果

- LSW2 上的端口角色分析。

在 LSW2 上，因为通过 GE0/0/1 和 GE0/0/2 端口到达根桥 LSW1 只有一个千兆以太网端口的开销，它小于通过 GE0/0/3 和 GE0/0/4 端口到达根桥的开销（执行 **display stp interface** *type number* 命令可以查看具体端口的 STP 开销），所以根端口只能从 GE0/0/1 和 GE0/0/2 中选择。又因为通过 GE0/0/1 和 GE0/0/2 端口到达根桥的开销值相等，而且都是连接到 LSW1，即对端设备的 BID 相同，所以根据根端口选举原理可知，此时要比较连接的对端设备端口（即 LSW1 上的 GE0/0/1 和 GE0/0/2 端口）的 PID。因为各个端口参数均采用默认值，所以 LSW1 上的 GE0/0/1 和 GE0/0/2 两个端口优先级相同，此时再比较两个端口的 ID 值。GE0/0/1 端口的 ID 值小于 GE0/0/2 端口的 ID，所以与 LSW1 GE0/0/1 端口连接的 LSW2 GE0/0/1 端口为根端口，GE0/0/2 端口为预备端口，呈阻塞状态。

LSW2 上的 GE0/0/3 端口与 LSW3 上的 E0/0/2 端口连接的物理网段，到达根桥 LSW1 有两条最短路径（默认情况下，其他路径均比这两条路径的开销大）：一条是通过 LSW2 的 GE0/0/1 端口到达，另一条是通过 LSW3 的 E0/0/1 端口到达，且只包括一个出端口。根路径开销只计算出端口的开销，默认情况下，快速以太网端口的开销值大于千兆以太网端口的开销值，根据指定端口选举原理，此物理网段以 LSW2 上的 GE0/0/3 端口为指定端口，LSW3 上的 E0/0/2 端口为预备端口，呈阻塞状态。

LSW2 上的 GE0/0/4 端口与 LSW4 上的 E0/0/2 端口连接的物理网段，到达根桥 LSW1 也有两条最短路径（默认情况下，其他路径均比这两条路径的开销大）：一条是通过 LSW2 的 GE0/0/1 端口到达，另一条是通过 LSW4 的 E0/0/1 端口到达。默认情况下，快速以太网端口的开销值大于千兆以太网端口的开销值，根据指定端口选举原理，该物理网段的指定端口为 LSW2 上的 GE0/0/4 端口，LSW4 上的 E0/0/2 为预备端口，呈阻塞状态。

综上所述，LSW2 上的 GE0/0/1 端口为根端口（Root Port，RP）、GE0/0/2 端口为预备端口（Alternate Port，AP）、GE0/0/3 端口和 GE0/0/4 端口为指定端口（Designated Port，DP）。在任意视图下执行 **display stp brief** 命令可以验证以上结果，如图 12-3 所示。同时根据前面的分析可得出 LSW3、LSW4 上的 E0/0/2 端口为预备端口（AP）。

```
<LSW2>dis stp brief
 MSTID  Port                        Role  STP State     Protection
   0    GigabitEthernet0/0/1        ROOT  FORWARDING      NONE
   0    GigabitEthernet0/0/2        ALTE  DISCARDING      NONE
   0    GigabitEthernet0/0/3        DESI  FORWARDING      NONE
   0    GigabitEthernet0/0/4        DESI  FORWARDING      NONE
```

图 12-3 在 LSW2 上查看端口角色的结果

- LSW3 上的端口角色分析。

在 LSW3 上，已知 E0/0/2 端口为预备端口，因此根端口只能从 E0/0/1 和 E0/0/3 端口中选择，很显然通过 E0/0/1 端口到根桥 LSW1 的开销（只有一个快速以太网端口的开销）小于通过 E0/0/3 端口到根桥的开销（至少两个快速以太网端口开销），所以根据根端口选举原理，E0/0/1 端口为根端口。

LSW3 上的 E0/0/3 端口与 LSW4 端口的 E0/0/3 端口相连的物理网段，因为通过这两个端口到达根桥有相同的路径（通过 LSW3 的 E0/0/1 端口到达和 LSW4 的 E0/0/1 端口到达），所以此时比较对端交换机的 BID，LSW3 的 BID 小于 LSW4 的，根据指定端口选举原理，LSW3 上的 E0/0/3 端口为该物理网段的指定端口，LSW4 上的 E0/0/3 端口为预备端口，呈阻塞状态。由此可得出 LSW3 上 E0/0/1 端口为根端口，E0/0/2 端口为预备端口，E0/0/3 端口为指定端口。

- LSW4 上的端口角色分析。

在 LSW4 上，已知 E0/0/2 和 E0/0/3 端口均为预备端口，所以该交换机的根端口仅可以是 E0/0/1 端口。由此可得出 LSW4 上的 E0/0/1 端口为根端口，E0/0/2 端口和 E0/0/3 端口为预备端口。

在 LSW3、LSW4 上的任意视图下分别执行 **display stp brief** 命令进行以上结果验证，结果如图 12-4 和图 12-5 所示。

```
<LSW3>dis stp brief
 MSTID  Port                 Role  STP State     Protection
   0    Ethernet0/0/1        ROOT  FORWARDING      NONE
   0    Ethernet0/0/2        ALTE  DISCARDING      NONE
   0    Ethernet0/0/3        DESI  FORWARDING      NONE
```

图 12-4 在 LSW3 上查看端口角色的结果

```
<LSW4>dis stp brief
 MSTID  Port                 Role  STP State     Protection
   0    Ethernet0/0/1        ROOT  FORWARDING      NONE
   0    Ethernet0/0/2        ALTE  DISCARDING      NONE
   0    Ethernet0/0/3        ALTE  DISCARDING      NONE
```

图 12-5 在 LSW4 上查看端口角色的结果

根据以上分析可以得出当前的 ST 拓扑结构，如图 12-6 所示。

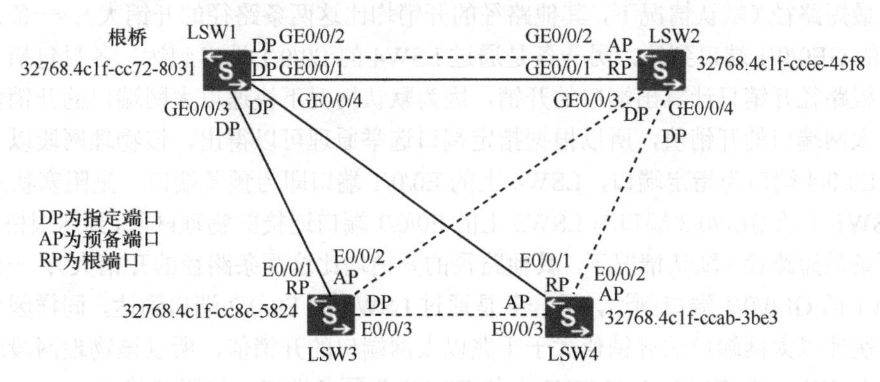

图 12-6　默认情形下的 ST 拓扑结构

② 通过以下配置修改 LSW2 的桥优先级为 4096，LSW1 的桥优先级为 8192，其他交换机上的桥优先级保持默认。因为在四台交换机中，LSW2 的桥优先级最小，自动成为根桥，LSW1 的优先级次小，成为备份根桥。

```
[LSW1] stp priority 8192
[LSW2] stp priority 4096
```

也可通过 **stp root primary** 命令强制指定设备为根桥，桥优先级值自动变为最小值 0（优先级最高），通过 **stp root secondary** 命令桥优先级值自动变为次小值 4096（优先级次高）。

下面用前文中介绍的方法进行分析。

- LSW2 上的端口角色分析。

因为 LSW2 是根桥，所以其上面的每个活动端口均为指定端口，如图 12-7 所示。

```
[LSW2]dis stp brief
 MSTID  Port                        Role  STP State     Protection
   0    GigabitEthernet0/0/1        DESI  FORWARDING      NONE
   0    GigabitEthernet0/0/2        DESI  FORWARDING      NONE
   0    GigabitEthernet0/0/3        DESI  FORWARDING      NONE
   0    GigabitEthernet0/0/4        DESI  FORWARDING      NONE
```

图 12-7　在 LSW2 上查看端口角色的结果

- LSW1 上的端口角色分析。

在 LSW1 上，因为通过 GE0/0/1 和 GE0/0/2 到达根桥 LSW2 只有一个千兆以太网端口的开销，它小于通过 GE0/0/3 和 GE0/0/4 端口到达根桥的开销，所以根端口只能从 GE0/0/1 和 GE0/0/2 中选择。

因为通过 GE0/0/1 和 GE0/0/2 到达根桥的开销相等，且都连接到 LSW2，即对端设备的 BID 相同，所以此时需要比较所连接的对端设备端口（即 LSW2 上的 GE0/0/1 和 GE0/0/2）的 PID。又因为各个端口参数均采用默认取值，所以 LSW2 上的 GE0/0/1 和 GE0/0/2 两个端口的优先级相同，此时需要比较这两个端口的 ID 值，GE0/0/1 的 ID 值小于 GE0/0/2 的 ID 值，根据根端口选举原理，LSW2 GE0/0/1 连接的 LSW1 上的 GE0/0/1 为根端口，GE0/0/2 为预备端口，呈阻塞状态。

LSW1 上的 GE0/0/4 端口与 LSW4 上的 E0/0/1 端口连接的物理网段，到达根桥 LSW2 有两条最短路径（默认情况下，其他路径的开销均比这两条路径的开销大）：一条是通过 LSW1 的 GE0/0/1 端口到达，另一条是通过 LSW4 的 E0/0/1 端口到达，各只包括一个出接口。根路径开销只计算出端口的开销，因为默认情况下快速以太网端口的开销值大于千兆以太网端口的开销值，所以根据指定端口选举原理可以得出，该物理网段以 LSW1 上的 GE0/0/4 端口为指定端口，LSW4 上的 E0/0/1 端口即为预备端口，呈阻塞状态。

LSW1 上的 GE0/0/3 端口与 LSW3 上的 E0/0/1 端口连接的物理网段，到达根桥 LSW2 也有两条最短路径（默认情况下，其他路径的开销均比这两条路径的开销大）：一条是通过 LSW1 的 GE0/0/1 端口到达，另一条是通过 LSW3 的 E0/0/2 端口到达，同样因为默认情况下快速以太网端口的开销值大于千兆以太网端口的开销值，所以该物理网段的指定端口为 LSW1 上的 GE0/0/3，LSW3 上的 E0/0/1 为预备端口，呈阻塞状态。

综上所述，LSW1 上的 GE0/0/1 为根端口（RP），GE0/0/2 为预备端口（AP），GE0/0/3 和 GE0/0/4 均为指定端口（DP），如图 12-8 所示。同时也得出 LSW3 上的 E0/0/1 和 LSW4 上的 E0/0/1 为预备端口（AP）。

```
[LSW1]dis stp brief
 MSTID  Port                        Role  STP State     Protection
   0    GigabitEthernet0/0/1        ROOT  FORWARDING      NONE
   0    GigabitEthernet0/0/2        ALTE  DISCARDING      NONE
   0    GigabitEthernet0/0/3        DESI  FORWARDING      NONE
   0    GigabitEthernet0/0/4        DESI  FORWARDING      NONE
[LSW1]
```

图 12-8 在 LSW1 上查看端口角色的结果

- LSW3 上的端口角色分析。

在 LSW3 上，已知 E0/0/1 为预备端口，因此根端口只能从 E0/0/2 和 E0/0/3 端口中选择，很显然通过 E0/0/2 端口到根桥 LSW2 的开销（只有一个快速以太网端口的开销）小于通过 E0/0/3 端口到达根桥的开销（至少两个快速以太网端口开销），根据根端口选举原理，E0/0/2 为根端口。

LSW3 上的 E0/0/3 端口与 LSW4 上的 E0/0/3 端口相连的物理网段，哪个端口为指定端口。因为通过这两个端口到达根桥的路径有相同的开销（通过 LSW3 上的 E0/0/1 端口到达和 LSW4 上的 E0/0/1 端口到达），所以此时需要比较对端交换机的 BID。LSW3 的 BID 小于 LSW4 的 BID，根据指定端口选举原理可得出，LSW3 上的 E0/0/3 端口为该物理网段的指定端口，LSW4 上的 E0/0/3 端口为预备端口，呈阻塞状态。

由此可得出 LSW3 上的 E0/0/2 端口为根端口（RP），E0/0/1 端口为预备端口（AP），E0/0/3 端口为指定端口（DP），如图 12-9 所示。

```
<LSW3>dis stp brief
 MSTID  Port                        Role  STP State     Protection
   0    Ethernet0/0/1               ALTE  DISCARDING      NONE
   0    Ethernet0/0/2               ROOT  FORWARDING      NONE
   0    Ethernet0/0/3               DESI  FORWARDING      NONE
<LSW3>
```

图 12-9 在 LSW3 上查看端口角色的结果

- LSW4 上的端口角色分析。

在 LSW4 上，已知 E0/0/1 和 E0/0/3 为预备端口，因此该交换机的根端口仅可以是 E0/0/2 端口。由此可得出 LSW4 上的 E0/0/2 为根端口（RP），E0/0/1 和 E0/0/3 为预备端口（AP），如图 12-10 所示。

最终可得出修改桥优先级后的 ST 拓扑结构如图 12-11 所示。

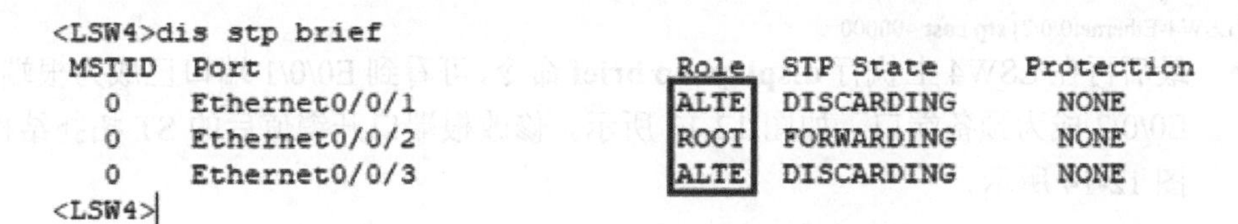

```
<LSW4>dis stp brief
 MSTID  Port                Role  STP State     Protection
   0    Ethernet0/0/1       ALTE  DISCARDING      NONE
   0    Ethernet0/0/2       ROOT  FORWARDING      NONE
   0    Ethernet0/0/3       ALTE  DISCARDING      NONE
<LSW4>
```

图 12-10　在 LSW4 上查看端口角色的结果

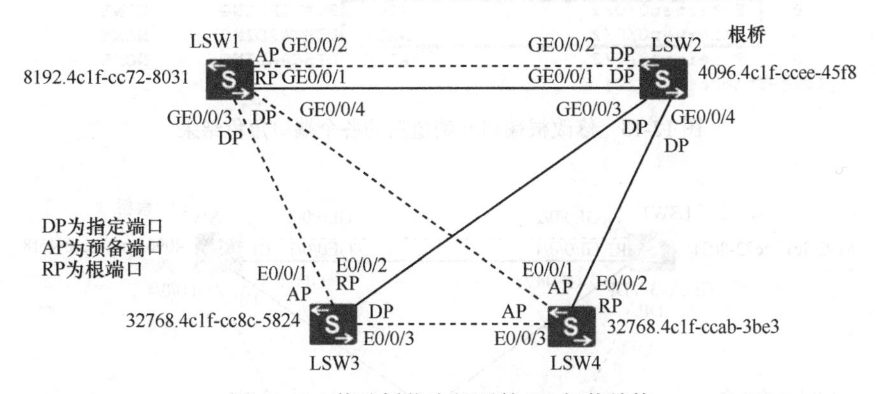

图 12-11　修改桥优先级后的 ST 拓扑结构

③ 修改 LSW4 的 E0/0/2 端口的开销，使 E0/0/1 成为 LSW4 的根端口。

- 首先通过 **display stp** 命令查看 LSW4 当前通过 E0/0/2 端口所在链路到达根桥 LSW2 的根路径开销值为 200000（也可以通过 **display stp interface** *type number* 命令查看具体端口的开销值），如图 12-12 所示。

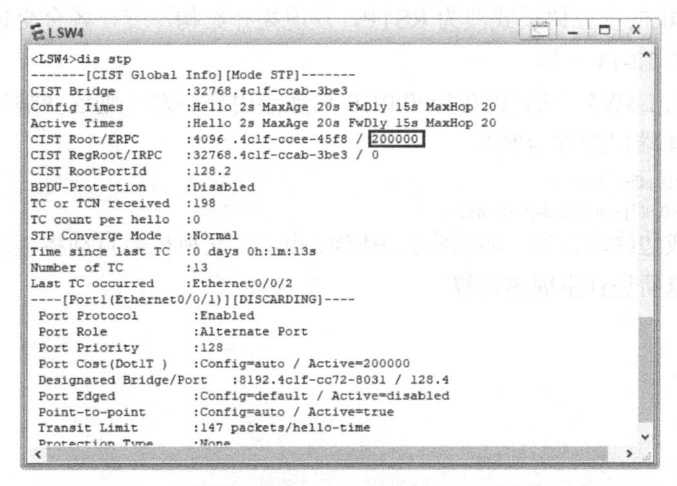

```
LSW4
<LSW4>dis stp
-------[CIST Global Info][Mode STP]-------
CIST Bridge         :32768.4c1f-ccab-3be3
Config Times        :Hello 2s MaxAge 20s FwDly 15s MaxHop 20
Active Times        :Hello 2s MaxAge 20s FwDly 15s MaxHop 20
CIST Root/ERPC      :4096 .4c1f-ccee-45f8 / 200000
CIST RegRoot/IRPC   :32768.4c1f-ccab-3be3 / 0
CIST RootPortId     :128.2
BPDU-Protection     :Disabled
TC or TCN received  :198
TC count per hello  :0
STP Converge Mode   :Normal
Time since last TC  :0 days 0h:1m:13s
Number of TC        :13
Last TC occurred    :Ethernet0/0/2
----[Port1(Ethernet0/0/1)][DISCARDING]----
 Port Protocol       :Enabled
 Port Role           :Alternate Port
 Port Priority       :128
 Port Cost(Dot1T )   :Config=auto / Active=200000
 Designated Bridge/Port   :8192.4c1f-cc72-8031 / 128.4
 Port Edged          :Config=default / Active=disabled
 Point-to-point      :Config=auto / Active=true
 Transit Limit       :147 packets/hello-time
 Protection Type     :None
```

图 12-12　查看当前以 E0/0/2 为根端口的根路径开销值

- 然后增大原来根端口的开销值。

如果选择 E0/0/1 端口为根端口，根路径开销包括一个快速以太网端口（即 LSW4 的 E0/0/1 端口）和一个千兆以太网端口（即 LSW1 上的 GE0/0/1 端口），默认情况下总开销值小于 2 倍快速以太网端口开销值。故只需把根端口 E0/0/2 的开销值修改为原来的 2 倍（即 400000）即可使 E0/0/1 成为根端口。

```
[LSW4] interface ethernet 0/0/2
[LSW4-Ethernet0/0/2] stp cost 400000
```

- 最后再在 LSW4 上执行 **display stp brief** 命令，可看到 E0/0/1 端口已成为根端口，E0/0/2 成为预备端口，如图 12-13 所示。修改根端口开销值后的 ST 拓扑结构如图 12-14 所示。

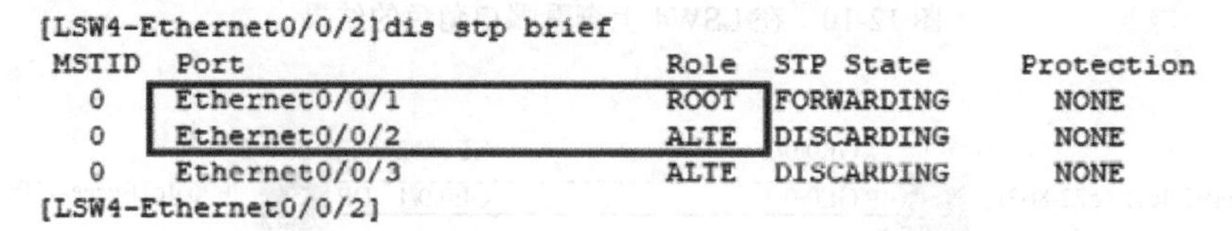

```
[LSW4-Ethernet0/0/2]dis stp brief
 MSTID  Port                        Role  STP State     Protection
   0    Ethernet0/0/1               ROOT  FORWARDING      NONE
   0    Ethernet0/0/2               ALTE  DISCARDING      NONE
   0    Ethernet0/0/3               ALTE  DISCARDING      NONE
[LSW4-Ethernet0/0/2]
```

图 12-13　修改根端口开销值后的各个端口角色结果

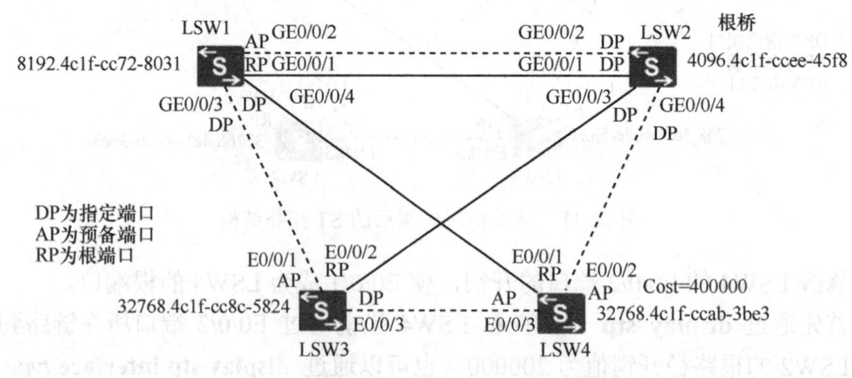

图 12-14　修改根端口开销值后的 ST 拓扑结构

④ 各交换机的生成树模式改为 RSTP，发现拓扑结构不变，各台交换机的端口角色也不变，仍与图 12-14 一样。

假设已确认 LSW4 上的 E0/0/4～0/0/10 只连接用户终端，则这些端口被设为边缘端口（仅以 E0/0/4 端口配置为例）。

```
[LSW4] interface ethernet0/0/4
[LSW4-Ethernet0/0/4] stp edged-port enable
```

端口配置成边缘端口后，如果收到 BPDU 报文，交换机会自动将该边缘端口设为非边缘端口，并重新进行生成树计算。

实验 13 配置基于端口和基于 MAC 地址 VLAN 划分

本章主要内容

一、背景知识

二、实验目的

三、实验拓扑结构和要求

四、实验配置思路

五、实验配置和结果验证

一、背景知识

VLAN 是二层交换网络中一项非常重要的技术。一组用户主机可根据需要加入同一个 VLAN 中，共享相同的一些 QoS（Quality of Service，服务质量）或安全策略，这样缩小了广播域的范围，减少了网络中广播流量对网络带宽的消耗，提高了网络的安全性。

1. 交换端口类型及数据帧收发规则

VLAN 配置最关键的是对 Access、Trunk 和 Hybrid 这 3 种交换端口特性的理解。

（1）Access 类型端口

Access 类型端口仅允许加入一个 VLAN，通常用于连接不能识别 VLAN 标签的主机或不支持 VLAN 的设备，如用户主机和服务器，或者 Hub 设备。理论上 Access 类型端口可以连接交换机、路由器设备，但通常不这样配置，因为这类端口对应的链路只允许一个来自 VLAN 的帧通过。

Access 类型端口在数据帧接收和发送时具有以下特性。

① 只可接收带有所加入 VLAN 对应标签的数据帧和不带 VLAN 标签的数据帧，其他帧均直接丢弃。当接收到不带 VLAN 标签的数据帧时会打上该端口所加入 VLAN 的标签。

② Access 类型端口发送数据帧时总会去掉帧中的 VLAN 标签，**即发送的数据帧总是不带 VLAN 标签的**。

（2）Trunk 类型端口

Trunk 类型端口可以同时加入多个 VLAN（通过许可列表配置），对应的链路也可以同时允许多个 VLAN 中的帧通过，通常用于交换机、路由器设备之间的二层连接。

Trunk 类型端口中涉及一个术语，即 PVID（Port-base VLAN ID，端口 VLAN ID），是该端口默认加入的 VLAN（**默认情况下，所有端口加入的 VLAN 均为 VLAN1**，但可以根据需要重新配置），但 PVID 对应的 VLAN 可以不在端口的 VLAN 许可列表中。其实，Access 类型端口所加入的 VLAN 可被看成是该 Access 端口的 PVID，且不可更改。在 Trunk 类型端口中，PVID 可以更改，对数据帧的转发影响非常大。

【说明】 无论是哪种交换端口，接收的数据帧均可能是不带标签的，但在交换机内部各端口间交换的数据帧都带有 VLAN 标签（当端口接收的帧不带 VLAN 标签时会打上该端口 PVID 对应的 VLAN 标签）。即从端口发送数据帧之前，帧总是带有 VLAN 标签的。

Trunk 类型端口在接收数据帧和发送数据帧时具有以下特性。

① 可接收在该端口配置的许可列表 VLAN 中的数据帧和不带 VLAN 标签的数据帧，其他帧均直接丢弃。当接收到不带 VLAN 标签的数据帧时会打上该端口 PVID 对应的 VLAN 标签。

② 发送数据帧时，如果帧中的 VLAN 标签与 PVID 一致，且该 VLAN 在端口的 VLAN 许可列表中，则去掉帧中的 VLAN 标签；如果帧中的 VLAN 标签与 PVID 不一致，但该 VLAN 在端口的 VLAN 许可列表中，则保留帧中原 VLAN 标签。其他帧均直接丢弃。

③ 带有与端口 PVID 一致的 VLAN 标签的数据帧仅当该 VLAN 在 Trunk 端口的 VLAN 许可列表中时才允许接收与发送。

（3）Hybrid 类型端口

Hybrid 类型端口同时具备一部分 Access 类型端口的特性和一部分 Trunk 类型端口的特性，既可用于与不能识别 VLAN 标签的主机设备连接，也可用于与交换机、路由器连接。Hybrid 类型端口与 Trunk 类型端口一样，可以加入多个 VLAN，也可以配置 PVID（PVID 对应的 VLAN 可以不在端口的 VLAN 许可列表中），**但 PVID 配置仅与数据帧接收有关，与各个 VLAN 帧是否允许带 VLAN 标签发送无关。**

Hybrid 类型端口在接收数据帧和发送数据帧时具有以下特性。

① Hybrid 类型端口的数据帧接收特性与 Trunk 类型端口的数据帧接收特性完全一样，即可接收在该端口配置的许可列表 VLAN（包括 Tagged 和 Untagged 的 VLAN 列表，默认情况下，VLAN 1 在 Untagged VLAN 列表中）中的数据帧和不带 VLAN 标签的数据帧，其他帧均直接丢弃。当接收到不带 VLAN 标签的数据帧时会打上该端口 PVID 对应的 VLAN 标签。

② 发送数据帧时，可以根据需要允许一个或多个 VLAN 的数据帧指定保留原来的 VLAN 标签（Tagged）发送，同时也可以允许其他的一个或多个 VLAN 的数据帧指定去掉 VLAN 标签（Untagged）发送。即数据帧是否保留原来帧中的 VLAN 标签发送，与端口的 PVID 配置无关，这一点与 Trunk 类型端口不一样。其他帧均直接丢弃。

③ 带有与端口 PVID 一致的 VLAN 标签的数据帧仅当该 VLAN 在 Hybrid 端口 Tagged 或 Untagged 的 VLAN 列表中时才允许接收与发送。

利用 Hybrid 类型端口可同时允许多个 VLAN 中的帧不带标签发送，实现多个 VLAN 服务器共享。

2. VLAN 划分方式

VLAN 划分有多种方式，其中最基本的两种方式为基于端口划分和基于 MAC 地址划分。

基于端口的 VLAN 划分方式是一种以交换机端口为参考对象的 VLAN 划分方式，交换机端口固定地加入一个或多个特定 VLAN 中，所有与该端口连接的设备都将加入这些 VLAN 中。这种 VLAN 划分方式的优点有 VLAN 划分思路简单、明了，便于管理用户，因为用户主机连接的交换机端口相对固定。

基于端口划分 VLAN 的配置，首先要清楚默认的端口类型和默认加入的 VLAN。

① 自 V200R005 版本 VRP 系统开始，大多数交换机的默认端口类型由以前版本的 Hybrid 类型改成了 negotiation-auto（自动协商）类型。

② 默认情况下，Access 类型端口加入 VLAN 1 中；Trunk 类型端口加入 VLAN 1，且 PVID 等于 VLAN 1（发送 VLAN 1 中的帧时不带 VLAN 标签）；Hybrid 端口以 Untagged 方式加入 VLAN 1（发送 VLAN 1 中的帧时不带 VLAN 标签），PVID 等于 VLAN 1。

在基于端口 VLAN 划分方式应用中，Access、Trunk 和 Hybrid 这 3 种端口通过不同组合可以达到相同的效果，因此在基于端口 VLAN 划分应用配置中，配置方案比较灵活，一般不会只有一种方案。本实验将同时介绍这 3 种端口的多种不同组合的配置方案。

基于 MAC 地址的 VLAN 划分方式是一种以用户主机 MAC 地址为参考对象的 VLAN

划分方式，用户根据需要无论连接在哪台交换机、哪个交换机端口，都能加入到相同的VLAN，不受所连接的交换机端口限制，更方便移动办公。

基于 MAC 地址划分 VLAN，首先要建立用户主机 MAC 地址与所要加入的 VLAN 之间的映射关系，通常在接入层交换机上配置，但也可以根据需要在其他交换机上配置。如一台汇聚层交换机连接了多台接入层交换机，而想要所有接入用户均采用基于 MAC 地址的 VLAN 划分方式，则直接在汇聚层交换机与接入层交换机连接的端口上配置更为简便。但这样一来，所有直接通过接入层交换机进行的用户通信均在默认的 VLAN 1 中进行，链路上传输的数据帧均是不带 VLAN 标签的。

推荐在 Hybrid 端口上配置基于 MAC 地址划分 VLAN 功能，如果是 Access 和 Trunk 类型端口，只有基于 MAC 划分的 VLAN 和入端口的 PVID 相同时才可以正常使用。**基于 MAC 地址划分的 VLAN 只处理 Untagged 报文**，对于 Tagged 报文处理方式和基于端口的 VLAN 划分配置一样。端口收到 Untagged 报文时，会根据报文的源 MAC 地址匹配 MAC-VLAN 表项。

① 如果匹配成功，则按照匹配到的 VLAN ID 和优先级进行转发。

② 如果匹配失败，则按其他匹配原则进行匹配。

如果报文同时匹配了基于端口和基于 MAC 地址划分 VLAN 的方式，默认情况下，优先选择基于 MAC 地址划分 VLAN，但可以通过命令改变它们划分 VLAN 的优先级。

二、实验目的

本实验是一个基于端口和基于 MAC 地址划分 VLAN 的混合实验，为了使大家灵活掌握各种不同类型的端口基于端口划分 VLAN 的配置方法，本实验将同时介绍了多种等效配置方案。

通过本实验的学习将达到以下目的：

① 理解不同类型交换机端口的基本特性；

② 掌握基于端口、基于 MAC 地址划分 VLAN 的配置思路；

③ 掌握基于端口划分 VLAN 的灵活配置方法；

④ 掌握基于 MAC 地址划分 VLAN 的配置方法。

三、实验拓扑结构和要求

图 13-1 所示，公司网络划分了多个用户 VLAN，每个 VLAN 单独分配一个 IP 子网。其中 VLAN 10 和 VLAN 20 作为公司固定接入的用户 VLAN，采用基于端口的 VLAN 划分方式。现假设公司有两个用户（PC3 和 PC6）要采用移动办公方式，接入 LSW4 和 LSW6 两台交换机的任意可用端口，采用基于 MAC 地址的 VLAN 划分方式加入 VLAN 30 中，其中 PC3 的 MAC 地址为 5489-98A5-5548，PC6 的 MAC 地址为 5489-9873-6530。

现希望通过 VLAN 划分配置，实现相同 VLAN 中的用户可以二层互通。

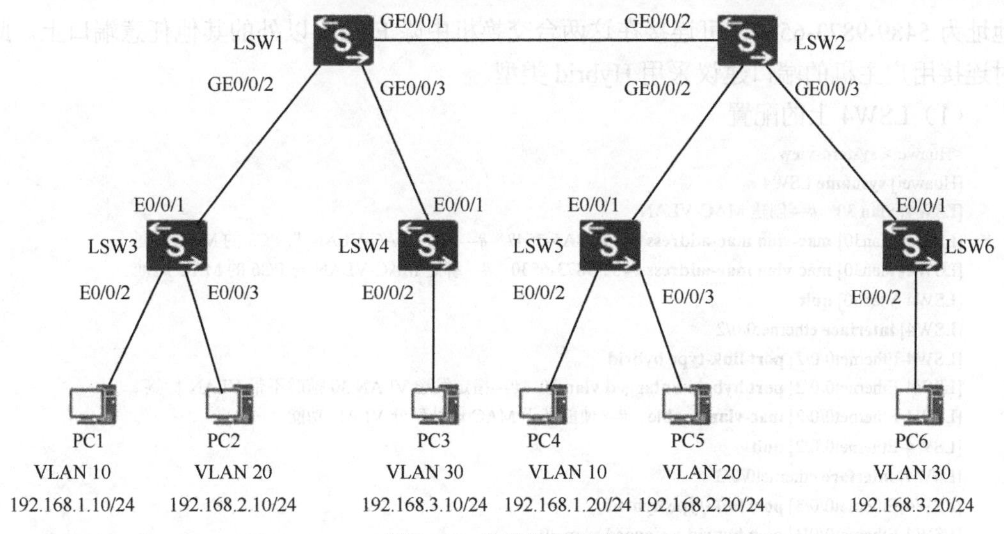

图 13-1　实验拓扑结构

四、实验配置思路

根据以上实验要求，再结合本实验的拓扑结构可得出如下基本配置思路。

① LSW4 和 LSW6 交换机上创建 VLAN 30，E0/02~E0/0/4 端口上配置基于 MAC 地址划分 VLAN 功能。

② 其他交换机以及 LSW4 和 LSW6 交换机中连接上行交换机的 E0/0/1 端口上配置基于端口划分 VLAN 功能。

五、实验配置和结果验证

以下是根据配置思路得出的具体配置步骤。

1. 配置基于 MAC 地址的 VLAN 划分

本实验要求 LSW4 和 LSW6 上所连接的用户均采用基于 MAC 地址的 VLAN 划分方式加入 VLAN 30。如果 LSW4 和 LSW6 交换机没有连接采用基于端口划分 VLAN 的用户，则本实验有两种配置方法：一是在 LSW4 和 LSW6 两台交换机连接用户主机的各个端口上分别配置基于 MAC 地址划分 VLAN 功能，二是在 LSW4 和 LSW6 连接的上行交换机 LSW1、LSW2 的 GE0/0/3 端口上配置基于 MAC 地址划分 VLAN 功能。下面分别予以介绍。

方案一：在 LSW4 和 LSW6 上配置基于 MAC 地址划分 VLAN 功能。

LSW4 和 LSW6 两台接入层交换机上配置基于 MAC 地址划分 VLAN 功能时，需要在各个连接用户主机的交换机端口上进行配置，在此仅以连接用户主机 PC3 和 PC6 的 E0/0/2~E0/0/4 端口为例进行介绍。PC3 的 MAC 地址为 5489-98A5-5548，PC6 的 MAC

地址为 5489-9873-6530，可连接在这两台交换机中除 E0/0/1 以外的其他任意端口上。此时连接用户主机的端口建议采用 Hybrid 类型。

（1）LSW4 上的配置

```
<Huawei> system-view
[Huawei] sysname LSW4
[LSW4] vlan 30  #---创建 MAC-VLAN
[LSW4-Vlan30] mac-vlan mac-address 5489-98A5-5548  #---绑定 MAC-VLAN 与 PC3 的 MAC 地址
[LSW4-Vlan30] mac-vlan mac-address 5489-9873-6530  #---绑定 MAC-VLAN 与 PC6 的 MAC 地址
[LSW4-Vlan30] quit
[LSW4] interface ethernet0/0/2
[LSW4-Ethernet0/0/2] port link-type hybrid
[LSW4-Ethernet0/0/2] port hybrid untagged vlan 30  #---指定发送 VLAN 30 帧时不带 VLAN 标签
[LSW4-Ethernet0/0/2] mac-vlan enable  #---使能基于 MAC 地址划分 VLAN 功能
[LSW4-Ethernet0/0/2] quit
[LSW4] interface ethernet0/0/3
[LSW4-Ethernet0/0/3] port link-type hybrid
[LSW4-Ethernet0/0/3] port hybrid untagged vlan 30
[LSW4-Ethernet0/0/3] mac-vlan enable
[LSW4-Ethernet0/0/3] quit
[LSW4] interface ethernet0/0/4
[LSW4-Ethernet0/0/4] port link-type hybrid
[LSW4-Ethernet0/0/4] port hybrid untagged vlan 30
[LSW4-Ethernet0/0/4] mac-vlan enable
[LSW4-Ethernet0/0/4] quit
```

（2）LSW6 上的配置

LSW6 上的配置与 LSW4 上的配置一样。

```
<Huawei> system-view
[Huawei] sysname LSW6
[LSW6] vlan 30
[LSW6-Vlan30] mac-vlan mac-address 5489-9873-6530
[LSW6-Vlan30] mac-vlan mac-address 5489-98A5-5548
[LSW6-Vlan30] quit
[LSW6] interface ethernet0/0/2
[LSW6-Ethernet0/0/2] port link-type hybrid
[LSW6-Ethernet0/0/2] port hybrid untagged vlan 30
[LSW6-Ethernet0/0/2] mac-vlan enable
[LSW6-Ethernet0/0/2] quit
[LSW6] interface ethernet0/0/3
[LSW6-Ethernet0/0/3] port link-type hybrid
[LSW6-Ethernet0/0/3] port hybrid untagged vlan 30
[LSW6-Ethernet0/0/3] mac-vlan enable
[LSW6-Ethernet0/0/3] quit
[LSW6] interface ethernet0/0/4
[LSW6-Ethernet0/0/4] port link-type hybrid
[LSW6-Ethernet0/0/4] port hybrid untagged vlan 30
[LSW6-Ethernet0/0/4] mac-vlan enable
[LSW6-Ethernet0/0/4] quit
```

方案二：在 LSW1 和 LSW2 上配置基于 MAC 地址划分 VLAN 功能。

这是本实验基于 MAC 地址划分 VLAN 的另一种配置方案。此时，LSW4 和 LSW6 上可以全部采用默认配置，各个端口均加入 VLAN 1 中，发送的帧都是不带 VLAN 标签的。只需在它们的上行交换机 LSW1 和 LSW2 的 GE0/0/3 端口上配置基于 MAC 地址划分 VLAN 功能。LSW4、LSW6 发送到 LSW1、LSW2 的帧都是不带 VLAN 标签的，符合基于 MAC 地址划分 VLAN 的配置要求。

（1）LSW1 上的配置

```
<Huawei> system-view
[Huawei] sysname LSW1
[LSW1] vlan 30
[LSW1-Vlan30] mac-vlan mac-address 5489-9873-6530
[LSW1-Vlan30] mac-vlan mac-address 5489-98A5-5548
[LSW1-Vlan30] quit
[LSW1] interface gigabitethernet 0/0/3
[LSW1-Gigabitethernet0/0/3] port link-type hybrid
[LSW1-Gigabitethernet0/0/3] port hybrid untagged vlan 30
[LSW1-Gigabitethernet0/0/3] mac-vlan enable
[LSW1-Gigabitethernet0/0/3] quit
```

（2）LSW2 上的配置

LSW2 上的配置与 LSW1 一样。

```
<Huawei> system-view
[Huawei] sysname LSW2
[LSW2] vlan 30
[LSW2-Vlan30] mac-vlan mac-address 5489-9873-6530
[LSW2-Vlan30] mac-vlan mac-address 5489-98A5-5548
[LSW2-Vlan30] quit
[LSW2] interface gigabitethernet 0/0/3
[LSW2-Gigabitethernet0/0/3] port link-type hybrid
[LSW2-Gigabitethernet0/0/3] port hybrid untagged vlan 30
[LSW2-Gigabitethernet0/0/3] mac-vlan enable
[LSW2-Gigabitethernet0/0/3] quit
```

以上任意一种方案配置完成后，只要在 LSW1 和 LSW2 之间的链路上允许 VLAN 30 的帧带标签通过（具体配置在下面基于端口的 VLAN 划分配置中介绍），即可实现与位于 VLAN 30 中的 PC3 和 PC6 互通。如图 13-2 所示的是 PC3 Ping PC6 的结果。

2. 配置基于端口的 VLAN 划分

除了以上基于 MAC 地址划分 VLAN 的交换机端口，其他交换机端口均采用基于端口的 VLAN 划分方式配置。**此处全部以在 LSW4 和 LSW6 上配置基于 MAC 地址划分 VLAN 功能进行介绍**，但也有多种等效配置方案。

图 13-2　PC3 Ping PC6 的结果

方案一：连接用户主机的端口采用 Access 类型，交换机间连接的端口采用 Trunk 类型。

本实验中各个用户 VLAN 的数据帧在交换机间传输时都必须带上原来的 VLAN 标签，当交换机间连接的端口采用 Trunk 类型时，其端口的 PVID 必须与各个用户的 VLAN 不同，因为帧中的 VLAN 标签与 PVID 相同，发送帧时会去掉帧中的 VLAN 标签，通常是 PVID 直接采用默认的 VLAN 1 即可。

（1）LSW1 上的配置

LSW1 上的端口连接的都是交换机，所以各个端口均以 Trunk 类型进行配置，PVID 保持默认的 VLAN 1 即可，发送的各个用户 VLAN 帧均保留原来的标签。因为 GE0/0/3 端口连接的交换机 LSW4 所接入的用户均加入 VLAN 30 中，所以该端口也可采用 Access 类型配置加入 VLAN 30，但此时 LSW4 连接 LSW1 上的 E0/0/1 端口也要采用 Access 类型加入 VLAN 30 中。当然，该端口也可采用 Hybrid 类型配置，具体配置方法将在方案二中介绍。

```
<Huawei> system-view
[Huawei] sysname LSW1
[LSW1] vlan batch 10 20 30
[LSW1] interface gigabitethernet 0/0/1
[LSW1-Gigabitethernet0/0/1] port link-type trunk
[LSW1-Gigabitethernet0/0/1] port trunk allow-pass vlan 10 20 30
[LSW1-Gigabitethernet0/0/1] quit
[LSW1] interface gigabitethernet 0/0/2
[LSW1-Gigabitethernet0/0/2] port link-type trunk
[LSW1-Gigabitethernet0/0/2] port trunk allow-pass vlan 10 20
[LSW1-Gigabitethernet0/0/2] quit
[LSW1] interface gigabitethernet 0/0/3
[LSW1-Gigabitethernet0/0/3] port link-type trunk
[LSW1-Gigabitethernet0/0/3] port trunk allow-pass vlan 30
[LSW1-Gigabitethernet0/0/3] quit
```

（2）LSW2 上的配置

LSW2 上的配置与 LSW1 上的一样。

```
<Huawei> system-view
[Huawei] sysname LSW2
[LSW2] vlan batch 10 20 30
[LSW2] interface gigabitethernet 0/0/1
[LSW2-Gigabitethernet0/0/1] port link-type trunk
[LSW2-Gigabitethernet0/0/1] port trunk allow-pass vlan 10 20 30
[LSW2-Gigabitethernet0/0/1] quit
[LSW2] interface gigabitethernet 0/0/2
[LSW2-Gigabitethernet0/0/2] port link-type trunk
[LSW2-Gigabitethernet0/0/2] port trunk allow-pass vlan 10 20
[LSW2-Gigabitethernet0/0/2] quit
[LSW2] interface gigabitethernet 0/0/3
[LSW2-Gigabitethernet0/0/3] port link-type trunk
[LSW2-Gigabitethernet0/0/3] port trunk allow-pass vlan 30
[LSW2-Gigabitethernet0/0/3] quit
```

（3）LSW3 上的配置

LSW3 上的 E0/0/1 端口连接的是上行 LSW1，所以采用 Trunk 类型配置，PVID 保持默认的 VLAN 1 即可，发送的 VLAN 10 和 VLAN 20 的帧均保留原来的 VLAN 标签。连接 PC1 和 PC2 的端口采用 Access 类型配置。

```
<Huawei> system-view
[Huawei] sysname LSW3
[LSW3] vlan batch 10 20
[LSW3] interface ethernet 0/0/1
[LSW3-Ethernet0/0/1] port link-type trunk
[LSW3-Ethernet0/0/1] port trunk allow-pass vlan 10 20
[LSW3-Ethernet0/0/1] quit
[LSW3] interface ethernet 0/0/2
[LSW3-Ethernet0/0/2] port link-type access
[LSW3-Ethernet0/0/2] port default vlan 10
[LSW3-Ethernet0/0/2] quit
[LSW3] interface ethernet 0/0/3
[LSW3-Ethernet0/0/3] port link-type access
[LSW3-Ethernet0/0/3] port default vlan 20
[LSW3-Ethernet0/0/3] quit
```

（4）LSW4 上的配置

LSW4 上只有上行连接 LSW1 的 E0/0/1 端口采用基于端口的 VLAN 划分方式配置，配置为 Trunk 类型端口，允许 VLAN 30 的帧通过，不修改 PVID。其他连接用户主机的端口均采用基于 MAC 地址划分 VLAN 方式配置。

```
[LSW4] interface ethernet 0/0/1
[LSW4-Ethernet0/0/1] port link-type trunk
[LSW4-Ethernet0/0/1] port trunk allow-pass vlan 30
[LSW4-Ethernet0/0/1] quit
```

（5）LSW5 上的配置

LSW5 上的配置与 LSW3 一样。

```
<Huawei> system-view
[Huawei] sysname LSW5
[LSW5] vlan batch 10 20
[LSW5] interface ethernet 0/0/1
[LSW5-Ethernet0/0/1] port link-type trunk
[LSW5-Ethernet0/0/1] port trunk allow-pass vlan 10 20
[LSW5-Ethernet0/0/1] quit
[LSW5] interface ethernet 0/0/2
[LSW5-Ethernet0/0/2] port link-type access
[LSW5-Ethernet0/0/2] port default vlan 10
[LSW5-Ethernet0/0/2] quit
[LSW5] interface ethernet 0/0/3
[LSW5-Ethernet0/0/3] port link-type access
[LSW5-Ethernet0/0/3] port default vlan 20
[LSW5-Ethernet0/0/3] quit
```

（6）LSW6 上的配置

LSW6 上的配置与 LSW4 一样。

```
[LSW6] interface ethernet 0/0/1
[LSW6-Ethernet0/0/1] port link-type trunk
[LSW6-Ethernet0/0/1] port trunk allow-pass vlan 30
[LSW6-Ethernet0/0/1] quit
```

方案二：连接用户主机的端口采用 Access 类型，交换机间连接的端口采用 Hybrid 类型。

Hybrid 类型端口和 Trunk 类型端口相比，区别在于 Trunk 类型端口仅允许 VLAN 标签与 PVID 一致的帧去掉 VLAN 标签发送，其他帧均带 VLAN 标签发送，而 Hybrid 类型端口在发送数据帧时是否带 VLAN 标签与端口的 PVID 配置无关，仅靠手工指定，并且允许多个 VLAN 中的帧不带标签发送。

在方案一中，各台交换机间连接的 Trunk 类型端口的 PVID 均为默认的 VLAN 1，所以用户 VLAN 10、VLAN 20 和 VLAN 30 的帧都带 VLAN 标签发送。本方案中交换机间连接的端口采用 Hybrid 类型，要达到与方案一相同效果就要明确指定这些 VLAN 帧带 VLAN 标签（Tagged）发送。

本方案中连接用户主机的各个端口配置参见方案一，下面仅介绍交换机之间连接的端口配置。

（1）LSW1 上的配置

LSW1 上的端口连接的都是交换机，所以各个端口均以 Hybrid 类型进行配置，发送的各个用户的 VLAN 帧要想保留原来的 VLAN 标签，需要配置这些帧均带 VLAN 标签发送。

```
<Huawei> system-view
[Huawei] sysname LSW1
[LSW1] vlan batch 10 20 30
[LSW1] interface gigabitethernet 0/0/1
[LSW1-Gigabitethernet0/0/1] port link-type hybrid
[LSW1-Gigabitethernet0/0/1] port hybrid tagged vlan 10 20 30
[LSW1-Gigabitethernet0/0/1] quit
[LSW1] interface gigabitethernet 0/0/2
[LSW1-Gigabitethernet0/0/2] port link-type hybrid
[LSW1-Gigabitethernet0/0/2] port hybrid tagged vlan 10 20
[LSW1-Gigabitethernet0/0/2] quit
[LSW1] interface gigabitethernet 0/0/3
[LSW1-Gigabitethernet0/0/3] port link-type hybrid
[LSW1-Gigabitethernet0/0/3] port hybrid tagged vlan 30
[LSW1-Gigabitethernet0/0/3] quit
```

（2）LSW2 上的配置

LSW2 上的配置与 LSW1 上的一样。

```
<Huawei> system-view
[Huawei] sysname LSW2
[LSW2] vlan batch 10 20 30
[LSW2] interface gigabitethernet 0/0/1
[LSW2-Gigabitethernet0/0/1] port link-type hybrid
[LSW2-Gigabitethernet0/0/1] port hybrid tagged vlan 10 20 30
[LSW2-Gigabitethernet0/0/1] quit
[LSW2] interface gigabitethernet 0/0/2
[LSW2-Gigabitethernet0/0/2] port link-type hybrid
[LSW2-Gigabitethernet0/0/2] port hybrid tagged vlan 10 20
[LSW2-Gigabitethernet0/0/2] quit
[LSW2] interface gigabitethernet 0/0/3
[LSW2-Gigabitethernet0/0/3] port link-type hybrid
[LSW2-Gigabitethernet0/0/3] port hybrid tagged vlan 30
[LSW2-Gigabitethernet0/0/3] quit
```

（3）LSW3 上的配置

LSW3 上的 E0/0/1 端口连接的是上行 LSW1，所以采用 Hybrid 类型配置，发送的 VLAN 10 和 VLAN 20 帧要想保留原来的 VLAN 标签，需要配置这两个帧均带 VLAN 标签发送。

```
<Huawei> system-view
```

```
[Huawei] sysname LSW3
[LSW3] vlan batch 10 20
[LSW3] interface ethernet 0/0/1
[LSW3-Ethernet0/0/1] port link-type hybrid
[LSW3-Ethernet0/0/1] port hybrid tagged vlan 10 20
[LSW3-Ethernet0/0/1] quit
```

（4）LSW4 上的配置

LSW4 上只有上行连接 LSW1 的 E0/0/1 端口采用基于端口的 VLAN 划分方式配置，配置为 Hybrid 类型端口，允许 VLAN 30 的帧带 VLAN 标签发送。其他连接用户主机的端口均采用基于 MAC 地址划分 VLAN 方式配置。

```
[LSW4] interface ethernet 0/0/1
[LSW4-Ethernet0/0/1] port link-type hybrid
[LSW4-Ethernet0/0/1] port hybrid tagged vlan 30
[LSW4-Ethernet0/0/1] quit
```

（5）LSW5 上的配置

LSW5 上的配置与 LSW3 一样。

```
<Huawei> system-view
[Huawei] sysname LSW5
[LSW5] vlan batch 10 20
[LSW5] interface ethernet 0/0/1
[LSW5-Ethernet0/0/1] port link-type hybrid
[LSW5-Ethernet0/0/1] port hybrid tagged vlan 10 20
[LSW5-Ethernet0/0/1] quit
```

（6）LSW6 上的配置

LSW6 上的配置与 LSW4 一样。

```
[LSW6] interface ethernet 0/0/1
[LSW6-Ethernet0/0/1] port link-type hybrid
[LSW6-Ethernet0/0/1] port hybrid tagged vlan 30
[LSW6-Ethernet0/0/1] quit
```

方案三：连接用户主机的端口采用 Hybrid 类型，交换机间连接的端口采用 Trunk 类型。

本方案中，连接用户主机的端口采用 Hybrid 类型，而用户主机不能识别带 VLAN 标签的数据帧，因此这些端口发送的数据帧不带 VLAN 标签。Hybrid 类型端口发送帧是否带 VLAN 标签，仅靠手工指定，所以连接用户主机的 Hybrid 类型端口要指定发送的帧不带 VLAN 标签（Untagged），同时还要配置端口的 PVID 为该用户加入的 VLAN，使用户主机发送不带 VLAN 标签的数据帧时打上对应的 VLAN 标签。

本方案中交换机之间的连接端口配置参见方案一，下面仅介绍连接用户主机的端口配置，仅涉及 LSW3 和 LSW5。

（1）LSW3 上的配置

```
[LSW3] vlan batch 10 20
[LSW3] interface ethernet 0/0/2
[LSW3-Ethernet0/0/2] port link-type hybrid
[LSW3-Ethernet0/0/2] port hybrid untagged vlan 10
[LSW3-Ethernet0/0/2] port hybrid pvid vlan 10
[LSW3-Ethernet0/0/2] quit
[LSW3] interface ethernet 0/0/3
[LSW3-Ethernet0/0/3] port link-type hybrid
[LSW3-Ethernet0/0/3] port hybrid untagged vlan 20
[LSW3-Ethernet0/0/3] port hybrid pvid vlan 20
```

```
[LSW3-Ethernet0/0/3] quit
```

（2）LSW5 上的配置

```
[LSW5] vlan batch 10 20
[LSW5] interface ethernet 0/0/2
[LSW5-Ethernet0/0/2] port link-type hybrid
[LSW5-Ethernet0/0/2] port hybrid untagged vlan 10
[LSW5-Ethernet0/0/2] port hybrid pvid vlan 10
[LSW5-Ethernet0/0/2] quit
[LSW5] interface ethernet 0/0/3
[LSW5-Ethernet0/0/3] port link-type hybrid
[LSW5-Ethernet0/0/3] port hybrid untagged vlan 20
[LSW5-Ethernet0/0/3] port hybrid pvid vlan 20
[LSW5-Ethernet0/0/3] quit
```

以上是 3 种常见的配置方案，还可以单独用 Trunk 或 Hybrid 类型端口完成本实验的配置，此处不做介绍。

采用以上任意一种方案配置好后，均可实现 VLAN 10 中 PC1 与 PC4 互通、PC2 与 PC5 互通，具体如图 13-3 和图 13-4 所示。

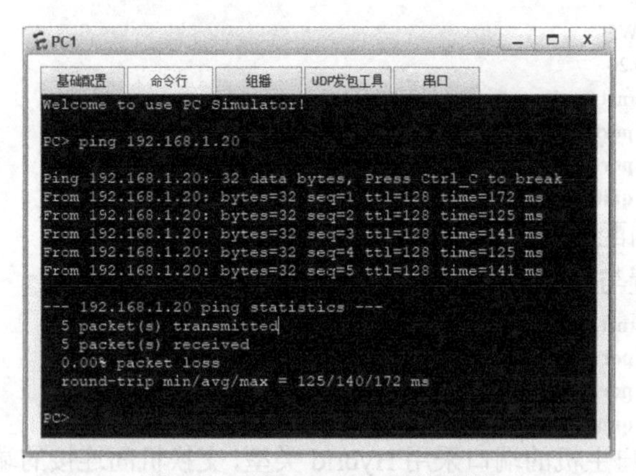

图 13-3　PC1 Ping PC4 的结果

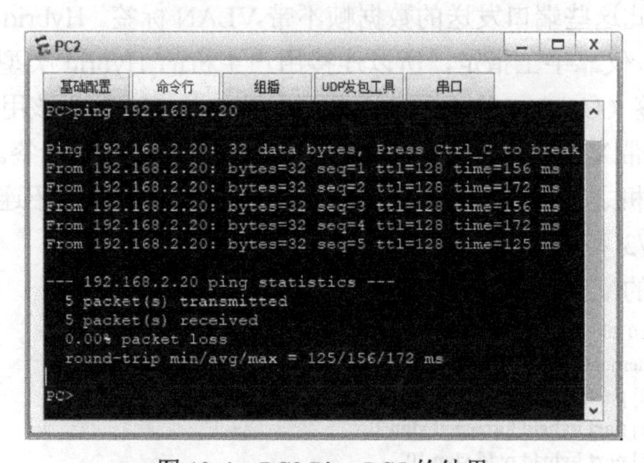

图 13-4　PC2 Ping PC5 的结果

实验 14 配置多 VLAN 服务器共享和不同 VLAN 跨设备二层互通

本章主要内容

一、背景知识

二、实验目的

三、实验拓扑结构和要求

四、实验配置思路

五、实验配置和结果验证

一、背景知识

实验 13 介绍了华为设备的 3 种主要的交换端口 Access、Trunk 和 Hybrid。其中 Hybrid 类型端口是华为私有的一种交换端口类型。它既具有 Trunk 类型端口的部分特性，如允许端口加入多个 VLAN，可用于交换机、路由器设备之间连接等，又具有许多 Trunk 类型端口不具备的特性，如允许多个 VLAN 中的数据帧去掉 VLAN 标签发送（也可同时指定其他多个 VLAN 中的数据帧保留原来的 VLAN 标签发送），并且数据帧发送时是否保留原来的 VLAN 标签与端口的 PVID 配置无关。

Hybrid 类型端口的以上特性轻松实现了在其他品牌设备中配置复杂、难以实现的许多功能，如基于 MAC 地址划分、多个不同 VLAN 中的用户共享同一台服务器、同一个 IP 网段不同 VLAN 间的二层互通等。基于 MAC 地址划分的 Hybrid 端口应用已在实验 13 中介绍，本实验将介绍 Hybrid 类型端口允许多个 VLAN 中的数据帧去掉 VLAN 标签发送的特性，实现多个不同 VLAN 中的用户进行服务器共享的应用配置方法。

另外，本实验中还将介绍跨设备的不同 VLAN 二层互通的配置方法，这主要是利用 Trunk 类型端口在接收数据帧和发送数据帧时，帧中 VLAN 标签的添加、去除和保留均可能受到端口 PVID 配置影响的特性。Trunk 类型端口在发送数据帧时，如果帧中 VLAN 标签与该端口的 PVID 一致，则去掉 VLAN 标签发送，而在接收到不带 VLAN 标签的帧时，又会打上该端口 PVID 一致的 VLAN 标签。这样就可以实现从一台设备发送某个 VLAN 中的数据帧到达另一台设备后，其 VLAN 标签又变成了目的设备所加入的 VLAN，最终成功被目的设备接收。

【说明】 以上多 VLAN 服务器共享和不同 VLAN 跨设备二层互通功能的实现必须要求不同 VLAN 中的用户设备 IP 地址在同一个 IP 网段。

二、实验目的

通过本实验的学习将达到以下目的：

① 理解 Hybrid 类型端口允许多个不同 VLAN 中的数据帧去掉 VLAN 标签发送的特性；

② 掌握多个不同 VLAN 中用户共享服务器的配置思路和配置方法；

③ 理解 Trunk 类型端口 PVID 配置在接收数据帧和发送数据帧中 VLAN 标签的添加、去除和保留的规则；

④ 掌握跨设备的不同 VLAN 二层互通的配置方法。

三、实验拓扑结构和要求

图 14-1 所示，公司中各台用户主机的 IP 地址在同一个 IP 网段 192.168.1.0/24，为了

便于管理，不同部门划分了不同 VLAN。现因工作需要，需要实现以下功能。

① 生产部 VLAN 2、技术部 VLAN 3 和研发部 VLAN 10 这 3 个 VLAN 中的用户可以共享访问位于研发部 VLAN 10 中的服务器（Server）。

② 位于 VLAN 20 中的总经理主机可以访问位于 VLAN 10 中的研发部主任主机。

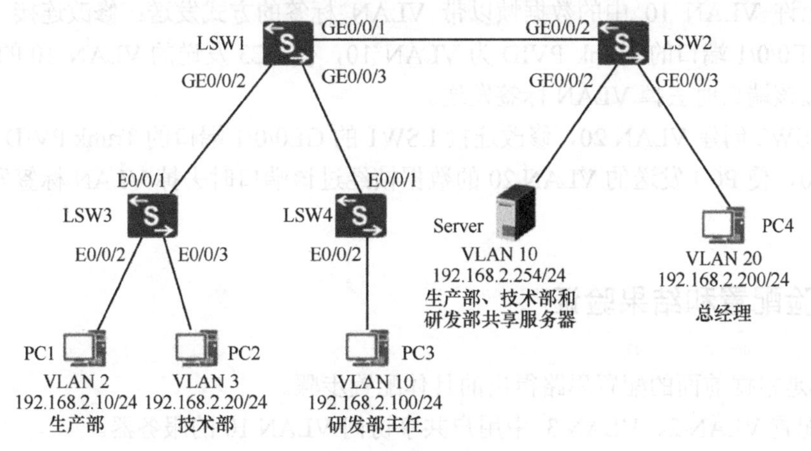

图 14-1　实验拓扑结构

四、实验配置思路

本实验有两项配置任务：一是利用 Hybrid 类型端口允许多个不同 VLAN 中的数据帧去掉 VLAN 标签发送的特性，实现多个不同 VLAN 中的用户可以共享访问同一台服务器；二是利用 Trunk 类型端口 PVID 特性实现跨设备的不同 VLAN 中的用户直接二层互通。下面我们分别介绍这两项配置任务的基本配置思路。

① 配置 VLAN 2、VLAN 3 中用户共享访问 VLAN 10 的服务器（Server）。

- LSW3 上同时创建 VLAN 2、VLAN 3 和 VLAN 10，配置连接 VLAN 2 中用户 PC1 的 E0/0/2 端口为 Hybrid 类型，允许 VLAN 2 和 VLAN 10 中的帧不带 VLAN 标签发送，PVID 为 VLAN 2；配置连接 VLAN 3 中用户 PC2 的 E0/0/3 端口为 Hybrid 类型，允许 VLAN 3 和 VLAN 10 中的帧不带 VLAN 标签发送，PVID 为 VLAN 3。配置连接上行 LSW1 的 E0/0/1 端口为 Trunk 类型端口（也可以是 Hybrid 类型），同时允许 VLAN 2、VLAN 3 和 VLAN 10 中的数据帧带 VLAN 标签发送。
- LSW2 上同时创建 VLAN 2、VLAN 3 和 VLAN 10，配置连接 VLAN 10 中 Server 的 GE0/0/2 端口为 Hybrid 类型，允许 VLAN 2、VLAN 3 和 VLAN 10 中的帧不带 VLAN 标签发送，PVID 为 VLAN 10；配置连接 LSW1 的 GE0/0/1 端口为 Trunk 类型（也可以是 Hybrid 类型），同时允许这 3 个 VLAN 中的数据帧以带 VLAN 标签的方式发送。
- LSW1 上同时创建 VLAN 2、VLAN 3 和 VLAN 10，配置连接 LSW3 的 GE0/0/2 端口和连接 LSW2 的 GE0/0/1 端口为 Trunk 类型（也可以是 Hybrid 类型），同时允许这 3 个 VLAN 中的数据帧以带 VLAN 标签的方式发送。

② 配置 VLAN 10 中的 PC 3 与 VLAN 20 中的 PC4 二层互通。

- LSW4 上创建 VLAN 10，配置连接 PC3 的 E0/0/2 端口为 Access 类型（也可以是 Hybrid 类型），加入 VLAN 10 中；配置连接 LSW1 的 E0/0/1 端口为 Trunk 类型（也可以是 Hybrid 类型），允许 VLAN 10 中的数据帧以带 VLAN 标签的方式发送。
- LSW1 上配置连接 LSW4 的 GE0/0/3 端口为 Trunk 类型(也可以是 Hybrid 类型)，允许 VLAN 10 中的数据帧以带 VLAN 标签的方式发送；修改连接 LSW2 的 GE0/0/1 端口的 Trunk PVID 为 VLAN 10，使 PC3 发送的 VLAN 10 的数据帧经过该端口时去掉 VLAN 标签发送。
- LSW2 创建 VLAN 20，修改连接 LSW1 的 GE0/0/1 端口的 Trunk PVID 为 VLAN 20，使 PC4 发送的 VLAN 20 的数据帧经过该端口时去掉 VLAN 标签发送。

五、实验配置和结果验证

以下是根据前面的配置思路得出的具体配置步骤。

① 配置 VLAN 2、VLAN 3 中用户共享访问 VLAN 10 的服务器。

- LSW3 上的配置。

LSW3 上把连接 VLAN 2 和 VLAN 3 中主机的端口配置为 Hybrid 类型端口，同时允许本地加入的 VLAN 及 Server 所在的 VLAN 10 中的数据帧以不带 VLAN 标签的方式发送（因为主机不能识别带 VLAN 标签的数据帧），且把本地加入的 VLAN 设为端口的 PVID，使其接收主机发来的不带 VLAN 标签的数据帧时打上该 PVID 对应的 VLAN 标签。

LSW3 上行连接 LSW1 的 E0/0/1 端口配置为 Trunk 类型，要确保 VLAN 2、VLAN 3 和 VLAN 10 中的数据帧保留原来的 VLAN 标签通过(端口的 PVID 不等于这些 VLAN ID 即可，此处采用默认的 VLAN1)。

```
<Huawei> system-view
[Huawei] sysname LSW3
[LSW3] vlan batch 2 3 10
[LSW3] interface ethernet0/0/1
[LSW3-Ethernet0/0/1] port link-type trunk
[LSW3-Ethernet0/0/1] port trunk allow-pass vlan 2 3 10   #---同时允许 VLAN 2、VLAN 3 和 VLAN 10 中的数据帧通过
[LSW3-Ethernet0/0/1] quit
[LSW3] interface ethernet0/0/2
[LSW3-Ethernet0/0/2] port link-type hybrid
[LSW3-Ethernet0/0/2] port hybrid untagged vlan 2 10   #---同时允许 VLAN 2 和 VLAN 10 中的数据帧以不带 VLAN
                                                      标签方式发送
[LSW3-Ethernet0/0/2] port hybrid pvid vlan 2   #---指定该端口的 Hybrid PVID 为 VLAN 2
[LSW3-Ethernet0/0/2] quit
[LSW3] interface ethernet0/0/3
[LSW3-Ethernet0/0/3] port link-type hybrid
[LSW3-Ethernet0/0/3] port hybrid untagged vlan 3 10
[LSW3-Ethernet0/0/3] port hybrid pvid vlan 3
[LSW3-Ethernet0/0/3] quit
```

- LSW2 上的配置。

LSW2 上把连接 VLAN 10 中 Server 的 GE0/0/2 端口配置为 Hybrid 类型，同时允许本地加入的 VLAN 10 及 VLAN 2、VLAN 3 中的数据帧以不带 VLAN 标签的方式发送（因

为服务器不能识别带 VLAN 标签的数据帧)，且把本地加入的 VLAN 10 设为端口的 PVID。

LSW2 连接 LSW1 的 GE0/0/1 端口配置为 Trunk 类型，要确保 VLAN 2、VLAN 3 和 VLAN 10 中的数据帧保留原来的 VLAN 标签通过即可（端口的 PVID 不等于这些 VLAN ID 即可，此处采用默认的 VLAN1）。

```
<Huawei> system-view
[Huawei] sysname LSW2
[LSW2] vlan batch 2 3 10
[LSW2] interface ethernet0/0/1
[LSW2-Ethernet0/0/1] port link-type trunk
[LSW2-Ethernet0/0/1] port trunk allow-pass vlan 2 3 10
[LSW2-Ethernet0/0/1] quit
[LSW2] interface ethernet0/0/2
[LSW2-Ethernet0/0/2] port link-type hybrid
[LSW2-Ethernet0/0/2] port hybrid untagged vlan 2 3 10   #---同时允许 VLAN 2、VLAN 3 和 VLAN 10 中的数据帧以不
                                                        带 VLAN 标签方式发送
[LSW2-Ethernet0/0/2] port hybrid pvid vlan 10   #---指定该端口的 Hybrid PVID 为 VLAN 10
[LSW2-Ethernet0/0/2] quit
```

- LSW1 上的配置。

LSW1 上没有特别的配置，连接 LSW2 和 LSW3 的端口配置为 Trunk 类型，确保 VLAN 2、VLAN 3 和 VLAN 10 中的数据帧保留原来的 VLAN 标签通过（端口的 PVID 不等于这些 VLAN ID 即可，此处采用默认的 VLAN1）。

```
<Huawei> system-view
[Huawei] sysname LSW1
[LSW1] vlan batch 2 3 10
[LSW1] interface ethernet0/0/1
[LSW1-Ethernet0/0/1] port link-type trunk
[LSW1-Ethernet0/0/1] port trunk allow-pass vlan 2 3 10
[LSW1-Ethernet0/0/1] quit
[LSW1] interface ethernet0/0/2
[LSW1-Ethernet0/0/2] port link-type trunk
[LSW1-Ethernet0/0/2] port trunk allow-pass vlan 2 3 10
[LSW1-Ethernet0/0/2] quit
```

配置好 PC1、PC2 和 Server 的 IP 地址（均在同一个 IP 网段 192.168.2.0/24 中），具体 配置步骤略。

以上配置完成后，PC1、PC2 均可与 VLAN 10 中的 Server 直接二层互通，图 14-2 所示为 VLAN 2 中的 PC1 成功 Ping 通 Server 的结果，图 14-3 所示为 VLAN 3 中的 PC2 成功 Ping 通 Server 的结果。

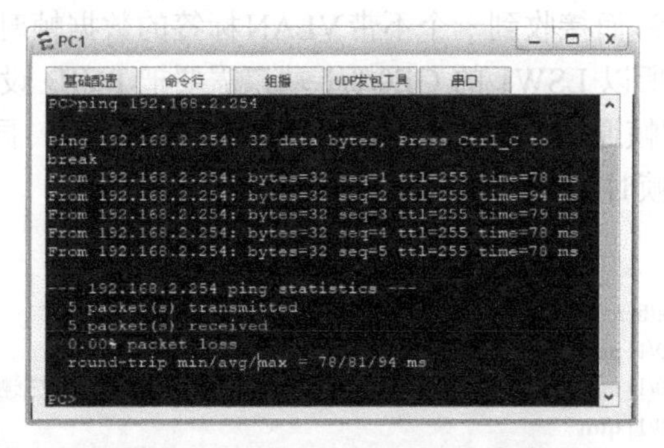

图 14-2　PC1 Ping Server 的结果

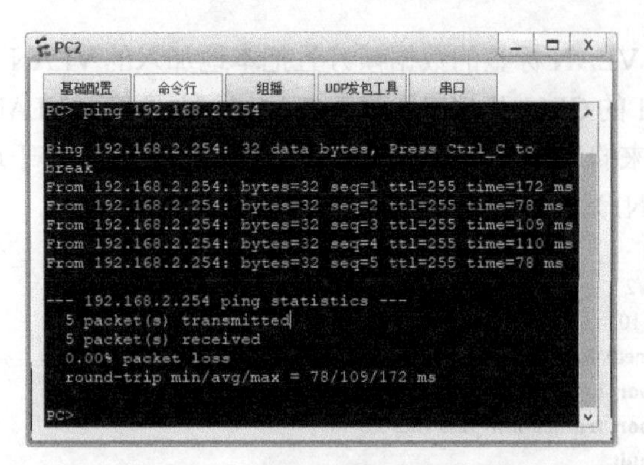

图 14-3 PC2 Ping Server 的结果

② 配置 VLAN 10 中的 PC3 与位于 VLAN 20 中的 PC4 二层互通。

这种跨设备的不同 VLAN、同一个 IP 网段的设备间二层互通可以有多种配置方案，都是利用端口在收到不带标签的数据帧时会打上端口 PVID 对应的 VLAN 标签的特性。在此仅介绍比较常见的一种方法，即在跨设备连接的交换机端口上采用 Trunk 类型（也可采用 Hybrid 类型，但配置更复杂），通过修改 PVID 来改变帧中携带的 VLAN 标签的方法。

- LSW4 上的配置。

LSW4 上无须做特殊的配置，只需要按照常规的基于端口划分 VLAN 的方法配置即可。

```
<Huawei> system-view
[Huawei] sysname LSW4
[LSW4] vlan batch 10
[LSW4] interface ethernet 0/0/1
[LSW4-Ethernet0/0/1] port link-type trunk
[LSW4-Ethernet0/0/1] port trunk allow-pass vlan 10
[LSW4-Ethernet0/0/1] quit
[LSW3] interface ethernet 0/0/2
[LSW3-Ethernet0/0/2] port link-type access
[LSW3-Ethernet0/0/2] port default vlan 10
[LSW3-Ethernet0/0/2] quit
```

- LSW1 上的配置。

LSW1 作为连接另一个 VLAN 中的设备的桥接交换机，关键是对它与 LSW2 连接的 GE0/0/1 端口进行 PVID 配置。

Trunk 端口有一个特性，即发送的数据帧中的 VLAN 标签与端口的 PVID 一致时会去掉原来的VLAN标签，而接收到一个不带VLAN标签的数据帧时又会打上该端口PVID 对应的 VLAN 标签。所以 LSW1 的 GE0/0/1 端口需要把 PVID 设为 VLAN 10，使来自 PC3 的 VLAN 10 数据帧通过 GE0/0/1 端口时去掉 VLAN 标签，同时接收到来自 PC4 的不带 VLAN 标签数据帧时又打上 VLAN 10 标签。

```
<Huawei> system-view
[Huawei] sysname LSW1
[LSW1] interface gigabitethernet 0/0/1
[LSW1-Gigabitethernet0/0/1] port link-type trunk
[LSW1-Gigabitethernet0/0/1] port trunk pvid vlan 10   #---来自 PC3 的 VLAN 10 数据帧去掉 VLAN 标签发送
[LSW1-Gigabitethernet0/0/1] quit
[LSW4] interface gigabitethernet 0/0/3
```

```
[LSW4-Gigabitethernet0/0/1] port link-type trunk
[LSW4-Gigabitethernet0/0/1] port trunk allow-pass vlan 10
[LSW4-Gigabitethernet0/0/1] quit
```

- LSW2 上的配置。

与 LSW1 一样，这里关键是对 LSW2 与 LSW1 连接的 GE0/0/1 端口进行 PVID 配置。LSW2 的 GE0/0/1 端口需要把 PVID 设为 VLAN 20，使来自 PC4 的 VLAN 20 数据帧通过 GE0/0/1 端口时去掉 VLAN 标签，同时接收到来自 PC3 的不带 VLAN 标签数据帧时又打上 VLAN 20 标签。

```
[LSW2] vlan batch 20
[LSW2] interface gigabitethernet 0/0/1
[LSW2-Gigabitethernet0/0/1] port link-type trunk
[LSW2-Gigabitethernet0/0/1] port trunk allow-pass vlan 20
[LSW2-Gigabitethernet0/0/1] port trunk pvid vlan 20   #---来自 PC4 的 VLAN 20 数据帧去掉 VLAN 标签发送
[LSW2-Gigabitethernet0/0/1] quit
[LSW2] interface gigabitethernet 0/0/3
[LSW2-Gigabitethernet0/0/3] port link-type access
[LSW2-Gigabitethernet0/0/3] port default vlan 20
[LSW2-Gigabitethernet0/0/3] quit
```

通过以上配置后，LSW1 GE0/0/1 发送的不带 VLAN 标签的 PC3 VLAN 10 数据帧，到达 LSW2 的 GE0/0/1 端口后会再打上该端口的 PVID，即 VLAN 20 的标签。这样一来，来自 VLAN 10 的数据帧变成了来自 VLAN 20 的数据帧，所以可以直接传给同位于 VLAN 20 中的目的主机 PC4。

同理，LSW2 GE0/0/1 发送的不带 VLAN 标签的 PC4 VLAN 20 数据帧，到达 LSW1 的 GE0/0/1 端口后会再打上该端口的 PVID，即 VLAN10 的标签。这样一来，来自 VLAN 20 的数据帧变成了来自 VLAN10 的数据帧，所以可以直接传给同位于 VLAN 10 中的目的主机 PC3。

配置好 PC3 和 PC4 的 IP 地址（均在同一个 IP 网段 192.168.2.0/24 中），具体配置步骤略。

以上配置完成后，VLAN 10 中的 PC3 与 VLAN 20 中的 PC4 可以直接二层互通，图 14-4 所示为 PC3 成功 Ping 通 PC4 的结果，图 14-5 所示为 PC4 成功 Ping 通 PC3 的结果。

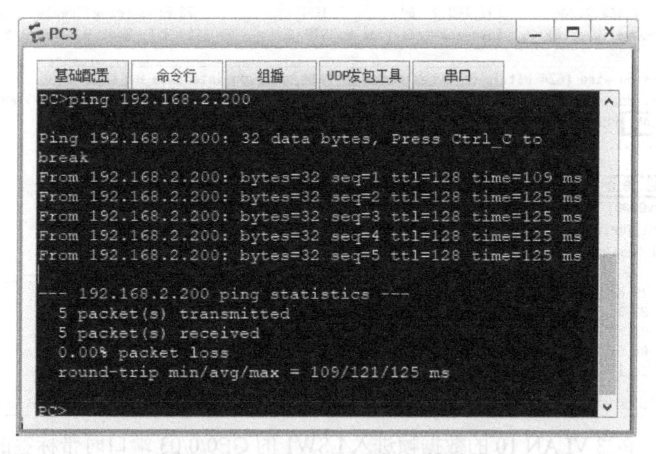

图 14-4　PC3 Ping 通 PC4 的结果

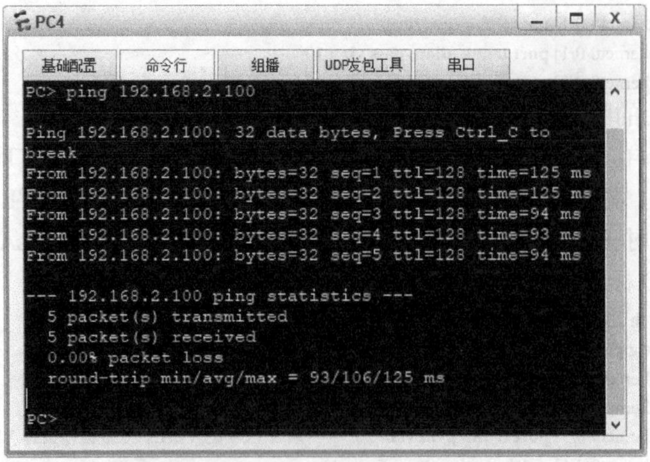

PC4

基础配置　命令行　组播　UDP发包工具　串口

```
PC> ping 192.168.2.100

Ping 192.168.2.100: 32 data bytes, Press Ctrl_C to
break
From 192.168.2.100: bytes=32 seq=1 ttl=128 time=125 ms
From 192.168.2.100: bytes=32 seq=2 ttl=128 time=125 ms
From 192.168.2.100: bytes=32 seq=3 ttl=128 time=94 ms
From 192.168.2.100: bytes=32 seq=4 ttl=128 time=93 ms
From 192.168.2.100: bytes=32 seq=5 ttl=128 time=94 ms

--- 192.168.2.100 ping statistics ---
  5 packet(s) transmitted
  5 packet(s) received
  0.00% packet loss
  round-trip min/avg/max = 93/106/125 ms

PC>
```

图 14-5　PC4 Ping 通 PC3 的结果

为了验证 PC3 发送的数据帧在进入 LSW1 的 GE0/0/3 端口时确实带上了 VLAN 10 的标签，从 GE0/0/1 端口发出后又不带 VLAN 标签，可以在 PC3 Ping PC4 时分别对这两个端口进行抓包，对源自 PC3 的数据帧中的字段进行查看即可。图 14-6 所示为 PC3 发送的数据帧在进入 LSW1 的 GE0/0/3 端口时的帧格式，其中显示了 VLAN 标签（802.1Q）字段、VLAN ID 为 10，即带有 VLAN10 的标签。图 14-7 所示为 PC3 发送的数据帧再从 LSW1 的 GE0/0/1 端口发出时的帧格式，该帧变成了普通的 Ethernet Ⅱ类型数据帧，没有 VLAN 标签字段。

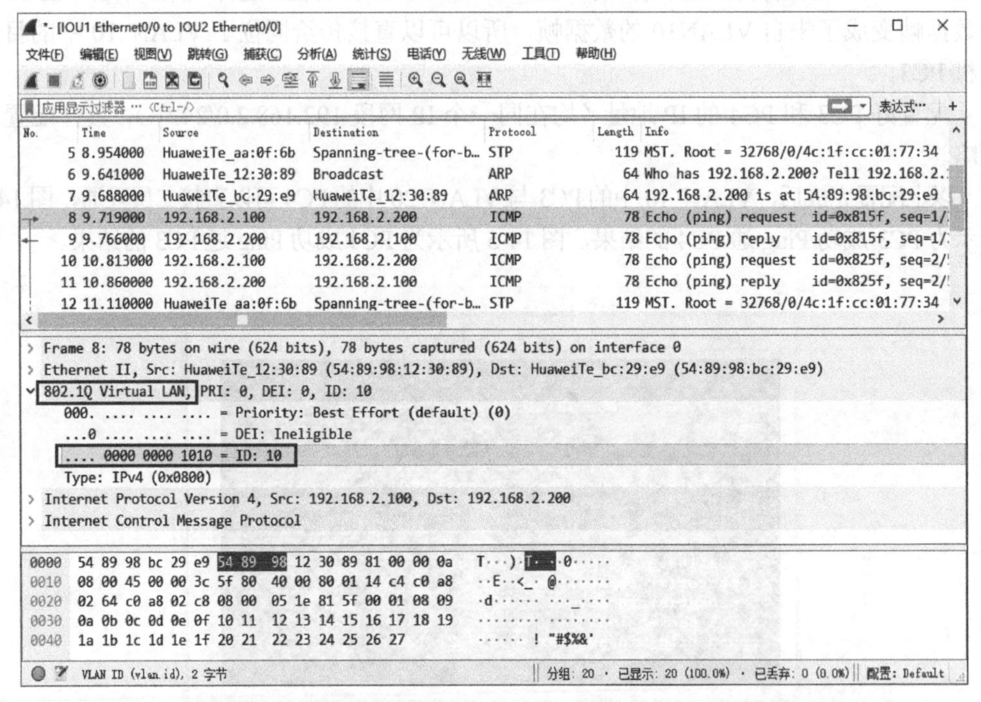

图 14-6　PC3 VLAN 10 的数据帧进入 LSW1 的 GE0/0/03 端口时带标签的帧格式

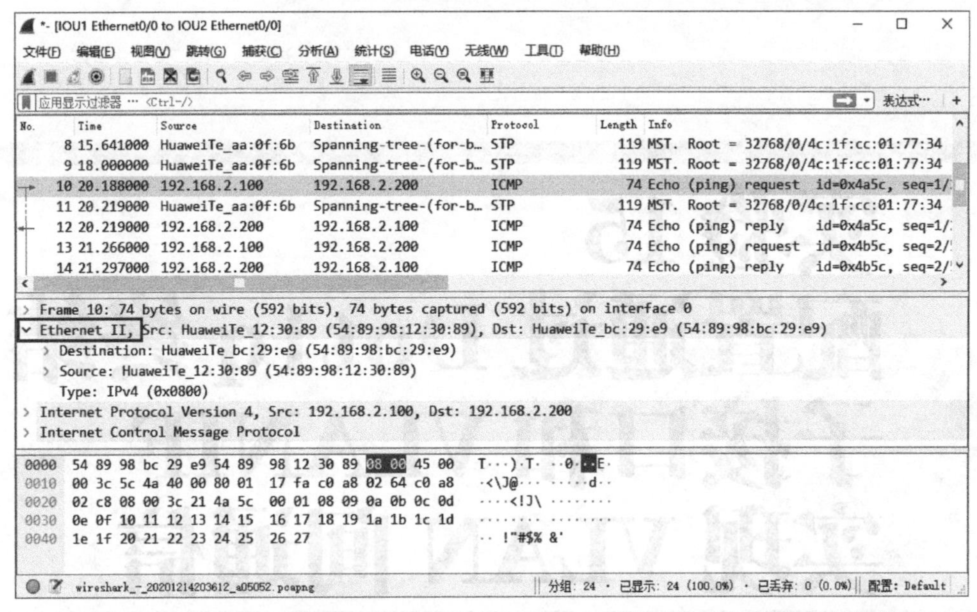

图 14-7 PC3 VLAN 10 的数据帧从 LSW1 的 GE0/0/01 端口发出时不带标签的帧格式

此时位于 VLAN 10 的 PC3 Ping 不通 Server，因为当 LSW1 的 GE0/0/1 端口的 Trunk PVID 设为 10，LSW2 的 GE0/0/1 端口的 Trunk PVID 设为 20 时，PC3 发送的数据帧从 LSW1 的 GE0/0/1 端口发送后会去掉 VLAN 标签，到达 LSW2 的 GE0/0/1 端口后又打上了 VLAN 20 的标签。而原来的服务器连接的 LSW2 的 GE0/0/2 端口并没有允许 VLAN 20 的帧以不带 VLAN 标签的方式通过。要解决这一问题，LSW2 的 GE0/0/2 端口需要允许 VLAN 20 的数据帧以不带 VLAN 标签的方式发送，具体配置如下。

```
[LSW2-Ethernet0/0/2] port link-type hybrid
[LSW2-Ethernet0/0/2] port hybrid untagged vlan 20
[LSW2-Ethernet0/0/2] quit
```

至此，本实验的两项配置任务均成功完成。大家试想一下，如果 LSW1 和 LSW2 之间连接的 GE0/0/1 端口均采用 Hybrid 类型端口，要达到本实验的两项任务，又该如何配置呢？

实验15 配置通过Dot1q终结子接口和VLANIF实现VLAN间通信

本章主要内容

- 一、背景知识
- 二、实验目的
- 三、实验拓扑结构和要求
- 四、实验配置思路
- 五、实验配置和结果验证

一、背景知识

划分 VLAN 的主要目的是缩小广播域，降低广播报文对网络性能的影响，同时方便用户应用与管理 QoS 策略、安全策略，但限制了不同 VLAN 中用户之间的通信。

VLAN 间的通信分为二层通信和三层通信。二层通信要求相互通信的 VLAN 中用户主机必须在同一 IP 网段，除了利用 Hybrid 端口特性以及 Trunk 端口的 PVID 特性来实现外，还有如 Supper VLAN、MUX VLAN、QinQ 等技术可以实现。

三层通信要求相互通信的 VLAN 中的用户主机须在不同 IP 网段。这里分为两种情形：一是这些 VLAN 所在网段连接在同一台三层交换机或路由器上，这是本节实验所要介绍的情形；二是这些 VLAN 所在网段不是连接在同一台设备上，此时就要借助 IP 路由功能来实现。

华为设备提供多种技术方案来实现连接在同一台设备上、多个不同 IP 网段 VLAN 间的三层通信，但最常用的方案有两种：一种是 Dot1q 终结子接口的单臂路由方案，适用于一个三层物理以太网接口连接多个 VLAN 网段的情形；另一种是 VLANIF 的三层交换方案，适用于一台三层交换机连接了多个 VLAN 网段的情形。

Dot1q 终结子接口是对一个三层物理以太网接口（通常是路由器下的三层物理以太网接口，部分华为交换机机型的物理以太网接口也可转换为三层模式）划分的子接口配置 VLAN 终结功能后形成的逻辑接口。Dot1q 终结子接口也是一个三层接口，可以配置 IP 地址，生成相应的三层转发表项，但它同时具有二层和三层特性，具体表现如下。

① 仅可接收带有本子接口终结的 VLAN 所对应的标签的数据帧，其他数据帧一律丢弃，包括不带 VLAN 标签的数据帧。这与三层物理以太网接口的特性是相反的，因为三层物理以太网接口仅可接收不带 VLAN 标签的数据帧。

② 收到带有所终结的 VLAN 对应标签的数据帧后会去掉帧中的 VLAN 标签再进行三层转发，但从本接口向对端设备进行数据帧转发时会打上它所终结的 VLAN 对应的 VLAN 标签。

VLANIF 接口也是一个三层逻辑接口，其配置的 IP 地址将作为本地 VLAN 中各台设备访问其他 VLAN 或外部网络的默认网关。常用来间接转换一个不能直接配置 IP 地址的二层模式端口为可配置 IP 地址的三层模式端口，以实现与其他网段进行 IP 路由或三层交换。

如果多个不同 IP 网段的 VLAN 连接在同一台三层交换机上，可直接利用 VLANIF 接口的三层交换功能实现这些 VLAN 间的三层通信，无须配置任何路由，仅需配置好各个 VLANIF 接口的 IP 地址即可。

二、实验目的

通过本实验的学习将达到以下 2 个目的：

① 掌握 Dot1q 终结子接口配置 VLAN 间通信的方法；

② 掌握 VLANIF 接口配置 VLAN 间通信的方法。

三、实验拓扑结构和要求

图 15-1 所示为本实验的拓扑结构。例如，一家公司中划分了多个 VLAN，各个 VLAN 在不同的 IP 网段。因为核心层 AR 路由器的三层物理以太网接口数较少，所以接入层交换机均是通过单一物理以太网链路与上行的核心层 AR 路由器连接，其中 LSW1 为二层交换机，LSW2 为三层交换机。现要求如下：

① LSW1 连接的各个 VLAN 用户间通过 Dot1q 方式实现三层互通；

② LSW2 连接的各个 VLAN 用户间通过 VLANIF 接口实现三层互通；

③ 网络中各个 VLAN 中的用户均能实现三层互通。

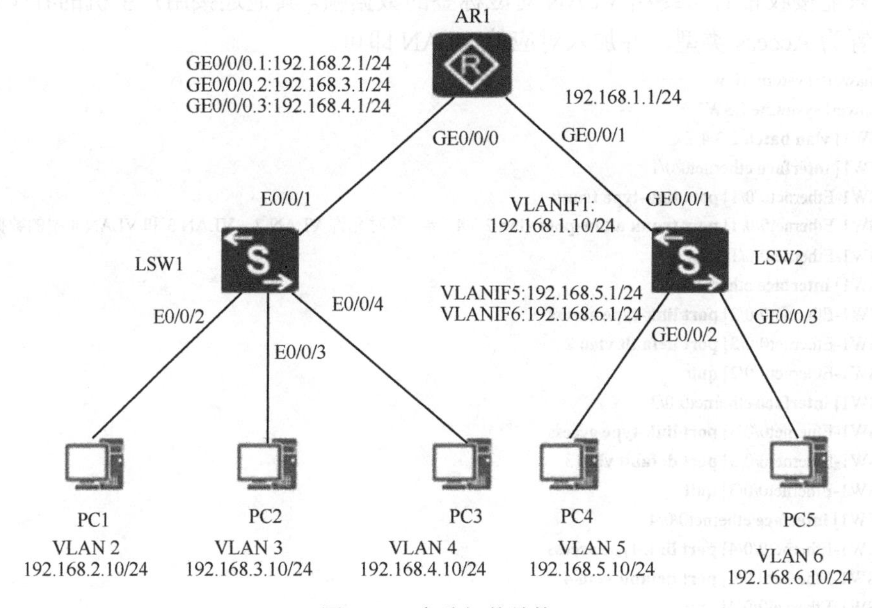

图 15-1　实验拓扑结构

四、实验配置思路

本实验的配置思路如下：

① LSW1 上创建并配置 VLAN 2～4，及三台 PC 机的 IP 地址和网关；

② AR1 的 GE0/0/0 接口下创建并配置 3 个子接口，分别用于终结 LSW1 连接的 VLAN 2～4，通过 Dot1q 终结子接口实现这些 VLAN 间的三层互通；

③ LSW2 上创建并配置 VLAN 5～6，及两台 PC 的 IP 地址和网关，并且为两个 VLAN

各创建一个 VLANIF，配置 IP 地址，通过 VLANIF 接口的三层交换功能实现这两个 VLAN 间用户的三层互通；

④ LSW2 和 AR1 之间配置路由（本实验采用静态路由），以实现 LSW2 连接的各个 VLAN 中的用户可与 LSW1 连接的各个 VLAN 中的用户三层互通。

五、实验配置和结果验证

以下是根据配置思路得出的具体配置步骤。

① LSW1 上配置 VLAN。

LSW1 要在连接 AR1 的 E0/0/1 接口配置允许连接的 VLAN 2、VLAN 3、VLAN 4 中主机发送的数据帧以保留原来 VLAN 标签的方式向上行 AR1 转发（E0/0/1 端口的 PVID 不能与其中任意一个 VLAN ID 相同，保持默认的 VLAN 1 即可），因为 AR1 中的 Dot1q 子接口只能接收带有所终结 VLAN 对应标签的数据帧。其他连接用户主机的各个端口可简单配置为 Access 类型，并加入对应的 VLAN 即可。

```
<Huawei> system-view
[Huawei] sysname LSW1
[LSW1] vlan batch 2 3 4
[LSW1] interface ethernet0/0/1
[LSW1-Ethernet0/0/1] port link-type trunk
[LSW1-Ethernet0/0/1] port trunk allow-pass vlan 2 3 4   #---同时允许 VLAN 2、VLAN 3 和 VLAN 4 中的数据帧通过
[LSW1-Ethernet0/0/1] quit
[LSW1] interface ethernet0/0/2
[LSW1-Ethernet0/0/2] port link-type access
[LSW1-Ethernet0/0/2] port default vlan 2
[LSW1-Ethernet0/0/2] quit
[LSW1] interface ethernet0/0/3
[LSW1-Ethernet0/0/3] port link-type access
[LSW1-Ethernet0/0/3] port default vlan 3
[LSW1-Ethernet0/0/3] quit
[LSW1] interface ethernet0/0/4
[LSW1-Ethernet0/0/4] port link-type access
[LSW1-Ethernet0/0/4] port default vlan 4
[LSW1-Ethernet0/0/4] quit
```

PC1、PC2 和 PC3 的网关分别为 AR1 上配置的对应 Dot1q 子接口的 IP 地址。

② AR1 上创建并配置 Dot1q 终结子接口。

配置 Dot1q 终结子接口时必须使能子接口的 ARP 广播报文发送功能，因为目的 VLAN 对应的子接口是以广播方式发送 ARP 请求报文，查找目的主机的 MAC 地址的。默认情况下，该项功能是关闭的。

```
<Huawei> system-view
[Huawei] sysname AR1
[AR1] interface gigabitethernet0/0/0.1
[AR1- Gigabitethernet0/0/0.1] ip address 192.168.2.1 24
[AR1- Gigabitethernet0/0/0.1] dot1q termination vlan 2   #---终结 VLAN 2
[AR1- Gigabitethernet0/0/0.1] arp broadcast enable   #---使能 ARP 广播请求报文发送功能
[AR1- Gigabitethernet0/0/0.1] quit
[AR1] interface gigabitethernet0/0/0.2
```

```
[AR1- Gigabitethernet0/0/0.2] ip address 192.168.3.1 24
[AR1- Gigabitethernet0/0/0.2] dot1q termination vlan 3
[AR1- Gigabitethernet0/0/0.2] arp broadcast enable
[AR1- Gigabitethernet0/0/0.2] quit
[AR1] interface gigabitethernet0/0/0.3
[AR1- Gigabitethernet0/0/0.3] ip address 192.168.4.1 24
[AR1- Gigabitethernet0/0/0.3] dot1q termination vlan 4
[AR1- Gigabitethernet0/0/0.3] arp broadcast enable
[AR1- Gigabitethernet0/0/0.3] quit
```

以上配置完成后，分别位于 VLAN 2、VLAN 3 和 VLAN 4 的 PC1～PC3 已可以三层互通，PC1 ping PC2、PC3 的结果如图 15-2 所示，PC2 ping PC1、PC3 的结果如图 15-3 所示。

```
PC1
基础配置 命令行 组播 UDP发包工具 串口
PC>ping 192.168.3.10

Ping 192.168.3.10: 32 data bytes, Press Ctrl_C to break
Request timeout!
From 192.168.3.10: bytes=32 seq=2 ttl=127 time=78 ms
From 192.168.3.10: bytes=32 seq=3 ttl=127 time=94 ms
From 192.168.3.10: bytes=32 seq=4 ttl=127 time=63 ms
From 192.168.3.10: bytes=32 seq=5 ttl=127 time=93 ms

--- 192.168.3.10 ping statistics ---
  5 packet(s) transmitted
  4 packet(s) received
  20.00% packet loss
  round-trip min/avg/max = 0/82/94 ms

PC>ping 192.168.4.10

Ping 192.168.4.10: 32 data bytes, Press Ctrl_C to break
Request timeout!
From 192.168.4.10: bytes=32 seq=2 ttl=127 time=63 ms
From 192.168.4.10: bytes=32 seq=3 ttl=127 time=93 ms
From 192.168.4.10: bytes=32 seq=4 ttl=127 time=79 ms
From 192.168.4.10: bytes=32 seq=5 ttl=127 time=78 ms

--- 192.168.4.10 ping statistics ---
  5 packet(s) transmitted
  4 packet(s) received
  20.00% packet loss
  round-trip min/avg/max = 0/78/93 ms

PC>
```

图 15-2　PC1 Ping PC2、PC3 的结果

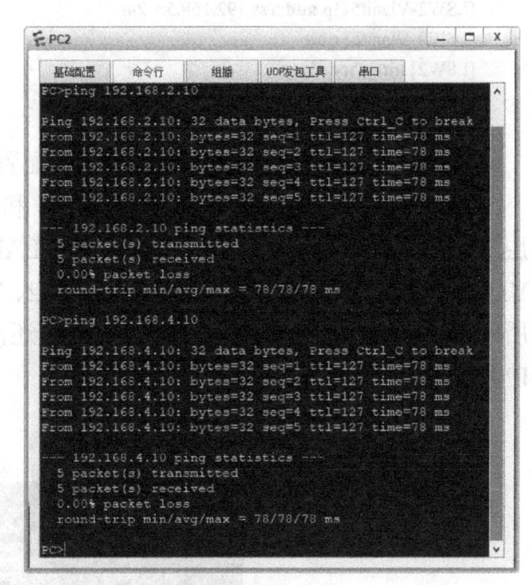

图 15-3　PC2 Ping PC1、PC3 的结果

以上已验证 Dot1q 终结子接口成功实现多个 VLAN 间的三层通信。实现的原理其实与通过 VLANIF 接口的三层交换功能实现 VLAN 间通信的原理类似，不同的只是路由器上没有三层交换芯片，所以数据包的每次三层转发都是通过 IP 路由方式来查找转发出接口的。

③ LSW2 上配置 VLAN。

LSW2 要在连接 AR1 的 GE0/0/1 端口上配置发送数据帧时确保不带 VLAN 标签，因为对端的 AR1 GE0/0/1 端口为三层物理端口，仅可接收不带 VLAN 标签的帧。通常是把它单独加入一个 VLAN 中（本实验采用加入默认的 VLAN 1 中），端口类型可以任意，但通常采用 Access 类型配置更为简单。同时 LSW2 上要创建两个用户 VLAN 5 和 VLAN 6，再为用户 VLAN5、VLAN 6 以及与上行设备 AR1 连接的 VLAN 1（已默认创建，无须再手工创建）各创建一个 VLANIF 接口，并配置 IP 地址。

```
<Huawei> system-view
[Huawei] sysname LSW2
[LSW2] vlan batch 5 6
[LSW2] interface gigabitethernet0/0/1
[LSW2-Gigabitethernet0/0/1] port link-type access
```

```
[LSW2-Gigabitethernet0/0/1] quit
[LSW2] interface gigabitethernet0/0/2
[LSW2-Gigabitethernet0/0/2] port link-type access
[LSW2-Gigabitethernet0/0/2] port default vlan 5
[LSW2-Gigabitethernet0/0/2] quit
[LSW2] interface gigabitethernet0/0/3
[LSW2-Gigabitethernet0/0/3] port link-type access
[LSW2-Gigabitethernet0/0/3] port default vlan 6
[LSW2-Gigabitethernet0/0/3] quit
[LSW2] interface vlan 1
[LSW2-Vlanif5] ip address 192.168.1.10 24
[LSW2-Vlanif5] quit
[LSW2] interface vlan 5
[LSW2-Vlanif5] ip address 192.168.5.1 24
[LSW2-Vlanif5] quit
[LSW2] interface vlan 6
[LSW2-Vlanif6] ip address 192.168.6.1 24
[LSW2-Vlanif6] quit
```

PC4 和 PC5 的网关分别为 LSW2 上配置对应 VLANIF 接口的 IP 地址。

以上配置完成后，分别位于 VLAN 5 和 VLAN 6 中的 PC4、PC5 之间已可以实现三层互通，即通过三层交换功能成功实现 VLAN 间的三层通信。但此时 VLAN 5 中的 PC4、VLAN 6 中的 PC5 仍不能 Ping 通 VLAN 2、VLAN 3 和 VLAN 4 中的各台 PC，如图 15-4 所示。这是因为 VLAN 5、VLAN 6 网段还没有配置与其他 VLAN 网段相互通信所需的 IP 路由。

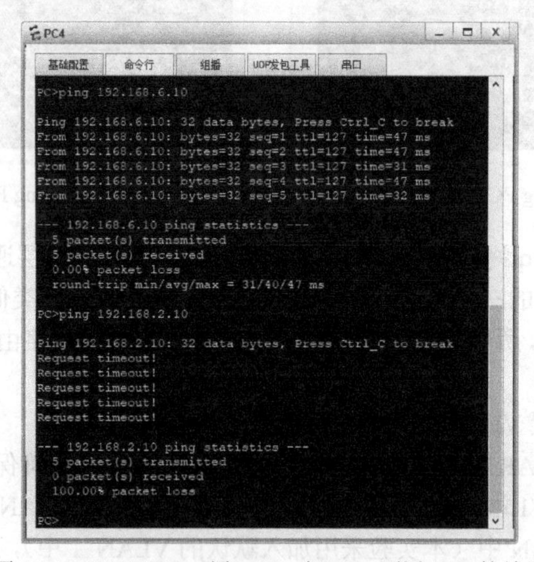

图 15-4 PC4 可 Ping 通 PC5，却 Ping 不通 PC1 的结果

④ 在 AR1 上配置 GE0/0/1 接口的 IP 地址和一条到达 VLAN 5、VLAN 6 网段的静态路由，下一跳为 LSW2 上配置的 VLANIF1 接口 IP 地址 192.168.1.10；在 LSW2 上配置一条访问所有外部网络（包括 VLAN 2、VLAN 3 和 VLAN 4 对应的网段）的默认静态路由，下一跳为 AR1 上配置的 GE0/0/1 接口 IP 地址 192.168.1.1。

```
[AR1] interface gigabitethernet0/0/1
[AR1- Gigabitethernet0/0/1] ip address 192.168.1.1 24
```

```
[AR1- Gigabitethernet0/0/1] quit
[AR1] ip route-static 192.168.5.0 255.255.255.0 192.168.1.10   #---到达 VLAN 5 所在网段的静态路由
[AR1] ip route-static 192.168.6.0 255.255.255.0 192.168.1.10   #---到达 VLAN 6 所在网段的静态路由

[LSW2] ip route-static 0.0.0.0 255.255.0.0 192.168.1.1   #---到达 VLAN 2～4 所在网段的默认静态路由
```

以上配置完成后，VLAN 5～6 中的用户主机均可与 VLAN 2～4 中的用户主机实现三层互通，图 15-5 是 PC4 Ping 通 PC5、PC1 的结果。

图 15-5 PC4 Ping 通 PC5、PC1 的结果

实验 16 配置直连式小型 WLAN 网络

本章主要内容

一、背景知识

二、实验特点及目的

三、实验拓扑结构和要求

四、实验配置思路

五、实验配置

六、实验结果验证

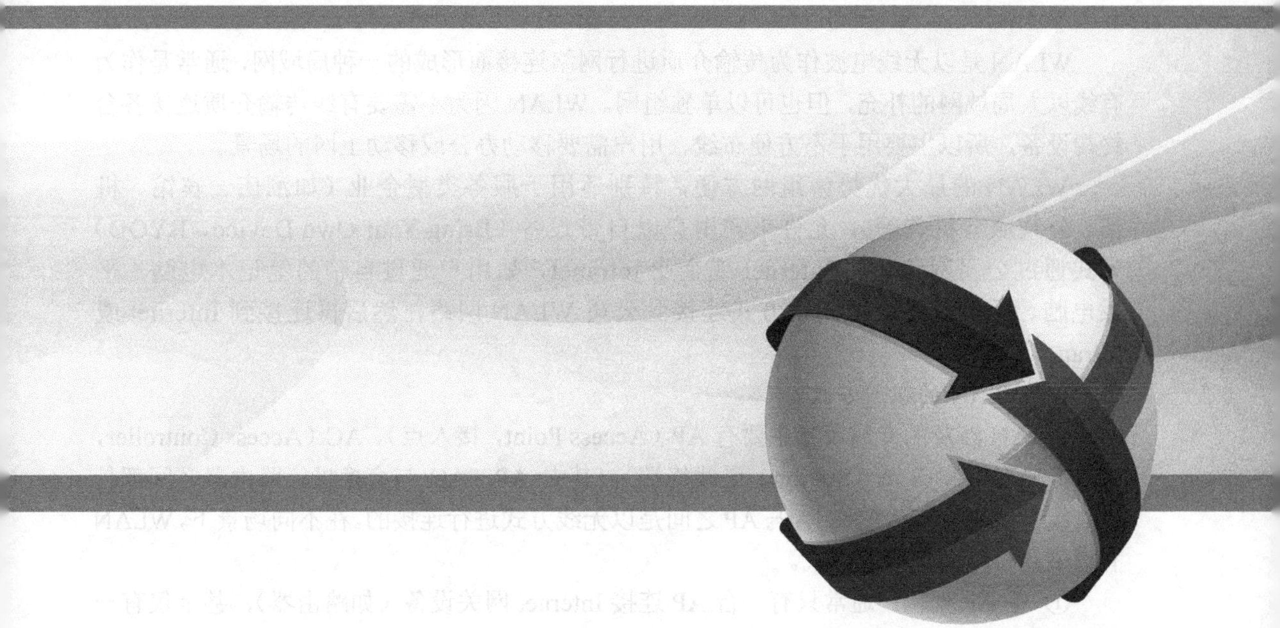

一、背景知识

WLAN 是以无线电波作为传输介质进行网络连接而形成的一种局域网，通常是作为有线以太局域网的补充，但也可以单独组网。WLAN 因为不需要有线传输介质连接各台终端设备，所以主要用于不方便布线、用户需要移动办公或移动上网的场景。

WLAN 的最大优势为组网方便，特别适用于服务类型企业（如酒店、宾馆、机场、公共服务机关等），允许来宾用户以自带设备（Bring Your Own Device，BYOD）方式通过公司网络访问 Internet 或企业 Intranet，如用户通过自带的笔记本电脑、平板电脑、手机等终端以无线方式连接到公司 WLAN 网络，然后再连接到 Internet 或 Intranet。

1. WLAN 的组网方式

WLAN 涉及的专用设备主要有 AP（Access Point，接入点）、AC（Access Controller，接入控制器）和 STA（Station，无线终端），其中 AP、AC 与交换机、路由器之间都是以有线方式进行连接的，STA 与 AP 之间是以无线方式进行连接的。在不同场景下，WLAN 有以下几种不同的组网方式。

① 单 AP 架构：通常只有一台 AP 连接 Internet 网关设备（如路由器），甚至仅有一台集成了 AP 功能的 Wi-Fi 路由器，仅适用于小型家庭 WLAN 场景。

② FAT AP（胖接入点）架构：AP 数量较少，且各个 AP 设备集成了一些基础的 AC 功能，各个 AP 独立管理，维护起来比较困难，仅适用于小型企业 WLAN 场景。

③ FIT AP（瘦接入点）+AC 架构：AP 数量较多，且都是纯 AP 设备，各个 AP 的配置与管理均由 AC 集中下发和管理，适用于较大型企业 WLAN 场景。

AC 与 AP 之间可以跨越二层网络或三层网络，采用 CAPWAP（Control And Provisioning of Wireless Access Points Protocol Specification，无线接入点控制与配置协议）进行通信。

【说明】 华为设备中，有些 S 系列交换机集成了 AC 功能，当没有选购专门的 AC 设备时，可用这些交换机担当。有些 AR 系列路由器集成了 AP 功能，但一般情况下，路由器自带的 AP 功能比较弱，仅适用于小型 WLAN，建议选购专门的 AP 设备。

2. AC 在网络中的位置

企业 WLAN 中的接入用户往往比较多，通常会有多个 AP。为了方便管理，企业 WLAN 中会有专门的 AC 设备对这些 AP 进行配置下发和管理。此时就涉及 AC 在网络中的位置问题，根据 AC 是否在 STA 用户通过网关设备访问外部网络的必经路径上，可分为“直连式”和“旁挂式”两种。

① 直连式：AC 位于 STA 用户通过网关设备访问外部网络的必经路径上，AC 与 AP 及上行网络串联在一起，组网结构和配置相对简单。在直连式 WLAN 中，所有数据均经过 AC，AC 承受的负荷压力较大，因此只适用于小型 WLAN。

② 旁挂式：AC 不位于 STA 用户通过网关设备访问外部网络的必经路径上，而是旁挂在 AP 与上行直连网络中的汇聚层或者核心层设备上。此时 AC 不与 AP 直接

连接，组网结构和配置相对较复杂，但 AC 的负荷压力较小，可专用于 AP 的配置下发和管理。

企业 WLAN 通常采用旁挂式组网方式，但 STA 用户发送的数据也可选择是否经由 AC 集中转发。经由 AC 集中转发的方式称之为“隧道转发”，STA 访问外部网络的数据通过 AP 与 AC 之间的 CAPWAP 数据隧道转发。不经由 AC 集中转发的方式称之为“直接转发”，STA 访问外部网络的数据不通过 AP 与 AC 之间的 CAPWAP 数据隧道转发，而是采用物理链路进行转发，不便于用户数据管理。

3. WLAN 的基本配置任务

WLAN 的配置主要涉及两个方面：一方面是 AP 发现 AC，并被 AC 管理，这是 AP 与 AC 建立 CAPWAP 隧道连接的过程，称之为“AP 上线”；另一方面是 STA 发现 AP，并与 AP 建立无线连接，这是 STA 无线接入的过程，称之为“STA 上线”。

AP 上线的主要配置任务如下。

① DHCP 服务器配置：用于为 AP 自动分配 IP 地址，如果 AP 自己静态配置 IP 地址，则无须进行本项配置任务。

② 域管理模板配置：主要配置国家码，默认为我国，故本项配置任务也可不进行。

③ AC 源端口配置：用于与各个 AP 建立 CAPWAP 隧道，通常是 VLANIF 或者 Loopback 接口。

④ 添加 AP：在 AC 上添加可管理的 AP，以便向这些 AP 下发配置。添加 AP 的方法有离线导入 AP、自动发现 AP 和手工确认未认证列表中的 AP 3 种方式，中小型企业 WLAN 中通常采用离线导入方法。

STA 上线的主要配置任务如下。

① 射频配置：包括基本射频参数、射频模板（可选）配置，以及射频模板在 AP/AP 组或者在 AP/AP 组中具体射频下的应用。

② VAP 配置：包括 VAP 模板创建，并在 VAP 模板下配置数据转发方式、业务 VLAN 或业务 VLAN 池，以及 VAP 模板中引用的域管理模板、安全模板和 SSID 模板。

二、实验特点及目的

本实验具有以下特点。

① WLAN 规模较小，仅有少量 AP 设备，且各个 VAP 的 SSID 相同。

② 所有 WLAN 用户都加入同一个业务 VLAN 中。

③ 直连组网架构，WLAN 用户业务流量必经 AC。

④ WLAN 用户业务流量通过 CAPWAP 数据隧道转发，不通过 AP 与 AC 之间的物理链路转发。

通过本实验的学习将达到以下目的：

① 掌握 WLAN 的基本配置思路；

② 掌握单业务 VLAN、直连式小型 WLAN 的配置方法。

三、实验拓扑结构和要求

如图 16-1 所示，AC 连接园区出口网关 AR，并通过接入交换机 LSW 与 AP 连接。现某企业分支机构为了保证工作人员可以加入同一个 VLAN，以便随时随地访问公司网络，需通过部署 WLAN 基本业务实现移动办公。

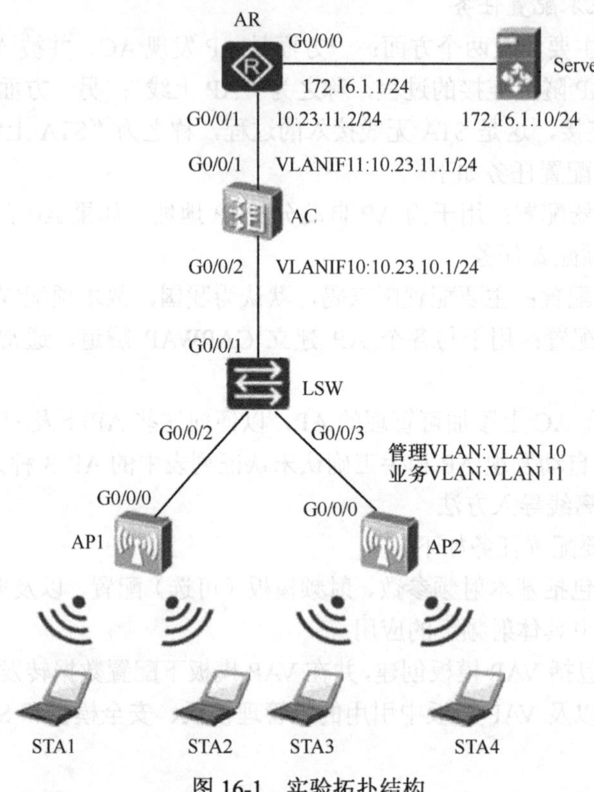

图 16-1 实验拓扑结构

本实验的 WLAN 网络规划见表 16-1。

表 16-1 WLAN 网络规划

配置项	数据
DHCP 服务器	AC 担当 DHCP 服务器角色，为 STA 和 AP 自动分配 IP 地址
AP 的 IP 地址池	10.23.10.2～10.23.10.254/24（对应管理 VLAN 10 网段）
STA 的 IP 地址池	10.23.11.2～10.23.11.254/24（对应业务 VLAN 11 网段）
AC 的源端口 IP 地址	VLANIF10：10.23.10.1/24
AP 组	• 名称：group1 • 引用模板：VAP 模板 vap_1、域管理模板 domain1
域管理模板	• 名称：domain1，国家码：CN
SSID 模板	• 名称：ssid_1，SSID 名称：dagenet

续表

配置项	数据
安全模板	• 名称：secu_1 • 安全策略：WPA2+AES • 密钥：a1234567
VAP 模板	• 名称：vap_1 • 转发模式：隧道转发 • 业务 VLAN：VLAN 11 • 引用模板：SSID 模板 ssid_1、安全模板 secu_1
射频参数	• 0 射频工作在 2.4G 频段 6 信道，1 射频工作在 5G 频段 149 信道

四、实验配置思路

AC 和 AP 在同一个 IP 网段，AP 发现 AC 的方式可直接采用广播方式。根据前面介绍的 WLAN 基本功能配置任务，以及本实验的拓扑结构和实际需求，可得出如下基本配置思路。

① 配置实现 LSW、AC、AR 和 Server 之间的二层、三层互通。

因为本实验要求采用 CAPWAP 隧道转发方式，所以 STA 发送的业务数据到达 AP 后，直接通过 CAPWAP 数据隧道点对点传输到 AC。虽然 STA 访问外部网络的业务流量在物理路径上要经过二层交换机 LSW，但实际上它不是直接经过 LSW 的物理路径转发的，而是通过 AP 与 AC 的数据隧道转发的。这就要求上游 LSW 的上、下行端口均不能允许业务 VLAN 11 中的数据帧通过，否则业务数据帧就不会通过 CAPWAP 数据隧道转发。

② AC 上配置 DHCP 服务器，采用接口地址池模式分别为 AP 和 STA 分配 IP 地址，网关分别为管理 VLAN 10 和业务 VLAN 11 端口的 IP 地址。

③ 配置 AP 上线。

- 创建 AP 组，将需要进行相同配置的 AP1 和 AP2 加入该 AP 组。本实验中 AP 数量很少，也可以不创建 AP 组。
- 配置国家码和 AC 源端口。
- 配置 AP 上线的认证方式为 MAC 认证，并离线导入各个 AP，实现 AP 正常上线。

④ 配置 STA 上线，包括基本射频参数、VAP 模板、隧道转发方式、业务 VLAN 11（单业务 VLAN，无须采用业务 VLAN 池配置）、安全模板和 SSID 模板。

另外，本实验配置的为小型 WLAN，只需配置最基本的射频参数，所以不需要创建新的射频模板，直接采用系统默认的名为 **default** 的 2G 射频模板和 5G 射频模板即可。

五、实验配置

下面根据以上配置任务介绍具体的配置步骤。

① 配置 LSW、AC、AR 和 Server 实现二层、三层互通。

- LSW 上的配置。

根据配置思路分析，LSW 上无须创建业务 VLAN 11，上、下行物理端口也无须加入业务 VLAN 11。至于其他方面的配置，其实只有一个原则，那就是确保 AC 接收、发送的管理帧能识别为 VLAN 10 帧即可。最简单的方法为 LSW 上全部保持默认配置，但此时 AC 的下行端口 GE0/0/2 的 PVID 必须为管理 VLAN 10。下面具体分析其原理。

LSW 的各个端口保持默认配置后，都加入默认的 VLAN 1 中，且 VLAN 1 中的帧均是以不带标签方式发送的。AC 向各个 AP 下发业务 VLAN 11，所以各个 AP 上创建了 VLAN 11，但各个 AP 的管理 VLAN 仍为默认的 VLAN 1（AP 的管理 VLAN 不会由 AC 下发）。在 AP 与 AC 建立 CAPWAP 隧道时，AP 发送的管理帧是 VLAN 1。而默认情况下，AP 各个端口的 PVID 均为 VLAN 1，且 VLAN 1 中的帧不带标签发送，VLAN 2~4094 帧都带标签发送。这样，AP 发送的管理帧 VLAN 1 经由 LSW 转发后，到达 AC 的下行端口 GE0/0/2 后会打上 VLAN 10 标签，GE0/0/2 端口发送 VLAN 10 的管理帧时又会去掉 VLAN 标签，到达 AP 后又会打上 VLAN 1 标签，符合通信原理。

【说明】 如果 LSW 上还连接了位于其他 VLAN 的有线用户，则 LSW 上需要创建对应的 VLAN，并且在上、下行端口上配置允许这些 VLAN 帧带标签传输。

- AC 上的配置。

AC 连接下游 LSW 的 GE0/0/2 端口以 Access 类型加入 VLAN 10，连接上游网络的 GE0/0/1 端口以 Access 类型加入 VLAN 11（因为上游 AR 的 GE0/0/1 接口是三层端口，只能接收不带 VLAN 标签的帧）。同时创建 VLANIF10 和 VLANIF11，VLANIF10 作为 AC 的源端口，VLANIF11 用于与上游 AR 路由器进行三层连接。还要配置到达外部网络的静态路由，此处可以采用默认路由，下一跳是 AR 的 GE0/0/1 端口的 IP 地址。

```
<Huawei> system-view
[Huawei] sysname AC
[AC] vlan batch 10 11
[AC] interface gigabitethernet 0/0/1
[AC-gigabitethernet 0/0/1] port link-type access
[AC-gigabitethernet 0/0/1] port default vlan 10
[AC-gigabitethernet 0/0/1] quit
[AC] interface gigabitethernet 0/0/2
[AC-gigabitethernet 0/0/2] port link-type access
[AC-gigabitethernet 0/0/2] port default vlan 11
[AC-gigabitethernet 0/0/2] quit
[AC] interface vlanif10
[AC-Vlanif10] ip address 10.23.10.1 24
[AC-Vlanif10] quit
[AC] interface vlanif11
[AC-Vlanif11] ip address 10.23.11.1 24
[AC-Vlanif11] quit
[AC] ip route-static 0.0.0.0 0.0.0.0 10.23.11.2   #---到达外部网络的默认静态路由
```

- AR 上的配置。

AR 主要配置各个端口 IP 地址和转发报文到内部网络的静态路由。此处也可以采用默认路由，下一跳是 AC 上业务 VLANIF11 接口的 IP 地址。

```
<Huawei> system-view
[Huawei] sysname AR
[AR] interface gigabitethernet 0/0/0
[AR-gigabitethernet0/0/0] ip address 172.16.1.1 24
```

```
[AR-gigabitethernet0/0/0] quit
[AR] interface gigabitethernet 0/0/1
[AR-gigabitethernet0/0/1] ip address 10.23.11.2 24
[AR-gigabitethernet0/0/1] quit
[AR] ip route-static 0.0.0.0 0.0.0.0 10.23.11.1     #---到达内部网络的默认静态路由
```

然后配置 Server 上的 IP 地址和网关，略。

② AC 上配置 DHCP 服务器，分别为 AP 和 STA 分配 IP 地址。AP 分配的 IP 地址在管理 VLAN 10 网段中，STA 分配的 IP 地址在业务 VLAN 11 网段中。此处均采用 DHCP 接口地址池配置方式。

```
[AC] dhcp enable
[AC] interface vlanif 10
[AC-Vlanif10] dhcp select interface
[AC-Vlanif10] quit
[AC] interface vlanif 11
[AC-Vlanif11] dhcp select interface
[AC-Vlanif11] quit
```

③ 配置 AP 上线。

- 创建 AP 组 group1。

```
[AC] wlan
[AC-wlan-view] ap-group name group1
[AC-wlan-ap-group-group1] quit
```

- 创建域管理模板。

创建名为 domain1 的域管理模板，然后在该域管理模板下配置 AC 的国家码，最后在前面创建的 AP 组下引用域管理模板。因为默认的国家码为我国 CN，所以本步骤可不配置。默认情况下，AP 或 AP 组下引用名为 **default** 的域管理模板。

```
[AC-wlan-view] regulatory-domain-profile name domain1
[AC-wlan-regulate-domain1] country-code CN
[AC-wlan-regulate-domain1] quit
[AC-wlan-view] ap-group name group1
[AC-wlan-ap-group-group1] regulatory-domain-profile domain1
[AC-wlan-ap-group-group1] quit
[AC-wlan-view] quit
```

- 配置 AC 的源端口为管理 VLANIF10 端口。

```
[AC] capwap source interface vlanif 10
```

- 离线导入 AP。

在 AC 上离线导入 AP1 和 AP2，并将它们加入 AP 组 group1 中。本实验中 AP1 的 MAC 地址为 00-e0-fc-a4-78-10，AP2 的 MAC 地址为 00-e0-fc-7f-6d-90，并根据各个 AP 的部署位置为它们配置名称（便于从名称上了解 AP 的部署位置，如 AP1、AP2）。

【说明】 **ap auth-mode** 命令默认情况下已为 MAC 认证，故如果之前没有修改其默认配置，可以不用执行 **ap auth-mode mac-auth** 命令。

```
[AC] wlan
[AC-wlan-view] ap auth-mode mac-auth
[AC-wlan-view] ap-id 0 ap-mac 00e0-fca4-7810
[AC-wlan-ap-0] ap-name AP1
[AC-wlan-ap-0] ap-group group1
[AC-wlan-ap-0] quit
[AC-wlan-view] ap-id 1 ap-mac 00e0-fc7f-6d90
[AC-wlan-ap-1] ap-name AP2
```

```
[AC-wlan-ap-1] ap-group group1
[AC-wlan-ap-1] quit
```

此时，在 AP 上电后，在 AC 上执行 **display ap all** 命令可看到 AP 的“State”字段为“**nor**”，表示 AP 正常上线，如图 16-2 所示。从中可以看到，两个 AP 均已在 AC 的管理之下，且都工作正常，证明前面的配置正确。

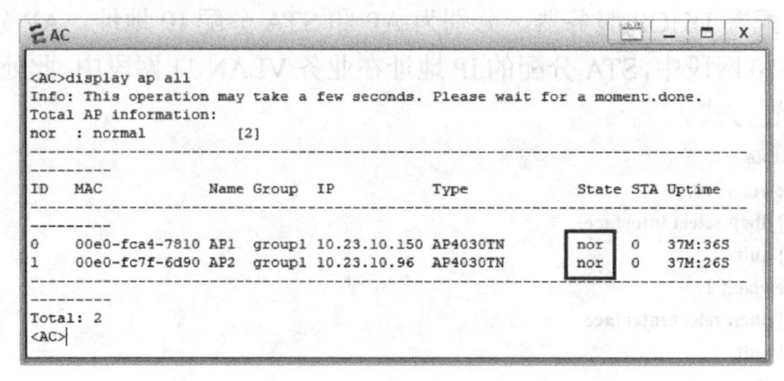

图 16-2 执行 **display ap all** 命令后的输出

④ 配置 STA 上线。

本实验中，STA 上线主要涉及安全模板、SSID 模板、VAP 模板的创建，并在 VAP 模板中配置隧道转发方式和业务 VLAN，引入安全模板和 SSID 模板，然后在 AP 组中配置基本射频参数，应用 VAP 模板。

- 创建并配置安全模板。

创建名为 secu_1 的安全模板，并配置安全策略。本实验中以配置 WPA2+AES 的安全策略为例，共享密钥为 a1234567（**注意，享密钥至少为 8 位**）。

```
[AC-wlan-view] security-profile name secu_1
[AC-wlan-sec-prof-secu_1] security wpa2 psk pass-phrase a1234567 aes
[AC-wlan-sec-prof-secu_1] quit
```

- 创建并配置 SSID 模板。

创建名为 ssid_1 的 SSID 模板，并配置 SSID 名称为 dagenet。

```
[AC-wlan-view] ssid-profile name ssid_1
[AC-wlan-ssid-prof-ssid1] ssid dagenet
[AC-wlan-ssid-prof- ssid1] quit
```

- 创建并配置 VAP 模板。

创建名为 vap_1 的 VAP 模板，配置业务数据转发模式、业务 VLAN（为 VLAN 11），并且应用安全模板和 SSID 模板。

```
[AC-wlan-view] vap-profile name vap_1
[AC-wlan-vap-prof-vap1] forward-mode tunnel
[AC-wlan-vap-prof-vap1] service-vlan vlan-id 11
[AC-wlan-vap-prof-vap1] security-profile secu_1
[AC-wlan-vap-prof-vap1] ssid-profile ssid_1
[AC-wlan-vap-prof-vap1] quit
```

- 配置射频基本参数，并应用 VAP 模板。

配置 AP 组 group1 的 0 射频使用 2.4G 频段中的 6 信道，1 射频使用 5G 频段中的 149 信道（2 射频许多机型不可用），覆盖距离为 100m（避免信号重叠），并引用 VAP 模板。

```
[AC-wlan-view] ap-group name group1   #---进入名为 group1 的 AP 组配置视图
```

```
[AC-wlan-ap-group-group1] radio 0    #---进入 AP 组中射频 0 的配置视图
[AC-wlan-group-radio-group1/0] calibrate auto-channel-select disable    #---关闭信道自动选择功能
[AC-wlan-group-radio-group1/0] calibrate auto-txpower-select disable    #---关闭发送功率自动选择功能
[AC-wlan-group-radio-group1/0] channel 20mhz 6    #---指定使用 2.4GHz 频段中的 6 信道，带宽为 20MHz
[AC-wlan-group-radio-group1/0] coverage distance 1    #---配置信号覆盖距离为 100m
[AC-wlan-group-radio-group1/0] vap-profile vap_1 wlan 1    #---应用名为 vap_1 的 VAP 模板，VAP ID 为 1
[AC-wlan-group-radio-group1/0] quit
[AC-wlan-ap-group-group1] radio 1
[AC-wlan-group-radio-group1/1] calibrate auto-channel-select disable
[AC-wlan-group-radio-group1/1] calibrate auto-txpower-select disable
[AC-wlan-group-radio-group1/1] channel 20mhz 149
[AC-wlan-group-radio-group1/1] coverage distance 1
[AC-wlan-group-radio-group1/1] vap-profile vap_1 wlan 2
[AC-wlan-group-radio-group1/1] quit
[AC-wlan-ap-group-group1] quit
```

六、实验结果验证

以上配置完成后，在 AC 上执行 **display vap ssid** dagenet 命令查看输出，如图 16-3 所示，AP1 和 AP2 上各有“0”和“1”两个射频，且“Status”项均显示为“**ON**”，表示对应的射频上的 VAP 创建成功。

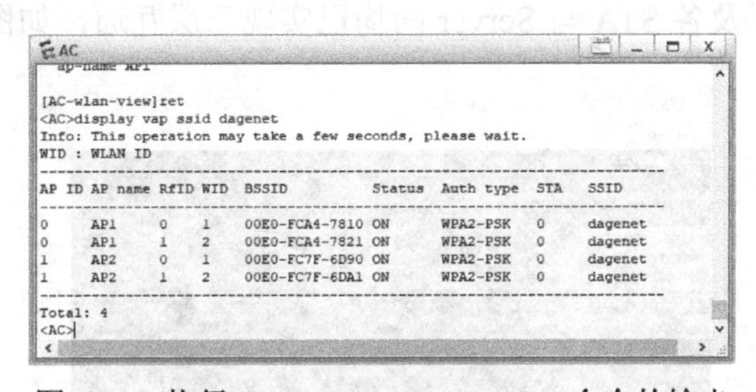

```
[AC-wlan-view]ret
<AC>display vap ssid dagenet
Info: This operation may take a few seconds, please wait.
WID : WLAN ID
----------------------------------------------------------------------
AP ID AP name RfID WID  BSSID          Status  Auth type  STA   SSID
----------------------------------------------------------------------
0     AP1     0    1    00E0-FCA4-7810 ON      WPA2-PSK   0     dagenet
0     AP1     1    2    00E0-FCA4-7821 ON      WPA2-PSK   0     dagenet
1     AP2     0    1    00E0-FC7F-6D90 ON      WPA2-PSK   0     dagenet
1     AP2     1    2    00E0-FC7F-6DA1 ON      WPA2-PSK   0     dagenet
----------------------------------------------------------------------
Total: 4
<AC>
```

图 16-3　执行 **display vap ssid** dagenet 命令的输出

此时打开 STA 会自动搜索到两个频段和 SSID 相同的 WLAN 信道，如图 16-4 所示。双击其中任意一个信道，按提示输入正确的共享密钥 a1234567 即可连接，但一个 STA 同一时间只能连接一个信道。STA 连接成功后，ENSP 模拟器会显示如图 16-5 所示的效果，表明 STA 已成功连接到 WLAN 网络，证明配置正确。

图 16-4　STA 搜索到两个 WLAN 信道

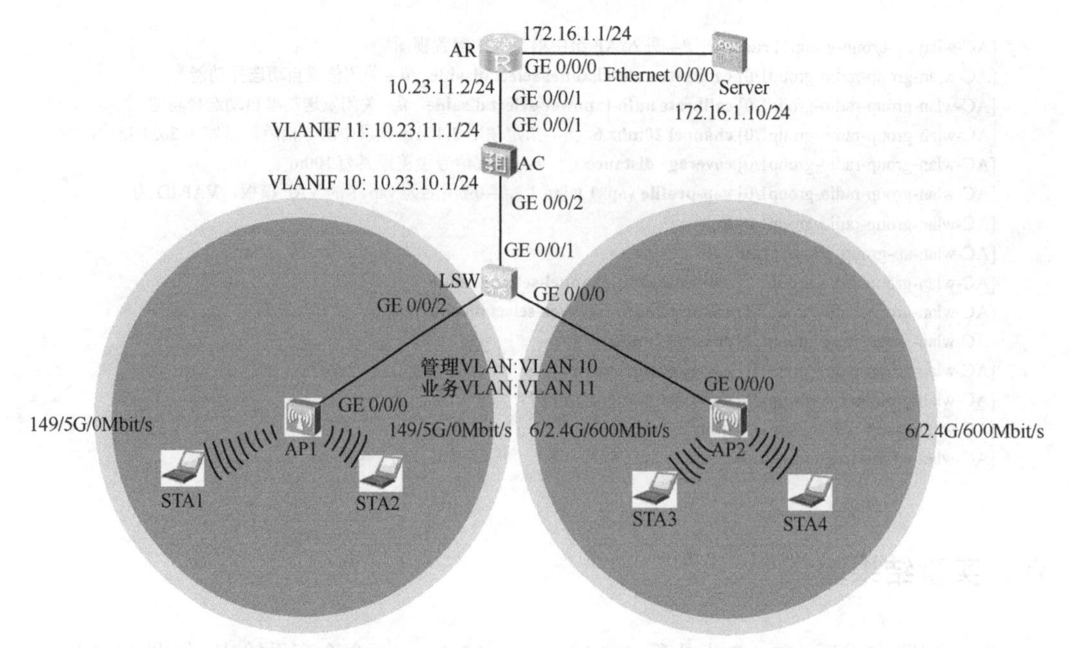

图 16-5 ENSP 模拟器中 STA 成功连接 WLAN 网络后的效果

各 STA 分别执行 **ipconfig** 命令，查看所分配的 IP 地址，然后执行 **ping** 命令测试，会发现各 STA 间，以及各 STA 与 Server 间均已实现三层互通，如图 16-6 所示。

图 16-6 STA 间，以及各 STA 与 Server 间成功 ping 测试

实验 17 配置旁挂式中型 WLAN 网络

本章主要内容

一、背景知识

二、实验特点及目的

三、实验拓扑结构和要求

四、实验配置思路

五、实验配置

六、实验结果验证

一、背景知识

本实验 AC 采用旁挂式连接方式，AC 不在 AP 与上行网络的直连路径上，而旁挂在汇聚层交换机 LSW1 上，本实验的拓扑结构如图 17-1 所示。

旁挂式 AC 连接方式的组网架构有两方面好处：一方面是可以使 AC 的负荷压力减轻，专门负责无线 AP 的管理和配置下发，适用于较大型的 WLAN 网络；另一方面是方便有线网络的改造，需要部署 WLAN 时，AC 只需旁挂在原来有线直连网络中的一台设备上（如旁挂在一台汇聚层交换机上）即可。

虽然旁挂式的 AC 没有连接在 AP 与上行网络的直连路径上，但它仍可以配置 WLAN 业务流量通过 AC 集中转发，只需要配置“隧道转发”方式即可，这样 WLAN 业务流量会通过 AP 与 AC 建立的 CAPWAP 数据隧道转发。当然也可以让业务数据不经过 AC 集中转发，而是直接通过 AP 与上行网络的直连路径进行转发，此时要配置“直接转发”方式。

二、实验特点及目的

本实验有如下特点。

① AC 不在 AP 与上行网络的直连路径上，WLAN 业务流量采用直接转发方式。

② AP 数量较多，WLAN 规模较大，由 AC 集中为各个 AP 和 STA 自动分配 IP 地址。

③ 包含多个不同 SSID、不同业务 VLAN 池、不同安全策略、不同 VAP 模板的 WLAN 网段（本实验仅以其中两个网段举例）。

通过本实验的学习将达到以下目的：

① 了解旁挂式 AC 连接方式的组网架构特点；

② 掌握多个 AP、多个网段 WLAN 网络的配置方法；

③ 理解在旁挂式组网架构、WLAN 业务隧道转发或直接转发方式下，AP 与 AC 间的交换机在 VLAN 配置方面的不同要求；

④ 掌握由 AC 为 STA 进行 IP 地址自动分配时，DHCP 地址池类型和网关配置的要求；

⑤ 理解采用业务 VLAN 池为 STA 进行业务 VLAN 分配时，STA 对业务 VLAN 的选择机制。

三、实验拓扑结构和要求

一家酒店在大厅中为客户提供了免费的 Wi-Fi，同时又在办公区域提供了无线网络接入功能。出于安全考虑，两部分 WLAN 采用了不同的 SSID，且各包括多个位于不同 IP 网段的业务 VLAN，如图 17-1 所示。为了减轻 AC 的负荷压力，现要求访问外部网络的 WLAN 业务流量采用直接转发方式。

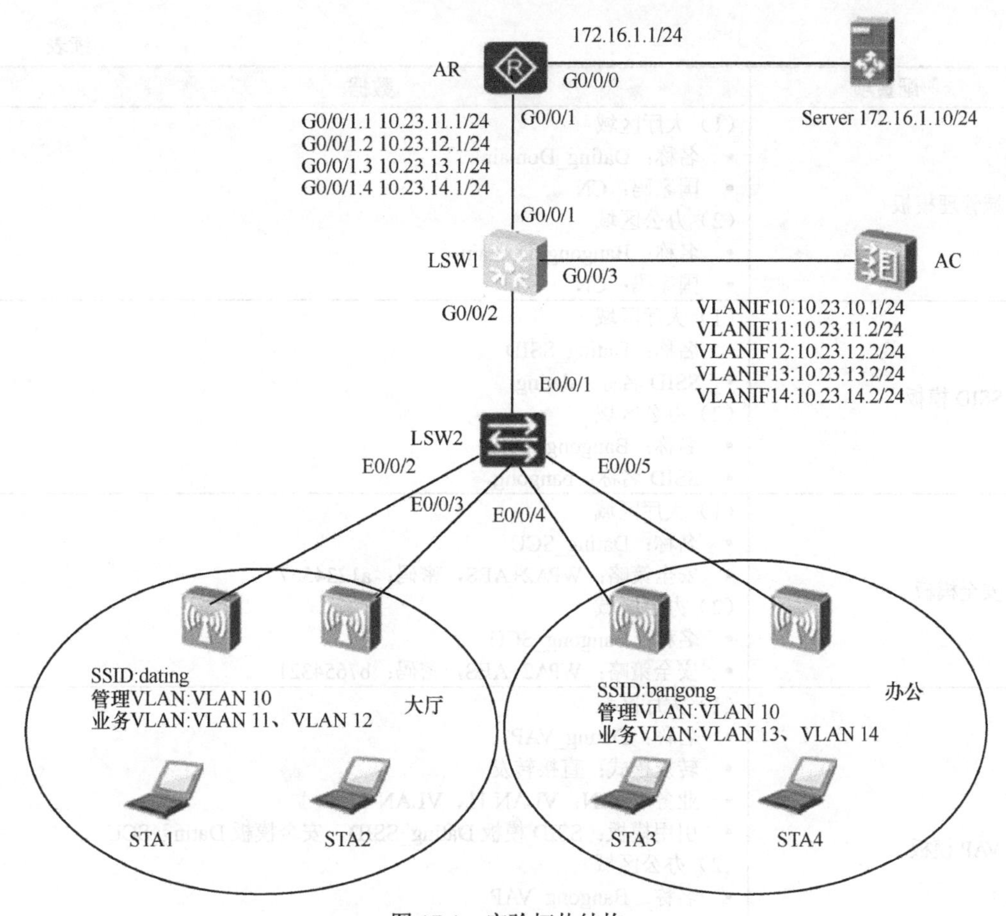

图 17-1 实验拓扑结构

本实验的 WLAN 网络规划见表 17-1。

表 17-1 WLAN 网络规划

配置项	数据
DHCP 服务器	AC 担当 DHCP 服务器角色，为 STA 和 AP 自动分配 IP 地址（STA 的网关指向 AR）
AP 的 IP 地址池	10.23.10.2～10.23.10.254/24
管理 VLAN	VLAN 10
STA 的 IP 地址池	• 11：10.23.11.3～10.23.11.254/24 • 12：10.23.12.3～10.23.12.254/24 • 13：10.23.13.3～10.23.13.254/24 • 14：10.23.14.3～10.23.14.254/24
AC 的源接口 IP 地址	VLANIF10：10.23.10.1/24
AP 组	（1）大厅区域 • 名称：Dating • 引用模板：VAP 模板 Dating_VAP、域管理模板 Dating_Domain （2）办公区域 • 名称：Bangong • 引用模板：VAP 模板_VAP、域管理模板 Bangong_Domain

续表

配置项	数据
域管理模板	（1）大厅区域 • 名称：Dating_Domain • 国家码：CN （2）办公区域 • 名称：Bangong_Domain • 国家码：CN
SSID 模板	（1）大厅区域 • 名称：Dating_SSID • SSID 名称：dating （2）办公区域 • 名称：Bangong_SSID • SSID 名称：bangong
安全模板	（1）大厅区域 • 名称：Dating_SCU • 安全策略：WPA2+AES，密码：a1234567 （2）办公区域 • 名称：Bangong_SCU • 安全策略：WPA2+AES，密码：b7654321
VAP 模板	（1）大厅区域 • 名称：Dating_VAP • 转发模式：直接转发 • 业务 VLAN：VLAN 11、VLAN 12 • 引用模板：SSID 模板 Dating_SSID、安全模板 Dating_SCU （2）办公区域 • 名称：Bangong_VAP • 转发模式：直接转发 • 业务 VLAN：VLAN 13、VLAN 14 • 引用模板：SSID 模板 Bangong_SSID、安全模板 Bangong_SCU

四、实验配置思路

假设本实验中，**AC 和 AP 在同一个 IP 网段，AP 发现 AC 的方式采用默认的广播方式**，AP 的 IP 地址可由 AC 上配置的 DHCP 服务器分配，位于管理 VLAN 10 中；而 STA 的 IP 地址可以由 AC 上配置的 DHCP 服务器分配，也可以不由 AC 分配，本实验采用由 AC 上配置的 DHCP 服务器分配。

本实验要求采用直接转发方式，WLAN 用户发送到外网（如访问 Server）的数据无须经过旁挂的 AC，所以 AP 与 AC 之间的 LSW1 和 LSW2 的上、下行接口必须同时允许各个业务 VLAN 的帧带标签通过。LSW1 和 LSW2 上不仅要创建 AC 与 AP 建立 CAPWAP 隧道时的管理 VLAN 10，还要创建各个业务 VLAN。

因为采用直接转发方式，各 STA 的 WLAN 业务流量会直接通过 AP 与上行直连网络的路径进行转发，无须经过 AC，所以此时各 STA 对应的地址池的网关不是 AC 上配置的各业务 VLANIF 接口的 IP 地址，而是网关设备 AR 上对应的子接口的 IP 地址（因为有多个业务 VLAN，所以要划分子接口来分别终结），否则 STA 发送到外网的数据经过 AC 无法到达外部网络。这样一来，AC 在为各 STA 配置进行 IP 地址进行自动分配的 DHCP 地址池时，地址池类型只能采用全局地址池，因为接口地址池的网关就是对应 DHCP 服务器接口的 IP 地址。

根据前面的分析，以及 WLAN 网络的基本配置任务和本实验的网络规划可得出如下基本配置思路。

① 配置各个 AR 接口和 Dot1q 子接口的 IP 地址，每个子接口终结一个业务 VLAN，其 IP 地址也将作为 AC 上对应全局地址池的网关。

② LSW1 上创建 VLAN 10～14，各个接口类型为 Trunk 类型（也可以是 Hybrid 类型），连接上行 AR 的 GE0/0/1 接口仅允许业务 VLAN 11～14 的帧带 VLAN 标签通过，GE0/0/2 和 GE0/0/3 同时允许 VLAN 10～14 的帧带 VLAN 标签通过。

③ LSW2 上创建 VLAN 10～14，各个接口类型为 Trunk 类型（也可以是 Hybrid 类型），连接上行的 LSW1 的 E0/0/1 接口允许 VLAN 10～14 的帧带 VLAN 标签通过，E0/0/2 和 E0/0/3 同时允许 VLAN 10～12 的帧通过，PVID 为 VLAN 10，E0/0/4 和 E0/05 同时允许 VLAN 10、13～14 的帧通过，PVID 为 VLAN 10。

④ AC 上配置 AP 上线。

- 创建 VLAN 10～14，GE0/0/1 接口类型为 Trunk 类型（也可以是 Hybrid 类型），允许 VLAN 10～14 的帧带 VLAN 标签通过。创建各个 VLANIF 接口，配置对应网段的 IP 地址。
- 启用 DHCP 服务器功能，为 AP 分配 IP 地址采用接口地址池类型，网关为 VLANIF10 接口 IP 地址，为各 STA 分配 IP 地址的地址池采用全局地址池，网关为 AR 上对应的 Dot1q 终结子接口的 IP 地址。
- 创建两个 AP 组（Dating 和 Bangong），分别将大厅区域的 AP 和办公区域的 AP 都加入到对应的 AP 组，实现统一配置。
- 分别为大厅区域和办公区域创建一个域管理模板，包括国家码、AC 与 AP 之间通信的源接口。如果两个区域中的域管理模板配置完全一样，则可以只创建一个域管理模板，两个区域共享。
- 两个 AP 组分别配置 AP 上线的认证方式并离线导入 AP，实现 AP 正常上线。

⑤ AC 上配置 STA 上线。

- 两个 AP 组分别创建安全模板、SSID 模板、VAP 模板（配置包括业务 VLAN 池和直接转发方式），在 VAP 中引入对应的安全模板和 SSID 模板，然后两个 AP 组分别引入对应的 VAP 模板。
- 两个 AP 组分别配置基本射频参数，分别使用 2.4GHz 的 6 信道和 5GHz 频段的 149 信道，覆盖距离为 100m。

五、实验配置

以下是根据前文中介绍的配置思路得出的具体配置步骤。

1. AR 路由器上的配置

配置各个接口和 Dot1q 终结子接口的 IP 地址，以及各个子接口 VLAN 终结（每个子接口终结一个业务 VLAN）。各个子接口的 IP 地址将作为 AC 为对应业务 VLAN 配置的全局地址池中的网关。

```
<Huawei> system-view
[Huawei] sysname AR
[AR] interface gigabitethernet 0/0/0
[AR-gigabitethernet0/0/0] ip address 172.16.1.1 24
[AR-gigabitethernet0/0/0] quit
[AR] interface gigabitethernet 0/0/1.1
[AR-gigabitethernet0/0/1.1] ip address 10.23.11.1 24
[AR-gigabitethernet0/0/1.1] dot1q termination vid 11
[AR-gigabitethernet0/0/1.1] arp broadcast enable
[AR-gigabitethernet0/0/1.1] quit
[AR] interface gigabitethernet 0/0/1.2
[AR-gigabitethernet0/0/1.2] ip address 10.23.12.1 24
[AR-gigabitethernet0/0/1.2] dot1q termination vid 12
[AR-gigabitethernet0/0/1.2] arp broadcast enable
[AR-gigabitethernet0/0/1.2] quit
[AR] interface gigabitethernet 0/0/1.3
[AR-gigabitethernet0/0/1.3] ip address 10.23.13.1 24
[AR-gigabitethernet0/0/1.3] dot1q termination vid 13
[AR-gigabitethernet0/0/1.3] arp broadcast enable
[AR-gigabitethernet0/0/1.3] quit
[AR] interface gigabitethernet 0/0/1.4
[AR-gigabitethernet0/0/1.4] ip address 10.23.14.1 24
[AR-gigabitethernet0/0/1.4] dot1q termination vid 14
[AR-gigabitethernet0/0/1.4] arp broadcast enable
[AR-gigabitethernet0/0/1.4] quit
```

2. LSW1 上的配置

创建 VLAN 10～14，并配置各个端口以 Trunk 类型加入 VLAN。注意，上行 GE0/0/1 端口只允许业务 VLAN11～14 带标签通过，其他两个端口允许 VLAN 10～14 全部带 VLAN 标签通过，因为 WLAN 业务流量为直接转发方式。

```
<Huawei> system-view
[Huawei] sysname LSW1
[LSW1] vlan batch 10 to 14
[LSW1] interface gigabitethernet 0/0/1
[LSW1-gigabitethernet 0/0/1] port link-type trunk
[LSW1-gigabitethernet 0/0/1] port trunk allow-pass vlan 11 to 14
[LSW1-gigabitethernet 0/0/1] quit
[LSW1] interface gigabitethernet 0/0/2
[LSW1-gigabitethernet 0/0/2] port link-type trunk
[LSW1-gigabitethernet 0/0/2] port trunk allow-pass vlan 10 to 14
[LSW1-gigabitethernet 0/0/2] quit
[LSW1] interface gigabitethernet 0/0/3
[LSW1-gigabitethernet 0/0/3] port link-type trunk
[LSW1-gigabitethernet 0/0/3] port trunk allow-pass vlan 10 to 14
[LSW1-gigabitethernet 0/0/3] quit
```

3. LSW2 上的配置

创建 VLAN 10～14，并配置各个端口以 Trunk 类型加入对应的 VLAN，各个端口同时允许对应的业务 VLAN 帧通过，但连接 AP 的各个端口的 PVID 等于管理 VLAN 10，

E0/0/1 端口的 PVID 保持默认不变。

```
<Huawei> system-view
[Huawei] sysname LSW2
[LSW2] vlan batch 10 to 14
[LSW2] interface ethernet 0/0/1
[LSW2-Ethernet 0/0/1] port link-type trunk
[LSW2-Ethernet 0/0/1] port trunk allow-pass vlan 10 to 14
[LSW2-Ethernet 0/0/1] quit
[LSW2] interface ethernet 0/0/2
[LSW2-Ethernet 0/0/2] port link-type trunk
[LSW2-Ethernet 0/0/2] port trunk allow-pass vlan 10 to 12
[LSW2-Ethernet 0/0/2] port trunk pvid vlan 10
[LSW2-Ethernet 0/0/2] quit
[LSW2] interface ethernet 0/0/3
[LSW2-Ethernet 0/0/3] port link-type trunk
[LSW2-Ethernet 0/0/3] port trunk allow-pass vlan 10 to 12
[LSW2-Ethernet 0/0/3] port trunk pvid vlan 10
[LSW2-Ethernet 0/0/3] quit
[LSW2] interface ethernet 0/0/4
[LSW2-Ethernet 0/0/4] port link-type trunk
[LSW2-Ethernet 0/0/4] port trunk allow-pass vlan 10 13 to 14
[LSW2-Ethernet 0/0/4] port trunk pvid vlan 10
[LSW2-Ethernet 0/0/4] quit
[LSW2] interface ethernet 0/0/5
[LSW2-Ethernet 0/0/5] port link-type trunk
[LSW2-Ethernet 0/0/5] port trunk allow-pass vlan 10 13 to 14
[LSW2-Ethernet 0/0/5] port trunk pvid vlan 10
[LSW2-Ethernet 0/0/5] quit
```

4. 在 AC 上配置 AP 上线

① 创建 VLAN 10～14，并在 GE0/0/0 端口允许这些 VLAN 中的帧以带 VLAN 标签方式通过。创建 VLANIF11～14，并配置其 IP 地址，用于与 AR 上的对应的 G0/0/1.1～4 接口三层互连。

```
<Huawei> system-view
[Huawei] sysname AC
[AC] vlan batch 10 to 14
[AC] interface gigabitethernet 0/0/0
[AC-gigabitethernet 0/0/0] port link-type trunk
[AC-gigabitethernet 0/0/0] port trunk allow-pass vlan 10 to 14
[AC-gigabitethernet 0/0/0] quit
[AC] interface vlanif 11
[AC-Vlanif11] ip address 10.23.11.224
[AC-Vlanif11] quit
[AC] interface vlanif 12
[AC-Vlanif12] ip address 10.23.12.224
[AC-Vlanif12] quit
[AC] interface vlanif 13
[AC-Vlanif13] ip address 10.23.13.224
[AC-Vlanif13] quit
[AC] interface vlanif 14
[AC-Vlanif14] ip address 10.23.14.224
[AC-Vlanif14] quit
```

② 配置 DHCP 服务器。

分别为 AP 和 STA 配置进行 IP 地址分配的 DHCP 地址池。4 个 AP 分配的 IP 地址池均在管理 VLAN 10 网段中，采用接口地址池配置方式；STA 分配的 IP 地址池分别在业务 VLAN 11～14 网段中，采用全局地址池方式，网关不是对应的 VLANIF 接口的 IP 地址，而是 AR 上对应的子接口的 IP 地址。

```
[AC] dhcp enable
[AC] interface vlanif 10
[AC-Vlanif10] ip address 10.23.10.1 24
[AC-Vlanif10] dhcp select interface
[AC-Vlanif10] quit
[AC] ip pool 11
[AC-ip-pool-11] network 10.23.11.0 mask 255.255.255.0
[AC-ip-pool-11] gateway-list 10.23.11.1   #---网关指向 AR 的 G0/0/1.1 接口的 IP 地址
[AC-ip-pool-11] quit
[AC] ip pool 12
[AC-ip-pool-12] network 10.23.12.0 mask 255.255.255.0
[AC-ip-pool-12] gateway-list 10.23.12.1   #---网关指向 AR 的 G0/0/1.2 接口的 IP 地址
[AC-ip-pool-12] quit
[AC] ip pool 13
[AC-ip-pool-13] network 10.23.13.0 mask 255.255.255.0
[AC-ip-pool-13] gateway-list 10.23.13.1   #---网关指向 AR 的 G0/0/1.3 接口的 IP 地址
[AC-ip-pool-13] quit
[AC] ip pool 14
[AC-ip-pool-14] network 10.23.14.0 mask 255.255.255.0
[AC-ip-pool-14] gateway-list 10.23.14.1   #---网关指向 AR 的 G0/0/1.4 接口的 IP 地址
[AC-ip-pool-14] quit
```

③ 创建 AP 组。

分别为大厅区域和办公区域创建一个 AP 组。

```
[AC] wlan
[AC-wlan-view] ap-group name Dating
[AC-wlan-ap-group-Dating] quit
[AC-wlan-view] ap-group name Bangong
[AC-wlan-ap-group-Bangong] quit
```

④ 创建域管理模板。

分别为两个 AP 组创建一个域管理模板，然后在对应 AP 组下引用对应的域管理模板。

```
[AC-wlan-view] regulatory-domain-profile name Dating_Domain
[AC-wlan-regulate-Dating_Domain] country-code cn
[AC-wlan-regulate-Dating_Domain] quit
[AC-wlan-view] ap-group name Dating
[AC-wlan-ap-group-Dating] regulatory-domain-profile Dating_Domain
[AC-wlan-ap-group-Dating] quit
[AC-wlan-view] regulatory-domain-profile name Bangong_Domain
[AC-wlan-regulate-Bangong_Domain] country-code cn
[AC-wlan-regulate-Bangong_Domain] quit
[AC-wlan-view] ap-group name Bangong
[AC-wlan-ap-group-Bangong] regulatory-domain-profile Bangong_Domain
[AC-wlan-ap-group-Bangong] quit
```

⑤ 配置 AC 源接口。

配置 AC 的源接口为管理 VLANIF10 接口。

```
[AC] capwap source interface vlanif 10
```

⑥ 离线导入 AP。

AC 离线导入 4 个 AP（采用 MAC 认证），并为这些 AP 命名，然后将这些 AP 加入对应的 AP 组中（AP1 和 AP2 加入 Dating AP 组中，AP3 和 AP4 加入 Bangong AP 组中）。

```
[AC] wlan
[AC-wlan-view] ap auth-mode mac-auth
[AC-wlan-view] ap-id 1 ap-mac 00e0-fc45-6b30
[AC-wlan-ap-1] ap-name AP1
[AC-wlan-ap-1] ap-group Dating
[AC-wlan-ap-1] quit
[AC-wlan-view] ap-id 2 ap-mac 00e0-fcae-5ed0
[AC-wlan-ap-2] ap-name AP2
[AC-wlan-ap-2] ap-group Dating
[AC-wlan-ap-2] quit
[AC-wlan-view] ap-id 3 ap-mac 00e0-fc03-4f80
[AC-wlan-ap-3] ap-name AP3
[AC-wlan-ap-3] ap-group Bangong
[AC-wlan-ap-3] quit
[AC-wlan-view] ap-id 4 ap-mac 00e0-fce6-1f50
[AC-wlan-ap-4] ap-name AP4
[AC-wlan-ap-4] ap-group Bangong
[AC-wlan-ap-4] quit
```

此时，在 AP 上电后，在 AC 上执行 **display ap all** 命令可看到 AP 的"State"字段为"**nor**"，表示 AP 正常上线，如图 17-2 所示。

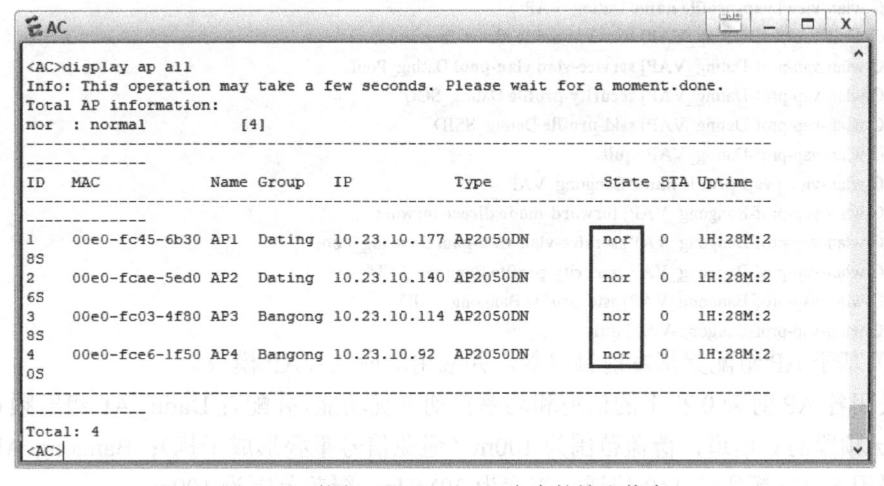

图 17-2　执行 **display ap all** 命令的输出信息

5. 在 AC 上配置 STA 上线

① 创建安全模板。

分别为两个 AP 组创建一个安全模板，并配置安全策略。本实验中两个 AP 组均采用 WPA2+PSK+AES 安全策略，Dating AP 组的共享密钥为 a1234567，Bangong AP 组的共享密钥为 b7654321。因为本实验没有复杂的射频参数配置，所以没有创建射频模板，仅在对应的 AP 组下配置基本射频参数。

```
[AC-wlan-view] security-profile name Dating_SCU
[AC-wlan-sec-prof-Dating_SCU] security wpa2 psk pass-phrase  a1234567 aes
[AC-wlan-sec-prof-Dating_SCU] quit
[AC-wlan-view] security-profile name Bangong_SCU
[AC-wlan-sec-prof-Bangong_SCU] security wpa2 psk pass-phrase  b7654321 aes
[AC-wlan-sec-prof-Bangong_SCU] quit
[AC-wlan-view] quit
```

② 创建 SSID 模板。

分别为两个 AP 组创建一个 SSID 模板。

```
[AC-wlan-view] ssid-profile name Dating_SSID
[AC-wlan-ssid-prof-Dating_SSID] ssid dating
[AC-wlan-ssid-prof- Dating_SSID] quit
[AC-wlan-view] ssid-profile name Bangong_SSID
[AC-wlan-ssid-prof-Bangong_SSID] ssid bangong
[AC-wlan-ssid-prof- Bangong_SSID] quit
[AC-wlan-view] quit
```

③ 创建业务 VLAN 池和 VAP 模板。

分别为两个 AP 组创建一个业务 VLAN 池，一个 VAP 模板，配置直接转发方式（这是默认配置，故可不配置），并在 VAP 模板下引用业务 VLAN 池、安全模板和 SSID 模板。

```
[AC] vlan pool Dating_Pool
[AC-vlan-pool-Dating_Pool] vlan 11 12
[AC-vlan-pool-Dating_Pool] quit
[AC] vlan pool Bangong_Pool
[AC-vlan-pool-Bangong_Pool] vlan 13 14
[AC-vlan-pool-Bangong_Poool] quit
[AC] wlan
[AC-wlan-view] vap-profile name Dating_VAP
[AC-wlan-vap-prof-Dating_VAP] forward-mode direct-forward
[AC-wlan-vap-prof-Dating_VAP] service-vlan vlan-pool Dating_Pool
[AC-wlan-vap-prof-Dating_VAP] security-profile Dating_SCU
[AC-wlan-vap-prof-Dating_VAP] ssid-profile Dating_SSID
[AC-wlan-vap-prof-Dating_VAP] quit
[AC-wlan-view] vap-profile name Bangong_VAP
[AC-wlan-vap-prof-Bangong_VAP] forward-mode direct-forward
[AC-wlan-vap-prof-Bangong_VAP] service-vlan vlan-pool Bangong_Pool
[AC-wlan-vap-prof-Bangong_VAP ]security-profile Bangong_SCU
[AC-wlan-vap-prof-Bangong_VAP] ssid-profile Bangong_SSID
[AC-wlan-vap-prof-Bangong-VAP] quit
```

④ 基于 AP 组配置基本射频参数，并应用对应的 VAP 模板。

关闭各 AP 射频 0 和 1 的信道和功率自动调优功能，并配置 Dating AP 组射频 0 采用 2.4GHz 频段的 6 信道，覆盖范围为 100m（避免信号重叠形成干扰）；Bangong AP 组射频 1 采用 5GHz 频段的 149 信道，带宽为 20MHz，覆盖范围为 100m。

```
[AC-wlan-view] ap-group name Dating
[AC-wlan-ap-group-ap-Dating] vap-profile Dating_VAP wlan 1 radio 0
[AC-wlan-ap-group-ap-Dating] radio 0
[AC-wlan-radio-Dating/0] calibrate auto-channel-select disable
[AC-wlan-radio-Dating/0] calibrate auto-txpower-select disable
[AC-wlan-radio-Dating/0] channel 20mhz 6
[AC-wlan-radio-Dating/0] coverage distance 1
[AC-wlan-radio-Dating/0] quit
[AC-wlan-view] ap-group name Bangong
[AC-wlan-ap-group-ap-Bangong] vap-profile Bangong_VAP wlan 2 radio 1
[AC-wlan-ap-group-ap-Bangong] radio 1
[AC-wlan-radio-Bangong/1] calibrate auto-channel-select disable
[AC-wlan-radio-Bangong/1] calibrate auto-txpower-select disable
[AC-wlan-radio-Bangong/1] channel 20mhz 149
[AC-wlan-radio-Bangong/1] coverage distance 1
[AC-wlan-radio-Bangong/1] quit
```

六、实验结果验证

配置完成后，管理人员在 AC 上执行 **display vap ssid** dating 或 **display vap ssid** bangong 命令可查看各 WLAN 网络信息，如图 17-3 所示。当"Status"项显示为"**ON**"时，表示 AP 对应的射频上的 VAP 创建成功。

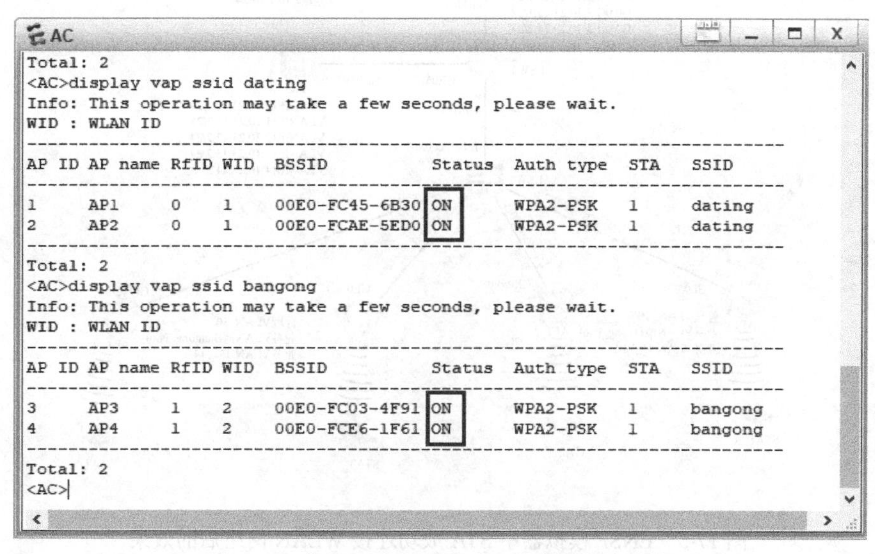

```
Total: 2
<AC>display vap ssid dating
Info: This operation may take a few seconds, please wait.
WID : WLAN ID
----------------------------------------------------------------------------
AP ID AP name RfID WID  BSSID          Status  Auth type  STA   SSID
----------------------------------------------------------------------------
1     AP1     0    1    00E0-FC45-6B30 ON      WPA2-PSK   1     dating
2     AP2     0    1    00E0-FCAE-5ED0 ON      WPA2-PSK   1     dating
----------------------------------------------------------------------------
Total: 2
<AC>display vap ssid bangong
Info: This operation may take a few seconds, please wait.
WID : WLAN ID
----------------------------------------------------------------------------
AP ID AP name RfID WID  BSSID          Status  Auth type  STA   SSID
----------------------------------------------------------------------------
3     AP3     1    2    00E0-FC03-4F91 ON      WPA2-PSK   1     bangong
4     AP4     1    2    00E0-FCE6-1F61 ON      WPA2-PSK   1     bangong
----------------------------------------------------------------------------
Total: 2
<AC>
```

图 17-3　执行 display vap ssid 命令的输出信息

打开 STA 会自动搜索到对应频段的 WLAN 信道。双击任意一个信道后，输入正确的共享密钥 a1234567 或 b7654321 即可连接。然后在 AC 上执行 **display station all** 命令查看所有上线的 STA 及使用的射频、频段、无线标准、加入的业务 VLAN 和分配的 IP 地址等信息，如图 17-4 所示。

```
AC
<AC>display station all
Rf/WLAN: Radio ID/WLAN ID
Rx/Tx: link receive rate/link transmit rate(Mbps)
------------------------------------------------------------------------------
------------------
STA MAC          AP ID Ap name  Rf/WLAN  Band  Type  Rx/Tx      RSSI  VLAN  IP a
ddress    SSID
------------------------------------------------------------------------------
------------------
5489-9815-4716   4     AP4      1/2      5G    11a   0/0        -     14    10.2
3.14.164 bangong
5489-9855-71cc   2     AP2      0/1      2.4G  -     -/-        -     12    10.2
3.12.164 dating
5489-986a-7714   3     AP3      1/2      5G    11a   0/0        -     13    10.2
3.13.241 bangong
5489-98b5-345e   1     AP1      0/1      2.4G  -     -/-        -     11    10.2
3.11.217 dating
------------------------------------------------------------------------------
------------------
Total: 4 2.4G: 2 5G: 2
<AC>
```

图 17-4　执行 display station all 命令的输出信息

各 STA 与 WLAN 网络连接成功后，ENSP 模拟器会呈现图 17-5 所示的效果（受模拟器页面限制，各个 AP 间相距太小，所以各个 AP 间的信号还是有重叠，在实际组网中可通过拉开 AP 间的距离来克服）。在各 STA 上执行 **ipconfig** 命令，可查看它们获得的 IP 地址，然后执行 **ping** 命令进行测试，发现各 STA 之间，以及 STA 与 Server 之间已实现互通，如图 17-6 所示，证明配置正确。

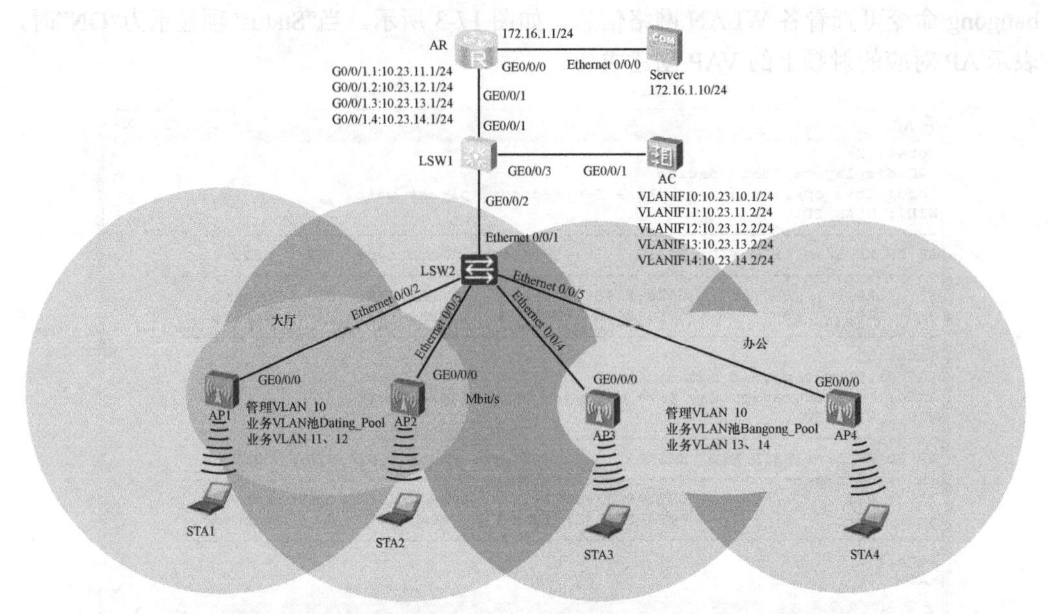

图 17-5　ENSP 模拟器中 STA 成功连接 WLAN 网络后的效果

图 17-6　STA 之间，以及 STA 与 Server 之间成功 ping 测试

【思考】 试想一下，如果 WLAN 业务流量采用的是隧道转发方式，AC 为 STA 配置分配 IP 地址的 DHCP 服务器及其他配置方面又有什么不同呢？

提示：此时为 STA 分配 IP 地址的 DHCP 地址池类型可以选择接口地址池，网关则是对应业务 VLANIF 接口的 IP 地址。但还需要在 AC 上配置与 AR 的 GE0/0/1 接口（不需要划分子接口，IP 地址也不在业务 VLAN 网段中）通过路由实现三层互通，从而使业务流量到达 AC 的数据隧道后，再转发到访问外部网络的网关设备 AR 上。

实验 18 配置 DHCP 全局地址池和接口地址池

本章主要内容

一、背景知识

二、实验目的

三、实验拓扑结构和要求

四、实验配置思路

五、实验配置

六、实验结果验证

一、背景知识

DHCP（本实验特指 DHCPv4 版本）可以为 DHCP 客户端提供 IP 地址自动分配服务，这样就大大减少了管理员对用户主机 IP 地址、网络参数配置的工作量，也消除了因配置错误导致不同设备 IP 地址冲突的可能。

华为设备的 DHCP 服务器功能非常强大，不仅可以指定 DHCP 客户端分配的 IP 地址范围，同时还可以配置客户端 IP 地址的租期、网关、DNS 服务器、静态 IP 地址绑定、IP 地址排除等功能。

1. 华为设备的 DHCP 服务器地址池类型

在 DHCP 服务器配置中，华为设备支持“全局地址池”和“接口地址池”两种配置方式。全局地址池是在系统视图下创建的 IP 地址池，可以根据需要为本地设备任意接口连接的 DHCP 客户端进行 IP 地址分配（当然最终选择的地址池不是任意的，必须与连接客户端的服务器接口或 DHCP 中继设备接口的 IP 地址所在网段一致，或至少共处同一个网段中）。接口地址池是在具体的服务器接口下启用的 IP 地址池功能，地址池中的 IP 地址范围默认就是接口 IP 地址所在网段，无须额外创建 IP 地址池，仅可为本接口所连接的 DHCP 客户端进行 IP 地址分配。

全局地址池既可以为 DHCP 服务器各个接口直接连接的 DHCP 客户端（DHCP 客户端与 DHCP 服务器之间没有三层设备）进行 IP 地址分配，也可以为非直连的 DHCP 客户端（DHCP 客户端与 DHCP 服务器之间有三层设备）进行 IP 地址分配，但此时需要借助 DHCP 中继服务，HCIA 层次不需要掌握。

2. DHCP 服务器的基本配置思路

华为设备的 DHCP 服务器的基本配置思路如下。

① 全局使能 DHCP 服务功能。

② 创建 DHCP 地址池，全局地址池需要手工指定地址池中 IP 地址所在网段，接口地址池直接为对应的 DHCP 服务器接口 IP 地址所在网段。

③ 对应的 DHCP 服务器接口指定采用全局地址池或接口地址池。

④ （可选）配置地址池中 IP 地址租期，指定分配过程中需要排除的 IP 地址和为特定客户端静态绑定的 IP 地址，为客户端分配网关、DNS 服务器等网络参数。

二、实验目的

通过本实验的学习将达到以下目的。

① 掌握 DHCP 服务器全局地址池和接口地址池的基本配置思路和配置方法。

② 理解全局地址池和接口地址池的应用场景。

三、实验拓扑结构和要求

图 18-1 所示，一家公司有 3 个部门，每个部门单独划分了一个在不同 IP 网段的 VLAN，即 VLAN10、VLAN20 和 VLAN30。现要求由公司的核心路由器 AR 担当 DHCP 服务器角色，为 3 个 VLAN 中的用户主机提供 IP 地址自动分配服务。

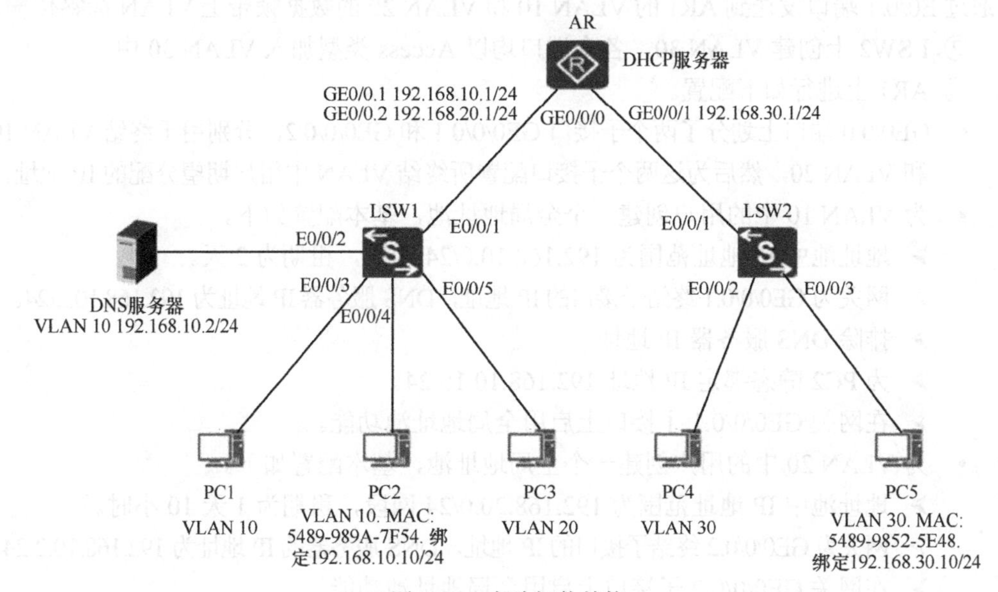

图 18-1　实验拓扑结构

以下是本实验的具体配置要求。

① VLAN 10 中的用户主机需要分配 192.168.10.0/24 网段的 IP 地址，并且部门主管使用的主机（PC2）静态绑定 192.168.10.10/24 地址。DNS 服务器也位于 VLAN 10 中，静态配置了 IP 地址 192.168.10.2/24，为各台 VLAN 中的用户主机提供 DNS 服务。

② VLAN 20 中的用户主机需要分配 192.168.20.0/24 网段的 IP 地址。

③ VLAN 30 中的用户主机需要分配 192.168.30.0/24 网段的 IP 地址，并且部门主管使用的主机（PC5）静态绑定 192.168.30.10/24 地址。

四、实验配置思路

HCIA 层次只针对 DHCP 客户端和 DHCP 服务器直连（中间没有隔离三层设备）情形下的 DHCP 服务器配置，而在本实验拓扑结构中，LSW1 交换机连接了位于不同 VLAN、需要分配不同网段 IP 地址的 DHCP 客户端，LSW1 与 AR 路由器之间又仅通过一条物理链路连接。为了满足 DHCP 客户端与 DHCP 服务器直连的要求，AR 路由器连接 LSW1 交换机的 GE0/0/0 接口需要划分子接口，每个子接口终结一个用户 VLAN。LSW2

交换机仅连接了同一个 VLAN 中的用户，可以直接满足 DHCP 客户端与 DHCP 服务器直连的要求。

DHCP 客户端与 DHCP 服务器直连时，既可以采用全局地址池配置方式，又可以采用接口地址池配置方式。为了全面体现这两种地址池的配置方法，本实验针对 LSW1 连接的 VLAN 10 和 VLAN 20 采用全局地址池配置方式，LSW2 连接的 VLAN 30 中的用户采用接口地址池配置方式。本实验的基本配置思路如下。

① LSW1 上创建 VLAN 10、VLAN 20，然后把各个端口加入对应的 VLAN 中，确保通过 E0/0/1 端口发送到 AR1 的 VLAN 10 和 VLAN 20 的数据帧带上 VLAN 标签传输。

② LSW2 上创建 VLAN 30，各个端口均以 Access 类型加入 VLAN 30 中。

③ AR1 上进行如下配置。

- GE0/0/0 端口上划分了两个子接口 GE0/0/0.1 和 GE0/0/0.2，分别用于终结 VLAN 10 和 VLAN 20，然后为这两个子接口配置所终结 VLAN 中用户期望分配的 IP 地址。
- 为 VLAN 10 中的用户创建一个全局地址池，基本配置如下。
  - ➢ 地址池中 IP 地址范围为 192.168.10.0/24 网段，租期为 2 天。
  - ➢ 网关为 GE0/0/0.1 终结子接口的 IP 地址，DNS 服务器 IP 地址为 192.168.10.2/24。
  - ➢ 排除 DNS 服务器 IP 地址。
  - ➢ 为 PC2 静态绑定 IP 地址 192.168.10.10/24。
  - ➢ 在网关 GE0/0/0.1 子接口上启用全局地址池功能。
- 为 VLAN 20 中的用户创建一个全局地址池，基本配置如下。
  - ➢ 地址池中 IP 地址范围为 192.168.20.0/24 网段，租期为 1 天 10 小时。
  - ➢ 网关为 GE0/0/0.2 终结子接口的 IP 地址，DNS 服务器的 IP 地址为 192.168.10.2/24。
  - ➢ 在网关 GE0/0/0.2 子接口上启用全局地址池功能。
- 为 VLAN 30 中的用户创建接口地址池，基本配置如下。
  - ➢ 地址池中的 IP 地址范围为 GE0/0/1 接口 IP 地址所在网段，租期为 2 天。
  - ➢ 网关为 GE0/0/1 接口 IP 地址，DNS 服务器的 IP 地址为 192.168.10.2/24。
  - ➢ 为 PC5 静态绑定 IP 地址 192.168.30.10/24。
  - ➢ 在网关 GE0/0/1 接口上启用接口地址池功能。

【说明】 在 DHCPv4 版本中，服务器为客户端分配 IP 地址时，已自动从地址池中排除了网关接口对应的 IP 地址，所以配置 IP 地址排除时无须另外排除网关接口的 IP 地址。但在 DHCPv6 版本中，服务器没有自动排除网关接口的 IPv6 地址。

五、实验配置

以下是根据前文中介绍的配置思路得出的具体配置步骤。

1. LSW1 上的配置

创建 VLAN 10 和 VLAN 20，因为 LSW1 上游连接的是 AR 的两个以太网子接口，而以太网子接口只能接收带 VLAN 标签的 VLAN 帧，所以 E0/0/1 端口配置为 Trunk 类型端口（也可以是 Hybrid 类型端口），且允许 VLAN 10 和 VLAN 20 中的帧以带 VLAN

标签的方式通过，其他各个端口均以 Access 类型分别加入对应的 VLAN 中。

```
<Huawei> system-view
[Huawei] sysname LSW1
[LSW1] vlan batch 10 20
[LSW1] interface ethernet 0/0/1
[LSW1-Ethernet0/0/1] port link-type trunk
[LSW1-Ethernet0/0/1] port trunk allow-pass vlan 10 20
[LSW1-Ethernet0/0/1] quit
[LSW1] interface ethernet 0/0/2
[LSW1-Ethernet0/0/2] port link-type access
[LSW1-Ethernet0/0/2] port default vlan 10
[LSW1-Ethernet0/0/2] quit
[LSW1] interface ethernet 0/0/3
[LSW1-Ethernet0/0/3] port link-type access
[LSW1-Ethernet0/0/3] port default vlan 10
[LSW1-Ethernet0/0/3] quit
[LSW1] interface ethernet 0/0/4
[LSW1-Ethernet0/0/4] port link-type access
[LSW1-Ethernet0/0/4] port default vlan 10
[LSW1-Ethernet0/0/4] quit
[LSW1] interface ethernet 0/0/5
[LSW1-Ethernet0/0/5] port link-type access
[LSW1-Ethernet0/0/5] port default vlan 20
[LSW1-Ethernet0/0/5] quit
```

2. LSW2 上的配置

因为 LSW2 只连接了一个 VLAN，而 E0/0/1 端口连接的是上游 AR 的三层物理接口，只能接收不带 VLAN 标签的帧，所以各个端口均以 Access 类型加入 VLAN 30 中。

```
<Huawei> system-view
[Huawei] sysname LSW2
[LSW2] vlan batch 30
[LSW2] interface ethernet 0/0/1
[LSW2-Ethernet0/0/1] port link-type access
[LSW2-Ethernet0/0/1] port default vlan 30
[LSW2-Ethernet0/0/1] quit
[LSW2] interface ethernet 0/0/2
[LSW2-Ethernet0/0/2] port link-type access
[LSW2-Ethernet0/0/2] port default vlan 30
[LSW2-Ethernet0/0/2] quit
[LSW2] interface ethernet 0/0/3
[LSW2-Ethernet0/0/3] port link-type access
[LSW2-Ethernet0/0/3] port default vlan 30
[LSW2-Ethernet0/0/3] quit
```

3. AR 上的配置

(1) 配置 Dot1q 终结子接口

必须使能各个子接口的 ARP 请求报文广播发送功能，否则会导致子接口无法通过 ARP 报文获取下一跳的 MAC 地址，子接口在发送 DHCP 报文时也无法进行目的 MAC 地址的封装。

```
<Huawei> system-view
[Huawei] sysname AR
[AR] interface gigabitethernet 0/0/0.1
[AR-gigabitethernet0/0/0.1] ip address 192.168.10.1 24
```

```
[AR-gigabitethernet0/0/0.1] dot1q termination vid 10   #---终结 VLAN 10
[AR-gigabitethernet0/0/0.1] arp broadcast enable   #---使能子接口以广播方式发送 ARP 请求报文的功能
[AR-gigabitethernet0/0/0.1] quit
[AR] interface gigabitethernet 0/0/0.2
[AR-gigabitethernet0/0/0.2] ip address 192.168.20.1 24
[AR-gigabitethernet0/0/0.2] dot1q termination vid 20
[AR-gigabitethernet0/0/0.2] arp broadcast enable
[AR-gigabitethernet0/0/0.2] quit
```

（2）配置 VLAN 10 全局地址池

VLAN 10 中的 DHCP 服务器采用全局地址池配置方式，IP 地址位于 192.168.10.0/24 网段。

```
[AR] ip pool global-vlan10
[AR-ip-pool-global-vlan10] network 192.168.10.0 mask 255.255.255.0 #---指定地址池中的 IP 地址范围为 192.168.10.0/24 网段
[AR-ip-pool-global-vlan10] gateway-list 192.168.10.1 #---为 DHCP 客户端分配网关为 GE0/0/0.1 子接口 IP 地址
[AR-ip-pool-global-vlan10] static-bind ip-address 192.168.10.10 mac-address 5489-989a-7f54 #---为 PC2 用户绑定一个静态分配的 IP 地址 192.168.10.10
[AR-ip-pool-global-vlan10] lease day 2   #---配置客户端 IP 地址的租期为 2 天
[AR-ip-pool-global-vlan10] dns-list 192.168.10.2 #---为客户端分配的 DNS 服务器 IP 地址为 192.168.10.2
[AR-ip-pool-global-vlan10] excluded-ip-address 192.168.10.2   #---为客户端进行 IP 地址分配过程中排除位于同网段的 DNS 服务器的 IP 地址
[AR-ip-pool-global-vlan10] quit
[AR] interface gigabitethernet 0/0/0.1
[AR-gigabitethernet0/0/0.1] dhcp select global   #---使能 GE0/0/0.1 子接口的全局地址池功能
```

（3）配置 VLAN 20 全局地址池

VLAN 20 中的 DHCP 服务器采用全局地址池配置方式，IP 地址位于 192.168.20.0/24 网段。

```
[AR] ip pool global-vlan20
[AR-ip-pool-global-vlan20] network 192.168.20.0 mask 255.255.255.0
[AR-ip-pool-global-vlan20] gateway-list 192.168.20.1
[AR-ip-pool-global-vlan20] lease day 1 hour 10
[AR-ip-pool-global-vlan20] dns-list 192.168.10.2
[AR-ip-pool-global-vlan20] quit
[AR] interface gigabitethernet 0/0/0.2
[AR-gigabitethernet0/0/0.2] dhcp select global
```

（4）配置 VLAN 30 接口地址池

VLAN 30 中的 DHCP 服务器采用接口地址池配置方式，IP 地址位于 192.168.30.0/24 网段。

```
[AR] interface GigabitEthernet0/0/1
[AR-Gigabitethernet0/0/1] ip address 192.168.30.1 255.255.255.0
[AR-Gigabitethernet0/0/1] dhcp server static-bind ip-address 192.168.30.10 mac-address 5489-9852-5e48
[AR-Gigabitethernet0/0/1] dhcp server lease day 2
[AR-Gigabitethernet0/0/1] dhcp server dns-list 192.168.10.2
[AR-Gigabitethernet0/0/1] dhcp select interface   #---使能 GE0/0/1 接口的接口地址池功能
[AR-Gigabitethernet0/0/1] quit
```

【说明】 DHCP 服务器地址池的网关可以不是 DHCP 服务器接口 IP 地址，而是与 DHCP 服务器接口 IP 地址在同一个 IP 网段的其他任何 IP 地址，可根据具体需要进行配置，只要是 DHCP 客户端进行数据报文转发的真正网关即可。

六、实验结果验证

以上配置完成后，可以进行最后的实验结果验证。

① 各台 PC 上执行 **ipconfig** 命令，查看各自分配的 IP 地址。图 18-2～图 18-6 分别为 PC1、PC2、PC3、PC4 和 PC5 分配的 IP 地址。

图 18-2　VLAN 10 中 PC1 分配的动态 IP 地址

图 18-3　VLAN 10 中 PC2 分配的静态 IP 地址

图 18-4　VLAN 20 中 PC3 分配的动态 IP 地址

```
PC4
基础配置  命令行  组播  UDP发包工具  串口
PC>ipconfig

Link local IPv6 address...........: fe80::5689:98ff:fe0a:7fa8
IPv6 address......................: :: / 128
IPv6 gateway......................: ::
IPv4 address......................: 192.168.30.254
Subnet mask.......................: 255.255.255.0
Gateway...........................: 192.168.30.1
Physical address..................: 54-89-98-0A-7F-A8
DNS server........................: 192.168.10.2

PC>
```

图 18-5　VLAN 30 中 PC4 分配的动态 IP 地址

```
PC5
基础配置  命令行  组播  UDP发包工具  串口
PC>ipconfig

Link local IPv6 address...........: fe80::5689:98ff:fe52:5e48
IPv6 address......................: :: / 128
IPv6 gateway......................: ::
IPv4 address......................: 192.168.30.10
Subnet mask.......................: 255.255.255.0
Gateway...........................: 192.168.30.1
Physical address..................: 54-89-98-52-5E-48
DNS server........................: 192.168.10.2

PC>
```

图 18-6　VLAN 30 中 PC5 分配的静态 IP 地址

② 验证各个 VLAN 中用户的三层互通。

因为本实验中各个 VLAN 网段均是直接连接在 AR 路由器上，所以各个 DHCP 客户端获取了正确的 IP 地址后，即可实现各个 VLAN 中用户主机间的三层互通，无须配置路由，如图 18-7～图 18-9 所示。

图 18-7　PC1 Ping VLAN 20、VLAN 30 中的主机和 DNS 服务器

PC3

基础配置　命令行　组播　UDP发包工具　串口

```
PC>ping 192.168.10.254

Ping 192.168.10.254: 32 data bytes, Press Ctrl_C to break
From 192.168.10.254: bytes=32 seq=1 ttl=127 time=79 ms
From 192.168.10.254: bytes=32 seq=2 ttl=127 time=78 ms
From 192.168.10.254: bytes=32 seq=3 ttl=127 time=78 ms
From 192.168.10.254: bytes=32 seq=4 ttl=127 time=79 ms
From 192.168.10.254: bytes=32 seq=5 ttl=127 time=62 ms

--- 192.168.10.254 ping statistics ---
  5 packet(s) transmitted
  5 packet(s) received
  0.00% packet loss
  round-trip min/avg/max = 62/75/79 ms

PC>ping 192.168.10.2

Ping 192.168.10.2: 32 data bytes, Press Ctrl_C to break
Request timeout!
From 192.168.10.2: bytes=32 seq=2 ttl=254 time=47 ms
From 192.168.10.2: bytes=32 seq=3 ttl=254 time=62 ms
From 192.168.10.2: bytes=32 seq=4 ttl=254 time=63 ms
From 192.168.10.2: bytes=32 seq=5 ttl=254 time=62 ms

--- 192.168.10.2 ping statistics ---
  5 packet(s) transmitted
  4 packet(s) received
  20.00% packet loss
  round-trip min/avg/max = 0/58/63 ms

PC>ping 192.168.30.10

Ping 192.168.30.10: 32 data bytes, Press Ctrl_C to break
Request timeout!
From 192.168.30.10: bytes=32 seq=2 ttl=127 time=62 ms
From 192.168.30.10: bytes=32 seq=3 ttl=127 time=63 ms
From 192.168.30.10: bytes=32 seq=4 ttl=127 time=78 ms
From 192.168.30.10: bytes=32 seq=5 ttl=127 time=94 ms
```

图 18-8　PC3 Ping VLAN 10、VLAN 30 中的主机和 DNS 服务器

图 18-9　PC5 Ping VLAN 10、VLAN 20 中的主机和 DNS 服务器

实验 19 配置动态 NAT 和 Easy IP

本章主要内容

一、背景知识

二、实验目的

三、实验拓扑结构和要求

四、实验配置思路

五、实验配置

六、实验结果验证

一、背景知识

NAT（Network Address Translation，网络地址转换）是 Ipv4 网络中私网用户访问公网（如 Internet）必须要用到的一项技术，因为私网用户发送的报文中协议头部携带的是不能在公网中路由的私网源 IP 地址，应用数据中也有可能携带私网 IP 地址，这样目的主机返回的应答报文在公网设备中就不能通过私网 IP 地址找到所需的路由表项进行数据转发。外网用户访问私网主机或服务器时也不能直接以私网 IP 地址作为目的 IP 地址，这是因为不能在公网中找到针对私网 IP 地址的路由表项。

NAT 技术可解决以上问题，先在 NAT 设备上建立好对应的私网 IP 地址（或同时包括传输层端口）与公网 IP 地址（或同时包括传输层端口）之间的映射，报文到达 NAT 设备时进行对应的转换。

当然，NAT 技术还可应用于私网之间的网络互联，主要是针对重叠网络的互联，但这不是主要应用。NAT 也带来一些其他好处，如节省公网 IP 地址、屏蔽内网主机的真实 IP 地址、提高安全性等。

1. NAT 的分类及基本工作原理

华为路由器的 NAT 实现方式主要有静态 NAT、动态 NAT、Easy IP 和 NAT Server 几种，最常应用的是动态 NAT 中的 NAPT（Network Address Port Translation，网络地址端口转换），Easy IP 和 NAT Server 这 3 种。本实验仅介绍 NAPT 和 Easy IP 这两种 NAT 方式的应用配置方法。

NAT 技术的基本原理是由内网向外网传输的报文，到达 NAT 路由器时转换的是报文中的源 IP 地址（或同时包括源端口），目的 IP 地址和目的端口保持不变；而由外网向内网传输的报文，到达 NAT 路由器时转换的是报文中的目的 IP 地址（或同时包括目的端口），源 IP 地址和源端口保持不变。

NAPT 可对报文中的私网 IP 地址、传输层端口同时进行转换，实现多对一的私网、公网 IP 地址转换，使多个私网用户共享同一个公网 IP 地址接入 Internet 成为可能，大大节省了公网 IP 地址的使用。

Easy IP 地址转换方式也属于动态 NAT 中的一种，可对报文中的私网 IP 地址、传输层端口同时进行转换，也可以实现多对一的私网、公网 IP 地址转换。它可以把公网接口的静态 IP 地址或动态 IP 地址作为私网 IP 地址转换成公网 IP 地址，使在无冗余公网 IP 地址，或者无静态公网 IP 地址的情况下，多个私网用户共享一个公网 IP 地址接入 Internet 成为可能。该方式适用于拨号上网的企业用户。

2. NAPT 和 Easy IP 的基本配置思路

NAPT 和 Easy IP 这两种 NAT 方式都是由内网用户向外网用户发起的访问，转换的都是报文中的源 IP 地址和源传输层端口号。它们的基本配置思路如下。

① 内网用户主机配置访问外部网络（通常是 Internet）的网关（即 NAT 路由器，当内网用户与 NAT 路由器在同一个 IP 网段时采用），或在用户侧三层设备（如汇聚层的三层交换机）上配置访问外部网络的默认静态路由。此处的静态路由仅用于引导需要进行

NAT 转换的流量进入 NAT 路由器。

② NAT 路由器配置访问外部网络的默认静态路由（如果是串行链路，仅需要指定出接口），使访问外部网络的流量转发到 NAT 路由器的 Outbound（外部）接口，然后进行网络地址转换。**这一步不可缺少**，否则内网用户访问与 NAT 路由器不直连的外网设备时，流量可能不从 NAT Outbound 接口转发并进行地址转换。

③ 配置控制地址转换的 ACL（可以是基本 ACL，也可以是高级 ACL）。

④ 如果是 NAPT，则 NAT 路由器配置公网地址池；如果是 Easy IP，则不需要配置。

⑤ NAT 路由器连接公网的 Outbound 接口并通过 **nat outbound** 命令启用对应的 NAT 地址转换功能。如果是 NAPT，则要同时指定 ACL 和公网地址池；如果是 Easy IP 可仅指定 ACL，内网用户转换后的公网 IP 地址直接采用本接口 IP 地址，也可以是其他公网接口 IP 地址。

二、实验目的

本实验分为两部分，先采用 NAPT 方式，配置用于内网用户私网 IP 地址转换的公网 IP 地址池，使多个内网用户共享少数的公网 IP 地址。然后采用 Easy IP 方式，直接采用 NAT 路由器上连接 Internet 的公网接口 IP 地址进行转换。

通过本实验的学习将达到以下目的。

① 掌握 NAPT 和 Easy IP 的基本配置思路和配置方法。

② 理解 NAPT 和 Easy IP 的地址转换原理。

三、实验拓扑结构和要求

如图 19-1 所示，一家企业内网中划分了两个 VLAN（仅以两个 VLAN 代表）、两个 IP 网段，现要求仅允许 VLAN 10 中的用户可以访问位于 Internet 的 Server。

【说明】　在 ENSP 模拟器中做本实验时，PC 可用 AR 路由器替代，因为模拟器中的虚拟 PC 不支持 Telnet 客户端，无法进行实验结果验证。

本实验有以下两种情形，分别对其进行配置。

① 一种情形是公司除了分配给连接 Internet 的 Serial1/0/0 接口的公网 IP 地址外，还有富余的 202.10.10.3 和 202.10.10.4 这两个公网 IP 地址，则采用 NAPT 方式为 VLAN 10 中的用户访问 Internet 时进行源 IP 地址和源传输层端口转换，转换后的公网 IP 地址是 202.10.10.3 和 202.10.10.4 这两个公网 IP 地址中随机的一个，但当转换后的公网 IP 地址相同时，所分配的传输层端口必须不同。

② 另一种情形是公司除了分配给连接 Internet 的 Serial1/0/0 接口的公网 IP 地址外，没有富余的公网 IP 地址，或者连接 Internet 的 Serial1/0/0 接口的公网 IP 地址也是由服务商动态分配的，则采用 Easy IP 方式为 VLAN 10 中的用户访问 Internet 进行源 IP 地址和源传输层端口转换。所有用户发送的报文中源 IP 地址转换后的公网 IP 地址均为公网接口 Serial1/0/0 接口的 IP 地址，但传输层端口不同。

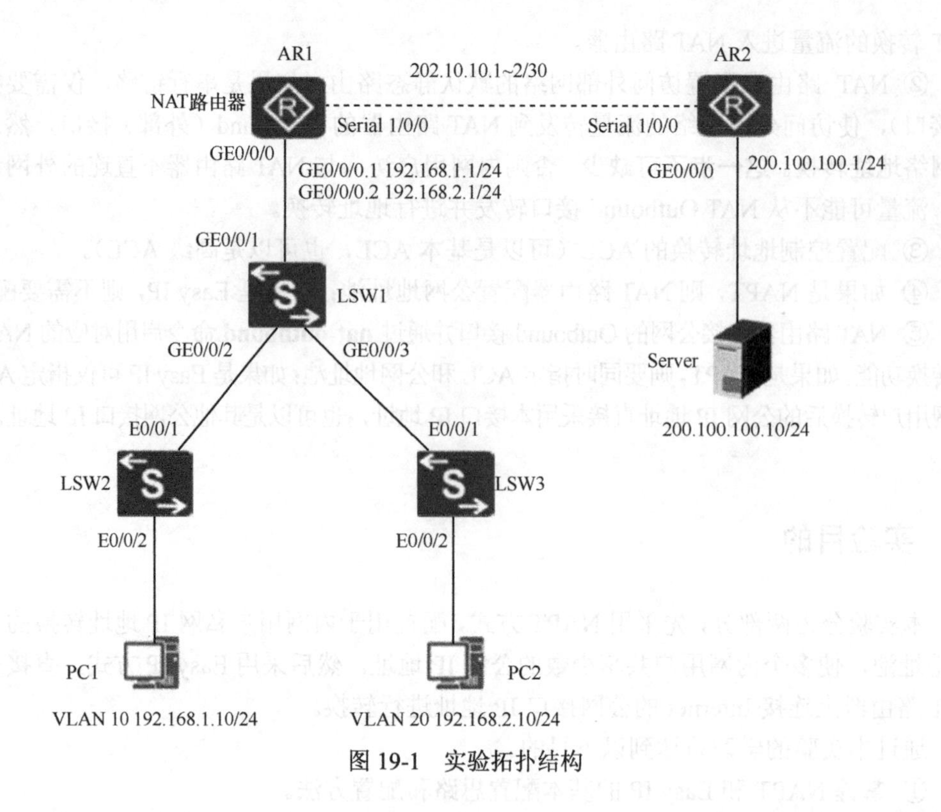

图 19-1 实验拓扑结构

四、实验配置思路

本实验中，LSW1 与 NAT 路由器 AR1 的连接可以是二层连接，也可以是三层连接。二层连接方式中，AR1 需要在 GE0/0/0 接口上划分子接口，配置 IP 地址，然后让每个子接口终结一个对应网段的 VLAN。三层连接方式先要在 LSW1 上另外创建一个 VLAN，然后把连接 AR1 的 GE0/0/1 接口加入该 VLAN，确保从该接口发送的 VLAN 的帧以不带 VLAN 标签的方式发送，最后 LSW1 和 AR1 相互配置路由到达对方所连接的网络。本实验采用第一种配置方案。

因为接入层交换机 LSW2 和 LSW3 各自只连接了一个 VLAN，所以 LSW2 和 LSW3 均可直接采取默认配置，改在 LSW1 上创建并配置 VLAN。当然，如果 LSW2 和 LSW3 连接了多个不同 VLAN，则不能采取这种配置方法。

根据前面的分析，以及背景知识中介绍的 NAPT 和 Easy IP 的基本配置思路，再结合本实验的拓扑结构，可得出以下基本配置思路。

① LSW1 上创建 VLAN 10 和 VLAN 20，GE0/0/1 接口允许 VLAN 10 和 VLAN 20 中的帧以带 VLAN 标签的方式通过；GE0/0/2 和 GE0/0/3 接口以 Access 类型分别加入 VLAN 10 和 VLAN 20。接入层交换机 LSW2 和 LSW3 保持默认配置。

② AR1 要进行如下配置。

- 创建两个子接口，分别终结 VLAN 10 和 VLAN 20，然后为子接口分别配置一个与所终结 VLAN 中的用户主机在同一网段的 IP 地址，同时配置一条以 Serial1/0/0 接口为出接口的默认路由。

- 创建一个基本 ACL，仅允许 VLAN 10 中的用户进行地址转换。
- 如果采用 NAPT 地址转换方案，则需创建一个公网地址池，包括 202.10.10.3 和 202.10.10.4 这两个公网 IP 地址。如果采用 Easy IP 方案，则不用配置。
- AR1 的 Serial1/0/0 接口上通过执行 **nat outbound** 命令调用 ACL 和公网地址池（仅 NAPT 方案需要）应用对应的 NAT 方案。

③ 配置 AR2 各个接口的 IP 地址和回程报文的默认路由（也以 Serial 1/0/0 接口为出接口），同时配置 Telnet 服务器功能（用于进行 TCP 会话，验证 IP 地址和传输层端口同时转换）。

④ 配置各台 PC 和 Server 的 IP 地址和网关（略）。

五、实验配置

以下是根据前文中介绍的配置思路得出的具体配置步骤。

1. LSW1 上的配置

创建 VLAN 10 和 VLAN 20，GE0/0/1 接口以 Trunk 类型允许 VLAN 10 和 VLAN 20 中的帧以带 VLAN 标签的方式通过；GE0/0/2 和 GE0/0/3 接口以 Access 类型分别加入 VLAN 10 和 VLAN 20 中。

```
<Huawei> system-view
[Huawei] sysname LSW1
[LSW1] vlan batch 10 20
[LSW1] interface gigabitethernet 0/0/1
[LSW1-gigabitethernet 0/0/1] port link-type trunk
[LSW1-gigabitethernet 0/0/1] port trunk allow-pass vlan 10 20
[LSW1-gigabitethernet 0/0/1] quit
[LSW1] interface gigabitethernet 0/0/2
[LSW1-gigabitethernet 0/0/2] port link-type access
[LSW1-gigabitethernet 0/0/2] port default vlan 10
[LSW1-gigabitethernet 0/0/2] quit
[LSW1] interface gigabitethernet 0/0/3
[LSW1-gigabitethernet 0/0/3] port link-type access
[LSW1-gigabitethernet 0/0/3] port default vlan 20
[LSW1-gigabitethernet 0/0/3] quit
```

2. AR1 上的配置

① 创建两个 Dot1q 终结子接口，分别用于终结 VLAN 10 和 VLAN 20，要同时使能其 ARP 广播功能。然后配置一条静态默认路由来指导转换后的流量向 AR2 传输。

```
<Huawei> system-view
[Huawei] sysname AR1
[AR1] interface gigabitethernet 0/0/0.1
[AR1-gigabitethernet0/0/0.1] ip address 192.168.1.1 24
[AR1-gigabitethernet0/0/0.1] dot1q termination vid 10
```

```
[AR1-gigabitethernet0/0/0.1] arp broadcast enable
[AR1-gigabitethernet0/0/0.1] quit
[AR1] interface gigabitethernet 0/0/0.2
[AR1-gigabitethernet0/0/0.2] ip address 192.168.2.1 24
[AR1-gigabitethernet0/0/0.2] dot1q termination vid 20
[AR1-gigabitethernet0/0/0.2] arp broadcast enable
[AR1-gigabitethernet0/0/0.2] quit
[AR1] interface serial 1/0/0
[AR1-serial1/0/0] ip address 202.10.10.1 24
[AR1-serial1/0/0] quit
[AR1] ip route-static 0.0.0.0 0 serial1/0/0  #---配置静态默认路由，引导访问外网的流量经 serial1/0/0 接口进行地址转换后发送出去
```

② 创建并配置标准 ACL，仅允许 192.168.1.0/24 网段用户进行 NAT 转换，不对 192.168.2.0/24 网段用户的流量进行 NAT 转换。

```
[AR1]acl numbder 2000
[AR1-acl-basic-2000] rule 5 permit 192.168.1.0 0.0.0.255
```

③ 配置 NAPT 所用的公网地址池，包括 202.10.10.3 和 202.10.10.4 这两个公网 IP 地址。Easy IP 方案中不需要配置。

```
[AR1] nat address-group 1 202.10.10.3 202.10.10.4
```

④ Serial1/0/0 接口上配置 NAPT 地址转换。先不进行 Easy IP 方案应用。

```
[AR1] interface serial 1/0/0
[AR1-serial1/0/0] nat outbound 2000 address-group 1
```

3. AR2 上的配置

为了验证 NAPT 的 IP 地址和传输层端口同时转换功能，管理员在 AR2 上配置 Telnet 服务器功能，使得内网用户 Telnet 登录 AR2 时可对报文中的 IP 地址和传输层端口同时进行转换。

```
<Huawei> system-view
[Huawei] sysname AR2
[AR2] interface serial 1/0/0
[AR2-serial1/0/0] ip address 202.10.10.2 24
[AR2-serial1/0/0] quit
[AR2] ip route-static 0.0.0.0 0 serial1/0/0
[AR2] user-interface vty 0 4
[AR2-ui-vty0-4] authentication-mode aaa
[AR2-ui-vty0-4] quit
[AR2] telnet server enable
[AR2] aaa
[AR2-aaa] local-user winda password cipher lycb
[AR2-aaa] local-user winda privilege level 15
[AR2-aaa] local-user winda service-type telnet
[AR2-aaa] quit
```

4. 配置 PC、Server 的 IP 地址和网关

如果在 ENSP 模拟器中进行实验，由于模拟器中的虚拟 PC 不支持 Telnet 客户端，所以采用 AR 路由器来替代。此时要配置接口 IP 地址和以 AR1 上终结对应 VLAN 网段的子接口 IP 地址为下一跳的默认路由。

六、实验结果验证

以上配置完成后，可以进行最后的实验结果验证。

1. NAPT 实验结果验证

① 在 AR1 上执行 **display nat address-group** 命令查看地址池配置信息，如图 19-2 所示。

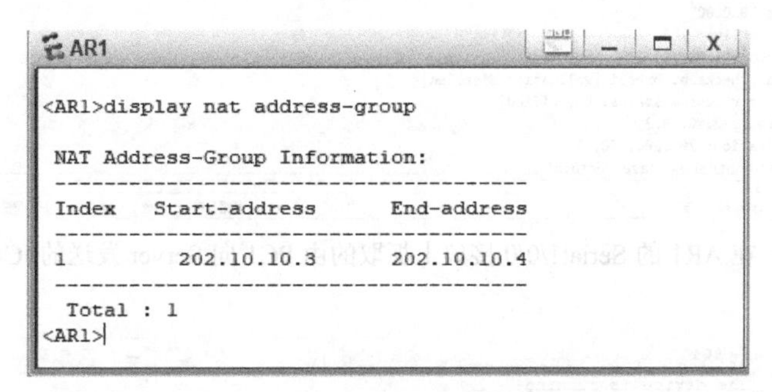

图 19-2　执行 display nat address-group 命令的输出信息

② PC1（模拟器中以 AR 路由器为代表）Ping S erver，发现可通，如图 19-3 所示。

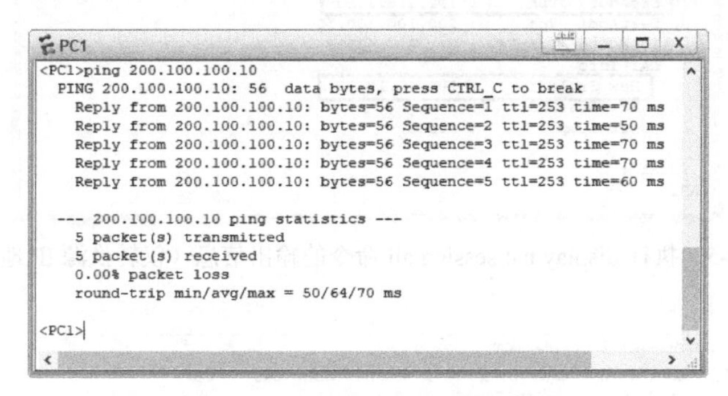

图 19-3　PC1 Ping Server 的结果

同时在 AR1 的 Serial1/0/0 接口上抓包发现由 PC1 向 Server 发送的 ICMP 报文的源 IP 地址 192.168.1.10 转换成了公网地址池中的 202.10.10.3，如图 19-4 所示。此时，在 AR1 上执行 **display nat session all** 命令，查看到 ICMP 报文中的源 IP 地址由原来的 192.168.1.10 转换成了公网地址池中的 202.10.10.3，如图 19-5 所示。因为是 ICMP 报文，所以仅转换了报文中的源 IP 地址。

③ PC2 Ping Server 时，虽然在本实验中可以 Ping 通，但这只是因为 Server 直接连在了与 AR1 直连的 AR2 上，并不能真正模拟公网环境，通过双向的静态默认路由进行报文转发就可以实现三层互通。但 PC2 发给 Server 的报文，在 AR1 的接口上抓包会发现没有进行源 IP 地址转换，仍为私网地址 192.168.2.10，如图 19-6 所示，因为在 AR1 上配置的 NAT ACL 中没有允许该网段进行地址转换。在实际的公网环境中，PC2 是 Ping 不通 Server 的。

正在捕获 - [IOU1 Ethernet0/0 to IOU2 Ethernet0/0]
文件(F) 编辑(E) 视图(V) 跳转(G) 捕获(C) 分析(A) 统计(S) 电话(Y) 无线(W) 工具(T) 帮助(H)
应用显示过滤器 … <Ctrl-/>
表达式…
No. Time Source Destination Protocol Length Info
11 12.516000 202.10.10.3 200.100.100.10 ICMP 88 Echo (ping
12 12.532000 200.100.100.10 202.10.10.3 ICMP 88 Echo (ping
13 13.016000 202.10.10.3 200.100.100.10 ICMP 88 Echo (ping
Frame 11: 88 bytes on wire (704 bits), 88 bytes captured (704 bits) on interface 0
Point-to-Point Protocol
Internet Protocol Version 4, Src: 202.10.10.3, Dst: 200.100.100.10
0100 .... = Version: 4
.... 0101 = Header Length: 20 bytes (5)
Differentiated Services Field: 0x00 (DSCP: CS0, ECN: Not-ECT)
Total Length: 84
Identification: 0x000b (11)
Flags: 0x0000
Time to live: 254
Protocol: ICMP (1)
Header checksum: 0xbc21 [validation disabled]
[Header checksum status: Unverified]
Source: 202.10.10.3
Destination: 200.100.100.10
Internet Control Message Protocol
Source (ip.src), 4 字节
分组: 78 · 已显示: 78 (100.0%)
配置: Default

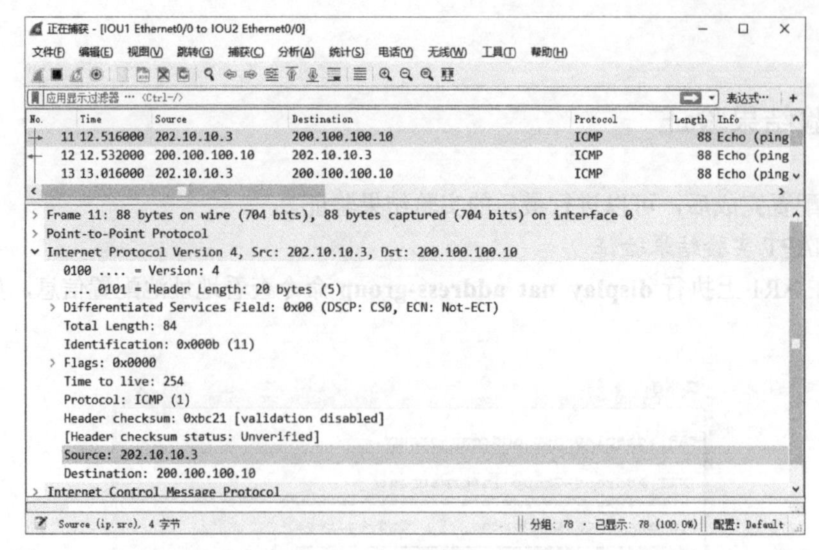

图 19-4　在 AR1 的 Serial1/0/0 接口上抓取的由 PC1 向 Server 发送的 ICMP 报文

AR1
The device is running!
<AR1>display nat session all
NAT Session Table Information:
Protocol : ICMP(1)
SrcAddr Vpn : 192.168.1.10
DestAddr Vpn : 200.100.100.10
Type Code IcmpId : 0 8 43984
NAT-Info
New SrcAddr : 202.10.10.3
New DestAddr : ----
New IcmpId : 10243
Total : 1
<AR1>

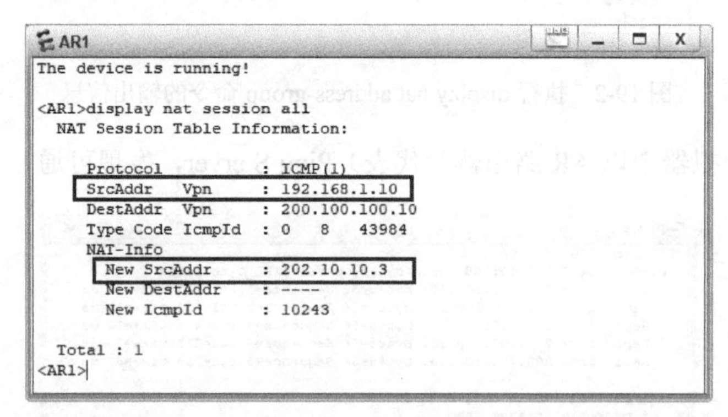

图 19-5　执行 display nat session all 命令的输出信息（仅转换源 IP 地址）

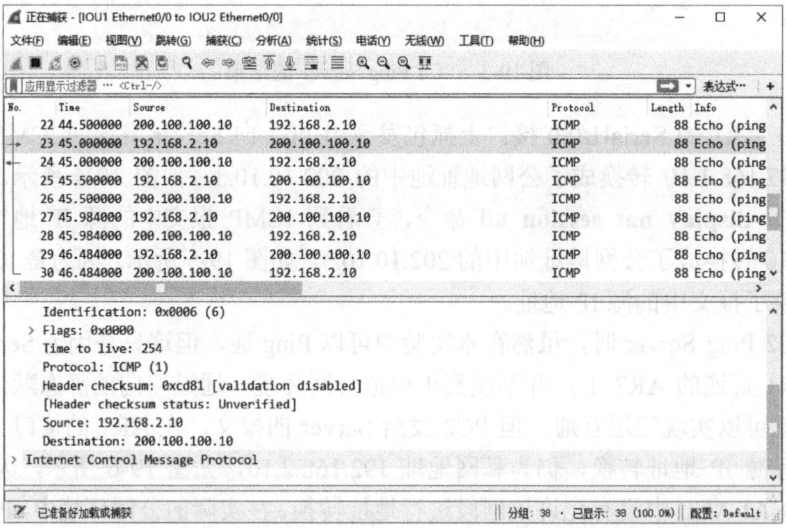

正在捕获 - [IOU1 Ethernet0/0 to IOU2 Ethernet0/0]
文件(F) 编辑(E) 视图(V) 跳转(G) 捕获(C) 分析(A) 统计(S) 电话(Y) 无线(W) 工具(T) 帮助(H)
应用显示过滤器 … <Ctrl-/>
表达式…
No. Time Source Destination Protocol Length Info
22 44.500000 200.100.100.10 192.168.2.10 ICMP 88 Echo (ping
23 45.000000 192.168.2.10 200.100.100.10 ICMP 88 Echo (ping
24 45.000000 200.100.100.10 192.168.2.10 ICMP 88 Echo (ping
25 45.500000 192.168.2.10 200.100.100.10 ICMP 88 Echo (ping
26 45.500000 200.100.100.10 192.168.2.10 ICMP 88 Echo (ping
27 45.984000 192.168.2.10 200.100.100.10 ICMP 88 Echo (ping
28 45.984000 200.100.100.10 192.168.2.10 ICMP 88 Echo (ping
29 46.484000 192.168.2.10 200.100.100.10 ICMP 88 Echo (ping
30 46.484000 200.100.100.10 192.168.2.10 ICMP 88 Echo (ping
Identification: 0x0006 (6)
Flags: 0x0000
Time to live: 254
Protocol: ICMP (1)
Header checksum: 0xcd81 [validation disabled]
[Header checksum status: Unverified]
Source: 192.168.2.10
Destination: 200.100.100.10
Internet Control Message Protocol
已准备好加载或捕获
分组: 38 · 已显示: 38 (100.0%)
配置: Default

图 19-6　PC2 Ping Server 时的报文源 IP 地址不进行地址转换

④ 在 PC1 上执行 telnet 200.100.100.1 命令，Telnet 登录 AR2（目的 IP 地址可以是 AR2 上的任意 IP 地址），可成功登录，如图 19-7 所示。然后立即在 AR1 上执行 **display nat session all** 命令，发现新的 NAT 会话中，同时转换了源 IP 地址和传输层端口，如图 19-8 所示。

【说明】 在 ENSP 模拟器中查看 NAT 会话时，图 19-8 中显示的目的端口不正确（本来应为 TCP 23 号端口，显示的却是 5888 号端口），但在 AR1 的 Serial1/0/0 端口上抓包时，目的端口显示为 TCP 23 号端口，同时源 IP 地址也转换为公网地址池中的 202.10.10.3，如图 19-9 所示。

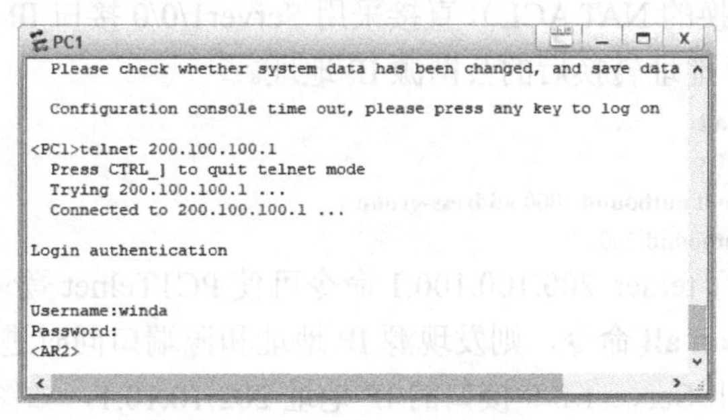

图 19-7 Telnet 在 PC1 上成功登录 AR2

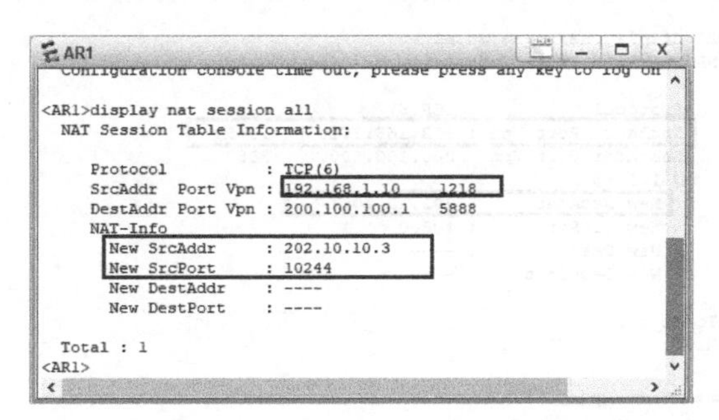

图 19-8 执行 display nat session all 命令的输出信息

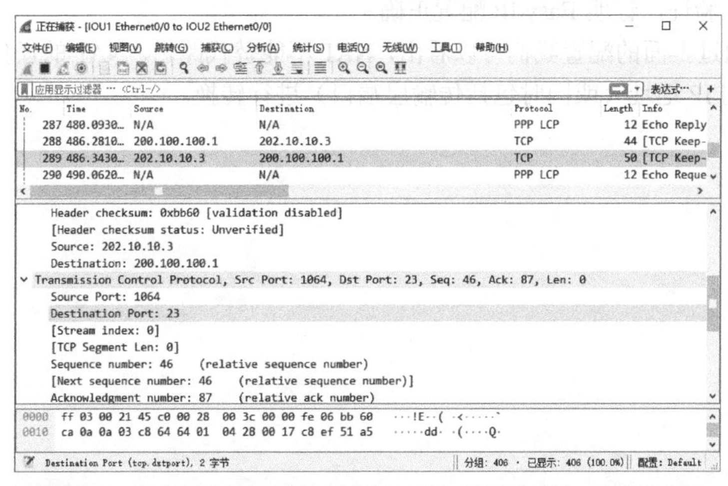

图 19-9 AR1 Serial1/0/0 端口上抓包，显示的目的端口号是正确的

通过以上验证，表明 NAPT 配置是正确的。下面我们来验证 Easy IP 配置的正确性。

2. Easy IP 实验结果验证

Easy IP 的配置与前面介绍的 NAPT 的配置差不多，只是不需要配置公网地址池，因为此时内网用户转换后的公网 IP 地址就是某公网接口 IP 地址（且可以是动态分配的），所以直接采用 Outbound 接口的 IP 地址。

① 先在 NAT 路由器 AR1 上的系统视图下执行 **reset nat session all** 命令，重置原来建立的 NAPT 会话，然后在 AR1 的 Server1/0/0 接口视图下删除原来的 NAPT 应用配置。最后再在 AR1 的 Server1/0/0 接口视图下配置 **nat outbound** 2000 命令（仍要应用前面用于控制用户进行地址转换的 NAT ACL），直接采用 Server1/0/0 接口 IP 地址作为内网用户发送的报文中私网源 IP 地址转换后的公网源 IP 地址。

```
[AR1] reset nat session all
[AR1] interface serial 1/0/0
[AR1-serial1/0/0] undo nat outbound 2000 address-group 1
[AR1-serial1/0/0] nat outbound 2000
```

② 在 PC1 上执行 telnet 200.100.100.1 命令可使 PC1Telnet 登录 AR2，再在 AR1 上执行 **display nat session all** 命令，则发现源 IP 地址和源端口同时进行了转换，但转换后的源 IP 地址是 AR1 上 Server1/0/0 接口的 IP 地址 202.10.10.1，如图 19-10 所示。

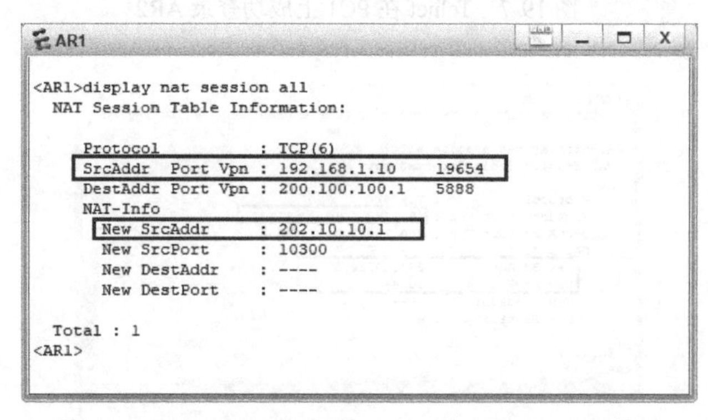

图 19-10 PC1 Telnet 登录 AR2 后建立的 Easy IP 会话

通过以上验证，证明 Easy IP 配置正确。

另外，通过上面的配置我们可以看出，NAT 不能替代路由。NAT 的任务只是把这些流量报文中的 IP 地址（或同时包括传输层端口）进行转换。

实验 20 配置 NAT Server

本章主要内容

一、背景知识

二、实验目的

三、实验拓扑结构和要求

四、实验配置思路

五、实验配置

六、实验结果验证

一、背景知识

NAPT 和 Easy IP 都是由内网用户主动向外网发起访问时的网络地址转换应用，转换的是报文中的源 IP 地址和源传输层端口，目的 IP 地址和目的传输层端口不变。NAT Server 恰好相反，它是由外网用户主动向内网发起访问时的网络地址转换应用，转换的是报文中的目的 IP 地址（或同时包括目的传输层端口），源 IP 地址（或同时包括源传输层端口）不变。NAT Sever 主要应用于外网用户访问内网服务器时的 IP 地址和传输层端口转换（也可不转换传输层端口）。

NAT Server 的基本功能配置方法很简单，仅需在 Outbound 接口上执行以下命令：

nat server protocol { **tcp** | **udp** } **global** { *global-address* | **current-interface** | **interface** *interface-type interface-number* [*.subnumber*] } *global-port* [*global-port2*] **inside** *host-address* [*host-address2*] [*host-port*] [**acl** *acl-number*] [**description** *description*]

或 **nat server** [**protocol** { *protocol-number* | **icmp** | **tcp** | **udp** }] **global** { *global-address* | **current-interface** | **interface** *interface-type interface-number* [*.subnumber*] } **inside** *host-address* [**acl** *acl-number*] [**description** *description*]配置内网服务器私网 IP 地址（可同时包括私网传输层端口）和公网 IP 地址或公网接口（或同时包括公网传输层端口）之间的映射关系。

根据是否有可用的公网 IP 地址，NAT Server 有以下两种配置情形。

① 用户如果有多余的公网 IP 地址，则可在 NAT 路由器上直接配置内网服务器私网 IP 地址（或同时包括传输层端口）与对应的公网 IP 地址（或同时包括传输层端口）之间的一一对应映射关系。

② 用户如果没有多余的公网 IP 地址，则可在 NAT 路由器上直接配置内网服务器私网 IP 地址（或同时包括传输层端口）与指定 Outbound 接口或者其他连接公网的接口（或同时包括传输层端口）之间的一一对应映射关系，类似于 Easy IP。

【说明】 仅基于 TCP 或 UDP 应用服务器的 NAT Server 中需要配置传输层端口转换，而 ICMP 及其他网络层协议的通信中，NAT Server 不需要配置传输层端口转换。

二、实验目的

本实验内网服务器以 Telnet 服务器为代表，具体配置分为两部分，先采用静态的公网 IP 地址、传输层端口来建立与内网服务器的私网 IP 地址、传输层端口之间的映射，然后采用 Outbound 接口（实际建立映射的仍是该接口的公网 IP 地址，可以是动态分配的）、传输层端口来建立与内网服务器的私网 IP 地址、传输层端口之间的映射。

通过本实验的学习将达到以下目的。

① 掌握 NAT Server 的基本配置思路和配置方法。

② 理解 NAT Server 的地址转换原理。

三、实验拓扑结构和要求

图 20-1 所示，一家企业内网中有一台配置了私网 IP 地址、需要对外网用户（以图中的 PC 为代表）提供公共服务的应用 Server（本实验以 Telnet 服务器为代表）。

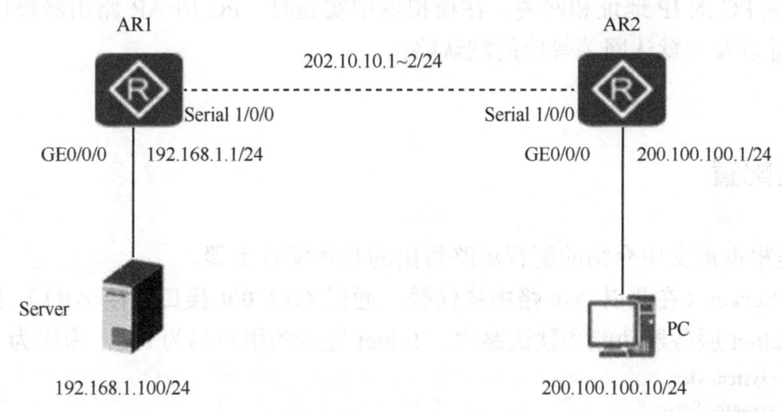

图 20-1　实验拓扑结构

【说明】　在 ENSP 模拟器中做本实验时，PC 和 Server 均可用 AR 路由器替代，因为模拟器中的虚拟 PC 机不支持 Telnet 客户端和服务器功能，导致无法进行实验结果验证。

这是典型的外网用户主动访问内网应用服务器的场景，可以通过 NAT Server 功能实现。因为本实验中的内网服务器是基于 TCP 的应用层 Telnet 服务，所以 IP 地址和传输层端口会同时进行转换。

为了全面掌握 NAT Server 功能在不同场景下的配置方法，本实验分两种情形进行配置。

① 一种情形是公司除了分配给连接 Internet 的 Serial1/0/0 接口的公网 IP 地址外，还有一个可用的 202.10.10.2 公网 IP 地址，要求以此公网 IP 地址作为内网 Server 所映射的公网 IP 地址。

② 另一种情形是，公司除了分配给连接 Internet 的 Serial1/0/0 接口的公网 IP 地址外，没有多余的公网 IP 地址，或者连接 Internet 的 Serial1/0/0 接口的公网 IP 地址也是由服务商动态分配的，要求以 Serial1/0/0 接口即时的公网 IP 地址作为内网 Server 所映射的公网 IP 地址。

四、实验配置思路

根据前面的分析，再结合本实验的拓扑结构可得出以下基本配置思路。

① 在 Server（在此以 AR 路由器代替）上配置 Telnet 服务器功能（用于最终的实验

结果验证），以及以 AR1 的 GE0/0/0 接口 IP 地址为下一跳的默认路由（代表 Server 主机的默认网关配置）。

② 在担当 NAT 路由器的 AR1 上配置接口 IP 地址和 NAT Server 功能，以及用于指导 Server 回程报文到达外部网络的默认路由（以 Serial1/0/0 接口为出接口）。

③ 在 AR2 上配置接口 IP 地址和用于指导外网 PC 用户访问内网 Server 的默认路由（以 Serial1/0/0 接口为出接口）。

④ 配置 PC 的 IP 地址和网关。在模拟器中实验时，PC 用 AR 路由器替代，要配置接口 IP 地址以及与默认网关等价的默认路由。

五、实验配置

以下是根据前文中介绍的配置思路得出的具体配置步骤。

① 在 Server（**在此以 AR 路由器代替，通过 GE0/0/0 接口连接 AR1**）上配置接口 IP 地址、Telnet 服务器功能和默认路由。Telnet 登录的用户名为 test，密码为 lycb。

```
<Huawei> system-view
[Huawei] sysname Server
[Server] interface gigabitethernet0/0/0
[Server-Gigabitethernet0/0/0] ip address 192.168.1.100 24
[Server- Gigabitethernet0/0/0] quit
[Server] ip route-static 0.0.0.0 0 192.168.1.1    #---配置以 AR1 的 GE0/0/0 接口 IP 地址作为下一跳的默认路由，相当于为服务器主机配置默认网关
[Server] user-interface vty 0 4
[Server-ui-vty0-4] authentication-mode aaa
[Server-ui-vty0-4] quit
[Server] telnet server enable
[Server] aaa
[Server-aaa] local-user test password cipher lycb
[Server-aaa] local-user test privilege level 15
[Server-aaa] local-user test service-type telnet
[Server-aaa] quit
```

② 在 AR1 上配置接口 IP 地址和 NAT Server 功能，以及用于指导 Server 回程报文到达外部网络的默认路由（以 Serial1/0/0 接口为出接口）。**此处先介绍第一种方案的配置方法**。

假设公司还有一个可用的公网 IP 地址 202.10.10.2/24，用这个公网 IP 地址、传输层端口（**建议采用大于 1024 的 TCP 端口，且不能是其他程序当前在使用的端口**）与 Telnet 服务器的私网 IP 地址、传输层端口建立一个映射关系。

```
<Huawei> system-view
[Huawei] sysname AR1
[AR1] interface gigabitethernet 0/0/0
[AR1-gigabitethernet0/0/0] ip address 192.168.1.1 24
[AR1-gigabitethernet0/0/0] quit
[AR1] interface serial 1/0/0
[AR1-serial1/0/0] ip address 202.10.10.1 24
[AR1-serial1/0/0] nat server protocol tcp global 202.10.10.2 2224 inside 192.168.1.100 telnet #---建立基于 Telnet 应用的公网 IP 地址、传输层端口与 Telnet 服务器私网 IP 地址、传输层端口之间的映射
```

```
[AR1-serial1/0/0] quit
[AR1] ip route-static 0.0.0.0 0 serial1/0/0  #---配置静态默认路由，使 Server 的回程流量经 serial1/0/0 接口到达外部网络
```

③ 在 AR2 上配置接口 IP 地址及用于指导外网 PC 用户访问内网 Server 的默认路由（以 Serial1/0/0 接口为出接口）。

```
<Huawei> system-view
[Huawei] sysname AR2
[AR2] interface serial 1/0/0
[AR2-serial1/0/0] ip address 202.10.10.2 24
[AR2-serial1/0/0] quit
[AR2] interface gigabitethernet 0/0/0
[AR2-gigabitethernet0/0/0] ip address 200.100.100.1 24
[AR2-gigabitethernet0/0/0] quit
[AR2] ip route-static 0.0.0.0 0 serial1/0/0  #---配置静态默认路由，使 PC 访问内网服务器的流量经 serial1/0/0 接口到达内部网络
```

④ 在 PC（**在此以 AR 路由器代替，通过 GE0/0/0 接口连接 AR2**）上配置接口 IP 地址和与默认网关等价的默认路由。

```
<Huawei> system-view
[Huawei] sysname PC
[PC] interface gigabitethernet 0/0/0
[PC-gigabitethernet0/0/0] ip address 200.100.100.10 24
[PC-gigabitethernet0/0/0] quit
[PC] ip route-static 0.0.0.0 0 200.100.100.1  #---配置以 AR2 的 GE0/0/0 接口 IP 地址作为下一跳的默认路由，相当于为 PC 主机配置默认网关
```

六、实验结果验证

以上配置完成后，可进行以下的实验结果验证。

① 在 AR1 上执行 **display nat server** 命令可查看 NAT Server 功能的配置信息，如图 20-2 所示。从图 20-2 中可以看出，当前只配置了一条映射，公网 IP 地址/传输层端口 202.10.10.2/2224 与内网中 Server 的私网 IP 地址/传输层端口 192.168.1.100/23 建立了映射，协议类型为 TCP，因为 Telnet 服务是基于 TCP 的应用。

② 在 PC（模拟器中以 AR 路由器为代表）上执行 **telnet** 202.10.10.2/2224（注意：此时 Telnet 的目的 IP 地址/传输层端口一定要是内网服务器转换后的公网 IP 地址/传输层端口，而不是能是其私网 IP 地址/传输层端口）命令。正确输入用户名（test）和密码（lycb）后可成功 Telnet 登录 Server 上，如图 20-3 所示。

但此时 PC Ping 不通 Server，因为 ICMP 应用并没有配置 NAT Server 功能。如果 PC 要 **Ping** 通 Server，则可在 AR1 上配置基于 ICMP 的 NAT Server 功能，具体配置如下（不用配置传输层端口映射，因为 ICMP 报文不需要经过传输层协议封装）。然后在 PC 上执行 **ping** 202.10.10.2 命令，输出信息显示 PC Ping 通 Server，如图 20-4 所示。

```
[AR1] interface serial 1/0/0
[AR1-serial1/0/0] nat server protocol icmp global 202.10.10.2 inside 192.168.1.100
```

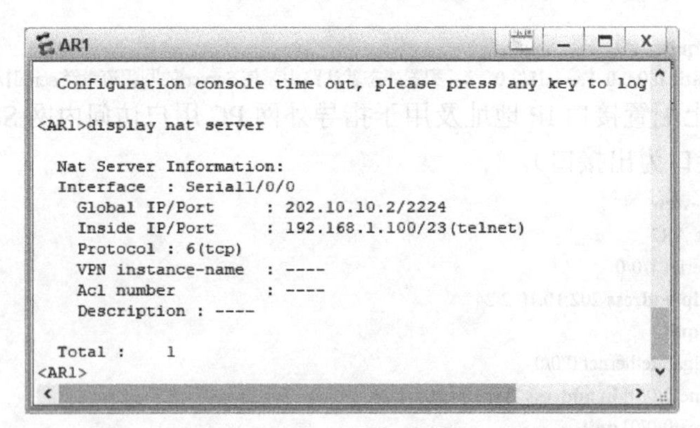

图 20-2 执行 **display nat server** 命令的输出信息

```
<PC>telnet 202.10.10.2 2224
  Press CTRL_] to quit telnet mode
  Trying 202.10.10.2 ...
  Connected to 202.10.10.2 ...

Login authentication


Username:test
Password:
------------------------------------------------------------

  User last login information:
  ----------------------------------------------------------
  Access Type: Telnet
  IP-Address : 200.100.100.10
  Time       : 2020-11-19 16:59:43-08:00
  ----------------------------------------------------------
<Server>
```

图 20-3 外网 PC 成功登录内网 Server

```
<PC>ping 202.10.10.2
  PING 202.10.10.2: 56  data bytes, press CTRL_C to break
    Reply from 202.10.10.2: bytes=56 Sequence=1 ttl=253 time=30 ms
    Reply from 202.10.10.2: bytes=56 Sequence=2 ttl=253 time=30 ms
    Reply from 202.10.10.2: bytes=56 Sequence=3 ttl=253 time=50 ms
    Reply from 202.10.10.2: bytes=56 Sequence=4 ttl=253 time=30 ms
    Reply from 202.10.10.2: bytes=56 Sequence=5 ttl=253 time=30 ms

  --- 202.10.10.2 ping statistics ---
    5 packet(s) transmitted
    5 packet(s) received
    0.00% packet loss
    round-trip min/avg/max = 30/34/50 ms

<PC>
```

图 20-4 内网中 Server 配置了基于 ICMP 的 NAT Server 功能后，PC Ping 通 Server

③ 在 AR1 上执行 **display nat session all** 命令，可查看 PC Telnet 登录到 Server 时所建立的 NAT 会话信息，图 20-5 所示为 IP 地址和端口转换的过程。但其中转换后的目的端口显示不正确（这是模拟器的问题），应为 23 号端口，这一点从 AR1 的 GE0/0/0 端口上抓包可以验证，具体如图 20-6 所示。

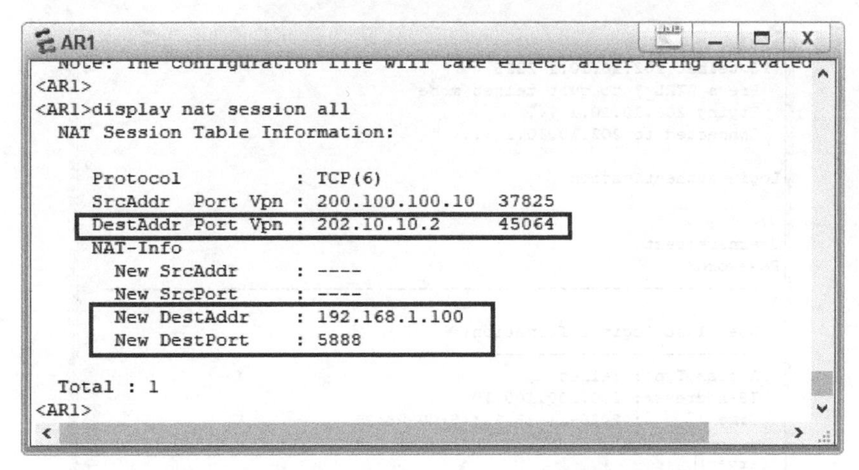

图 20-5 执行 display nat session all 命令的输出信息

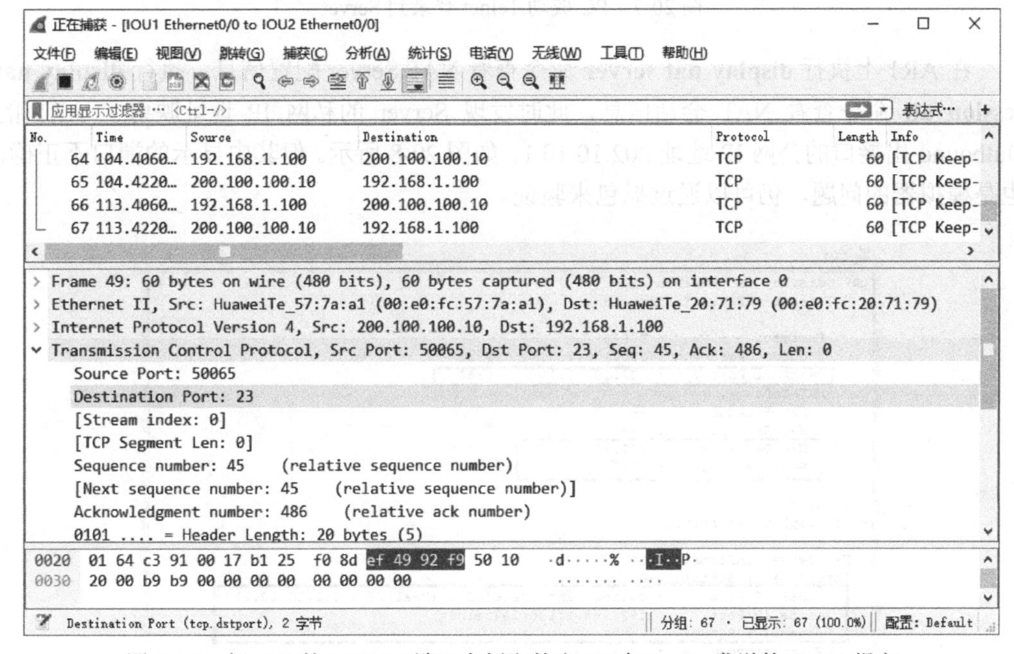

图 20-6 在 AR1 的 GE0/0/0 端口上抓取的由 PC 向 Server 发送的 Telnet 报文

下面我们介绍另一种情形，即公司没有可用的其他公网 IP 地址时，NAT Server 的配置方法。

④ 直接使用 AR1 的 Outbound 出接口 Serial1/0/0 的 IP 地址（202.10.10.1）作为映射的公网 IP 地址，在 AR1 上进行如下配置（先删除原来基于 Telnet 的 NAT Server 配置）。

```
[AR1] interface serial 1/0/0
[AR1-serial1/0/0] undo nat server protocol tcp global 202.10.10.2 2224 inside 192.168.1.100 telnet
[AR1-serial1/0/0] nat server protocol tcp global current-interface 2225 inside 192.168.1.100 telnet
```

在 PC 上执行 **telnet** 202.10.10.1 2225 命令（如果 Serial1/0/0 的公网 IP 地址是动态分配的，则要先通过 **display interface** serial1/0/0 命令查看接口当前分配的 IP 地址信息），Telnet 登录到内网 Server，结果显示成功，如图 20-7 所示。

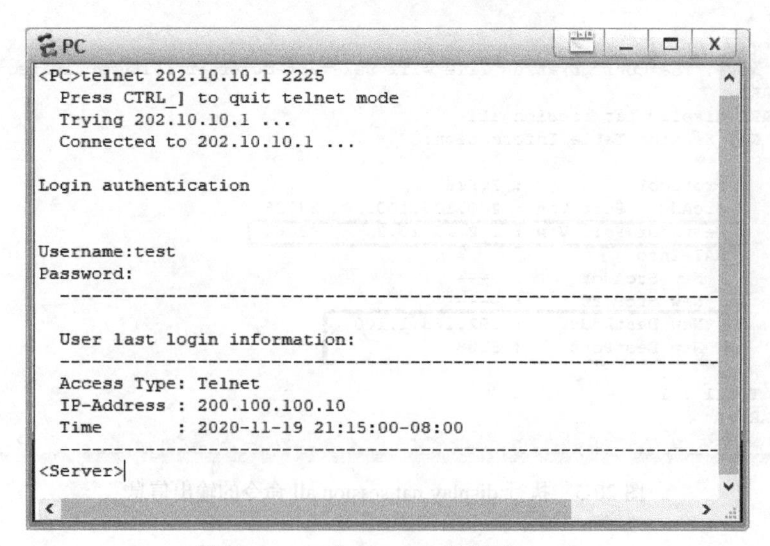

图 20-7 PC 成功 Telnet 登录到 Server

在 AR1 上执行 **display nat server** 命令查看 NAT Server 配置信息，执行 **display nat session all** 命令查看 NAT 会话信息，此时发现 Server 的私网 IP 地址映射了 AR1 的 Outbound 出接口的公网 IP 地址 202.10.10.1，如图 20-8 所示。但其中显示的端口不正确，也是模拟器的问题，仍可以通过抓包来验证。

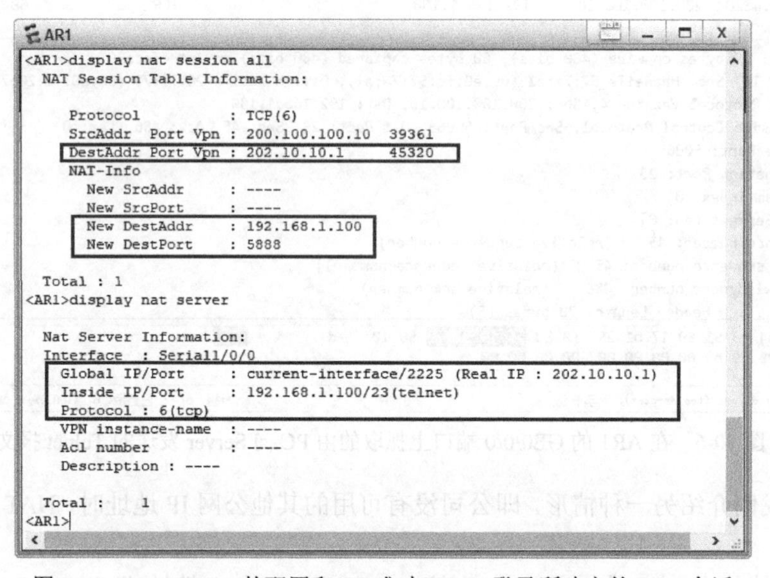

图 20-8 NAT Server 的配置和 PC 成功 Telnet 登录所建立的 NAT 会话

实验结果证明本实验在两种不同情形下的配置都是正确的。

实验 21
配置 IPv4 静态路由、默认路由和浮动静态路由

本章主要内容

一、背景知识

二、实验目的

三、实验拓扑结构和要求

四、实验配置思路

五、实验配置

六、实验结果验证

一、背景知识

IPv4静态路由是由[illegible]手动配置的一种[illegible]，[illegible]网络[illegible]间[illegible]
[illegible]配置[illegible]由[illegible]网络[illegible]
[illegible]

[illegible] ip route-static ip-address { mask | mask-length } [illegible] preference [illegible]

[illegible]以下原则。

[illegible]下一跳 IPv4 地址，也可同时[illegible]出接口和[illegible]

[illegible]也须指定下一跳 IPv4 地址，可同时指定出接口。当到达的[illegible]须同时指定出接口（可以是主接口）。

静态路由具有单向性，而通信是双向的，因此在路由[illegible]配置[illegible]，[illegible]IPv4 路由表中需要有到达对方的 IPv4 静态路由[illegible]，[illegible]

[illegible]

2. IPv4 [illegible]

IPv4 [illegible]

[illegible] preference [illegible]

[illegible]IPv4 [illegible]

[illegible]IPv4 [illegible]

[illegible]时，[illegible]进入 IPv4 路由表中[illegible]

一、背景知识

IPv4 静态路由是手工静态配置的一种简单路由，它不能根据拓扑结构的改变而自动进行路由路径的调整，所配置的路由信息也不能在网络中传播，因此它主要应用于小型网络或者做为动态路由的补充。

1. IPv4 静态路由的配置

IPv4 静态路由的配置很简单，仅需通过 **ip route-static** *ip-address* { *mask* | *mask-length* } { *nexthop-address* | *interface-type interface-number* [*nexthop-address*] } [**preference** *preference* | **tag** *tag*] * [**description** *text*]命令即可完成配置。但在不同类型链路上配置 IPv4 静态路由时，下一跳和出接口的选择需遵循以下原则。

① 对于点到点接口，可只指定出接口或下一跳 IPv4 地址，也可同时指定出接口和下一跳 IPv4 地址。

② 对于 NBMA（Non-Broadcast Multiple Access，非广播-多路访问网络）接口，只需指定下一跳 IPv4 地址。

③ 对于广播类型接口，必须指定下一跳 IPv4 地址，可同时指定出接口。当到达的下一跳存在多个出接口时，必须同时指定出接口（可以是子接口）。

静态路由具有单向性，而通信是双向的，因此当网络中只采用静态路由配置时，通信双方的本地 IPv4 路由表中都要有到达对方的 IPv4 静态路由表项，且要确保所配置的下一跳是直连或通过其他路由可达。

另外，IPv4 静态路由具有静态性（路由信息不会动态传播，必须手工明确配置）和单跳性（只负责一跳的数据传输），因此必须确保整个 IPv4 静态路由路径中各跳设备均有到达目的地址的可达 IPv4 静态路由。

2. IPv4 默认路由和浮动路由

IPv4 静态默认路由是一种特殊的 IPv4 静态路由，其目的 IP 地址和子网掩码（或子网掩码长度）均为全 0，代表任意。IPv4 静态默认路由不代表到达具体的目的地址的路由，仅指定转发路径中的出接口、下一跳，且仅当到达某目的地址的报文在本地 IPv4 路由表中找不到匹配的其他具体路由表项时才作为最终的选择，匹配优先级最低。

另外，IPv4 静态路由可以通过 **preference** *preference* 参数修改路由优先级值（默认为 60），以改变 IPv4 静态路由与到达相同目的地址的其他协议路由的匹配优先级，或者作为另一相同目的地址的 IPv4 静态路由的备用路由，因此又被称为 IPv4 浮动静态路由。

当本地有多条到达同一目的地址、**优先级不同**的 IPv4 静态路由时，这些静态路由之间可以实现路由备份。正常情况下，这些 IPv4 静态路由中只有优先级最高（优先级值最小）的那条路由才会进入 IPv4 路由表中（当没有优先级更高、到达相同目的地址的其他协议路由时），成为主用静态路由，指导到达该目的地址的报文转发，其他 IPv4 静态路由作为备用 IPv4 静态路由，仅当主用静态路由无效时才可进入 IPv4 路由表指导报文的转发。

当本地有多条到达同一目的地址、**优先级相同**（且是优先级最高）的 IPv4 静态路由时，这些静态路由之间又可以实现相互负载分担，同时进入 IPv4 路由表中（当没有优先级更高、到达相同目的地址的其他协议路由时)。

二、实验目的

本实验模拟了企业局域网内部 IPv4 静态路由的配置。为了全面介绍不同链路上 IPv4 静态路由的不同配置要求和应用，本实验的拓扑结构将同时包含常用的广播网络以太网链路和 PPP 网络串行链路。

另外，为了体现 IPv4 静态默认路由和 IPv4 浮动静态路由的应用，本实验将同时包含 IPv4 静态路由、IPv4 静态默认路由的配置，还通过配置不同 IPv4 静态路由的优先级（配置浮动 IPv4 静态路由）实现多条 IPv4 静态路由主备备份应用。

通过本实验的学习将达到以下目的。

① 掌握不同链路类型（以太网链路和串行链路）下 IPv4 静态路由的配置方法。

② 理解 IPv4 静态默认路由和浮动静态路由的配置方法与应用。

三、实验拓扑结构和要求

如图 21-1 所示，公司有多个部门，每个部门单独划分了一个 VLAN，每个 VLAN 中的用户主机在不同的 IPv4 网段，由接入层交换机连接。核心层路由器（AR1）通过两条路径连接了位于外部网络中的一台服务器，一条是通过 AR3 的以太网链路连接，另一条是通过串行链路连接。

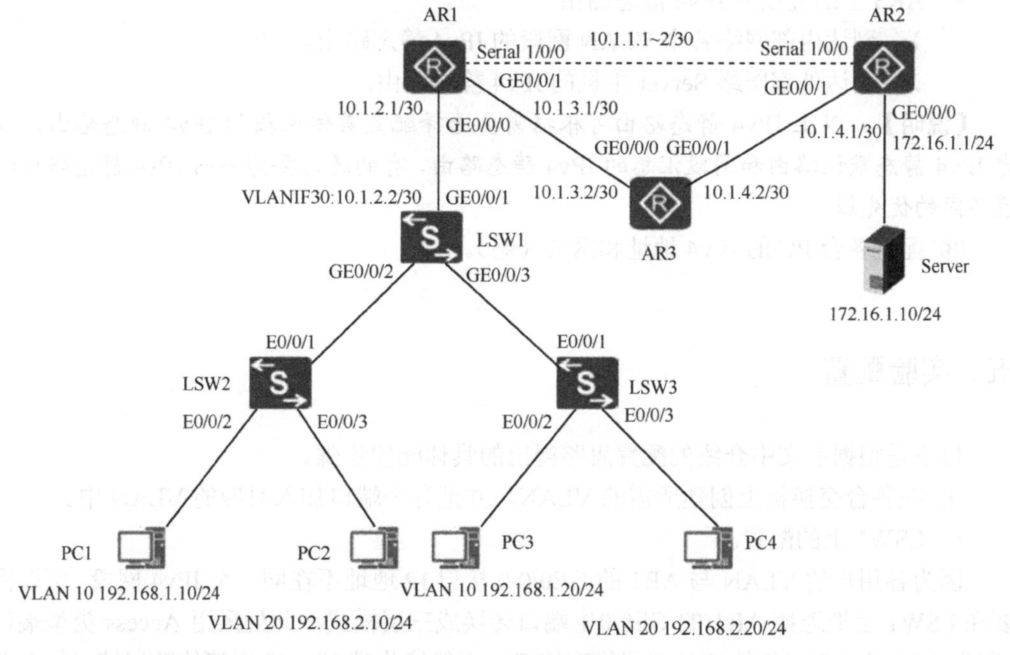

图 21-1　实验拓扑结构

现要求配置 IPv4 静态路由实现内部网络各个 VLAN 中的用户主机与外部网络中的 Server 三层互通。同时要确保在正常情况下，内网 VLAN 用户访问 Server 时，AR1 与 AR2 之间选择经过 AR1 与 AR2 之间直连的串行链路的主路由路径，仅当主路由路径出现故障时才选择经过 AR3 的备用路由路径。

另外，本实验中，各个用户 VLAN 网段与 AR1 之间采用三层连接（不在同一个 IPv4 网段），所以 LSW1 的 GE0/0/1 端口需要以 Access 类型（也可以是其他类型，但配置方法不同）单独加入一个 VLAN 中，然后配置该 VLANIF 接口的 IPv4 地址。当然，要在 LSW1 上同时为各用户 VLAN 创建对应的 VLANIF 接口，配置对应网段的 IPv4 地址，实现各用户 VLAN 网段与上游 AR1 路由器也为三层连接。

四、实验配置思路

根据以上实验要求，再结合本实验的拓扑结构可得出如下基本配置思路（没有明确说明时，各 IPv4 静态路由的优先值均为默认的 60）。

① 各台交换机上创建所需 VLAN，并把各个端口加入对应 VLAN 中。

② 各台设备上配置接口 IPv4 地址及所需的 IPv4 静态路由。

- LSW1 上创建并配置各个 VLANIF 接口 IP 地址，以及访问外部网络的 IPv4 静态路由。
- AR1 上配置以下 IPv4 静态路由。
  - ➢ 到达内部网络各个 VLAN 网段的 IPv4 静态路由。
  - ➢ 到达外部网络 Server 主机的主/备用 IPv4 静态路由。
- AR2 上配置到达内部网络各个 VLAN 网段的主/备用 IPv4 静态路由。
- AR3 上配置以下 IPv4 静态路由。
  - ➢ 到达内部网络各个 VLAN 网段的 IPv4 静态路由。
  - ➢ 到达外部网络 Server 主机的 IPv4 静态路由。

【说明】 以上 IPv4 静态路由可根据需要选择配置具体网段的 IPv4 静态路由，或者 IPv4 静态默认路由和网段汇总的 IPv4 静态路由，有的还需要为不同 IPv4 静态路由配置不同的优先级。

③ 配置各台 PC 的 IPv4 地址和网关（略）。

五、实验配置

以下是根据前文中介绍的配置思路得出的具体配置步骤。

① 在各台交换机上创建所需的 VLAN，并把各个端口加入对应的 VLAN 中。

- LSW1 上的配置。

因为各用户的 VLAN 与 AR1 的 GE0/0/0 接口 IP 地址不在同一个 IPv4 网段，所以需要在 LSW1 上把连接 AR1 的 GE0/0/1 端口转换成三层模式，此处采用 Access 类型端口（因为 AR1 的 GE0/0/0 接口是三层物理接口，不能接收带 VLAN 标签的数据帧）加入单独 VLAN 30，然后配置 VLANIF30 接口 IP 地址的间接转换方式。

下游的 LSW2 和 LSW3 接入层交换机各连接了多个 VLAN，LSW1 的 GE0/0/2 和 GE0/0/3 接口均采用 Trunk 类型端口（也可以是 Hybrid 类型端口，但配置方法不同）配置，同时允许 VLAN 10 和 VLAN 20 的数据帧带 VLAN 标签通过。

```
<Huawei> system-view
[Huawei] sysname LSW1
[LSW1] vlan batch 10 20 30   #---批量创建 VLAN 10、VLAN 20 和 VLAN 30
[LSW1] interface gigabitethernet 0/0/1
[LSW1-GigabitEthernet0/0/1] port link-type access
[LSW1-GigabitEthernet0/0/1] port default vlan 30
[LSW1-GigabitEthernet0/0/1] quit
[LSW1] interface gigabitethernet 0/0/2
[LSW1-GigabitEthernet0/0/2] port link-type trunk
[LSW1-GigabitEthernet0/0/2] port trunk allow-pass vlan 10 20
[LSW1-GigabitEthernet0/0/2] quit
[LSW1] interface gigabitethernet 0/0/3
[LSW1-GigabitEthernet0/0/3] port link-type trunk
[LSW1-GigabitEthernet0/0/3] port trunk allow-pass vlan 10 20
[LSW1-GigabitEthernet0/0/3] quit
```

- LSW2 上的配置。

LSW2 上行连接 LSW1 的 E0/0/1 端口采用 Trunk 类型（也可以是 Hybrid 类型端口，但配置方法不同），同时允许 VLAN 10 和 VLAN 20 的帧带 VLAN 标签通过，下行连接用户主机的各个端口均采用 Access 类型加入对应的 VLAN 中。

```
<Huawei> system-view
[Huawei] sysname LSW2
[LSW2] vlan batch 10 20
[LSW2] interface ethernet 0/0/1
[LSW2-Ethernet0/0/1] port link-type trunk
[LSW2-Ethernet0/0/1] port trunk allow-pass vlan 10 20
[LSW2-Ethernet0/0/1] quit
[LSW2] interface ethernet 0/0/2
[LSW2-Ethernet0/0/2] port link-type access
[LSW2-Ethernet0/0/2] port default vlan 10
[LSW2-Ethernet0/0/2] quit
[LSW2] interface ethernet 0/0/3
[LSW2-Ethernet0/0/3] port link-type access
[LSW2-Ethernet0/0/3] port default vlan 20
[LSW2-Ethernet0/0/3] quit
```

- LSW3 上的配置。

LSW3 上的配置要求和配置方法与 LSW2 的一样。

```
<Huawei> system-view
[Huawei] sysname LSW3
[LSW3] vlan batch 10 20
[LSW3] interface ethernet 0/0/1
[LSW3-Ethernet0/0/1] port link-type trunk
[LSW3-Ethernet0/0/1] port trunk allow-pass vlan 10 20
[LSW3-Ethernet0/0/1] quit
[LSW3] interface ethernet 0/0/2
[LSW3-Ethernet0/0/2] port link-type access
[LSW3-Ethernet0/0/2] port default vlan 10
[LSW3-Ethernet0/0/2] quit
```

```
[LSW3] interface ethernet 0/0/3
[LSW3-Ethernet0/0/3] port link-type access
[LSW3-Ethernet0/0/3] port default vlan 20
[LSW3-Ethernet0/0/3] quit
```

② 在各台设备上配置接口 IPv4 地址及所需的 IPv4 静态路由。

本实验中，因为各以太网链路都不存在多个出接口，所以配置 IPv4 静态路由时均可仅指定下一跳 IPv4 地址。串行链路上配置 IPv4 静态路由时可以仅指定出接口，或者仅指定下一跳 IPv4 地址。

- LSW1 上的配置。

LSW1 为各个 VLAN 创建对应的 VLANIF 接口，并配置与对应 VLAN 中用户主机相同网段的 IPv4 地址，以实现各个 VLAN 与 AR1 及外部网络的三层连接。

LSW1 是直接连接各个用户 VLAN 网段的，因此只需在 LSW1 上配置到达外部网络（包括 Server）的 IPv4 静态默认路由。此处以 IPv4 静态默认路由方式进行配置，使到达外部网络的报文均采用这条默认路由进行转发，也可以专门针对 Server 主机或所在网段配置具体的 IPv4 静态路由。

```
[LSW1] interface vlan 10
[LSW1-Vlanif10] ip address 192.168.1.1 24
[LSW1-Vlanif10] quit
[LSW1] interface vlan 20
[LSW1-Vlanif20] ip address 192.168.2.1 24
[LSW1-Vlanif20] quit
[LSW1] interface vlan 30
[LSW1-Vlanif30] ipv4 address 10.1.2.2 30
[LSW1-Vlanif30] quit
[LSW1] ip route-static 0.0.0.0 0 10.1.2.1    #---配置到达外部网络的 IPv4 静态默认路由
```

- AR1 上的配置。

AR1 是位于用户 VLAN 网段与外部网络之间的三层设备，因此需要配置两个方向的 IPv4 静态路由。一个方向是到用户 VLAN 网段的 IPv4 静态路由，另一个方向是到达外部网络或者 Server 所在网段的 IPv4 静态路由。

在到达用户 VLAN 网段方向的 IPv4 静态路由中，管理员为到达 VLAN 10 和 VLAN 20 用户所在网段分别配置一条 IPv4 静态路由。当然，也可用一条目的地址为 192.168.0.0/16 的汇聚 IPv4 静态路由配置。

在到外部网络或 Server 方向的 IPv4 静态路由中，可以根据需要选择配置 IPv4 静态默认路由，或者针对 Server 所在网段，或者 Server 主机配置具体的 IPv4 静态路由，本实验中选择针对到达 Server 主机的主机 IPv4 静态路由配置。又因为到达 Server 主机有两条路径，所以分别配置两条优先级不同的 IPv4 静态路由，本实验中以串行链路为主路由路径（优先级值为默认的 60），经过 AR3 的以太网链路为备用路由路径（优先级值改为 100）。

```
<Huawei> system-view
[Huawei] sysname AR1
[AR1] interface GigabitEthernet0/0/0
[AR1-GigabitEthernet0/0/0] ip address 10.1.2.1    30
[AR1-GigabitEthernet0/0/0] quit
[AR1] interface GigabitEthernet0/0/1
[AR1-GigabitEthernet0/0/1] ip address 10.1.3.1    30
```

```
[AR1-GigabitEthernet0/0/1] quit
[AR1] interface serial1/0/0
[AR1-Serial1/0/0] ip address 10.1.1.1 30
[AR1-Serial1/0/0] quit
[AR1] ip route-static 192.168.1.0 24 10.1.2.2    #----配置到达 VLAN 10 网段的静态路由
[AR1] ip route-static 192.168.2.0 24 10.1.2.2    #----配置到达 VLAN 20 网段的静态路由
[AR1] ip route-static 172.16.1.10 32 serial1/0/0   #---采用串行接口作为出接口、优先级值为默认的 60，配置到达 Server 的主用主机 IPv4 静态路由
[AR1] ip route-static 172.16.1.10 32 10.1.3.2 preference 100   #---采用 AR3 的 GE0/0/0 接口 IPv4 地址作为下一跳、优先级值为 100，配置到达 Server 的备用主机 IPv4 静态路由
```

• AR2 上的配置。

本实验中，AR2 只需配置到达访问内部网络各个 VLAN 用户网段的 IPv4 静态路由。为了简化路由配置，本实验可针对 VLAN 10 和 VLAN 20 两个网段采用一条汇聚 IPv4 静态路由（192.168.0.0/16）配置。另外，与 AR1 一样，AR2 也需要在两条路径上配置主用、备用 IPv4 静态路由，主用、备用路径的选择要与 AR1 上的选择相同。

```
<Huawei> system-view
[Huawei] sysname AR2
[AR2] interface GigabitEthernet0/0/0
[AR2-GigabitEthernet0/0/0] ip address 172.16.1.1   24
[AR2-GigabitEthernet0/0/0] quit
[AR2] interface GigabitEthernet0/0/1
[AR2-GigabitEthernet0/0/1] ip address 10.1.4.1   30
[AR2-GigabitEthernet0/0/1] quit
[AR2] interface serial1/0/0
[AR2-Serial1/0/0] ip address 10.1.1.2 30
[AR2-Serial1/0/0] quit
[AR2] ip route-static 192.168.0.0 16 serial1/0/0   #---采用串行接口作为出接口、优先级值为默认的 60，配置到达内部网络的主用汇聚 IPv4 静态路由
[AR1] ip route-static 192.168.0.0 16 10.1.4.2 preference 100 #---采用 AR3 的 GE0/0/1 接口 IPv4 地址作为下一跳、优先级值为 100，配置到达内部网络的备用汇聚 IPv4 静态默认路由
```

• AR3 上的配置。

AR3 位于 AR1 和 AR2 之间，所以 AR3 上要分别配置到达内部网络各个 VLAN 网段和 Server 的 IPv4 静态路由。在此，到达内部网络各个 VLAN 网段的 IPv4 静态路由也采用汇聚 IPv4 静态路由的配置方式，以简化配置，到达 Server 的 IPv4 静态路由为主机 IPv4 静态路由配置。

```
<Huawei> system-view
[Huawei] sysname AR3
[AR3] interface GigabitEthernet0/0/0
[AR3-GigabitEthernet0/0/0] ip address 10.1.3.2   30
[AR3-GigabitEthernet0/0/0] quit
[AR3] interface GigabitEthernet0/0/1
[AR3-GigabitEthernet0/0/1] ip address 10.1.4.2   30
[AR3-GigabitEthernet0/0/1] quit
[AR1] ip route-static 192.168.0.0 16 10.1.3.1   #---配置到达内部网络 VLAN 10 和 VLAN 20 网段的汇聚 IPv4 静态路由
[AR1] ip route-static 172.16.1.10 32 10.1.4.1   #---配置到达 Server 的主机 IPv4 静态路由
```

③ 配置各台 PC 的 IPv4 地址和网关。

各个 VLAN 中的用户主机网关为 LSW1 上配置的对应 VLANIF 接口的 IPv4 地址。有关 PC 的 IPv4 地址和网关的配置方法在此不做介绍。

六、实验结果验证

以上配置完成后，进入最后的实验结果验证阶段，主要包括查看 IPv4 路由表、测试通过 IPv4 静态路由实现网络互通的结果，以及验证 IPv4 静态路由的主/备用功能。

① 查看 IPv4 路由表。在各台设备上分别执行 **display ip routing-table** 命令可查看 IPv4 路由表，可以看到前面所配置的各条 IPv4 静态路由。图 21-2 所示为 LSW1 上配置的到达外部网络的 IPv4 静态默认路由。

```
LSW1
The device is running!
<LSW1>display ip routing-table
Route Flags: R - relay, D - download to fib
------------------------------------------------------------------------------
Routing Tables: Public
         Destinations : 9        Routes : 9

Destination/Mask    Proto   Pre  Cost      Flags NextHop         Interface

        0.0.0.0/0   Static  60   0           RD   10.1.2.1        Vlanif30
       10.1.2.0/30  Direct  0    0           D   10.1.2.2        Vlanif30
       10.1.2.2/32  Direct  0    0           D   127.0.0.1       Vlanif30
      127.0.0.0/8   Direct  0    0           D   127.0.0.1       InLoopBack0
      127.0.0.1/32  Direct  0    0           D   127.0.0.1       InLoopBack0
    192.168.1.0/24  Direct  0    0           D   192.168.1.1     Vlanif10
    192.168.1.1/32  Direct  0    0           D   127.0.0.1       Vlanif10
    192.168.2.0/24  Direct  0    0           D   192.168.2.1     Vlanif20
    192.168.2.1/32  Direct  0    0           D   127.0.0.1       Vlanif20

<LSW1>
```

图 21-2　LSW1 上配置的到达外部网络的 IPv4 静态默认路由

图 21-3 所示为 AR1 配置的 IPv4 静态路由，但发现到达 Server 主机的两条 IPv4 静态路由（目的 IPv4 地址为 172.16.1.10/32）中只有通过串行链路的这一条进入了 IPv4 路由表中（为主用 IPv4 静态路由），因为它的优先级值为默认 60，高于另一条通过 AR3、优先级值为 100 的 IPv4 静态路由（为备用 IPv4 静态路由，不能进入 IPv4 路由表）。

```
AR1
<AR1>display ip routing-table
Route Flags: R - relay, D - download to fib
------------------------------------------------------------------------------
Routing Tables: Public
         Destinations : 17       Routes : 17

Destination/Mask    Proto   Pre  Cost      Flags NextHop         Interface

       10.1.1.0/30  Direct  0    0           D   10.1.1.1        Serial1/0/0
       10.1.1.1/32  Direct  0    0           D   127.0.0.1       Serial1/0/0
       10.1.1.2/32  Direct  0    0           D   10.1.1.2        Serial1/0/0
       10.1.1.3/32  Direct  0    0           D   127.0.0.1       Serial1/0/0
       10.1.2.0/30  Direct  0    0           D   10.1.2.1        GigabitEthernet
0/0/0
       10.1.2.1/32  Direct  0    0           D   127.0.0.1       GigabitEthernet
0/0/0
       10.1.2.3/32  Direct  0    0           D   127.0.0.1       GigabitEthernet
0/0/0
       10.1.3.0/30  Direct  0    0           D   10.1.3.1        GigabitEthernet
0/0/1
       10.1.3.1/32  Direct  0    0           D   127.0.0.1       GigabitEthernet
0/0/1
       10.1.3.3/32  Direct  0    0           D   127.0.0.1       GigabitEthernet
0/0/1
      127.0.0.0/8   Direct  0    0           D   127.0.0.1       InLoopBack0
      127.0.0.1/32  Direct  0    0           D   127.0.0.1       InLoopBack0
127.255.255.255/32  Direct  0    0           D   127.0.0.1       InLoopBack0
     172.16.1.10/32  Static  60   0           D   10.1.1.1        Serial1/0/0
    192.168.1.0/24  Static  60   0           RD  10.1.2.2        GigabitEthernet
0/0/0
    192.168.2.0/24  Static  60   0           RD  10.1.2.2        GigabitEthernet
0/0/0
255.255.255.255/32  Direct  0    0           D   127.0.0.1       InLoopBack0

<AR1>
```

图 21-3　AR1 上进入 IPv4 路由表中的 3 条 IPv4 静态路由

图 21-4 所示为 AR2 上配置的 IPv4 静态路由，到达 VLAN 10、VLAN 20 的两条汇聚 IPv4 静态路由（目的 IPv4 地址为 192.168.0.0/16）也只有一条进入了 IPv4 路由表中（为主用 IPv4 静态路由），因为它的优先级值为默认 60，高于另一条通过 AR3、优先级值为 100 的 IPv4 静态路由（为备用 IPv4 静态路由，不能进入 IPv4 路由表）。

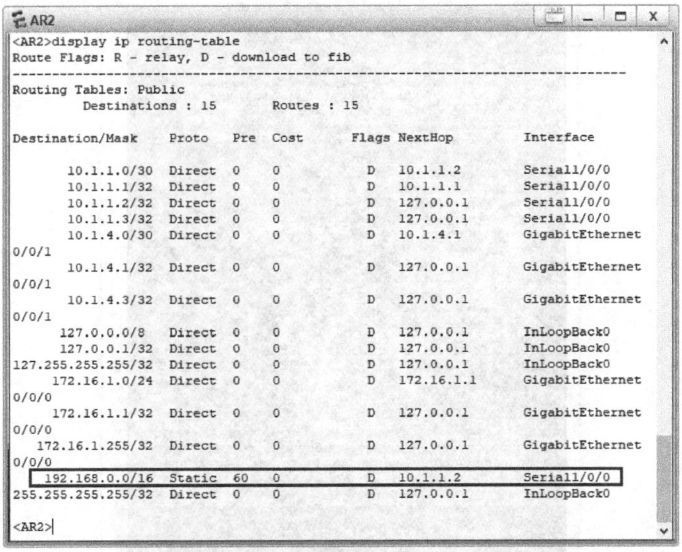

```
AR2
<AR2>display ip routing-table
Route Flags: R - relay, D - download to fib
------------------------------------------------------------------------------
Routing Tables: Public
         Destinations : 15       Routes : 15

Destination/Mask    Proto   Pre  Cost      Flags NextHop         Interface

       10.1.1.0/30  Direct  0    0           D   10.1.1.2        Serial1/0/0
       10.1.1.1/32  Direct  0    0           D   10.1.1.1        Serial1/0/0
       10.1.1.2/32  Direct  0    0           D   127.0.0.1       Serial1/0/0
       10.1.1.3/32  Direct  0    0           D   127.0.0.1       Serial1/0/0
       10.1.4.0/30  Direct  0    0           D   10.1.4.1        GigabitEthernet
0/0/1
       10.1.4.1/32  Direct  0    0           D   127.0.0.1       GigabitEthernet
0/0/1
       10.1.4.3/32  Direct  0    0           D   127.0.0.1       GigabitEthernet
0/0/1
      127.0.0.0/8   Direct  0    0           D   127.0.0.1       InLoopBack0
      127.0.0.1/32  Direct  0    0           D   127.0.0.1       InLoopBack0
127.255.255.255/32  Direct  0    0           D   127.0.0.1       InLoopBack0
     172.16.1.0/24  Direct  0    0           D   172.16.1.1      GigabitEthernet
0/0/0
     172.16.1.1/32  Direct  0    0           D   127.0.0.1       GigabitEthernet
0/0/0
   172.16.1.255/32  Direct  0    0           D   127.0.0.1       GigabitEthernet
0/0/0
    192.168.0.0/16  Static  60   0           D   10.1.1.2        Serial1/0/0
255.255.255.255/32  Direct  0    0           D   127.0.0.1       InLoopBack0

<AR2>
```

图 21-4　AR2 上进入 IPv4 路由表中的一条汇聚 IPv4 静态路由

图 21-5 所示为 AR3 上配置的两条 IPv4 静态路由，其中一条为到达内部网络 VLAN 10 和 VLAN 20 的汇聚 IPv4 静态路由（目的 IPv4 地址为 192.168.0.0/16），另一条为到达 Server 的主机 IPv4 静态路由（目的 IPv4 地址为 172.16.1.10/32）。

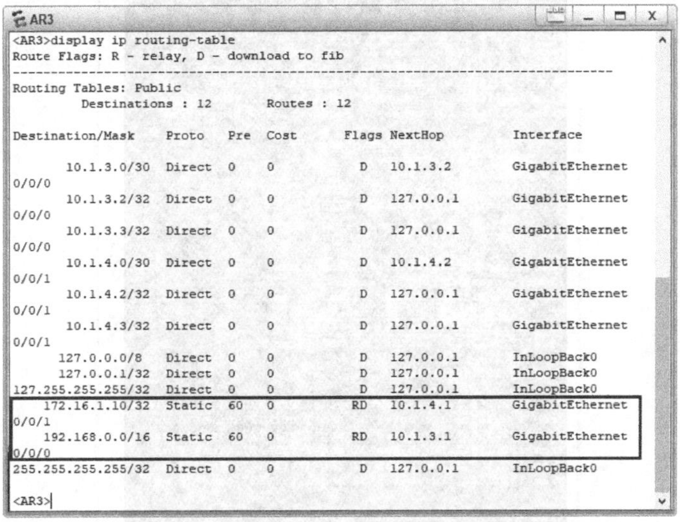

```
AR3
<AR3>display ip routing-table
Route Flags: R - relay, D - download to fib
------------------------------------------------------------------------------
Routing Tables: Public
         Destinations : 12       Routes : 12

Destination/Mask    Proto   Pre  Cost      Flags NextHop         Interface

       10.1.3.0/30  Direct  0    0           D   10.1.3.2        GigabitEthernet
0/0/0
       10.1.3.2/32  Direct  0    0           D   127.0.0.1       GigabitEthernet
0/0/0
       10.1.3.3/32  Direct  0    0           D   127.0.0.1       GigabitEthernet
0/0/0
       10.1.4.0/30  Direct  0    0           D   10.1.4.2        GigabitEthernet
0/0/1
       10.1.4.2/32  Direct  0    0           D   127.0.0.1       GigabitEthernet
0/0/1
       10.1.4.3/32  Direct  0    0           D   127.0.0.1       GigabitEthernet
0/0/1
      127.0.0.0/8   Direct  0    0           D   127.0.0.1       InLoopBack0
      127.0.0.1/32  Direct  0    0           D   127.0.0.1       InLoopBack0
127.255.255.255/32  Direct  0    0           D   127.0.0.1       InLoopBack0
    172.16.1.10/32  Static  60   0           RD  10.1.4.1        GigabitEthernet
0/0/1
    192.168.0.0/16  Static  60   0           RD  10.1.3.1        GigabitEthernet
0/0/0
255.255.255.255/32  Direct  0    0           D   127.0.0.1       InLoopBack0

<AR3>
```

图 21-5　AR3 上配置的两条 IPv4 静态路由

② 测试各台 VLAN 主机与 Server 之间的三层互通结果。在各台 PC 或 Server 上执行 Ping 操作，测试各台 PC 之间以及与 Server 之间是否互通，结果都是通的，而且执行

tracert 命令，AR1 和 AR2 之间的通信走串行链路。图 21-6 所示为 PC1 Ping Server 和 VLAN 20 中的主机，以及 Tracert Server 的结果；图 21-7 所示为 PC4 Ping Server 和 VLAN 10 中的主机，以及 Tracert Server 的结果，其他 PC 机上的测试结果类似。

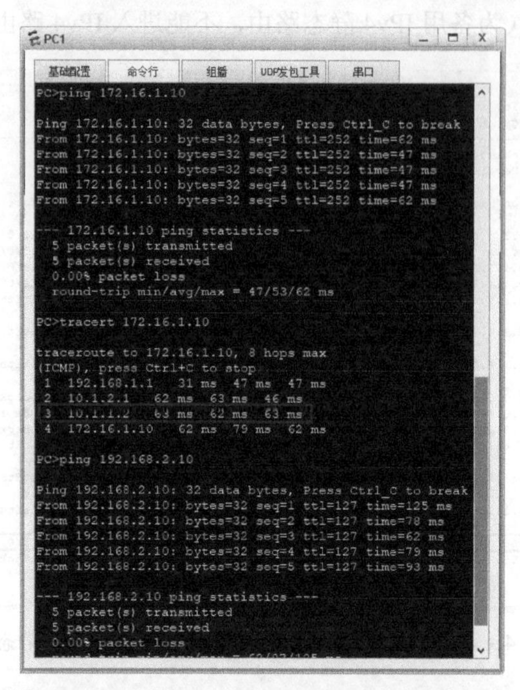

图 21-6　PC1 与 Server 和 VLAN 20 中主机的通信

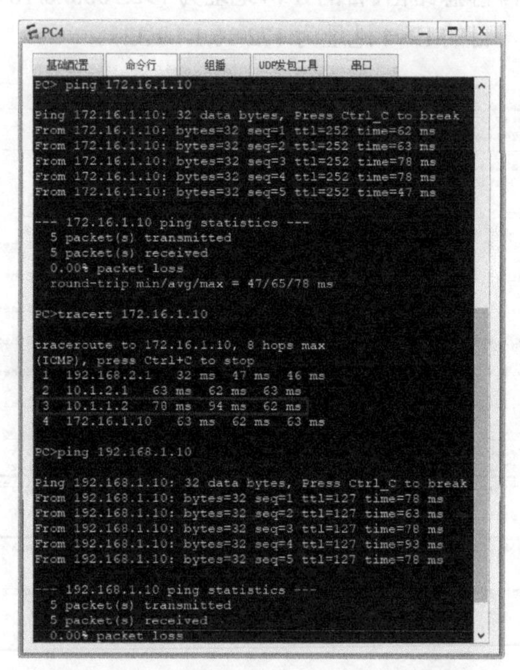

图 21-7　PC4 与 Server 和 VLAN 10 中主机的通信

③ 在 AR1 上执行 **shutdown** 命令，关闭 Serial1/0/0 接口，模拟主路由路径出现了故障，因此在 AR1 和 AR2 上分别执行 **display ip routing-table** 命令查看 IPv4 路由表，发现 AR1 到达 Server 主机 IPv4 静态路由中和 AR2 到达内部网络 VLAN 10 和 VLAN 20 的汇聚 IPv4 静态路由中，原来通过串行链路、优先级值为默认 60 的主用 IPv4 静态路由不见了，取而代之的是通过 AR3 的以太网链路、优先级值为修改后的 100 的备用 IPv4 静态路由，具体如图 21-8 和图 21-9 所示。

```
AR1
<AR1>display ip routing-table
Route Flags: R - relay, D - download to fib
------------------------------------------------------------------------------
Routing Tables: Public
         Destinations : 13       Routes : 13

Destination/Mask    Proto   Pre  Cost      Flags NextHop         Interface

       10.1.2.0/30  Direct  0    0           D   10.1.2.1        GigabitEthernet
0/0/0
       10.1.2.1/32  Direct  0    0           D   127.0.0.1       GigabitEthernet
0/0/0
       10.1.2.3/32  Direct  0    0           D   127.0.0.1       GigabitEthernet
0/0/0
       10.1.3.0/30  Direct  0    0           D   10.1.3.1        GigabitEthernet
0/0/1
       10.1.3.1/32  Direct  0    0           D   127.0.0.1       GigabitEthernet
0/0/1
       10.1.3.3/32  Direct  0    0           D   127.0.0.1       GigabitEthernet
0/0/1
      127.0.0.0/8   Direct  0    0           D   127.0.0.1       InLoopBack0
      127.0.0.1/32  Direct  0    0           D   127.0.0.1       InLoopBack0
127.255.255.255/32  Direct  0    0           D   127.0.0.1       InLoopBack0
    172.16.1.10/32  Static  100  0          RD   10.1.3.2        GigabitEthernet
0/0/1
    192.168.1.0/24  Static  60   0          RD   10.1.2.2        GigabitEthernet
0/0/0
    192.168.2.0/24  Static  60   0          RD   10.1.2.2        GigabitEthernet
0/0/0
255.255.255.255/32  Direct  0    0           D   127.0.0.1       InLoopBack0

<AR1>
```

图 21-8　主路由路径出现故障后，AR1 上的备用 IPv4 静态路由进入 IPv4 路由表中

```
AR2
<AR2>display ip routing-table
Route Flags: R - relay, D - download to fib
------------------------------------------------------------------------------
Routing Tables: Public
         Destinations : 11       Routes : 11

Destination/Mask    Proto   Pre  Cost      Flags NextHop         Interface

       10.1.4.0/30  Direct  0    0           D   10.1.4.1        GigabitEthernet
0/0/1
       10.1.4.1/32  Direct  0    0           D   127.0.0.1       GigabitEthernet
0/0/1
       10.1.4.3/32  Direct  0    0           D   127.0.0.1       GigabitEthernet
0/0/1
      127.0.0.0/8   Direct  0    0           D   127.0.0.1       InLoopBack0
      127.0.0.1/32  Direct  0    0           D   127.0.0.1       InLoopBack0
127.255.255.255/32  Direct  0    0           D   127.0.0.1       InLoopBack0
     172.16.1.0/24  Direct  0    0           D   172.16.1.1      GigabitEthernet
0/0/0
     172.16.1.1/32  Direct  0    0           D   127.0.0.1       GigabitEthernet
0/0/0
   172.16.1.255/32  Direct  0    0           D   127.0.0.1       GigabitEthernet
0/0/0
    192.168.0.0/16  Static  100  0          RD   10.1.4.2        GigabitEthernet
0/0/1
255.255.255.255/32  Direct  0    0           D   127.0.0.1       InLoopBack0

<AR2>
```

图 21-9　主路由路径出现故障后，AR2 上的备用 IPv4 静态路由进入 IPv4 路由表中

此时管理员在各台 PC 与 Server 之间进行 Ping 操作，仍然可以通，但执行 **tracert**

命令跟踪各台 PC 与 Server 之间的通信路径后发现，AR1 和 AR2 之间选择了通过 AR3 的备用路由路径。图 21-10 所示为 PC1 Ping、Tracert Server 的结果；图 21-11 所示为 PC4 Ping、Tracert Server 的结果，其他 PC 上的测试结果类似。由此证明，主用和备用 IPv4 静态路由的主/备用功能发挥正常。

【说明】 IPv4 静态路由仅可感知直连（中间没有隔离任何二、三层设备）链路的故障，然后把对应的 IPv4 静态路由表从 IPv4 路由表中撤出。非直连的链路故障，仅靠 IPv4 静态路由是无法感知的，对应的 IPv4 静态路由也不会从 IPv4 路由表中撤出，必须依靠其他功能来实现，如结合 BFD（Bidirectional Forwarding Detection，双向转发检测）实现的 IPv4 静态路由与 BFD 的联动功能。

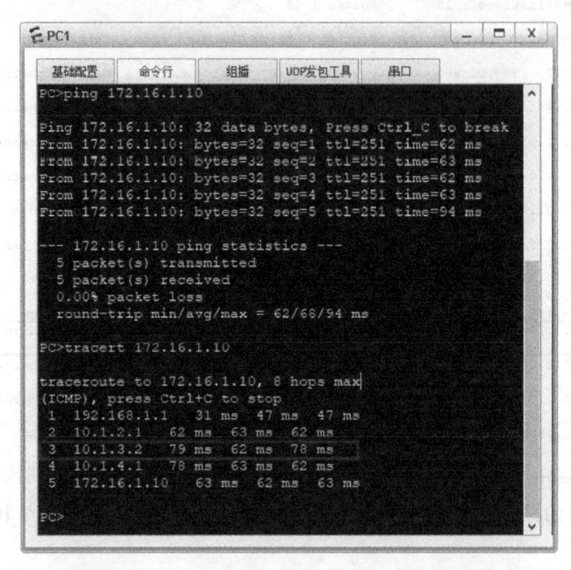

图 21-10 PC1 Ping、Tracert Server 的结果

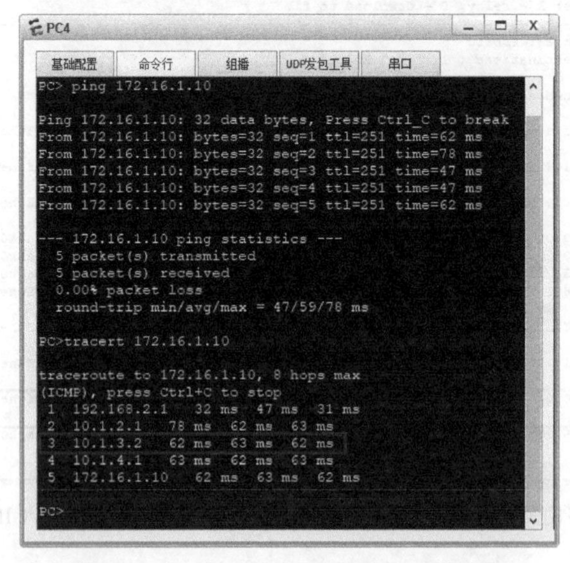

图 21-11 PC4 Ping、Tracert Server 的结果

实验 22
配置 OSPF 路由

本章主要内容

一、背景知识

二、实验目的

三、实验拓扑结构和要求

四、实验配置思路

五、实验配置

六、实验结果验证

一、背景知识

OSPF 协议是应用最广的一种基于链路状态的 IGP（Interior Gateway Protocol，内部网关协议）。另外，OSPF 协议配置路由非常简单，特别是在中小型企业网络中，每台设备往往仅需几条基本功能配置命令即可实现各网络的三层互通。

OSPF 同样适用于大型网络，它采用了分区机制，只需在同一个区域内部实现 LSDB（Link State Data Base，链路状态数据库）同步即可，这样可大大减少各台路由器设备上的 OSPF 路由表项规模，也确保各台设备上的路由表查找和数据转发效率。

1. OSPF 协议的主要特点

OSPF 工作在网络层，IP 号为 89。目前主要有 OSPFv2 和 OSPFv3 两个版本，OSPFv2 应用于 IPv4 网络，OSPFv3 应用于 IPv6 网络。本实验仅介绍 OSPFv2（以下简称 OSPF），它的主要特点如下。

① OSPF 网络可以是单个区域，也可以划分为多个区域。单个区域时，区域 ID 可以任意；**划分多个区域时，其中必须有一个 ID 为 0 的骨干区域**，非骨干区域的 ID 不为 0。

② 在多区域 OSPF 网络中，非骨干区域必须与骨干区域连接，可以是物理连接，也可以是通过虚连接（Virtual-Link）与骨干区域建立的间接连接。

③ **同一 OSPF 链路两端的接口必须属于同一区域**，同一设备的不同接口可以属于不同区域，也可以属于相同区域。各个 OSPF 接口均在同一个非骨为干区域的设备称为 IR（Internal Router，内部路由器）；至少有一个 OSPF 接口在骨干区域的设备称为 BR（Backbone Router，骨干路由器）；连接多个骨干区域和非骨干区域的 OSPF 设备称为 ABR（Area Border Router，区域边界路由器）；同时连接其他协议路由域的 OSPF 设备称为 ASBR（Autonomous System Boundary Router，自治系统边界路由器）。**任意类型的 OSPF 设备都可以成为 ASBR，只要它引入了外部路由**。

④ OSPF 网络内部路由分为区域内路由和区域间路由两种。区域内部路由通过收集的区域内 LSA（Link-State Advertisement，链路状态通告），及采用 SPF 算法生成，可以确保同一区域内不会因为协议本身产生路由环路；区域间路由是通过区域间路由信息的交互生成的，但普通区域间不能直接交换路由信息，必须通过骨干区域进行转发，这样确保区域间不会产生路由环路。

⑤ 通过 ASBR 引入的其他协议路由称为 OSPF 外部路由，该路由分为 Type 1 和 Type 2 两类。Type 1 类型外部路由的总开销既包括从源端到达引入该外部路由的 ASBR 这段路径的 OSPF 内部路由开销，又包括从该 ASBR 到达外部目的网络的其他路由协议的路由开销；Type 2 类型外部路由总开销仅计算从 ASBR 到达外部目的网络的其他路由协议的路由开销。

⑥ 到达相同目的地、相同优先级的多个 OSPF 路由为等价路由，可以实现负载分担。到达相同目的地、不同优先级的多个 OSPF 路由间也可以实现主备路由备份。

⑦ OSPF 支持邻居认证、区域认证，以提高设备接入 OSPF 网络的安全性。

2. OSPF 路由配置思路

以下为在 HCIA 层次需掌握的 OSPF 路由基本功能的配置方法，其中前面三项是必须进行的OSPF基本功能配置，后面三项是根据需要可选的配置任务。

① 通过**ospf** [*process-id* | **router-id** *router-id*]* 系统视图命令创建OSPF路由进程（默认的OSPF路由进程号为1），可同时指定Router ID（默认会自动选举），进入OSPF视图。

② 通过**area** *area-id* OSPF视图命令创建所需的区域，进入OSPF区域视图。单区域OSPF网络中，区域ID可以任意，只要值在区域ID取值范围内即可。多区域OSPF网络中，骨干区域的区域ID必须为0。

③ 通过**network** *network-address wildcard-mask* OSPF区域视图命令指定网络IP地址和通配符掩码需要启动以上对应OSPF路由进程，加入对应区域的本地设备三层接口。也可以在具体的OSPF路由器接口视图下通过命令**ospf enable** [*process-id*] **area** *area-id* 命令指定当前接口所启动的OSPF路由进程和所加入的OSPF区域。

④ （可选）通过**ospf cost** *cost* 接口视图命令修改接口的OSPF开销值（不同类型接口均有默认的开销值），或者同时通过**bandwidth-reference** *value* OSPF视图命令修改通过公式计算接口开销所依据的带宽参考值（默认为100Mbit/s），以改变OSPF路由选路。

⑤ （可选）通过**ospf dr-priority** *priority* 接口视图命令修改接口的DR（Designated Router，指定路由器）优先级，以改变接口在广播网络或NBMA网络中DR选举的优先级。

⑥ （可选）配置OSPF接口认证或区域认证，可通过**default-route-advertise** [**always**] OSPF视图命令将默认路由通告到普通OSPF区域。

OSPF认证有“接口认证”和“区域认证”两种，接口认证仅针对一条链路两端的邻居设备接口，认证成功后才可建立OSPF邻居关系；区域认证则针对同一区域中的所有设备，认证通过后与各邻居设备建立邻居关系，加入同一区域，并与该区域中的其他邻居设备进行LSDB同步。密码区分大小写。

OSPF接口认证和区域认证都包括简单认证、MD5认证、HMAC-MD5认证和密钥链认证4种，在此仅需要掌握前两种认证方式。OSPF接口认证和区域认证使用了以下两条相同的配置命令，但是需要在不同视图下配置：OSPF接口认证是在具体OSPF路由器接口视图下进行配置的，OSPF区域认证是在具体OSPF区域视图下进行配置的。

① **ospf authentication-mode simple** [**plain** *plain-text* | [**cipher**] *cipher-text*]：配置采用简单的OSPF接口或区域认证模式。

② **ospf authentication-mode md5** [*key-id* { **plain** *plain-text* | [**cipher**] *cipher-text* }]：配置采用MD5的OSPF接口或区域认证模式。

配置完成后，管理员可以在任意视图下通过以下命令查看相关配置和运行结果信息。

③ **display ospf** [*process-id*] **routing router-id** [*router-id*]：查看OSPF路由表。

④ **display ospf** [*process-id*] **peer brief**：查看OSPF各个区域中邻居的概要信息。

⑤ **display ospf** [*process-id*] **lsdb** [**brief**]：查看OSPF的链路状态数据库信息。

二、实验目的

本实验是一家集团公司总部网络与两家分支机构的网络通过OSPF互联的案例。通过本实验的学习将达到以下目的。

① 掌握 OSPF 路由基本功能的配置方法。
② 掌握查看 OSPF 配置和运行状态的方法。
③ 掌握通过修改接口开销值控制 OSPF 路由选路的配置方法。
④ 掌握 OSPF 接口认证和区域认证的配置方法。

三、实验拓扑结构和要求

一家集团公司连接了两家分支机构，两家分支机构的内部网络用户划分了不同的 VLAN，用户主机在不同的 IP 网段，现要采用 OSPF 协议通过集团公司的网络实现三层互通，各个接口的 IP 地址如图 22-1 所示。

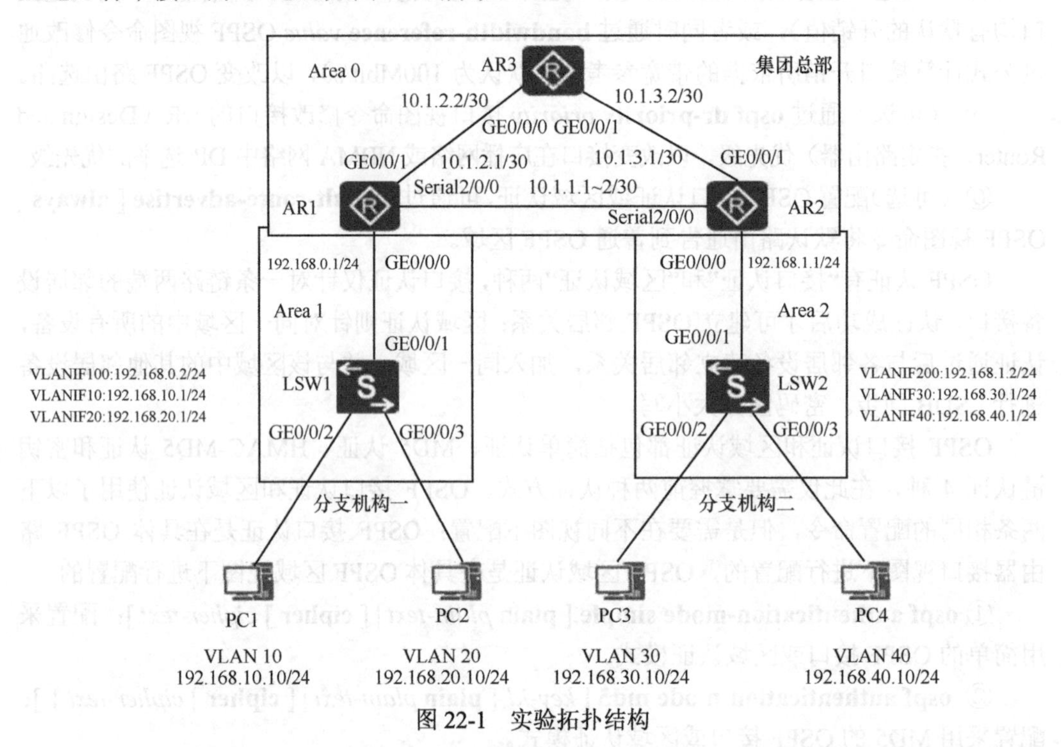

图 22-1 实验拓扑结构

另外，为了提高网络接入的安全性，分支机构设备与集团总部设备进行 OSPF 连接时采用 OSPF 接口认证，而集团公司总部的骨干区域采用 OSPF 区域认证。集团公司总部的骨干区域通过修改接口的 OSPF 开销值，改变两家分支机构在集团总部所走的网络路径。

【说明】 本实验中，分支机构中各个用户 VLAN 与 AR1 或 AR2 之间采用三层连接，所以 LSW1 和 LSW2 的 GE0/0/1 端口需要以 Access 类型单独加入一个 VLAN 中，然后配置该 VLANIF 接口的 IP 地址。当然，LSW1、LSW2 上同时要为各个用户 VLAN 创建对应的 VLANIF 接口，配置对应网段的 IP 地址，最终实现各个用户 VLAN 网段与上游 AR1、AR2 路由器也为三层连接方式。

四、实验配置思路

根据前面介绍的 OSPF 配置思路和本实验要求可得出如下基本配置思路。

① 在 LSW1 上创建 VLAN 10、VLAN 20 和 VLAN 100，LSW2 上创建 VLAN 30、VLAN 40 和 VLAN 200，并把各个交换机端口以 Access 类型加入对应的 VLAN 中。

② 在各设备上配置接口 IP 地址（包括各个 VLANIF 接口 IP 地址、各 PC 的 IP 地址和网关）和 OSPF 路由基本功能，实现全网三层互通。

③ 在 LSW1 和 AR1 连接的接口，以及 LSW2 和 AR2 连接的接口上配置 OSPF 接口认证，在骨干区域各设备上配置 OSPF 区域认证。

④ 修改 AR1 和 AR2 上 GE0/0/1 接口的 OSPF 开销值，使两家分支机构通信走 AR1 与 AR2 之间的串行链路路径。

五、实验配置

以下是前文中介绍的配置思路中前三项的具体配置步骤。第④项的具体配置方法将在实验结果验证中介绍。

1. LSW1 和 LSW2 上的 VLAN 配置

在 LSW1 上创建 VLAN 10、VLAN 20 和 VLAN 100，并把各交换机端口以 Access 类型加入对应的 VLAN 中。

```
<Huawei> system-view
[Huawei] sysname LSW1
[LSW1] vlan batch 10 20 100
[LSW1] interface gigabitethernet 0/0/1
[LSW1-GigabitEthernet0/0/1] port link-type access
[LSW1-GigabitEthernet0/0/1] port default vlan 100
[LSW1-GigabitEthernet0/0/1] quit
[LSW1] interface gigabitethernet 0/0/2
[LSW1-GigabitEthernet0/0/2] port link-type access
[LSW1-GigabitEthernet0/0/2] port default vlan 10
[LSW1-GigabitEthernet0/0/2] quit
[LSW1] interface gigabitethernet 0/0/3
[LSW1-GigabitEthernet0/0/3] port link-type access
[LSW1-GigabitEthernet0/0/3] port default vlan 20
[LSW1-GigabitEthernet0/0/3] quit
```

在 LSW2 上创建 VLAN 30、VLAN 40 和 VLAN 200，并把各交换机端口以 Access 类型加入对应的 VLAN 中。

```
<Huawei> system-view
[Huawei] sysname LSW2
[LSW2] vlan batch 30 40 200
[LSW2] interface gigabitethernet 0/0/1
[LSW2-GigabitEthernet0/0/1] port link-type access
[LSW2-GigabitEthernet0/0/1] port default vlan 200
```

```
[LSW2-GigabitEthernet0/0/1] quit
[LSW2] interface gigabitethernet 0/0/2
[LSW2-GigabitEthernet0/0/2] port link-type access
[LSW2-GigabitEthernet0/0/2] port default vlan 30
[LSW2-GigabitEthernet0/0/2] quit
[LSW2] interface gigabitethernet 0/0/3
[LSW2-GigabitEthernet0/0/3] port link-type access
[LSW2-GigabitEthernet0/0/3] port default vlan 40
[LSW2-GigabitEthernet0/0/3] quit
```

2. 配置各台设备的 OSPF 路由基本功能

按图中标注，配置各台设备的 OSPF 基本功能，LSW1、AR1、AR2、AR3、LSW2 的 Router ID 分别为 1.1.1.1、2.2.2.2、3.3.3.3、4.4.4.4、5.5.5.5，要确保各台设备的 Router ID 在同一进程中唯一。不同设备上的 OSPF 进程号可以相同，也可以不同，但同一台设备上的不同 OSPF 进程中的路由默认相互隔离。

（1）LSW1 上的配置

```
[LSW1] interface vlan 10
[LSW1-Vlanif10] ip address 192.168.10.1 24
[LSW1-Vlanif10] quit
[LSW1] interface vlan 20
[LSW1-Vlanif20] ip address 192.168.20.1 24
[LSW1-Vlanif20] quit
[LSW1] interface vlan 100
[LSW1-Vlanif100] ip address 192.168.0.2 24
[LSW1-Vlanif100] quit
[LSW1] ospf 1 router-id 1.1.1.1   #---创建 OSPF 1 号进程，指定 LSW1 的 Router ID 为 1.1.1.1
[LSW1-ospf-1] area 1
[LSW1-ospf-1-area-0.0.0.1] network 192.168.0.0 0.0.255.255   #---同时把 LSW1 上三个 VLANIF 接口包含进去，加入到 OSPF 1 进程下的区域 1 中
[LSW1-ospf-1-area-0.0.0.1] quit
[LSW1-ospf-1] quit
```

（2）AR1 上的配置

```
<Huawei> system-view
[Huawei] sysname AR1
[AR1] interface gigabitethernet 0/0/0
[AR1-Gigabitethernet0/0/0] ip address 192.168.0.1 24
[AR1-Gigabitethernet0/0/0] quit
[AR1] interface gigabitethernet 0/0/1
[AR1-Gigabitethernet0/0/1] ip address 10.1.2.1 30
[AR1-Gigabitethernet0/0/1] quit
[AR1] interface serial1/0/0
[AR1-Serial2/0/0] ip address 10.1.1.1 30
[AR1-Serial2/0/0] quit
[AR1] ospf 1 router-id 2.2.2.2
[AR1-ospf-1] area 0
[AR1-ospf-1-area-0.0.0.0] network 10.1.0.0 0.0.255.255  #---同时把 GE0/0/1 和 Serial2/0/0 包含进去，加入到加入到 OSPF 1 进程下的区域 0 中
[AR1-ospf-1-area-0.0.0.0] quit
[AR1-ospf-1] area 1
[AR1-ospf-1-area-0.0.0.1] network 192.168.0.0 0.0.0.255
[AR1-ospf-1-area-0.0.0.1] quit
[AR1-ospf-1] quit
```

（3）AR2 上的配置

```
<Huawei> system-view
[Huawei] sysname AR2
[AR2] interface gigabitethernet 0/0/0
[AR2-Gigabitethernet0/0/0] ip address 192.168.1.1 24
[AR2-Gigabitethernet0/0/0] quit
[AR2] interface gigabitethernet 0/0/1
[AR2-Gigabitethernet0/0/1] ip address 10.1.3.1 30
[AR2-Gigabitethernet0/0/1] quit
[AR2] interface serial1/0/0
[AR2-Serial2/0/0] ip address 10.1.1.2 30
[AR2-Serial2/0/0] quit
[AR2] ospf 1 router-id 3.3.3.3
[AR2-ospf-1] area 0
[AR2-ospf-1-area-0.0.0.0] network 10.1.0.0 0.0.255.255 #---同时把 GE0/0/1 和 Serial2/0/0 包含进去，加入到加入到OSPF 1 进程下的区域 0 中
[AR2-ospf-1-area-0.0.0.0] quit
[AR2-ospf-1] area 1
[AR2-ospf-1-area-0.0.0.1] network 192.168.1.0 0.0.0.255
[AR2-ospf-1-area-0.0.0.1] quit
[AR2-ospf-1] quit
```

（4）AR3 上的配置

```
<Huawei> system-view
[Huawei] sysname AR3
[AR3] interface gigabitethernet 0/0/0
[AR3-Gigabitethernet0/0/0] ip address 10.1.2.2 30
[AR3-Gigabitethernet0/0/0] quit
[AR3] interface gigabitethernet 0/0/1
[AR3-Gigabitethernet0/0/1] ip address 10.1.3.2 30
[AR3-Gigabitethernet0/0/1] quit
[AR3] ospf 1 router-id 4.4.4.4
[AR3-ospf-1] area 0
[AR3-ospf-1-area-0.0.0.0] network 10.1.0.0 0.0.255.255 #---同时把 GE0/0/1 和 GE0/0/2 包含进去，加入到加入到 OSPF 1 进程下的区域 0 中
[AR3-ospf-1-area-0.0.0.0] quit
[AR3-ospf-1] quit
```

（5）LSW2 上的配置

```
[LSW2] interface vlan 30
[LSW2-Vlanif30] ip address 192.168.30.1 24
[LSW2-Vlanif30] quit
[LSW2] interface vlan 40
[LSW2-Vlanif40] ip address 192.168.40.1 24
[LSW2-Vlanif40] quit
[LSW2] interface vlan 200
[LSW2-Vlanif200] ip address 192.168.1.2 24
[LSW2-Vlanif200] quit
[LSW2] ospf 1 router-id 5.5.5.5
[LSW2-ospf-1] area 2
[LSW2-ospf-1-area-0.0.0.2] network 192.168.0.0 0.0.255.255 #---同时把 LSW2 上三个 VLANIF 接口包含进去，加入到 OSPF 1 进程下的区域 2 中
[LSW2-ospf-1-area-0.0.0.2] quit
[LSW2-ospf-1] quit
```

3. 配置 OSPF 认证

① 在 AR1 的 GE0/0/0 接口上与 LSW1 的 VLANIF100 接口上配置 OSPF 接口认证，认证模式为 MD5 认证，密文密码为 lycb；在 AR2 的 GE0/0/0 接口上与 LSW2 的 VLANIF200 接口上，配置认证模式为 MD5 认证，密文密码为 huawei。**注意，同一链路两端的 OSPF 接口配置的 OSPF 接口认证模式、密码必须相同。**

• LSW1 上的配置。

```
[LSW1] interface vlan 100
[LSW1-Vlanif100] ospf authentication-mode md5 1 cipher lycb
[LSW1-Vlanif100] quit
```

当还没有配置邻居 AR1 上的 GE0/0/0 接口的相同认证时，链路一端会显示日志消息，提示 LSW1 与 AR1 建立的 OSPF 邻居关系呈 Down 状态，如图 22-2 所示。

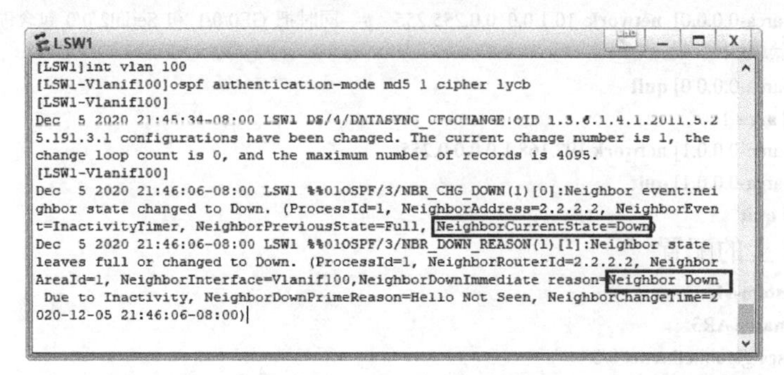

图 22-2 链路一端配置接口认证时出现的邻居状态为 Down 的日志提示

• AR1 上的配置

```
[AR1] interface gigabitethernet0/0/0
[AR1-Gigabitethernet0/0/0] ospf authentication-mode md5 1 cipher lycb
[AR1-Gigabitethernet0/0/0] quit
```

AR1 上配置好接口认证后，日志消息提示原来与 LSW1 关闭的邻居关系又重新建立，进入 Full 状态，如图 22-3 所示。

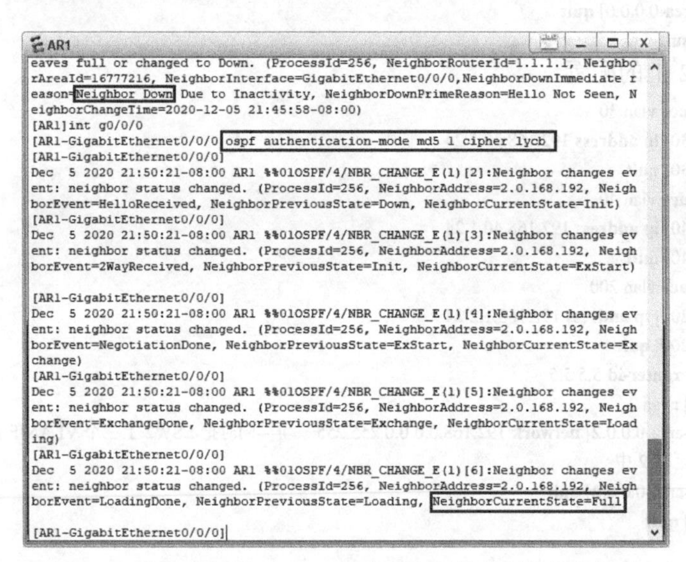

图 22-3 AR1 重新与 LSW1 成功建立邻接关系的日志提示

- LSW2 上的配置

```
[LSW2] interface vlan 200
[LSW2-Vlanif200] ospf authentication-mode md5 1 cipher huawei
[LSW2-Vlanif200] quit
```

- AR2 上的配置

```
[AR2] interface gigabitethernet0/0/0
[AR2-Gigabitethernet0/0/0] ospf authentication-mode md5 1 cipher huawei
[AR2-Gigabitethernet0/0/0] quit
```

② 在 AR1、AR2 和 AR3 的区域 0 中配置 OSPF 区域认证，认证模式为简单认证，明文密码为 DaGeNet（**简单认证模式下明文密码的取值范围为 1~8 个字符，明文密码在配置文件中会直接以明文显示**）。

- AR1 上的配置

```
[AR1] ospf 1
[AR1-ospf-1] area 0
[AR1-ospf-1-area-0.0.0.0] authentication-mode simple plain DaGeNet
[AR1-ospf-1-area-0.0.0.0] quit
```

当只在一个设备上配置区域认证时，它与同区域中的其他邻居路由器的邻居关系都将关闭，日志提示如图 22-4 所示。同区域中的其他设备也配置相同的区域认证时，才会重新一一建立它们之间的邻接关系，如图 22-5 所示。

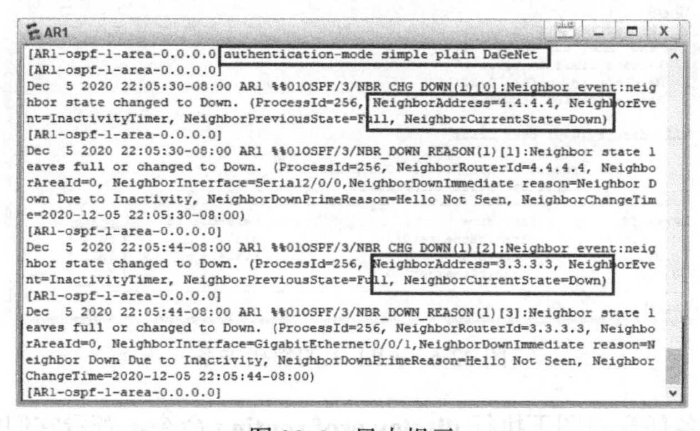

图 22-4　日志提示

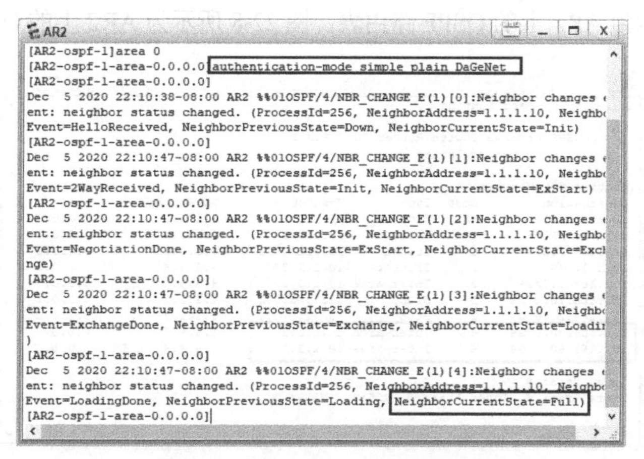

图 22-5　重新建立邻接关系示意

• AR2 上的配置

```
[AR2] ospf 1
[AR2-ospf-1] area 0
[AR2-ospf-1-area-0.0.0.0] authentication-mode simple plain DaGeNet
[AR2-ospf-1-area-0.0.0.0] quit
```

• AR3 上的配置。

```
[AR3] ospf 1
[AR3-ospf-1] area 0
[AR3-ospf-1-area-0.0.0.0] authentication-mode simple plain DaGeNet
[AR3-ospf-1-area-0.0.0.0] quit
```

六、实验结果验证

完成 OSPF 基本功能配置完成后验证整个网络是否可以实现三层互通。

① 在各台设备任意视图下执行 **display ospf peer brief** 命令，查看是否与所有邻居成功建立了邻接关系（Full 状态），图 22-6 所示为 AR1 上执行该命令的结果，从图中可以看出它的 3 个接口均与对应的邻居建立了邻接关系。

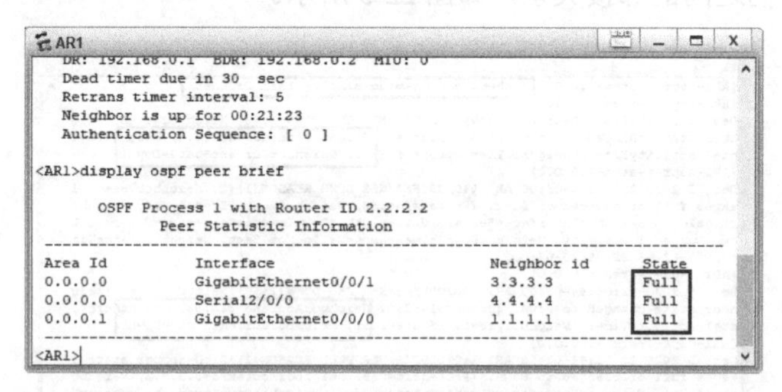

图 22-6 AR1 上的邻接关系

② 在各台设备任意视图下执行 **display ospf routing** 命令，查看它们的 OSPF 路由表，验证它们是否已成功学习到各网段的 OSPF 路由（只显示到达任意一个目的的最优 OSPF 路由）。图 22-7 所示为 AR1 上的 OSPF 路由表，图 22-8 所示为 AR2 上的 OSPF 路由表。

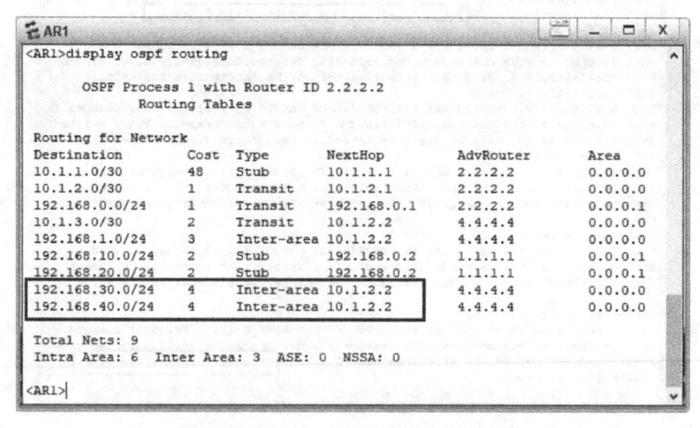

图 22-7 AR1 上的 OSPF 路由表

从图 22-7 中可以看出，**AR1 到达 AR2 所连接的 VLAN 30 和 VLAN 40 网段走的是经过 AR3 的路径**，因为它们的下一跳均是 AR3 上的 GE0/0/0 接口 IP 地址 10.1.2.2；从图 22-8 中可以看出，**AR2 到达 AR1 所连接的 VLAN 10 和 VLAN 20 网段走的也是经过 AR3 的路径**，因为它们的下一跳均是 AR3 上的 GE0/0/1 接口 IP 地址 10.1.3.2。

```
AR2
<AR2>display ospf routing

       OSPF Process 1 with Router ID 4.4.4.4
              Routing Tables

 Routing for Network
 Destination        Cost  Type        NextHop         AdvRouter       Area
 10.1.1.0/30        48    Stub        10.1.1.2        4.4.4.4         0.0.0.0
 10.1.3.0/30        1     Transit     10.1.3.1        4.4.4.4         0.0.0.0
 192.168.1.0/24     1     Transit     192.168.1.1     4.4.4.4         0.0.0.2
 10.1.2.0/30        2     Transit     10.1.3.2        3.3.3.3         0.0.0.0
 192.168.0.0/24     3     Inter-area  10.1.3.2        2.2.2.2         0.0.0.0
 192.168.10.0/24    4     Inter-area  10.1.3.2        2.2.2.2         0.0.0.0
 192.168.20.0/24    4     Inter-area  10.1.3.2        2.2.2.2         0.0.0.0
 192.168.30.0/24    2     Stub        192.168.1.2     5.5.5.5         0.0.0.2
 192.168.40.0/24    2     Stub        192.168.1.2     5.5.5.5         0.0.0.2

 Total Nets: 9
 Intra Area: 6  Inter Area: 3  ASE: 0  NSSA: 0

<AR2>
```

图 22-8　AR2 上的 OSPF 路由表

另外，从图 22-7、图 22-8 中可以看出，AR1 到达 AR2 所连接的 VLAN 30 和 VLAN 40 网段，AR2 到达 AR1 所连接的 VLAN 10 和 VLAN 20 网段，OSPF 开销值均为 4，这是因为路径中的出接口（**OSPF 路由表的开销值是报文转发路径中各个出接口的 OSPF 开销之和**）均是千兆以太网接口和 VLANIF 接口（注意，VLANIF 接口的开销值也要计算在内），它们的 OSPF 开销值均为 1。

接口的当前开销值可以在任意视图下执行 **display ospf interface** 命令查看。图 22-9 所示为 AR1 上查看的结果，图 22-10 所示为 LSW1 上查看的结果，从中可以得知，千兆以太网接口和 VLANIF 接口的 OSPF 开销值均为 1，Serial 接口的 OSPF 开销值为 48。

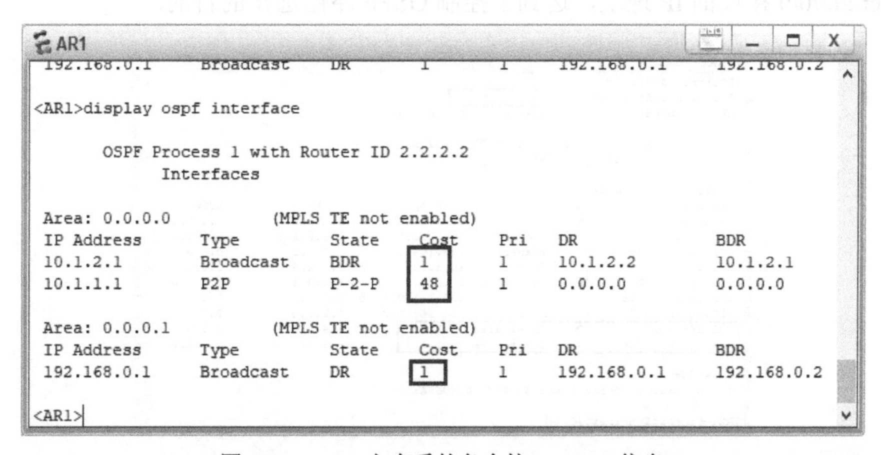

图 22-9　AR1 上查看的各个接口 OSPF 信息

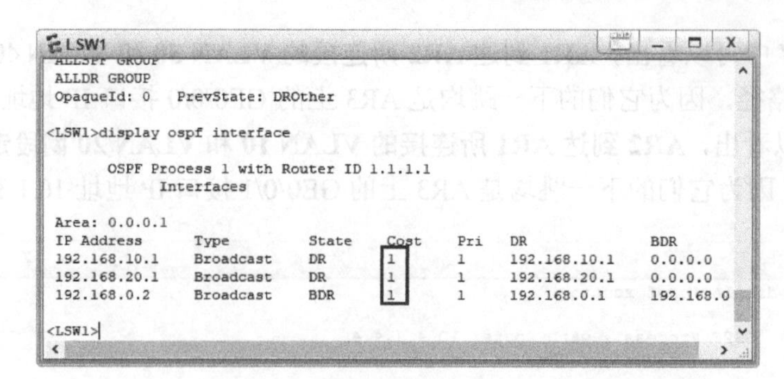

图 22-10 LSW1 上查看的各 VLANIF 接口 OSPF 信息

③ 修改 AR1 和 AR2 上 GE0/0/1 接口的 OSPF 开销值，使得 AR1 和 AR2 之间的通信不走经过 AR3 的以太网链路，改走直接连接的串行链路。

【说明】 因为通信是双向的，为了确保双向通信选择的路径相同，所以 AR1 和 AR2 上需要同时修改，当然也可以在该路径中其他任意出接口上修改 OSPF 开销值。

至于 OSPF 开销值修改为多少合适，则要计算一下改走串行链路时对应 OSPF 路由表项的 OSPF 开销值。如 AR1 到 VLAN 30 网段时的 OSPF 开销为 AR1 的 Serial 2/0/0 接口、AR2 的 GE0/0/0 接口、VLANIF30 接口的开销值之和，即 48+1+1=50，所以只要使经过 AR3 路径的 OSPF 开销值大于 50 即可（**开销值越大，优先级越低**）。本实验直接把 AR1 和 AR2 上 GE0/0/1 接口的 OSPF 开销值均改为 50，再加上其他出接口的开销值，则肯定大于 50，结果会选择经过串行链路的路由表项。

```
[AR1] interface gigabitethernet 0/0/1
[AR1-Gigabitethernet0/0/1] ospf cost 50

[AR2] interface gigabitethernet 0/0/1
[AR2-Gigabitethernet0/0/1] ospf cost 50
```

以上配置完成后，在 AR1 和 AR2 的任意视图下执行 **display ospf routing** 命令，再次查看 OSPF 路由表，分别如图 22-11 和图 22-12 所示。从中发现 AR1 到达 VLAN 30 和 VLAN 40 所在网段的路由，以及 AR2 到达 VLAN 10 和 VLAN 20 所在网段的路由均改走 AR1 和 AR2 之间直接连接的串行链路，因为这些路由的下一跳均为对方直连串行链路 Serial2/0/0 接口的 IP 地址，达到了控制 OSPF 路由选路的目的。

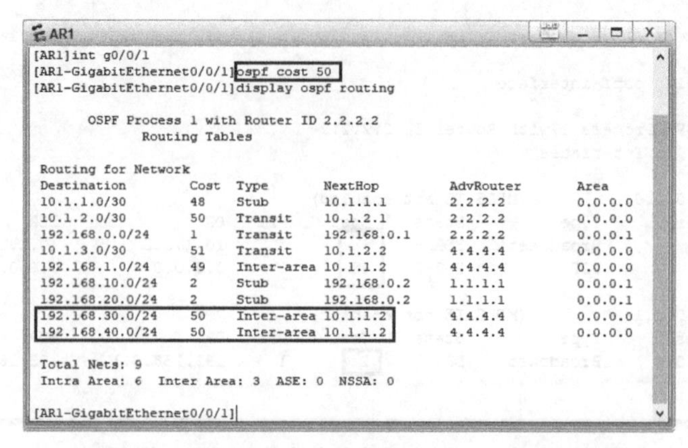

图 22-11 修改 OSPF 开销值后的 AR1 OSPF 路由表

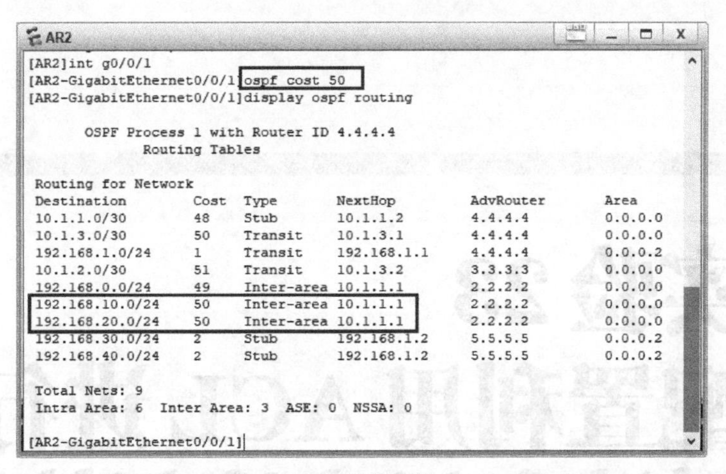

图 22-12　修改 OSPF 开销值后的 AR2 OSPF 路由表

从图 22-11 和图 22-12 也可以看出，经过串行链路的这几条 OSPF 路由的开销值均为 50，这与我们前面的计算结果是相同的。

以上实验配置和结果，已全面满足了本实验的要求，实验完毕。

实验23
配置利用 ACL 进行报文过滤和用户访问控制

本章主要内容

一、背景知识

二、实验目的

三、实验拓扑结构和要求

四、实验配置思路

五、实验配置

六、实验结果验证

一、背景知识

在数据通信中，有时设备需要对一些特定的报文进行过滤，允许接收或发送一些报文，而拒绝接收或发送另一些报文；有时又需要对一些报文进行分类，以便为这些特定报文采取特定的策略行为；有时需要对一些协议应用的用户进行控制，如仅允许部分用户 Telnet 登录设备或通过 FTP 从服务器上下载文件等。上述这些特殊的要求均可通过 ACL（Access Control List，访问控制列表）来实现。

ACL 是一系列规则的集合，其中的"规则"是指描述报文匹配条件的判断语句，这些条件可以是报文的源 IP 地址、目的 IP 地址、源 MAC 地址、目的 MAC 地址、传输层端口号等参数。在华为的设备中，ACL 又分为多种类型，包括基本 ACL（编号为 2000～2999）、高级 ACL（编号为 3000～3999）、二层 ACL（编号为 4000～4999）、用户自定义 ACL（编号为 5000～5999）等。在 HCIA 中，相关人员仅需要掌握基本 ACL 和高级 ACL 的应用配置方法。

ACL 的应用非常广泛，主要应用包括基于 QoS 流策略或简化流策略的报文过滤、用户访问控制（包括 Telnet、STelnet、FTP、SFTP、HTTP、SNMP 的登录或访问控制）、路由信息过滤、CPU 攻击预防等。在 HCIA 中，相关人员仅需要掌握在报文过滤和用户访问控制方面的应用配置方法。

以上这些 ACL 应用又可以宏观地划分为基于硬件的 ACL 应用和基于软件的 ACL 应用。基于硬件的 ACL 应用包括基于 QoS 流策略或简化流策略的报文过滤和 CPU 攻击预防，必须通过设备硬件 CPU 进行处理；基于软件的 ACL 应用主要是针对一些软件协议的应用，包括在 Telnet、STelnet、FTP、SFTP、HTTP、SNMP 的登录或访问控制和路由信息过滤，通过对应的应用软件进行处理。

基于硬件应用的 ACL 和基于软件应用的 ACL 的默认规则（即最后隐含的规则）是不同的，具体如下。

① 基于硬件应用的 ACL 的默认规则允许（permit）的，即仅对匹配规则的报文进行相应的处理（permit 或 deny），**没有匹配规则的报文不做处理，直接允许**。

② 基于软件应用的 ACL 的默认规则是拒绝（deny）的，即对匹配规则的报文进行相应的处理（permit 或 deny），**没有匹配规则的报文直接拒绝**。

③ 如果某项应用调用了一个 ACL，**但该 ACL 中没有配置任何规则，则所有报文都直接允许通过**，不按默认规则进行处理。

二、实验目的

通过本实验的学习，读者将达到如下目的。

① 理解不同 ACL 应用的默认规则。

② 掌握 ACL 在 Telnet 应用中的配置方法。

③ 掌握 ACL 在利用简化流策略进行报文过滤的配置方法。

三、实验拓扑结构和要求

本实验拓扑结构如图 23-1 所示。某公司有多台服务器，但不同服务器要求仅允许不同部门（对应不同 VLAN，实验中仅以 VLAN 10 和 VLAN 20 为例介绍，分别对应 192.168.1.0/24 和 192.168.2.0/24 这两个网段）中的用户可以访问。另外，为了确保公司关键设备——核心路由器配置的安全性，规定只允许某个 VLAN 中的用户使用特定的用户账户、通过路由器特定的接口远程 Telnet 登录到设备进行配置和管理。

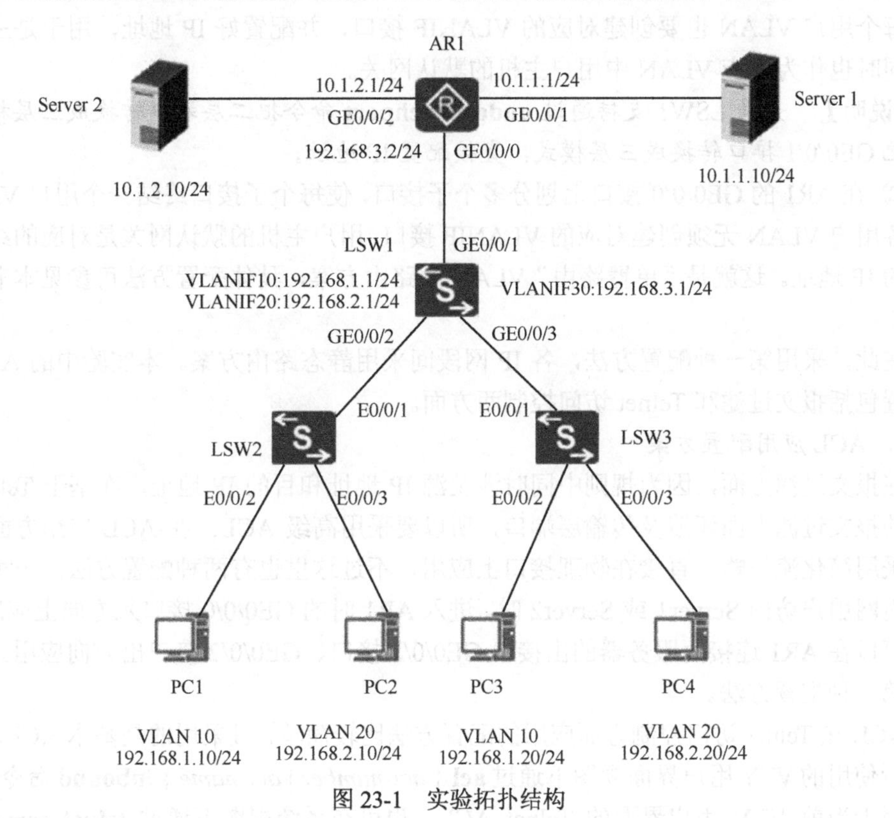

图 23-1　实验拓扑结构

本实验的具体要求如下。

① 仅允许 VLAN 10 中用户访问 Server1，仅允许 VLAN 20 中用户访问 Server2。

② 仅允许 VLAN 10 中用户通过 AR1 的 GE0/0/0 接口 IP 地址 192.168.3.2 Telnet 登录 AR1，VLAN 20 中的用户不允许 Telnet 登录 AR1。

四、实验配置思路

因为本实验中用户主机、两个服务器、AR1 路由器在不同的 IP 网段，所以在具体配置上不仅涉及 ACL 的配置与应用，还需要确保整个网络的三层互通。

1. 网络连通配置方案

在本实验拓扑中，汇聚层交换机 LSW1 与上游核心层的 AR1 路由器之间是通过单物理链路连接的，而 LSW1 下面又连接了多个接入层交换机，各接入层交换机上又连接了位于不同 VLAN 中的用户主机。为了实现各个 VLAN 中的用户均访问对应的服务器，连接 LSW1 和 AR1 有两种配置方法。

① 在 LSW1 上单独创建一个 VLAN（如本实验中的 VLAN 30），再把 GE0/0/1 接口加入该 VLAN 中，并配置该 VLANIF 接口 IP 地址，实现与上游 AR1 的 GE0/0/0 接口三层连接。但一定要确保 LSW1 的 GE0/0/1 接口发送的该 VLAN 的数据帧是不携带 VLAN 标签的，因为上游 AR1 的三层接口 GE0/0/0 是不能接收携带 VLAN 标签的数据帧的。此时每个用户 VLAN 也要创建对应的 VLANIF 接口，并配置好 IP 地址，用于是三层路由，同时也作为对应 VLAN 中用户主机的默认网关。

【说明】 如果 LSW1 支持通过 **undo switchport** 命令把二层端口转换成三层模式，也可把 GE0/0/1 接口转换成三层模式，直接配置 IP 地址。

② 在 AR1 的 GE0/0/0 接口上划分多个子接口，使每个子接口终结一个用户 VLAN，此时各用户 VLAN 无须创建对应的 VLANIF 接口，用户主机的默认网关是对应的终结子接口的 IP 地址。这就是“单臂路由”VLAN 间路由方案，具体配置方法可参见本书的实验 15。

在此，采用第一种配置方法，各 IP 网段间采用静态路由方案。本实验中的 ACL 应用配置包括报文过滤和 Telnet 访问控制两方面。

2. ACL 应用配置方案

在报文过滤方面，因为规则中同时涉及源 IP 地址和目的 IP 地址，在基于 Telnet 应用中的报文过滤方面还涉及传输层端口，所以要采用高级 ACL。在 ACL 应用方面，本实验采用简化流策略，直接在物理接口上应用，不过这里也有两种配置方法：一种是统一在内网用户访问 Server1 或 Server2 时，进入 AR1 时的 GE0/0/0 接口入方向上应用；另一种可以在 AR1 连接两服务器的出接口 GE0/0/1 接口、GE0/0/2 接口出方向应用。此处采用第一种配置方法。

ACL 在 Telnet 访问控制方面应用的配置方法比较简单，且采用的是基本 ACL，可直接在所使用的 VTY 用户界面视图下通过 **acl** { *acl-number* | *acl-name* } **inbound** 命令配置，仅作用于当前 VTY 用户界面的 Telnet ACL，也可在系统视图下通过 **telnet server acl** *acl-number* 命令配置，适用于所有 VTY 界面的 Telnet ACL。本实验采用第一种配置方法。

3. 实验配置思路

综上所述，本实验的配置思路如下。

① 在 LSW1 上配置 VLAN 和 VLANIF 接口，以及访问外部网络（包括两个服务器）的默认静态路由。

② 在 LSW2 和 LSW3 上配置 VLAN。

③ 在 AR1 上配置各接口 IP 地址、访问内部网络的静态路由，以及 ACL 在接口上进行报文过滤和 Telnet 用户访问控制的应用，包括以下配置任务。

- 创建并配置基本 ACL，仅允许 VLAN 10 中用户进行 Telnet 登录，在对应的 VTY

用户界面视图下应用。

- 创建并配置高级 ACL，仅允许 VLAN 10 中用户访问 Server1 的报文，VLAN 20 中用户访问 Server2 的报文，以及 VLAN 10 中用户以 192.168.3.2 为目的地址进行 Telnet 登录的报文通过，然后在 GE0/0/0 接口入方向上应用。

④ 配置各 PC 的 IP 地址和网关。（用 ENSP 模拟器实验时，PC 可用 AR 路由器模拟，因为 ENSP 模拟器的虚拟 PC 没有 Telnet 客户端功能）

五、实验配置

以下是根据以上配置思路得出的具体配置步骤。

① 在 LSW1 上配置 VLAN 和各 VLANIF 接口，以及访问外部网络的默认静态路由。

因为 LSW1 是汇聚层交换机，连接了 LSW2 和 LSW3 接入层交换机上所接入的 VLAN 10 和 VLAN 20 中的用户主机，所以需要同时创建 VLAN 10 和 VLAN 20，并创建 VLANIF10 和 VLANIF20 接口，配置 IP 地址，用于三层路由。

另外，为了实现 LSW1 与 AR1 的三层连接，再创建一个 VLAN（本实例为 VLAN 30），然后把 LSW1 的 GE0/0/1 接口以 Access 类型加入 VLAN 30 中（也可以是 Hybrid 或 Trunk 类型，只要能确保通过该接口发送的 VLAN 30 的数据帧不带 VLAN 标签即可），并配置 VLANIF30 接口 IP 地址（至少要与 AR1 的 GE0/0/0 接口 IP 地址在同一大的 IP 网段中）。

```
<Huawei> system-view
[Huawei] sysname LSW1
[LSW1] vlan batch 10 20 30
[LSW1] interface gigabitethernet 0/0/1
[LSW1-Gigabitethernet0/0/1] port link-type access
[LSW1-Gigabitethernet0/0/1] port default vlan 30
[LSW1-Gigabitethernet0/0/1] quit
[LSW1] interface gigabitethernet 0/0/2
[LSW1-Gigabitethernet0/0/2] port link-type trunk
[LSW1-Gigabitethernet0/0/2] port trunk allow-pass vlan 10 20
[LSW1-Gigabitethernet0/0/2] quit
[LSW1] interface gigabitethernet 0/0/3
[LSW1-Gigabitethernet0/0/3] port link-type trunk
[LSW1-Gigabitethernet0/0/3] port trunk allow-pass vlan 10 20
[LSW1-Gigabitethernet0/0/3] quit
[LSW1] interface vlan 10
[LSW1-Vlanif10] ip address 192.168.1.1 24
[LSW1-Vlanif10] quit
[LSW1] interface vlan 20
[LSW1-Vlanif20] ip address 192.168.2.1 24
[LSW1-Vlanif20] quit
[LSW1] interface vlan 30
[LSW1-Vlanif30] ip address 192.168.3.1 24
[LSW1-Vlanif30] quit
[LSW1] ip route-static 0.0.0.0 0 192.168.3.1    #---配置到访问外部网络（包括两服务器）的默认静态路由
```

② 在 LSW2 和 LSW3 上配置 VLAN。

LSW2 和 LSW3 是接入层交换机，只需要根据二层交换原理正确地把各端口加入到对应的 VLAN 中即可。当然，因为存在多种交换端口类型，而且有时又都可以实现相同的效果，所以二层交换方案配置比较灵活，以下仅是其中一种常见的配置方案。

- LSW2 上的配置。

```
<Huawei> system-view
[Huawei] sysname LSW2
[LSW2] vlan batch 10 20
[LSW2] interface ethernet 0/0/1
[LSW2-Ethernet0/0/1] port link-type trunk
[LSW2-Ethernet0/0/1] port trunk allow-pass vlan 10 20
[LSW2-Ethernet0/0/1] quit
[LSW2] interface ethernet 0/0/2
[LSW2-Ethernet0/0/2] port link-type access
[LSW2-Ethernet0/0/2] port default vlan 10
[LSW2-Ethernet0/0/2] quit
[LSW2] interface ethernet 0/0/3
[LSW2-Ethernet0/0/3] port link-type access
[LSW2-Ethernet0/0/3] port default vlan 20
[LSW2-Ethernet0/0/3] quit
```

- LSW3 上的配置。

```
<Huawei> system-view
[Huawei] sysname LSW3
[LSW3] vlan batch 10 20
[LSW3] interface ethernet 0/0/1
[LSW3-Ethernet0/0/1] port link-type trunk
[LSW3-Ethernet0/0/1] port trunk allow-pass vlan 10 20
[LSW3-Ethernet0/0/1] quit
[LSW3] interface ethernet 0/0/2
[LSW3-Ethernet0/0/2] port link-type access
[LSW3-Ethernet0/0/2] port default vlan 10
[LSW3-Ethernet0/0/2] quit
[LSW3] interface ethernet 0/0/3
[LSW3-Ethernet0/0/3] port link-type access
[LSW3-Ethernet0/0/3] port default vlan 20
[LSW3-Ethernet0/0/3] quit
```

③ AR1 上配置各接口 IP 地址、访问内部网络的静态路由，以及 ACL 在接口上进行报文过滤和 Telnet 用户访问控制的应用。

```
<Huawei> system-view
[Huawei] sysname AR1
```

- IP 地址和路由配置。

```
[AR1] interface GigabitEthernet0/0/0
[AR1-Gigabitethernet0/0/0] ip address 192.168.3.2 24
[AR1-Gigabitethernet0/0/0] quit
[AR1] interface GigabitEthernet0/0/1
[AR1-Gigabitethernet0/0/1] ip address 10.1.1.1 24
[AR1-Gigabitethernet0/0/1] quit
[AR1] interface GigabitEthernet0/0/2
[AR1-Gigabitethernet0/0/2] ip address 10.1.2.1 24
[AR1-Gigabitethernet0/0/2] quit
[AR1] ip route-static 192.168.1.0 255.255.255.0 192.168.3.1    #---配置访问内网 VLAN 10 网段的静态路由
[AR1] ip route-static 192.168.2.0 255.255.255.0 192.168.3.1    #---配置访问内网 VLAN 20 网段的静态路由
```

- 配置基于基本 ACL 访问控制的 Telnet 服务器。

此处采用密码认证方式进行 Telnet 登录。

```
[AR1] acl number 2001    #---创建用于 Telnet 访问控制的基本 ACL
[AR1-acl-basic-2001] rule 5 permit source 192.168.1.0 0.0.0.255
[AR1-acl-basic-2001] quit
[AR1] user-interface vty 0 4
[AR1-ui-vty0-4] authentication-mode password    #---指定采用密码认证方式
[AR1-ui-vty0-4] set authentication password cipher lycb    #---设置认证密码。新版 VRP 中当指定采用密码认证方式时即提示以交互方式配置认证密码
[AR1-ui-vty0-4] user privilege level 15    #---设备用户 Telnet 登录后具有的用户级别为最高的 15 级
[AR1-ui-vty0-4] acl 2001 inbound    #---仅允许 VLAN 10 中的用户 Telnet 登录到 AR1 上，这属于基于软件的 ACL 应用，默认规则为拒绝
```

- 配置基于高级 ACL 的报文过滤。

```
[AR1] acl number 3001
[AR1-acl-adv-3001]    rule 5 permit ip source 192.168.1.0 0.0.0.255 destination 10.1.1.10 0    #---允许 VLAN 10 中的用户 IP 访问 Server1
[AR1-acl-adv-3001]    rule 10 permit ip source 192.168.2.0 0.0.0.255 destination 10.1.2.10 0    #---允许 VLAN 20 中的用户 IP 访问 Server2
[AR1-acl-adv-3001]    rule 15 permit tcp source 192.168.1.0 0.0.0.255 destination 192.168.3.2 0 destination-port eq telnet    #---仅允许 VLAN 10 中用户以 192.168.3.2 为目的地址 Telnet 应用报文通过，不能以其他 IP 地址为目的 IP 地址进行 Telnet 登录
[AR1-acl-adv-3001] rule 20 deny ip    #---禁止其他 IP 报文通过
[AR1-acl-adv-3001] quit
```

先暂时不应用 ACL 3001 进行报文过滤。

④ 配置各 PC 机的 IP 地址和网关。

如果是在 ENSP 模拟器上做本实验，AR 路由器可以模拟 PC，模拟器中的虚拟 PC 不支持 Telnet 客户端功能。路由器上的默认静态路由配置相当于 PC 机网关的配置。

- PC1 的配置。

```
<Huawei> system-view
[Huawei] sysname PC1
[PC1] interface GigabitEthernet0/0/0
[PC1-Gigabitethernet0/0/0] ip address 192.168.1.10 24
[PC1-Gigabitethernet0/0/0] quit
[PC1] ip route-static 0.0.0.0 0 192.168.1.1
```

- PC2 的配置。

```
<Huawei> system-view
[Huawei] sysname PC2
[PC2] interface GigabitEthernet0/0/0
[PC2-Gigabitethernet0/0/0] ip address 192.168.1.10 24
[PC2-Gigabitethernet0/0/0] quit
[PC2] ip route-static 0.0.0.0 0 192.168.2.1
```

- PC3 的配置。

```
<Huawei> system-view
[Huawei] sysname PC3
[PC3] interface GigabitEthernet0/0/0
[PC3-Gigabitethernet0/0/0] ip address 192.168.1.20 24
[PC3-Gigabitethernet0/0/0] quit
[PC3] ip route-static 0.0.0.0 0 192.168.1.1
```

- PC4 的配置。

```
<Huawei> system-view
```

```
[Huawei] sysname PC4
[PC4] interface GigabitEthernet0/0/0
[PC4-Gigabitethernet0/0/0] ip address 192.168.2.20 24
[PC4-Gigabitethernet0/0/0] quit
[PC4] ip route-static 0.0.0.0 0 192.168.2.1
```

六、实验结果验证

以上配置好后，在还没有正式应用报文过滤的 ACL 3001 之前，通过 **Ping** 命令验证 VLAN 10 和 VLAN 20 中的用户均可同时访问 Server1 和 Server2，通过 **telnet** 命令验证 VLAN 10 中的用户可以通过 AR1 上的任意 IP 地址进行 Telnet 登录，如图 23-2 所示，而 VLAN 20 中的用户不能在 Telnet 登录到 AR1，如图 23-3 所示，因为 VLAN 20 网段不在 Telnet ACL 2001 范围之中。

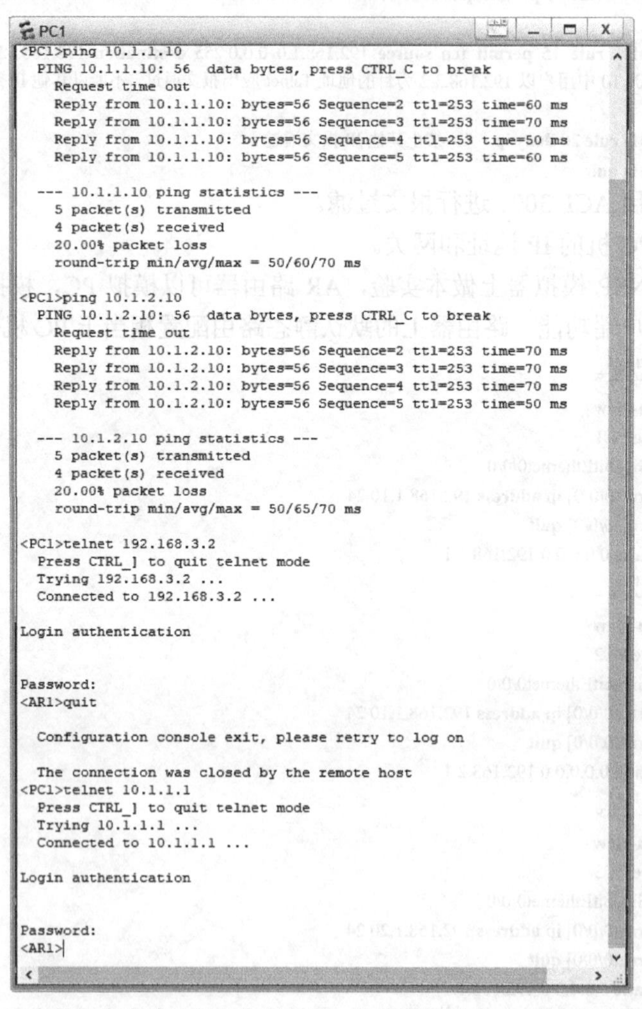

图 23-2　VLAN 10 中的用户成功访问两个服务器，使用不同目的 IP 地址成功在 Telnet 登录 AR1

```
PC2
<PC2>ping 10.1.1.10
  PING 10.1.1.10: 56  data bytes, press CTRL_C to break
    Reply from 10.1.1.10: bytes=56 Sequence=1 ttl=253 time=120 ms
    Reply from 10.1.1.10: bytes=56 Sequence=2 ttl=253 time=60 ms
    Reply from 10.1.1.10: bytes=56 Sequence=3 ttl=253 time=60 ms
    Reply from 10.1.1.10: bytes=56 Sequence=4 ttl=253 time=60 ms
    Reply from 10.1.1.10: bytes=56 Sequence=5 ttl=253 time=70 ms

  --- 10.1.1.10 ping statistics ---
    5 packet(s) transmitted
    5 packet(s) received
    0.00% packet loss
    round-trip min/avg/max = 60/74/120 ms

<PC2>ping 10.1.2.10
  PING 10.1.2.10: 56  data bytes, press CTRL_C to break
    Reply from 10.1.2.10: bytes=56 Sequence=1 ttl=253 time=50 ms
    Reply from 10.1.2.10: bytes=56 Sequence=2 ttl=253 time=70 ms
    Reply from 10.1.2.10: bytes=56 Sequence=3 ttl=253 time=80 ms
    Reply from 10.1.2.10: bytes=56 Sequence=4 ttl=253 time=60 ms
    Reply from 10.1.2.10: bytes=56 Sequence=5 ttl=253 time=60 ms

  --- 10.1.2.10 ping statistics ---
    5 packet(s) transmitted
    5 packet(s) received
    0.00% packet loss
    round-trip min/avg/max = 50/64/80 ms

<PC2>telnet 192.168.3.2
  Press CTRL_] to quit telnet mode
  Trying 192.168.3.2 ...
  Error: Can't connect to the remote host
<PC2>
```

图 23-3　VLAN 20 中的用户成功访问两个服务器，但不能在 Telnet 登录 AR1

在 AR1 的 GE0/0/0 接口入方向上应用 ACL 3001，进行报文过滤。

```
[AR1] interface GigabitEthernet0/0/0
[AR1-Gigabitethernet0/0/0] traffic-filter inbound acl 3001
[AR1-Gigabitethernet0/0/0] quit
```

此时，VLAN 10 中的用户可以 Ping 通 Server1，却 Ping 不通 Server2，也仅可通过 192.168.3.2 地址的 Telnet 登录到 AR1，如图 23-4 所示；VLAN 20 中的用户可以 Ping 通 Server2，却 Ping 不通 Server1，且仍无法 Telnet 登录到 AR1，如图 23-5 所示，满足实验要求。

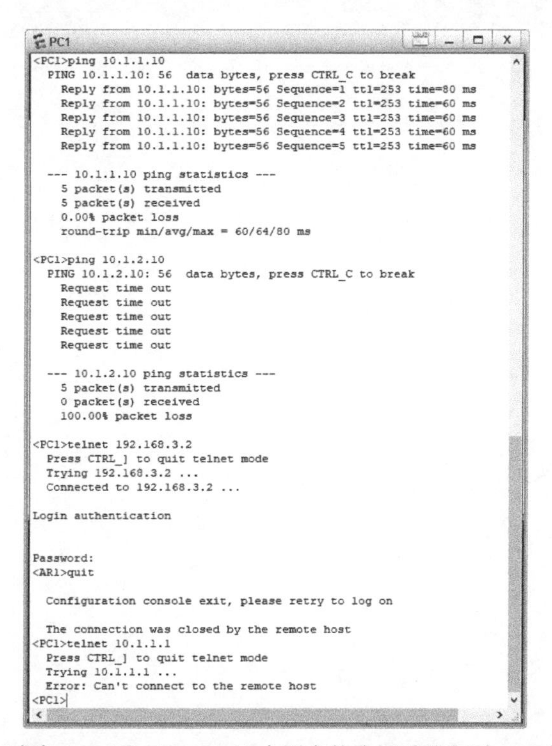

图 23-4　应用报文过滤 ACL 后，VLAN 10 中用户的访问受限和到 AR1 的 Telnet 登录受控

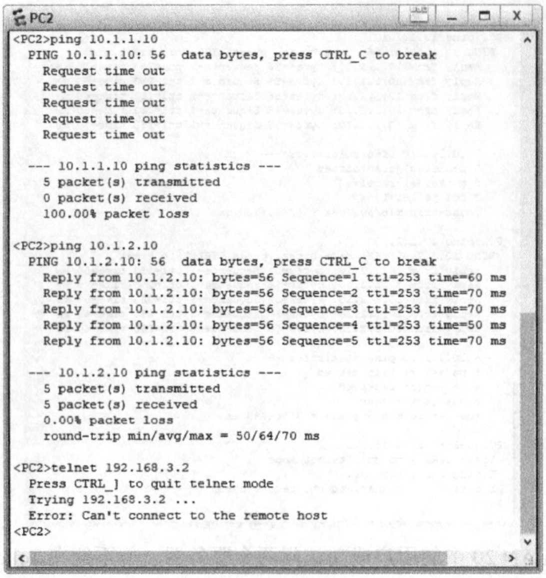

```
PC2
<PC2>ping 10.1.1.10
  PING 10.1.1.10: 56  data bytes, press CTRL_C to break
    Request time out
    Request time out
    Request time out
    Request time out
    Request time out

  --- 10.1.1.10 ping statistics ---
    5 packet(s) transmitted
    0 packet(s) received
    100.00% packet loss

<PC2>ping 10.1.2.10
  PING 10.1.2.10: 56  data bytes, press CTRL_C to break
    Reply from 10.1.2.10: bytes=56 Sequence=1 ttl=253 time=60 ms
    Reply from 10.1.2.10: bytes=56 Sequence=2 ttl=253 time=70 ms
    Reply from 10.1.2.10: bytes=56 Sequence=3 ttl=253 time=70 ms
    Reply from 10.1.2.10: bytes=56 Sequence=4 ttl=253 time=50 ms
    Reply from 10.1.2.10: bytes=56 Sequence=5 ttl=253 time=70 ms

  --- 10.1.2.10 ping statistics ---
    5 packet(s) transmitted
    5 packet(s) received
    0.00% packet loss
    round-trip min/avg/max = 50/64/70 ms

<PC2>telnet 192.168.3.2
  Press CTRL_] to quit telnet mode
  Trying 192.168.3.2 ...
  Error: Can't connect to the remote host
<PC2>
```

图 23-5 应用报文过滤 ACL 后，VLAN 20 中用户的访问受限，并仍禁止到 AR1 的 Telnet 登录

实验 24 配置 PPP 接口 IP 地址和认证

本章主要内容

一、背景知识

二、实验目的

三、实验拓扑结构和要求

四、实验配置和结果验证

一、背景知识

PPP（Point-to-Point Protocol，点对点协议）是一种串行链路的链路层协议，为设备间提供点对点的连接，是对早期 SLIP（Serial Line Internet Protocol，串行线路网际协议）的改进。PPP 相对 SLIP 的优势体现在以下几个方面：

① PPP 支持多种网络层协议，如 IP、Appletalk 和 IPX 等，而 SLIP 仅支持 IP。

② PPP 同时支持同步传输和异步传输，而 SLIP 仅支持异步传输。

③ PPP 包括用于链路层参数协商的子协议——LCP（Link Control Protocol，链路控制协议）和用于网络层参数协商的子协议——NCP（Network Control Protocol，网络控制协议），SLIP 不支持。

④ NCP 支持 IP 地址协商，不仅可使链路一端的串行接口为另一端串行接口分配 IP 地址，还可使链路两端接口的 IP 地址在不同 IP 网段，SLIP 不支持。

⑤ PPP 包括用于安全认证的子协议 PAP（Password Authentication Protocol，密码认证协议）和 CHAP（Challenge-Handshake Authentication Protocol，质询握手认证协议），支持链路两端设备的安全连接，SLIP 不支持。

1. PPP 接口 IP 地址的 3 种配置方式

运行 PPP 协议的串行接口 IP 地址有以下 3 种配置方式。

① 静态配置：链路两端串行接口均直接以手工方式配置 IP 地址，但链路两端接口的 IP 地址可在完全不同的 IP 网段，但不能是 32 位掩码的 IP 地址。

② 一端接口的 IP 地址可以由对端接口固定分配 IP 地址（不能指定子网掩码），所分配的 IP 地址也可以不与本端接口 IP 地址在同一 IP 网段。

③ 一端接口的 IP 地址可以由对端接口通过 IP 地址池动态分配，**但两端接口 IP 地址要求至少在同一大的网段中**。

【说明】 以上后两种由远端分配的 IP 地址均为 32 位掩码的 IP 地址。

2. 两种 PPP 认证方式

PPP 支持 PAP 和 CHAP 两种认证方式。PAP 是一种两次握手的认证方式，且认证凭据信息（包括用户名和用户密码）均直接在网络中以明文方式传输，非常不安全。CHAP 是一种三次握手的认证方式，仅用户名是以明文方式传输，用户密码是以加密方式传输，更加安全。

PAP 和 CHAP 认证均既可进行单向认证，又可进行双向认证。单向认证由 PPP 客户端作为被认证方，由 PPP 服务器作为认证方，对 PPP 客户端进行认证。双向认证时，两端均要配置认证方和被认证方相关设置。

二、实验目的

本实验将全面体现串行接口的 3 种 IP 地址配置方式，以及 PAP 和 CHAP 这两种认证方式的单向认证配置方法。通过本实验可以达到以下目的。

① 掌握运行 PPP 的接口的 3 种配置 IP 地址配置方式的具体配置方法，以及对应的注意事项。

② 理解 PAP 和 CHAP 认证的基本工作原理，并掌握它们的配置方法。

三、实验拓扑结构和要求

本实验拓扑结构如图 24-1 所示。某公司的多个部门网段（由各 Loopback 接口代表）由通过串行链路彼此互连而形成环网的 3 台路由器连接，静态配置 IP 地址的各接口如图中所示（AR1 与 AR2 连接的串行链路两端接口的 IP 地址不在同一个 IP 网段）。

本实验的配置要求如下。

① AR3 上的 Serial1/0/0 接口的 IP 地址由 AR1 上固定分配 10.1.5.2/32，Serial1/0/1 接口的 IP 地址由 AR2 上配置的 10.1.3.0/24 网段 IP 地址池分配。其他接口的 IP 地址配置如图 24-1 所示。

② AR1 和 AR2 链路两端的接口采用单向 PAP 认证，AR1 作为认证方；AR1 与 AR3 链路两端接口采用单向 CHAP 认证，AR1 作为认证方；AR2 和 AR3 之间不配置 PPP 认证。

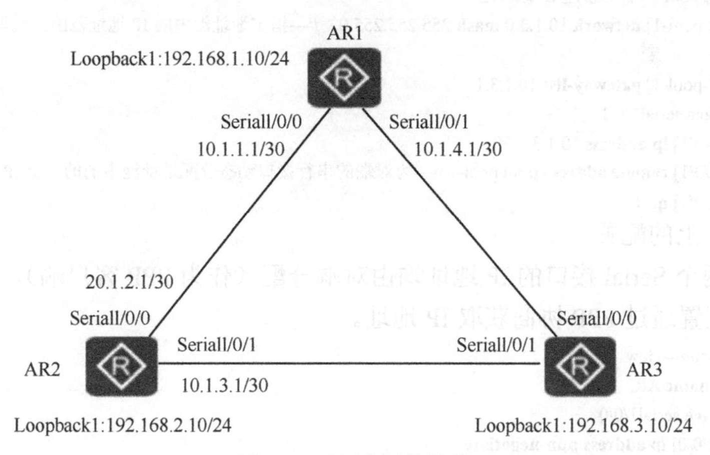

图 24-1　实验拓扑结构

四、实验配置和结果验证

1. 配置各路由器的 Serial 接口（Loopback 接口在本实验中仅代表所连接的网段，对实验结果没有影响，可不用配置）的 IP 地址

（1）AR1 上的配置

AR1 上两个 Serial 接口的 IP 地址均采用静态配置，同时，Serial1/0/1 接口作为 PPP

服务器，还要为其对端 AR3 的 Serial1/0/0 接口固定分配一个与本接口 IP 地址不在同一个 IP 网段的 IP 地址。

```
<Huawei> system-view
[Huawei] sysname AR1
[AR1] interface serial1/0/0
[AR1-Serial1/0/0] ip address 10.1.1.1 30
[AR1-Serial1/0/0] quit
[AR1] interface serial1/0/1
[AR1-Serial1/0/1] ip address 10.1.4.1 30
[AR1-Serial1/0/1] remote address 10.1.5.1   #---为对端的串行接口分配固定的 10.1.5.1/32 的 IP 地址
[AR1-Serial1/0/1] quit
```

（2）AR2 上的配置

AR2 上的两个 Serial 接口的 IP 地址也均采用静态配置，但 Serial1/0/0 接口的 IP 地址与其对端 AR1 的 Serial1/0/0 接口的 IP 地址不在同一个 IP 网段。AR2 的 Serial1/0/1 接口作为 PPP 服务器，还要通过 IP 地址池为其对端 AR3 的 Serial1/0/1 接口动态分配一个与本接口 IP 地址在同一个 IP 网段的 IP 地址。

```
<Huawei> system-view
[Huawei] sysname AR2
[AR2] interface serial1/0/0
[AR2-Serial1/0/0] ip address 20.1.2.1 30   #---此 IP 地址与其对端 AR1 的 Serial1/0/0 接口的 IP 地址完全不在同一 IP 网段
[AR2-Serial1/0/0] quit
[AR2] ip pool pool-1   #---新建 IP 地址池
[AR2-ip-pool-pool-1] network 10.1.3.0 mask 255.255.255.0   #---指定地址池中的 IP 地址范围，这里的子网掩码不代表 IP 地址的网络掩码
[AR2-ip-pool-pool-1] gateway-list 10.1.3.1
[AR2] interface serial1/0/1
[AR2-Serial1/0/1] ip address 10.1.3.1 30
[AR2-Serial1/0/1] remote address pool pool-1 #---为对端的串行接口动态分配地址池中的的一个 IP 地址
[AR2-Serial1/0/1] quit
```

（3）AR3 上的配置

AR3 的两个 Serial 接口的 IP 地址均由对端分配（作为 PPP 客户端），所以需要在这两个接口上配置通过 PPP 协商获取 IP 地址。

```
<Huawei> system-view
[Huawei] sysname AR3
[AR3] interface serial1/0/0
[AR3-Serial1/0/0] ip address ppp-negotiate
[AR3-Serial1/0/0] quit
[AR3] interface serial1/0/1
[AR3-Serial1/0/1] ip address ppp-negotiate
[AR3-Serial1/0/1] quit
```

以上配置完成后，在 AR3 上执行 **display ip interface brief** 命令，可发现 Serial1/0/0 和 Serial1/0/1 接口已分配到了 IP 地址，且都是 32 位掩码的，如图 24-2 所示。

在以上 IP 地址的配置和分配中，尽管 AR1 和 AR2 之间的串行链路两端接口的 IP 地址不在同一个 IP 网段，AR1 与 AR3 之间的串行链路两端接口的 IP 地址也不在同一个 IP 网段，但它们之间可以直接三层互通。图 24-3 中显示了在 AR1 上分别 Ping AR2、AR3 上的 Serial1/0/0 接口的 IP 地址结果，都是互通的。

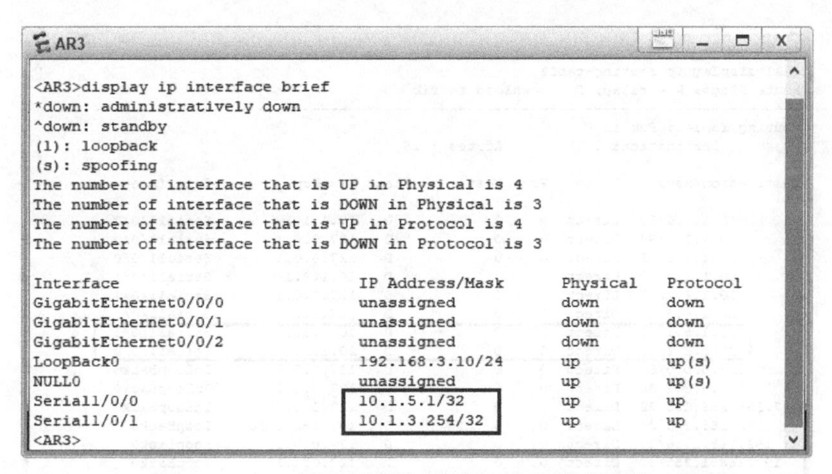

图 24-2　AR3 是两串行接口通过 PPP 协商获取的 IP 地址

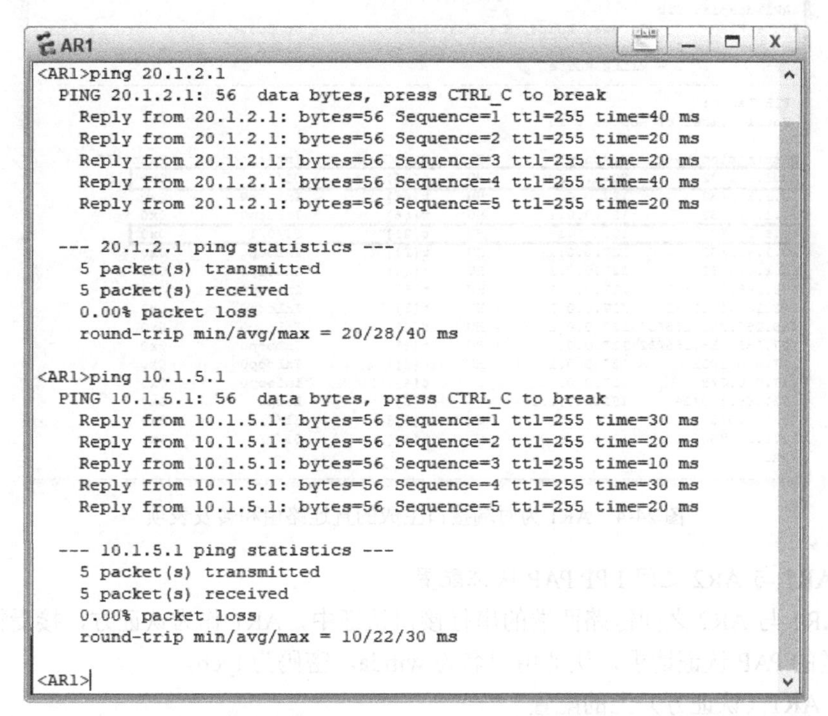

图 24-3　AR1 上 ping 与本地接口不在同一个 IP 网段的对端串行接口 IP 地址的结果

【说明】　串行链路两端的接口 IP 地址不在同一个 IP 网段也可以三层互通，根本原因是 IPCP，它可以在两端接口进行三层网络参数协商时，为对端接口的 32 位掩码 IP 地址（不管是否与本端 IP 地址在同一个 IP 网段）也生成一条主机类型的直连路由和转发表项。**这些直连路由有一个共同的特性，那就是下一跳都是对端接口的 IP 地址，**而真正的本地接口的直连路由的下一跳是 127.0.0.1。以太网接口没有这样的特性。

图 24-4 所示，在 AR1 上执行 **display ip routing-table** 命令和 **display fib** 命令的输出结果，其中显示了 AR1 上为 AR2 的 Serial1/0/0 接口的 IP 地址 20.1.2.1/30 和 AR3 的 Serial1/0/0 接口的 IP 地址 10.1.5.1/32 而生成的直连路由和转发表项。

```
AR1
<AR1>display ip routing-table
Route Flags: R - relay, D - download to fib
------------------------------------------------------------------------------
Routing Tables: Public
         Destinations : 15       Routes : 15

Destination/Mask    Proto   Pre  Cost      Flags NextHop         Interface

       10.1.1.0/30  Direct  0    0           D   10.1.1.1        Serial1/0/0
       10.1.1.1/32  Direct  0    0           D   127.0.0.1       Serial1/0/0
       10.1.1.3/32  Direct  0    0           D   127.0.0.1       Serial1/0/0
       10.1.4.0/30  Direct  0    0           D   10.1.4.1        Serial1/0/1
       10.1.4.1/32  Direct  0    0           D   127.0.0.1       Serial1/0/1
       10.1.4.3/32  Direct  0    0           D   127.0.0.1       Serial1/0/1
       10.1.5.1/32  Direct  0    0           D   10.1.5.1        Serial1/0/1
       20.1.2.1/32  Direct  0    0           D   20.1.2.1        Serial1/0/0
      127.0.0.0/8   Direct  0    0           D   127.0.0.1       InLoopBack0
      127.0.0.1/32  Direct  0    0           D   127.0.0.1       InLoopBack0
127.255.255.255/32  Direct  0    0           D   127.0.0.1       InLoopBack0
   192.168.1.0/24   Direct  0    0           D   192.168.1.10    LoopBack0
  192.168.1.10/32   Direct  0    0           D   127.0.0.1       LoopBack0
 192.168.1.255/32   Direct  0    0           D   127.0.0.1       LoopBack0
255.255.255.255/32  Direct  0    0           D   127.0.0.1       InLoopBack0

<AR1>display fib
Route Flags: G - Gateway Route, H - Host Route,    U - Up Route
             S - Static Route,  D - Dynamic Route, B - Black Hole Route
             L - Vlink Route
--------------------------------------------------------------------------------
 FIB Table:
 Total number of Routes : 15

Destination/Mask   Nexthop         Flag TimeStamp     Interface       TunnelID
20.1.2.1/32        20.1.2.1        HU   t[66]         S1/0/0          0x0
10.1.1.3/32        127.0.0.1       HU   t[66]         InLoop0         0x0
10.1.1.1/32        127.0.0.1       HU   t[66]         InLoop0         0x0
10.1.5.1/32        10.1.5.1        HU   t[21]         S1/0/1          0x0
10.1.4.3/32        127.0.0.1       HU   t[21]         InLoop0         0x0
10.1.4.1/32        127.0.0.1       HU   t[21]         InLoop0         0x0
192.168.1.255/32   127.0.0.1       HU   t[5]          InLoop0         0x0
192.168.1.10/32    127.0.0.1       HU   t[5]          InLoop0         0x0
255.255.255.255/32 127.0.0.1       HU   t[4]          InLoop0         0x0
127.255.255.255/32 127.0.0.1       HU   t[4]          InLoop0         0x0
127.0.0.1/32       127.0.0.1       HU   t[4]          InLoop0         0x0
127.0.0.0/8        127.0.0.1       U    t[4]          InLoop0         0x0
192.168.1.0/24     192.168.1.10    U    t[5]          Loop0           0x0
10.1.4.0/30        10.1.4.1        U    t[21]         S1/0/1          0x0
10.1.1.0/30        10.1.1.1        U    t[66]         S1/0/0          0x0
<AR1>
```

图 24-4 AR1 为对端接口生成的直连路由和转发表项

2. AR1 与 AR2 之间 PPP PAP 认证配置

在 AR1 与 AR2 之间链路两端的串行接口认证中，AR1 作为认证方，接受被认证方 AR2 发送的 PAP 认证请求，认证用户名为 winda，密码为 lycb。

（1）AR1（认证方）上的配置

```
[AR1] interface serial1/0/0
[AR1-Serial1/0/0] ppp authentication-mode pap
[AR1-Serial1/0/0] quit
[AR1] aaa
[AR1-aaa] local-user winda password cipher lycb
[AR1-aaa] local-user winda service-type ppp
[AR1-aaa] quit
```

（2）AR2（被认证方）上的配置

```
[AR2] interface serial1/0/0
[AR2-Serial1/0/0] ppp pap local-user winda password cipher lycb
[AR2-Serial1/0/0] quit
```

完成配置 PAP 认证后，在接口视图下依次执行命令 **shutdown** 和 **undo shutdown** 或 **restart** 重启接口，使 PAP 认证生效。认证成功后，可以在 AR1 或 AR2 的 Serial1/0/0 接口抓包，此时会见到完整的 PAP 认证两次握手过程，如图 24-5 所示，其中第二个 Authenticate-Ack 确认报文中显示“Welcome to use Quidway ROUTER”消息即表示认证成功。

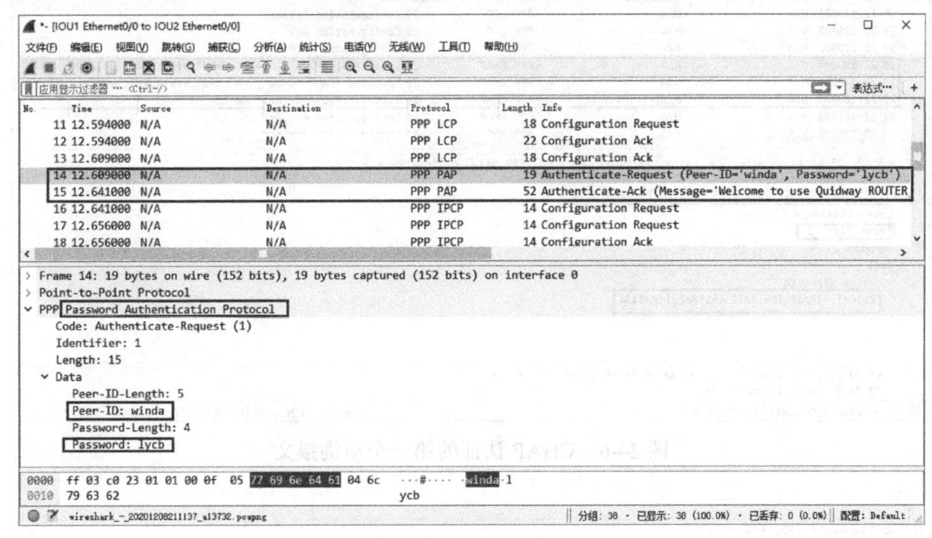

图 24-5　PAP 的两次握手过程

3. AR1 和 AR3 之间的 PPP CHAP 认证配置

在 AR1 与 AR3 之间链路两端的串行接口认证中，AR1 作为认证方，接受被认证方 AR3 发送的 CHAP 认证请求，认证用户名为 dage，密码为 Huawei。本实验中，认证方不配置用于由 PPP 客户端对服务器进行认证的用户名。

（1）AR1（认证方）上的配置

```
[AR1] interface serial1/0/1
[AR1-Serial1/0/1] ppp authentication-mode chap
[AR1-Serial1/0/1] quit
[AR1] aaa
[AR1-aaa] local-user dage password cipher Huawei
[AR1-aaa] local-user dage service-type ppp
[AR1-aaa] quit
```

（2）AR3（被认证方）上的配置

```
[AR3] interface serial1/0/0
[AR3-Serial1/0/0] ppp chap user dage
[AR3-Serial1/0/0] ppp chap password cipher
[AR3-Serial1/0/0] quit
```

完成配置 CHAP 认证后，在接口视图下依次执行命令 **shutdown** 和 **undo shutdown** 或 **restart** 重启接口，使 CHAP 认证生效。认证成功后，可以在 AR1 的 Serial1/0/1 接口或 AR3 上的 Serial1/0/0 接口抓包，会见到完整的 CHAP 认证三次握手过程，第一个是由认证方 AR1 发送的质询报文，如图 24-6 所示，包括了一个质询字符串和标识，第二个是由被认证方 AR2 发送的响应报文，如图 24-7 所示，第三个确认报文显示“Welcome to”即表示认证成功。

完成以上配置和实验结果验证，就结束了本实验的所有配置。

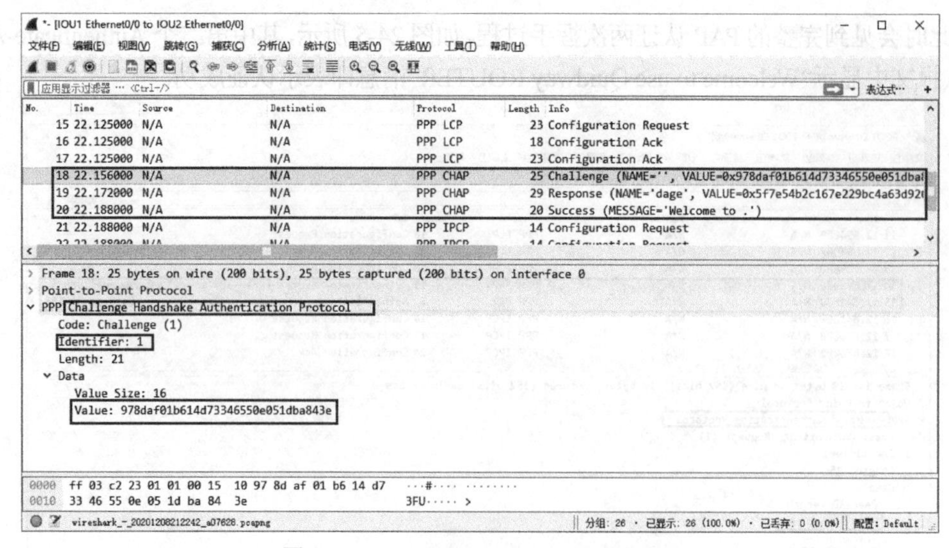

图 24-6　CHAP 认证的第一个质询报文

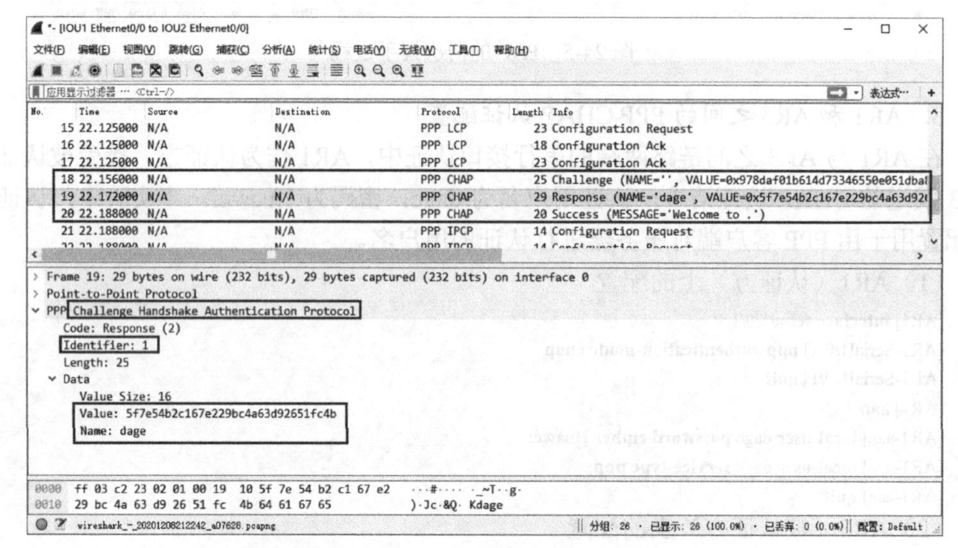

图 24-7　CHAP 认证的第二个响应报文

实验 25 配置 PPPoE 客户端和 PPPoE 服务器

本章主要内容

一、背景知识

二、实验目的

三、实验拓扑结构和要求

四、实验配置思路

五、实验配置

六、实验结果验证

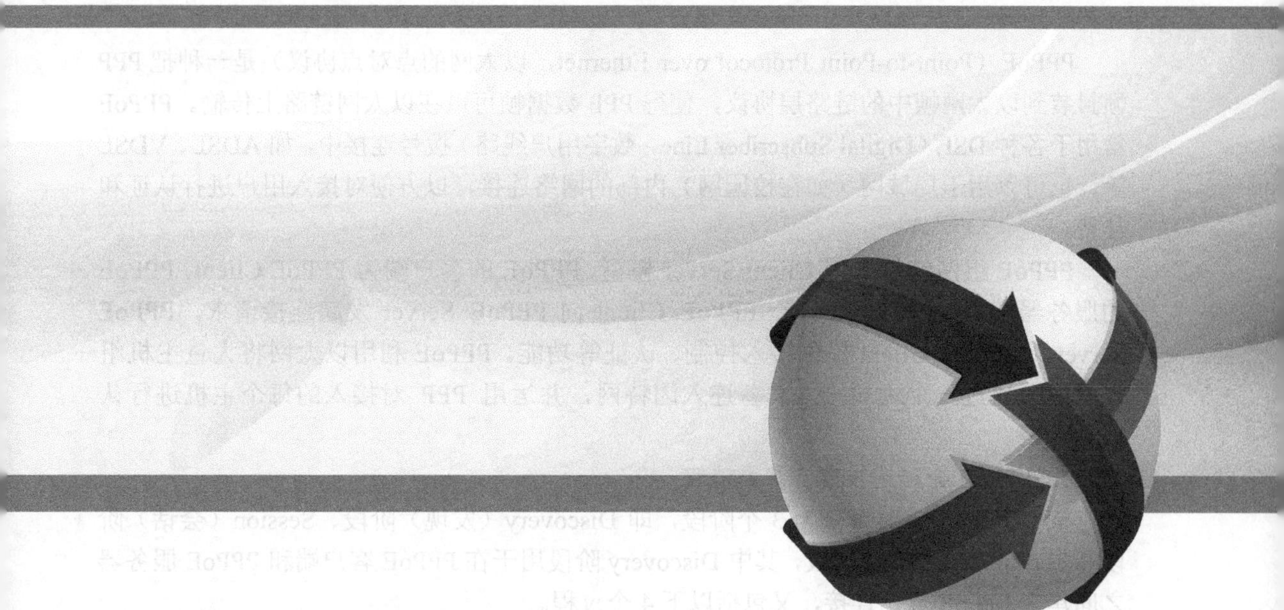

一、背景知识

PPPoE（Point-to-Point Protocol over Ethernet，以太网承载点到点协议）是一种把PPP [illegible] 以太网链路上传输。PPPoE [illegible] 了多种DSL（Digital Subscriber Line，数字用户线路）接入技术中，有ADSL、VDSL [illegible] 的网络连接，以方便对接入用户进行认证和 [illegible]

PPPoE [illegible] PPPoE [illegible] PPPoE Client [illegible] PPPoE Server [illegible] PPPoE [illegible] 认证等功能。PPPoE 利用以太网将大量主机 [illegible] 接入因特网，并运用 PPP 对接入的每个主机进行 [illegible]

[illegible] 个阶段，即Discovery（发现）阶段、Session（会话）阶段 [illegible] 其中 Discovery 阶段用于在 PPPoE 客户端和 PPPoE 服务器之间建立 [illegible] 连接，又包含以下4个过程。

① PPPoE客户端以广播方式发送目的MAC地址为全1的广播MAC地址，发送一个PADI（PPPoE Active Discovery Initiation）报文（Code字段值为0x09，会话ID字段值为0），在此报文中包含PPPoE Client想要得到的服务类型信息，如图25-1所示。

图25-1 PADI报文

[illegible] PPPoE 服务器收到 PADI [illegible]

一、背景知识

PPPoE（Point-to-Point Protocol over Ethernet，以太网的点对点协议）是一种把 PPP 帧封装到以太网帧中的链路层协议，使得 PPP 数据帧可以在以太网链路上传输。PPPoE 常用于各种 DSL（Digital Subscriber Line，数字用户线路）拨号连接中，如 ADSL、VDSL 等，也可以用于局域网（如在校园网）内部的网络连接，以方便对接入用户进行认证和计费。

PPPoE 组网结构采用 Client/Server 模型，PPPoE 的客户端为 PPPoE Client，PPPoE 的服务器端为 PPPoE Server。PPPoE Client 向 PPPoE Server 发起连接请求，PPPoE Server 为 PPPoE Client 提供接入控制、认证等功能。PPPoE 利用以太网将大量主机组成网络，通过一个远端接入设备连入因特网，并运用 PPP 对接入的每个主机进行认证和计费。

1. PPPoE 会话连接建立基本流程

整个 PPPoE 拨号可分为 3 个阶段，即 Discovery（发现）阶段、Session（会话）阶段和 Terminate（结束）阶段，其中 Discovery 阶段用于在 PPPoE 客户端和 PPPoE 服务器之间建立 PPPoE 会话连接，又包括以下 4 个过程。

① PPPoE 客户端**以广播方式**（目的 MAC 地址为全 1 的广播 MAC 地址）发送一个 PADI（PPPoE Active Discovery Initial）报文（Code 字段值为 0x09，会话 ID 为初始的 0），在此报文中包含 PPPoE Client 想要得到的服务类型信息，如图 25-1 所示。

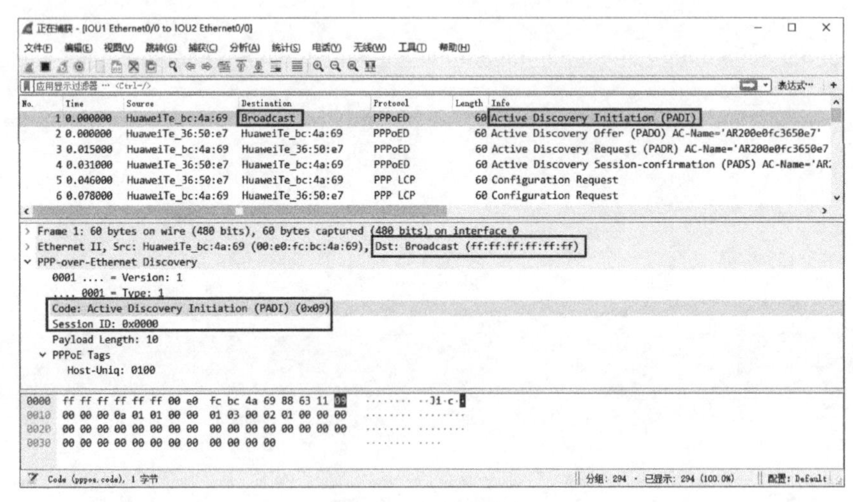

图 25-1 PADI 报文

② 同一 IP 网段的所有 PPPoE 服务器在收到 PADI 报文之后，将其中请求的服务与自己能够提供的服务进行比较，如果可以提供接入服务，则**以单播方式**回复一个 PADO（PPPoE Active Discovery Offer）报文（Code 字段值为 0x07，会话 ID 仍为初始的 0），如图 25-2 所示。

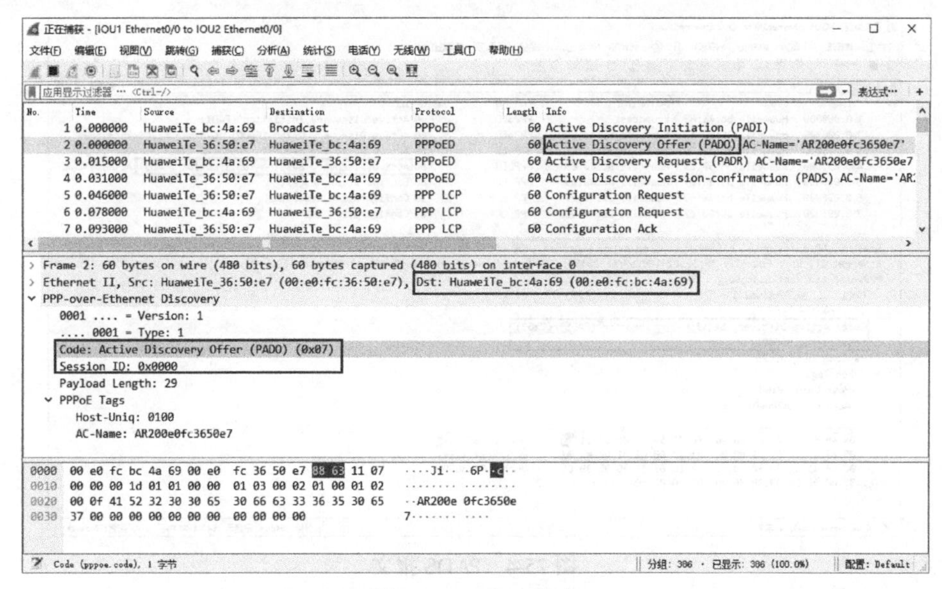

图 25-2　PADO 报文

③ 根据网络的拓扑结构，PPPoE 客户端可能收到多个 PPPoE 服务器发送的 PADO 报文，PPPoE 客户端选择最先收到的 PADO 报文对应的 PPPoE 服务器做为自己的 PPPoE 服务器，并**以单播方式**发送一个 PADR（PPPoE Active Discovery Request）报文（Code 字段值为 0x19，会话 ID 仍为初始的 0），如图 25-3 所示。

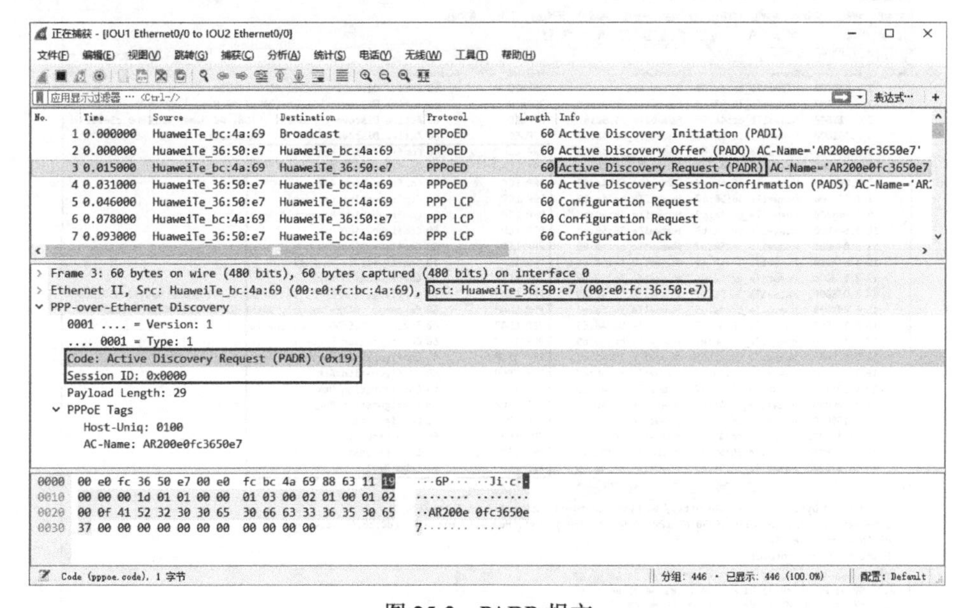

图 25-3　PADR 报文

④ PPPoE 服务器产生一个唯一的会话 ID（Session ID），标识和 PPPoE Client 的这个会话，然后**以单播方式**发送一个 PADS（PPPoE Active Discovery Session-confirmation）报文向 PPPoE 客户端告知正式建立的 PPPoE 会话的 ID，如图 25-4 所示。PPPoE 会话建立成功后便进入 PPPoE Session（会话）阶段。

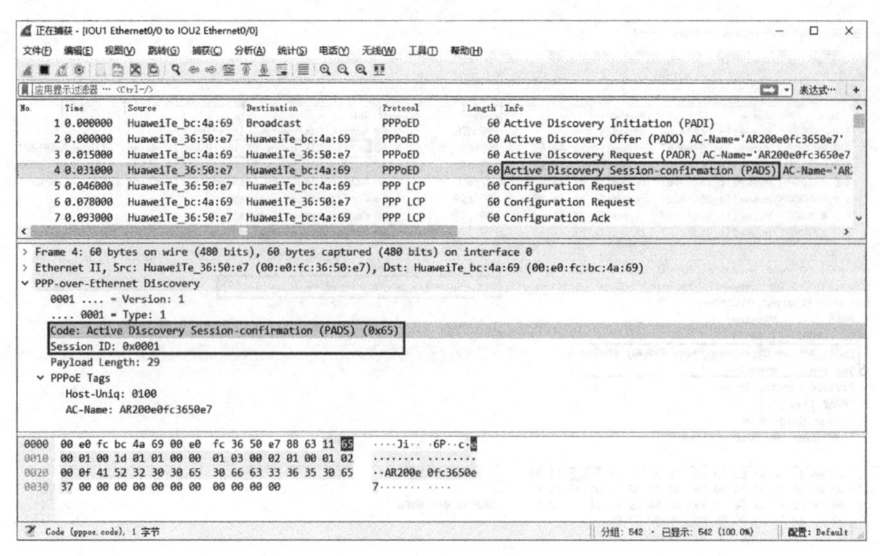

图 25-4 PADS 报文

在 PPPoE 会话阶段，就进行着 PPP 会话，由 LCP、NCP（在 IP 网络中是 IPCP）和对应的 PPP 认证协议完成各种链路层、网络层和认证参数的协商，协商完成后通过 Echo Request 和 Echo Reply 报文进行 PPP 会话维持阶段。整个会话阶段的报文交互流程如图 25-5 所示。

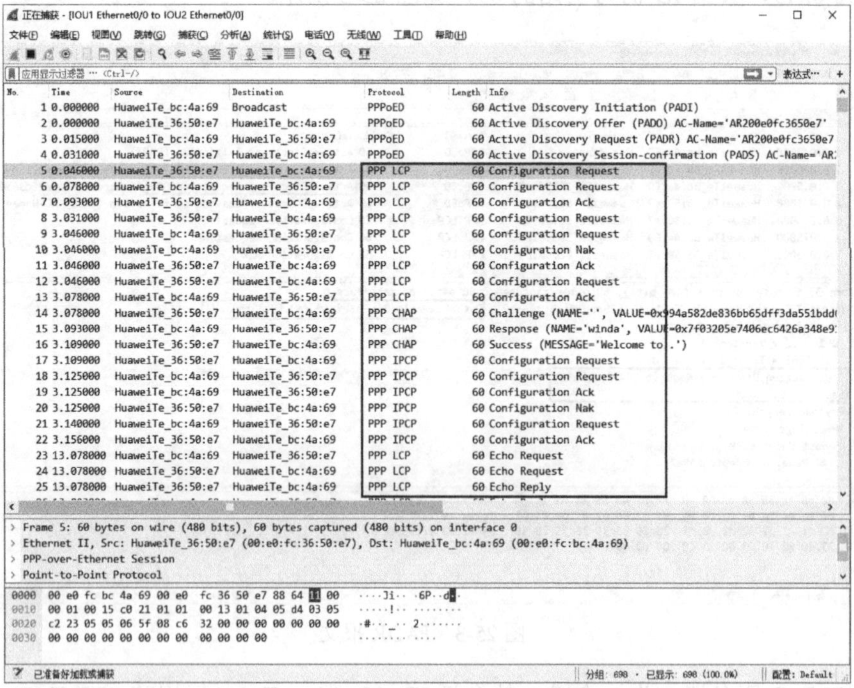

图 25-5 PPPoE 会话阶段报文交互流程

2. PPPoE 客户端和服务器的配置任务

因为 PPPoE 是在以太网链路上传输 PPP 数据帧，实现串行链路上才能实现的拨号功能，所以在 PPPoE 客户端和服务器的以太网接口上均要创建虚拟的 PPP 接口。在 PPPoE 客户端上要创建一个用于发起 PPPoE 拨号的 Dialer 接口，而在 PPPoE 服务器上要创建用于接收 PPPoE 拨号的 VT（Virtual-Template，虚拟模板），它们的链路层协议都是 PPP。

PPPoE 客户端的基本配置任务如下。

① 配置 Dialer 接口。

② 配置 Dialer 接口的 IP 地址。

③ 配置 PPPoE 客户端作为被认证方（可选）。

④ 配置接口上启用 PPPoE 客户端功能。

⑤ 配置接收 PPPoE 服务器指定的 DNS 服务器地址（可选）。

PPPoE 服务器的基本配置任务如下。

① 配置虚拟模板。

② 配置为 PPPoE 客户端分配 IP 地址。

③ 配置 PPPoE 服务器作为认证方（可选）。

④ 配置接口上启用 PPPoE 服务器功能。

⑤ 配置为 PPPoE 客户端指定 DNS 服务器地址（可选）。

二、实验目的

本实验将模拟一个企业用户通过由边缘路由器担当的 PPPoE 客户端向位于运营商的 PPPoE 服务器发起 PPPoE 拨号，建立 PPPoE 连接，然后接入 Internet 的过程。除了要应用 PPPoE 技术之外，还将涉及 NAT 技术，实现对成功连接 Internet 后，配置了私网 IP 地址的企业用户在对 Internet 中服务器访问的过程中进行 IP 地址和传输层端口的转换。

通过本实验的学习将达到如下目的。

① 掌握 PPPoE 客户端、服务器的配置方法。

② 理解 PPPoE 拨号的基本流程，参见上文介绍的 PPPoE 会话连接建立的基本流程。

③ 理解 PPPoE 在 Internet 接入中与 NAT 技术结合的配置方法。

三、实验拓扑结构和要求

本实验的拓扑结构如图 25-6 所示。某公司要以接入 Internet 的核心路由器作为 PPPoE 客户端，向运营商网络中 PPPoE 服务器发起 PPPoE 拨号连接接入 Internet，且要求仅允许 192.168.1.0/24 网段用户可以访问位于 Internet 的服务器（Server）。

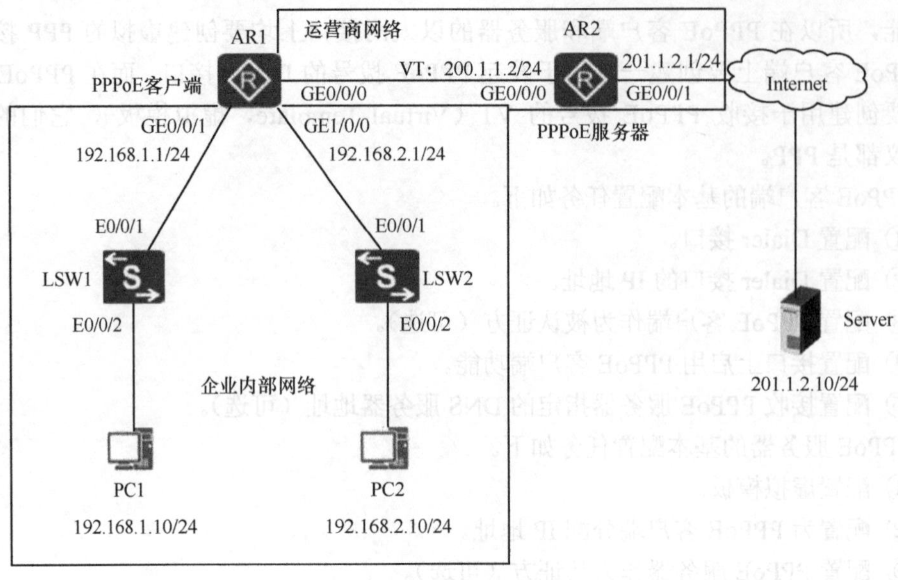

图 25-6　实验拓扑结构

四、实验配置思路

我们根据上文介绍的 PPPoE 客户端和服务器的配置任务，再结合本实验的实际需求可得出如下基本配置思路。

① 在 AR1 上配置各接口（GE0/0/0 接口除外）IP 地址和 PPPoE 客户端，其中，PPPoE 客户端的配置包括以下配置任务：

- 创建 Dialer1 接口，IP 地址采用自动协商方式，由运营商 PPPoE 服务器分配；
- 创建拨号规则，启用 PPPoE Client 功能；
- 配置 PPP CHAP 认证（作为被认证方）；
- 配置触发 PPPoE 拨号的访问外部网络的默认静态路由（以 Dialer 1 接口为出接口）。

② 在 AR1 上配置 Easy-IP 网络地址转换，以 Dialer 1 接口分配的公网 IP 地址作为内网用户转换后的公网 IP 地址，通过高级 ACL（也可采用基本 ACL）仅允许对来自 192.168.1.0/24 网段用户的 IP 报文进行地址转换。

③ 在 AR2 上配置 GE0/0/1 接口 IP 地址和 PPPoE 服务器，其中，PPPoE 服务器的配置包括以下配置任务。

- 创建 VT 并配置 IP 地址，启用 PPPoE Server 功能；
- 配置公网 IP 地址池，为 PPPoE 客户端自动分配 IP 地址；
- 配置 PPP CHAP 认证（作为认证方）。

④ 配置 PC 机和 Server 上的 IP 地址和网关（略）。

五、实验配置

① 在 AR1 上配置 PPPoE 客户端。

- 配置接口 IP 地址。

```
<Huawei> system-view
[Huawei] sysname AR1
[AR1] interface gigabitethernet0/0/1
[AR1-GigabitEthernet0/0/1] ip address 192.168.1.1 24
[AR1-GigabitEthernet0/0/1] quit
[AR1] interface gigabitethernet1/0/0
[AR1-GigabitEthernet1/0/0] ip address 192.168.2.1 24
[AR1-GigabitEthernet1/0/0] quit
```

- 创建并配置拨号接口。

在以太网链路上发起 PPPoE 拨号，必须先要创建封装 PPP 的逻辑 Dialer 拨号接口，并为其配置相应的拨号参数，并可选配置 PPP 认证，作为 PPP 认证的被认证方。

```
[AR1] dialer-rule
[AR1-dialer-rule] dialer-rule 1 ip permit #---配置拨号访问控制列表，指定触发拨号的条件为所有 IP 报文
[AR1-dialer-rule] quit
[AR1] interface dialer 1
[AR1-Dialer1] dialer user winda   #---指定拨号用户名，要与 PPPoE 服务器端配置的用户名一致
[AR1-Dialer1] dialer-group 1   #---将 Dialer1 接口加入拨号组 1 号，组号必须与拨号访问列表号一致，即使得 Dialer1 接口与拨号访问列表进行关联。一个 Dialer 接口只能加入一个拨号组
[AR1-Dialer1] dialer bundle 1 #---指定 Dialer1 接口使用的拨号捆绑号
[AR1-Dialer1] ppp chap user winda   #---指定进行 CHAP 认证的用户名，必须与 PPPoE 服务器上配置的一致
[AR1-Dialer1] ppp chap password cipher huawei #---指定进行 CHAP 认证的用户密码，必须与 PPPoE 服务器上配置的一致
[AR1-Dialer1] ip address ppp-negotiate   #---指定 Dialer1 接口 IP 地址采用自动协商方式由 PPPoE 服务器分配
[AR1-Dialer1] quit
```

- 启用 PPPoE 客户端功能。

启用 PPPoE 客户端功能是通过指定物理拨号接口上使用指定逻辑 Diaer 接口配置的拨号捆绑号，建立物理拨号接口与逻辑 Dialer 接口之间的关联。

```
[AR1] interface gigabitethernet 0/0/0
[AR1-GigabitEthernet0/0/0] pppoe-client dial-bundle-number 1   #---使能 PPPoE 客户端功能，指定所关联的 Dialer 接口配置的拨号捆绑号
[AR1-GigabitEthernet0/0/0] quit
```

- 配置以 Dialer 接口为出接口，到达 Server 网段的默认静态路由（无须指定下一跳，因为 Dialer 接口运行的是 PPP），使得内网用户访问外部网络的流量都通过 PPPoE 拨号连接到达。

```
[AR1] ip route-static 0.0.0.0 0 dialer1
```

② 在 AR1 上配置 Easy-IP NAT，仅允许来自 192.168.1.0/24 网段用户的 IP 报文进行 NAT 转换。在 Internet 接入中必须同时配置 NAT 地址转换，否则即使建立了 PPPoE 连接，内网用户也无法访问 Internet。对于拨号访问、PPPoE 客户端 Dialer 接口 IP 地址由运营商分配的情形，我们要采用 Easy IP 方式进行配置。NAT ACL 既可以是高级 ACL，也可以是基本 ACL，在此采用高级 ACL 进行配置。

```
[AR1] acl 3001
```

```
[AR1-acl-adv-3001] rule permit ip source 192.168.1.0 0.0.0.255   #---允许来自 192.168.1.0/24 网段用户的所有 IP 报文进行 NAT 地址转换
[AR1-acl-adv-3001] quit
[AR1] interface dialer 1
[AR1-Dialer1] nat outbound 3001   #---配置 Easy IP
[AR1-Dialer1] quit
```

③ 在 AR2 上配置 PPPoE 服务器。

AR2 作为既是作为 PPPoE 服务器，也是作为 PPP CHAP 认证的认证方。

- 配置为 PPPoE 客户端进行 IP 地址分配的 IP 地址池（可以与 VT 接口的 IP 地址不在同一 IP 网段），创建并配置 VT。

```
<AR2> system-view
[AR2] ip pool pool1 #---创建为 PPPoE 客户端进行 IP 地址分配的 IP 地址池。
[AR2-ip-pool-pool1] network 200.1.1.0 mask 255.255.255.0   #---指定 IP 地址池中的 IP 地址范围
[AR2-ip-pool-pool1] gateway-list 200.1.1.2   #---配置地址池的出口网关地址，为 VT 的 IP 地址
[AR2-ip-pool-pool1] quit
[AR2] interface virtual-template 1   #---创建 VT
[AR2-Virtual-Template1] ip address 200.1.1.2 24
[AR2-Virtual-Template1] quit
```

- 启用 PPPoE 服务器功能，并配置 GE0/0/1 接口 IP 地址。

启用 PPPoE 服务器功能的方法就是在接收 PPPoE 客户端拨号请求的物理拨号接口上绑定前面所创建的 VT。

```
[AR2] interface gigabitethernet 0/0/0
[AR2-GigabitEthernet0/0/0] pppoe-server bind virtual-template 1
[AR2-GigabitEthernet0/0/0] quit
[AR2] interface gigabitethernet 0/0/1
[AR2-GigabitEthernet0/0/0] ip address 201.1.2.1 24
[AR2-GigabitEthernet0/0/0] quit
```

- 配置 CHAP 认证。

PPPoE 服务器是作为 PPP 认证的认证方，通常采用 AAA 本地认证方式，所以需要在本要创建对应的认证用户建立账户。

```
[AR2] interface virtual-template 1
[AR2-Virtual-Template1] ppp authentication-mode chap   #---指定采用 CHAP 认证，作为认证方
[AR2] aaa
[AR2-aaa] local-user winda password cipher huawei   #---创建用于 CHAP 认证的本地用户账户
[AR2-aaa] local-user winda service-type ppp   #---指定所创建的 CHAP 认证的用户账户支持 PPP 接入
[AR2-aaa] quit
```

④ 配置 PC、Server 的 IP 地址和网关，略。

六、实验结果验证

以上配置完成后，可进行以下实验结果验证。

① 在 AR1 上执行 **display pppoe-client session summary** 命令查看 PPPoE 会话的状态和配置信息，如图 25-7 所示。从中可以看出，PPPoE 客户端的会话状态是正常的。

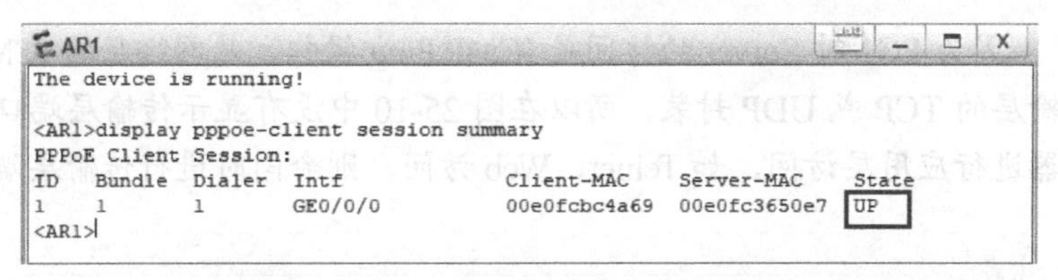

图 25-7　AR1 的 PPPoE 客户端会话状态

② 在 AR1 上执行 **displayinterface** dialer 1 命令，从图 25-8 所示的输出信息中可以看到 Dialer 1 上已由 PPPoE 服务器成功分配了一个公网 IP 地址 200.1.1.254/32，位于 PPPoE 服务器配置的 IP 地址池中，进一步表明 PPPoE 客户端和服务器之间已成功建立了 PPPoE 连接。

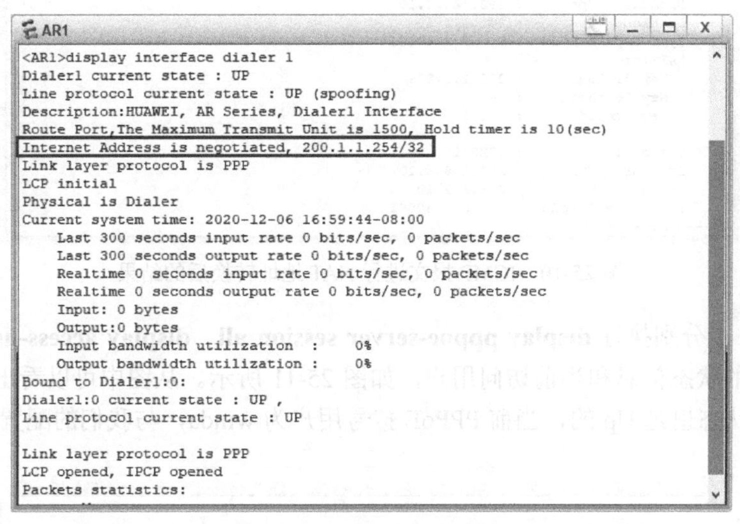

图 25-8　Dialer 接口成功从 PPPoE 服务器上获取到 IP 地址

③ 在 PC1 上 Ping 外网的 Server，已能互通，如图 25-9 所示。从 AR1 上执行 **display nat session all** 命令可以看出，ICMP 报文经过 AR1 后进行了源 IP 地址转换，由 PC1 的私网 IP 地址 192.168.1.10 转换为 Dialer1 接口的公网 IP 地址 200.1.1.254，如图 25-10 所示。但是位于 192.168.2.0/24 网段的 PC2 不能 Ping 通 Server，因为它不在 NAT ACL 允许的范围内。

图 25-9　PC1 成功 Ping 通 Server 的结果

【说明】 因为 PC1 对 Server 的访问是 ICMP Ping 操作，是网络层的 ICMP 报文，不需要经过传输层的 TCP 或 UDP 封装，所以在图 25-10 中没有显示传输层端口的转换。如果是对服务器进行应用层访问，如 Telnet、Web 访问，则会同时进行传输层端口的转换。

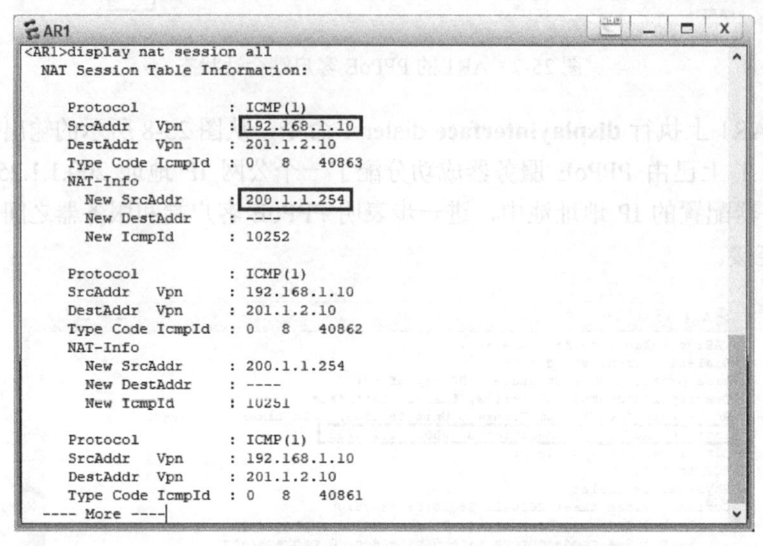

图 25-10　ICMP 报文进行 NAT 地址转换后的结果

④ AR2 上分别执行 **display pppoe-server session all**、**display access-user** 命令查看 PPPoE 会话的状态信息和当前访问用户，如图 25-11 所示。从图中可以看出，PPPoE 服务器的会话状态也是 Up 的，当前 PPPoE 拨号用户为 winda，与我们的配置一致。

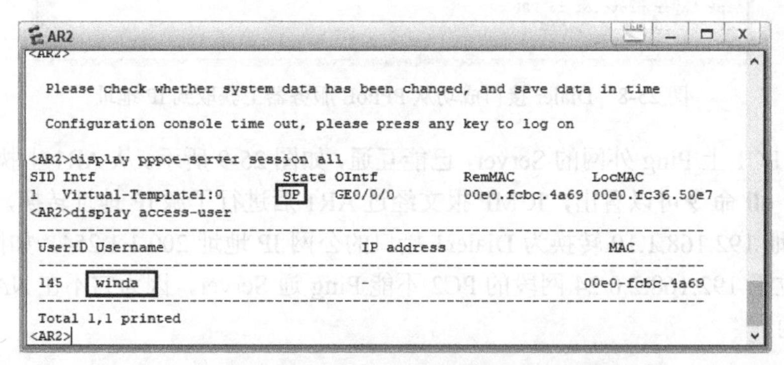

图 25-11　查看 PPPoE 服务器会话状态和访问用户的结果

实验26 多种方式配置IPv6链路本地地址和全球单播地址

本章主要内容

一、背景知识

二、实验目的

三、实验拓扑结构和要求

四、实验配置和结果验证

一、背景知识

IPv6 地址长 128 位，包括单播、组播和任播 3 种类型。IPv6 单播地址中主要包括 IPv6 全球单播地址（相当于 IPv4 公网地址，可以直接在 Internet 中进行路由）、IPv6 链路本地地址（仅可在本地链路用于数据转发）和 IPv6 唯一本地址（可以组织内部网络中进行路由，相当于 IPv4 私网地址）。本实验要巩固学习 IPv6 全球单播地址和 IPv6 链路本地地址的配置方法。

1. *IPv6 全球单播地址配置方法及基本原理*

IPv6 全球单播地址有以下几种配置方法。

① 手工配置：用户手工配置 IPv6 全球单播地址。

② 采用 EUI-64 格式形成，只需配置好地址前缀，接口 ID 部分由 EUI-64 规范根据接口 MAC 地址自动生成。这种方式生成的 IPv6 全球单播地址的前缀长度固定为 64 位，接口 ID 长度也固定为 64 位。

③ 无状态自动配置：通过与邻居设备之间的 RS/RA 报文交互自动配置。

④ 有状态自动配置：通过 DHCPv6 服务器自动分配。

本实验仅介绍前面 3 种 IPv6 全球单播地址配置方法，有关通过 DHCPv6 服务器进行自动 IPv6 地址分配的配置方法参见本书实验 28。

EUI-64 规范是将接口的 48 位 MAC 地址转换为 IPv6 接口 ID 的过程。MAC 地址的前 24 位（用 c 表示的部分）为公司标识，后 24 位（用 n 表示的部分）为扩展标识符。从高位数，第 7 位是 0 表示了 MAC 地址本地唯一。转换的第一步将 FFFE 插入 MAC 地址的公司标识和扩展标识符之间，第二步将从高位数，第 7 位的 0 改为 1 表示此接口 ID 全球唯一，如图 26-1 所示。

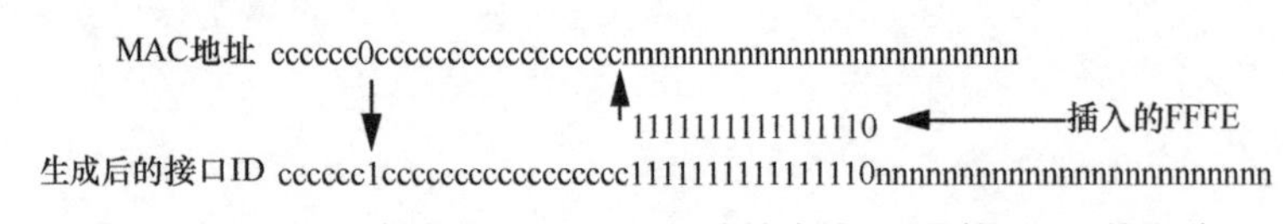

图 26-1　EUI-64 规范由 48 位 MAC 地址生成 64 位接口 ID 的方法

如一接口的 MAC 地址为 00e0-fcb0-01cc，转换为 48 位二进制为 0000 0000 1110 0000 1111 1100 1011 0000 0000 0001 1100 1100，在第 24 位与第 25 位之间插入 FFFE（对应的二进制为 1111 1111 1111 1110），然后将第 7 位由 0 改为 1，即可得到 64 位接口 ID 为 02e0-fcff-feb0-01cc，如图 26-2 所示。

在默认情况下，无状态 IPv6 单播地址自动配置是通过链路对端设备发送的 RA 报文中携带的 IPv6 地址前缀，如图 26-3 所示，再加上由 EUI-64 规范形成的接口 ID 组成，但接口 ID 通过配置也可以选择链路本地地址中的接口 ID，默认也为 64 位。

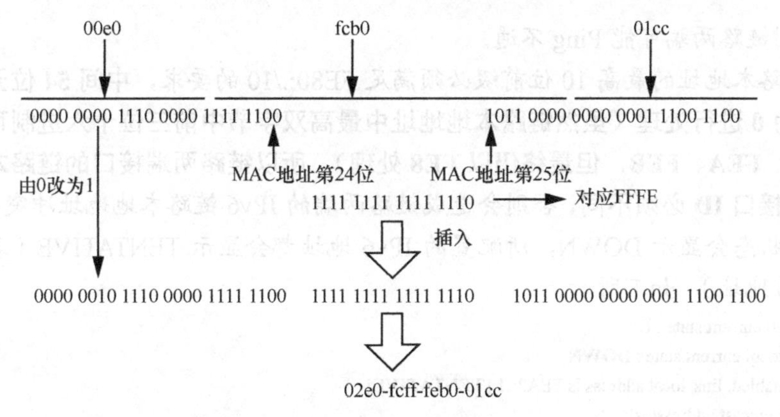

图 26-2　48 位 MAC 地址 00e0-fcb0-01cc 转换为 64 位接口 ID 的流程

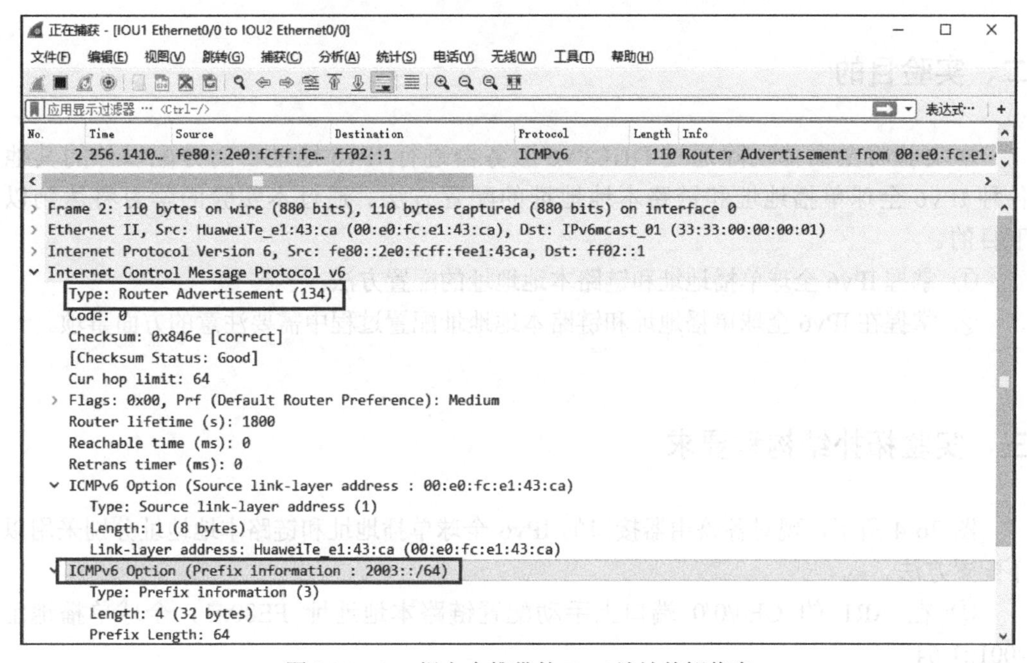

图 26-3　RA 报文中携带的 IPv6 地址前缀信息

2. IPv6 链路本地地址配置方法

IPv6 链路本地地址在邻居发现、IPv6 地址无状态自动配置等功能中必不可少，有以下两种配置方法。

① 手工配置：用户手工配置 IPv6 链路本地地址，前缀必须符合 FE80::/10 要求。

② 自动生成：链路本地地址前缀为 FE80::/10，最后 64 位是由 EUI-64 规范根据接口 MAC 地址自动生成，中间的 54 位全为 0。

在接口上配置了 IPv6 全球单播地址或唯一本地地址时，也会自动生成链路本地地址。生成的方式也是 FE80::/10 前缀，再加以上 EUI-64 规范生成的 64 位接口 ID。

【注意】　在配置 IPv6 地址时要注意以下几点。

① 对于 IPv6 全球单播地址和唯一本地地址，链路两端接口的地址前缀均必须对应

相同，否则链路两端可能 Ping 不通。

② 链路本地址的最高 10 位前缀必须满足 FE80::/10 的要求，**中间 54 位无论是什么值都将作为 0 进行处理（虽然链路本地地址中最高双字节中前三位十六进制可以配置为 FF8、FF9、FEA、FEB，但最终仍以 FE8 处理），所以链路两端接口的链路本地地址的最低 64 位接口 ID 必须不同**，否则会造成链路两端的 IPv6 链路本地地址冲突，导致该接口的 IPv6 状态会显示 DOWN，所配置的 IPv6 地址都会显示 TENTATIVE（表示是未经检测的试验地址），如下所示。

```
Serial1/0/0 current state : UP
IPv6 protocol current state : DOWN
IPv6 is enabled, link-local address is FEA2::1 [TENTATIVE]
  Global unicast address(es):
    2002::2, subnet is 2002::/64 [TENTATIVE]
```

二、实验目的

本实验将全面体现除通过 DHCPv6 服务器进行 IPv6 地址自动分配以外的其他各种 IPv6 全球单播地址和链路本地地址的配置方法。通过本实验的学习将达到以下目的。

① 掌握 IPv6 全球单播地址和链路本地地址的配置方法。

② 掌握在 IPv6 全球单播地址和链路本地地址配置过程中需要注意的方面事项。

三、实验拓扑结构和要求

图 26-4 所示，现对各路由器接口的 IPv6 全球单播地址和链路本地地址分别采用以下配置方法。

① 在 AR1 的 GE0/0/0 端口上手动配置链路本地地址 FE80::1，全球单播地址 2001::1/64。

② 在 AR2 上进行如下配置。

- 在 GE0/0/0 接口上采用自动配置链路本地地址，配置 2001:: EUI-64 格式全球单播 IPv6 地址。验证如果 IPv6 全球单播地址前缀不为 2001::/64，链路两端不能相互 Ping 通它们的全球单播地址；验证自动配置的 IPv6 链路本地地址格式为 FE80::/10+EUI-64 格式的接口 ID。
- 在GE0/0/1接口上不配置链路本地址，配置2003::1/64全球单播地址，并开启RA报文发送功能。验证自动生成的链路本地地址的格式也为FE80::/10+EUI- 64格式的接口ID，并抓包验证RA报文所携带的IPv6地址前缀信息。
- 在 Serial1/0/0 接口上手动配置链路本地地址 FE91::1 和全球单播地址 2002::1/64，并启用 RA 报文发送功能。

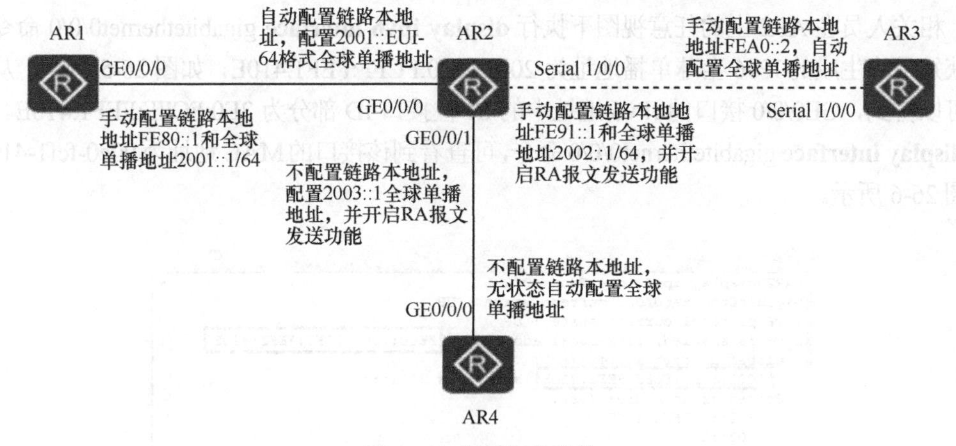

图 26-4　实验拓扑结构

③ 在AR3的Serial1/0/0接口上手动配置链路本地地址FEA0::2，无状态自动配置IPv6全球单播地址。验证Serial1/0/0接口无状态自动配置的IPv6全球单播地址格式；验证当把链路本地地址改为FEA0::1（接口ID部分与AR2的Serial1/0/0接口的链路由本地地址的接口ID相同）时，会出现什么情况。

④ 在AR4的GE0/0/0接口上不配置链路本地地址，无状态自动配置IPv6全球单播地址。验证GE0/0/0接口无状态自动配置的IPv6全球单播地址格式。

四、实验配置和结果验证

① 在 AR1 的 GE0/0/0 端口上手动配置 IPv6 链路本地地址 FE80::1，IPv6 全球单播地址 2001::1/64。

```
<Huawei> system-view
[Huawei] sysname AR1
[AR1] ipv6
[AR1] interface gigabitethernet 0/0/0
[AR1-gigabitethernet0/0/0] ipv6 enable
[AR1-gigabitethernet0/0/0] ipv6 address fe80::1 link-local
[AR1-gigabitethernet0/0/0] ipv6 address 2001::1 64
[AR1-gigabitethernet0/0/0] quit
```

② AR2 上的配置。

- GE0/0/0 接口上采用自动配置 IPv6 链路本地地址，配置 2001:: EUI-64 格式 IPv6 全球单播地址。

```
<Huawei> system-view
[Huawei] sysname AR2
[AR2] ipv6
[AR2] interface gigabitethernet 0/0/0
[AR2-gigabitethernet0/0/0] ipv6 enable
[AR2-gigabitethernet0/0/0] ipv6 address auto link-local   #---自动配置链路本地地址
[AR2-gigabitethernet0/0/0] ipv6 address 2001:: 64 eui-64   #---以 EUI-64 格式生成全球单播地址，前缀为 2001::/64
[AR2-gigabitethernet0/0/0] quit
```

相关人员在 AR2 上的任意视图下执行 **display ipv6 interface** gigabitethernet0/0/0 命令，可获知最终生成的 IPv6 全球单播地址为 2001::2E0:FCFF:FEF1:410E，如图 26-5 所示。从图中可以得到，GE0/0/0 接口的 IPv6 地址中的 64 位接口 ID 部分为 2E0:FCFF:FEF1:410E。执行 **display interface** gigabitethernet0/0/0 命令，可查看到该接口的 MAC 地址为 00e0-fcf1-410e，如图 26-6 所示。

```
AR2
<AR2>display ipv6 interface g0/0/0
GigabitEthernet0/0/0 current state : UP
IPv6 protocol current state : UP
IPv6 is enabled, link-local address is FE80::2E0:FCFF:FEF1:410E
  Global unicast address(es):
    2001::2E0:FCFF:FEF1:410E  subnet is 2001::/64
  Joined group address(es):
    FF02::1:FFF1:410E
    FF02::2
    FF02::1
  MTU is 1500 bytes
  ND DAD is enabled, number of DAD attempts: 1
  ND reachable time is 30000 milliseconds
  ND retransmit interval is 1000 milliseconds
  Hosts use stateless autoconfig for addresses
<AR2>
```

图 26-5 查看 AR2 上的 GE0/0/0 接口的 IPv6 地址

```
AR2
<AR2>display interface g0/0/0
GigabitEthernet0/0/0 current state : UP
Line protocol current state : DOWN
Description:HUAWEI, AR Series, GigabitEthernet0/0/0 Interface
Route Port,The Maximum Transmit Unit is 1500
Internet protocol processing : disabled
IP Sending Frames' Format is PKTFMT_ETHNT_2, Hardware address is 00e0-fcf1-410e
Last physical up time   : 2020-11-21 18:48:37 UTC-08:00
Last physical down time : 2020-11-21 18:48:32 UTC-08:00
Current system time: 2020-11-21 19:15:13-08:00
Port Mode: FORCE COPPER
Speed : 1000,  Loopback: NONE
Duplex: FULL,  Negotiation: ENABLE
Mdi  : AUTO
Last 300 seconds input rate 0 bits/sec, 0 packets/sec
Last 300 seconds output rate 0 bits/sec, 0 packets/sec
Input peak rate 248 bits/sec Record time: 2020-11-21 18:48:48
```

图 26-6 查看 AR2 上的 GE0/0/0 接口的 MAC 地址

根据 EUI-64 规范生成接口 ID 的方法可以验证，GE0/0/0 接口 IPv6 地址中的接口 ID 2E0:FCFF:FEF1:410E 是通过以 EUI-64 规范转换 48 位 MAC 地址 00e0-fcf1-410e 得到的，如图 26-7 所示。

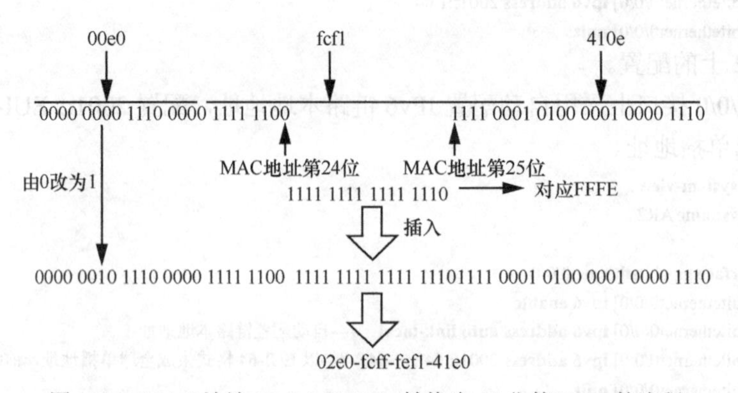

图 26-7 MAC 地址 00e0-fcf1-410e 转换为 64 位接口 ID 的流程

从图26-5中也可得到GE0/0/0接口自动配置的IPv6链路本地地址FE80::2E0:FCFF:FEF1:410E，也正好是FE80::/10，再加上前面得出的64位EUI-64格式的接口ID 2E0:FCFF:FEF1:410E，**由此可证明自动配置的链路本地地址格式也是FE80::/10前缀+64位的EUI-64规范接口ID。**

此时在 AR1 和 AR2 之间可以 Ping 通对端的 IPv6 全球单播地址，如图 26-8 所示，因为链路两端接口 IPv6 全球单播地址的前缀相同。如果两端接口的 IPv6 全球单播地址前缀配置不同，则不能 Ping 通。

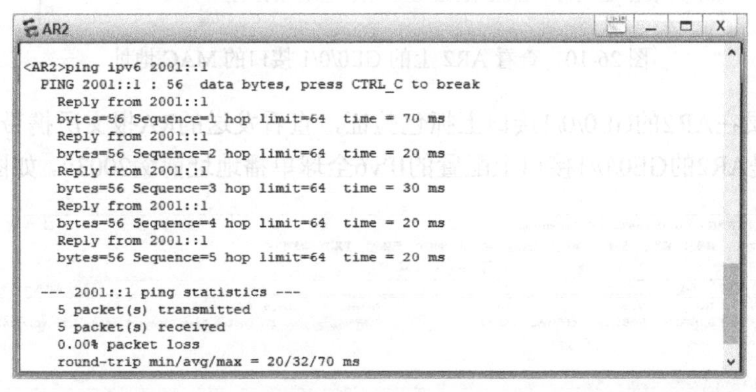

图 26-8　链路两端接口具有相同前缀 IPv6 全球单播地址时可以相互 Ping 通的示例

- GE0/0/1 接口上不配置链路本地地址，配置 2003::1/64 全球单播地址，并开启 RA 报文发送功能。

```
[AR2] interface gigabitethernet 0/0/1
[AR2-gigabitethernet0/0/1] ipv6 enable
[AR2-gigabitethernet0/0/1] ipv6 address 2003::1 64
[AR2-gigabitethernet0/0/1] undo ipv6 nd ra halt     #---启用 RA 报文发送功能
[AR2-gigabitethernet0/0/1] quit
```

相关人员在AR2上的任意视图下执行**display ipv6 interface** gigabitethernet0/0/1命令，可获知最终生成的IPv6链路本地地址为FE80::2E0:FCFF:FEF1:410F，如图26-9所示，64位接口ID为2E0:FCFF:FEF1:410F。执行**display interface** gigabitethernet0/0/1命令，可查看到该接口的MAC地址为00e0-fcf1-410f，如图26-10所示。通过上文介绍的EUI-64规范的接口ID生成方法很容易验证，GE0/0/1接口IPv6地址中的接口ID 2E0:FCFF:FEF1:410F正是通过该MAC地址得到的。由此可验证，自动生成的链路本地地址的格式也为FE80::/10+EUI-64格式的接口ID。

```
AR2
<AR2>display ipv6 interface g0/0/1
GigabitEthernet0/0/1 current state : UP
IPv6 protocol current state : UP
IPv6 is enabled, link-local address is FE80::2E0:FCFF:FEF1:410F
  Global unicast address(es):
    2003::1, subnet is 2003::/64
  Joined group address(es):
    FF02::1:FF00:1
    FF02::2
    FF02::1
    FF02::1:FFF1:410F
  MTU is 1500 bytes
  ND DAD is enabled, number of DAD attempts: 1
  ND reachable time is 30000 milliseconds
  ND retransmit interval is 1000 milliseconds
  ND advertised reachable time is 0 milliseconds
  ND advertised retransmit interval is 0 milliseconds
  ND router advertisement max interval 600 seconds, min interval 200 seconds
```

图 26-9　查看 AR2 上的 GE0/0/1 接口的 IPv6 地址

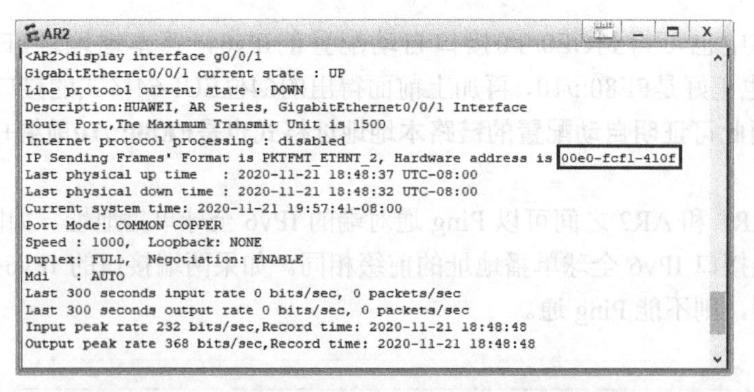

图 26-10　查看 AR2 上的 GE0/0/1 接口的 MAC 地址

相关人员在AR2的GE0/0/1接口上抓包验证，查看发送的RA报文所携带的IPv6地址前缀信息，是AR2的GE0/0/1接口上配置的IPv6全球单播地址前缀2003::，如图26-11所示。

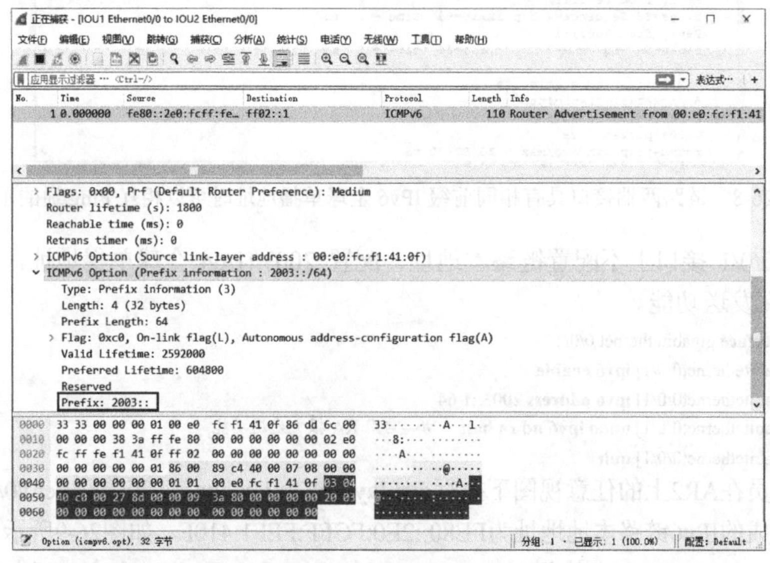

图 26-11　AR2 的 GE0/0/1 接口发送的 RA 报文携带的 2003::前缀

- 在 Serial1/0/0 接口上手动配置链路本地地址 FE91::1 和全球单播地址 2002::1/64，并启用 RA 报文发送功能。

```
[AR2] interface serial 1/0/0
[AR2-serial1/0/0] ipv6 enable
[AR2-serial1/0/0] ipv6 address fe91::1 link-local
[AR2-serial1/0/0] ipv6 address 2002::1 64
[AR2-serial1/0/0] undo ipv6 nd ra halt
[AR2-serial1/0/0] quit
```

③ 相关人员在 AR3 的 Serial1/0/0 接口上手动配置链路本地地址 FEA0::2，无状态自动配置 IPv6 全球单播地址。

```
<Huawei> system-view
[Huawei] sysname AR3
[AR3] ipv6
[AR3] interface serial 1/0/0
[AR3-serial1/0/0] ipv6 enable
```

```
[AR3-serial1/0/0] ipv6 address fea0::2 link-local
[AR3-serial1/0/0] ipv6 address auto global   #---指定采用无状态地址自动配置
[AR3-serial1/0/0] quit
```

相关人员在 AR3 上的任意视图下执行 **display ipv6 interface** serial1/0/0 命令，可查看 Serial1/0/0 接口自动配置的 IPv6 全球单播地址为 2002::F5D8:1132:DA61:1，如图 26-12 所示，其前缀正好与 AR2 Serial1/0/0 接口上配置的 IPv6 全球单播地址前缀 2002 相同。接口 ID 也是采用 EUI-64 规范生成，但 PPP 接口没有 MAC 地址，使用的是路由器第一个 MAC 地址进行 EUI-64 规范计算的，在此可不作了解。

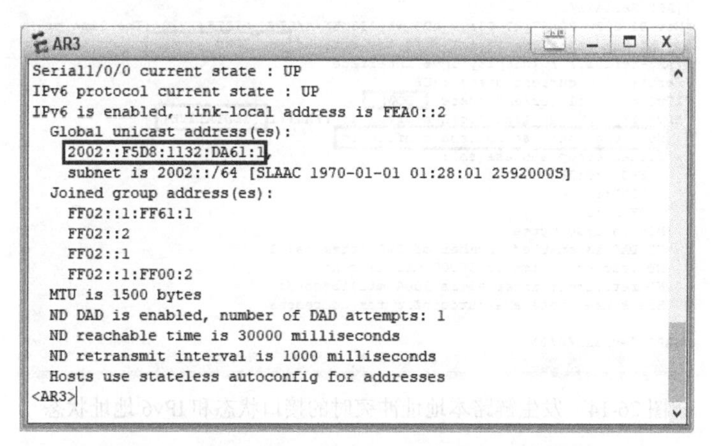

图 26-12　查看 AR3 上的 Serial1/0/0 接口的 IPv6 地址

此时可以在 AR3 和 AR2 的 Serial 接口间 Ping 通对方的链路本地地址，如图 26-13 所示但必须指定以本地 Serial1/0/0 接口为源接口，否则不通。

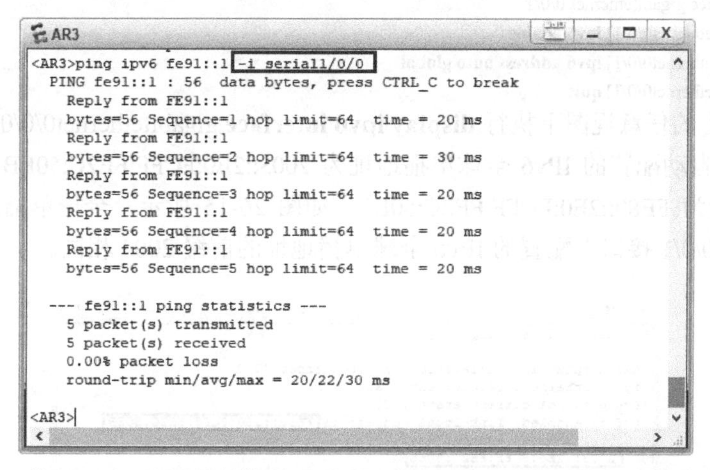

图 26-13　从 AR3 上 Serial1/0/0 接口 ping AR2 的 Serial1/0/0 接口的 IPv6 链路本地地址

如果把 Serial1/0/0 接口的链路本地地址由原来的 FEA0::2 改为 FEA0::1，即接口 ID 部分与 AR2 的 Serial1/0/0 接口的链路由本地地址 FE91::1 的接口 ID 相同，均为 0:0:0:1，则接口立即呈 Down 状态，执行 **display ipv6 interface** serial1/0/0 命令时发现 IPv6 链路本地地址均显示图 26-14 所示的 TENTATIVE 状态（如果全球单播地址是无状态自动配置的，则不会分配到全球单播地址），因为此时链路两端的实际链路本地地址相同，均为

FE80::1/10，有冲突。**所以在配置链路本地地址时必须要确保链路两端的链路本地地址中的接口 ID 不同。**

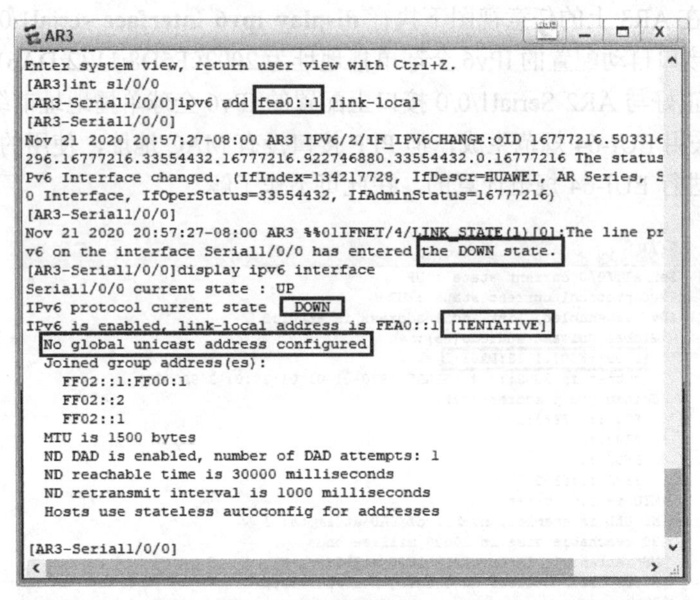

图 26-14　发生链路本地址冲突时的接口状态和 IPv6 地址状态

④ 在AR4的GE0/0/0接口上不配置链路本地址，无状态自动配置IPv6全球单播地址。

```
<Huawei> system-view
[Huawei] sysname AR4
[AR4] ipv6
[AR4] interface gigabitethernet 0/0/1
[AR4-gigabitethernet0/0/1] ipv6 enable
[AR4-gigabitethernet0/0/1] ipv6 address auto global
[AR4-gigabitethernet0/0/1] quit
```

在 AR4 上的任意视图下执行 **display ipv6 interface** gigabitethernet0/0/0 命令，可查看 GE0/0/0 接口自动配置的 IPv6 全球单播地址为 2003::2E0:FCFF:FE2C:50EB，自动生成的链路本地地址为 FE80::2E0:FCFF:FE2C:50EB，如图 26-15 所示，全球单播地址的前缀正好与 AR2 GE0/0/1 接口上配置的 IPv6 全球单播地址的前缀 2003 相同。

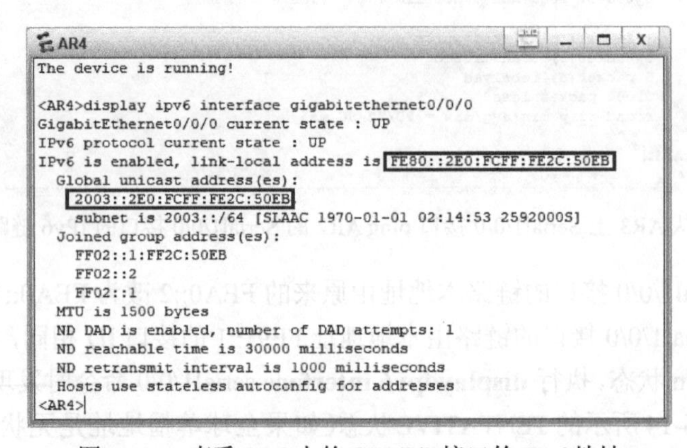

图 26-15　查看 AR4 上的 GE0/0/0 接口的 IPv6 地址

执行 **display interface** gigabitethernet0/0/0 命令，可查看到该接口的 MAC 地址为 00e0-fc2c-50eb，如图 26-16 所示。通过计算可知，全球单播地址和链路本地地址均是由对应的前缀再加上 EUI-64 格式的接口 ID 组成的。

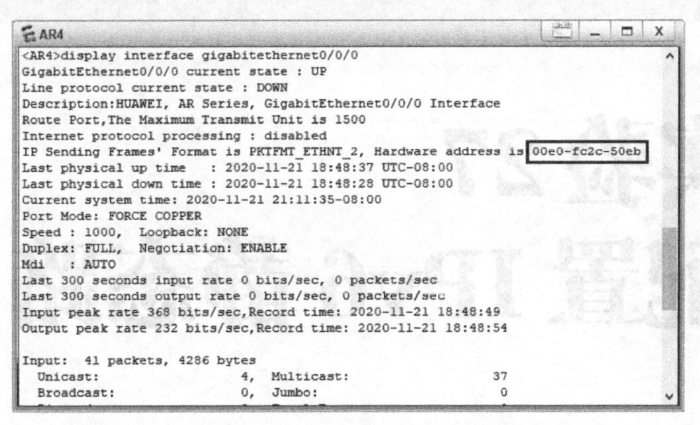

图 26-16　查看 AR4 上的 GE0/0/0 接口的 MAC 地址

实验27
配置 IPv6 静态路由

本章主要内容

一、背景知识

二、实验目的

三、实验拓扑结构和要求

四、实验配置思路

五、实验配置和结果验证

一、背景知识

IPv6 静态路由与 IPv4 静态路由类似，也是很简单的一种路由类型。它具有 IPv4 静态路由的一些特点，如纯手工配置，网络拓扑发生变化时不能实现动态路径调整，路由信息不能自动传播等。所以主要应用于小型网络，或者做为动态路由的补充。

1. IPv6 静态路由配置

IPv6 静态路由的配置很简单，基本配置仅需一条命令：**ipv6 route-static** *dest-ipv6-address prefix-length* { *interface-type interface-number* [*nexthop-ipv6-address*] | *nexthop-ipv6-address* } [**preference** *preference* | **tag** *tag*] * [**description** *text*]。

IPv6 静态路由配置中，有一个是与 IPv4 静态路由配置不同的，那就是路由的下一跳，它除了可以是 IPv6 全局地址（包括全球单播地址和唯一本地地址）外，在以太网中还可以是 IPv6 链路本地地址。对于不同的链路类型，出接口和下一跳 IPv6 地址的指定也需要遵循一定原则，具体如下。

① 对于点到点接口，只需指定出接口或下一跳 IPv6 地址，**但下一跳不能是 IPv6 链路本地地址，也不能同时指定出接口和下一跳**。

② 对于 NBMA 接口，只需指定下一跳 IPv6 地址，**但下一跳不能是 IPv6 链路本地地址，也不能同时指定出接口和下一跳**。

③ 对于广播类型接口，必须指定下一跳 IPv6 地址，可同时指定出接口。到达下一跳存在多个出接口时，必须同时指定出接口（不能是子接口）。下一跳可以是 IPv6 链路本地地址，**但此时必须同时指定出接口**。

2. IPv6 静态默认路由和浮动路由

与 IPv4 静态路由中有一种特殊的 IPv4 静态默认路由一样，IPv6 静态路由中也有一种特殊的 IPv6 静态默认路由，其目的地址和前缀长度均为 0（目的地址以::表示），代表到达任意目的地。IPv6 静态默认路由不代表到达具体的目的地址，仅指定转发路径中的出接口、下一跳。仅当到达某目的地址的报文在本地 IPv6 路由表中找不到匹配的其他明细路由表项时才将该静态默认路由作为最终的选择。从源设备到达多个目的地址有唯一路由转发路径时，或者所有没有匹配明细路由的报文需要按相同路径转发时，通常选择 IPv6 静态默认路由配置方式，以简化路由配置。

另外，IPv6 静态路由通过 **preference** *preference* 参数可以修改默认的优先级值（默认为 60），配置 IPv6 浮动静态路由。当本地有多条到达同一个目的地址、**优先级不同**的 IPv6 静态路由时，这些静态路由之间可以相互备份。正常情况下，到达同一个目的地址的多条 IPv6 静态路由中，只有优先级最高（优先级值最小）的路由才会进入 IPv6 路由表中，成为主用静态路由，指导到达该目的地址的报文的转发，其他 IPv6 静态路由作为备用静态路由，仅当主用静态路由无效时才可能进入 IPv6 路由表指导报文的转发。

当本地有多条到达同一个目的地址、**优先级相同**（且是优先级最高）的 IPv6 静态路由时，这些静态路由之间还可以相互负载分担，并同时进入 IPv6 路由表中。

因为 IPv6 浮动静态路由的配置和应用思路与 IPv4 浮动静态路由的配置和应用相同，

可以直接参考本书实验 21，本实验不做介绍。

二、实验目的

本实验是模拟企业局域网内部的 IPv6 唯一本地地址网段的静态路由配置（IPv6 全球单播地址网段的静态路由配置方法相同）。通过本实验的学习将达到以下目的。

① 掌握不同网络类型（广播网络和 P2P 网络）下的 IPv6 静态路由的配置方法。

② 理解在广播类型链路中，以 IPv6 全局地址（全球单播地址或唯一本地地址）或链路本地地址作为下一跳 IPv6 地址的不同配置方法。

【说明】 点对点链路和 NBMA 链路配置 IPv6 静态路由时，不能以 IPv6 链路本地地址作为下一跳，也不能同时指定出接口和下一跳，否则会出现“过多参数”的错误提示，如图 27-1 所示。仅广播类型链路中支持采用 IPv6 链路本地地址作为下一跳。

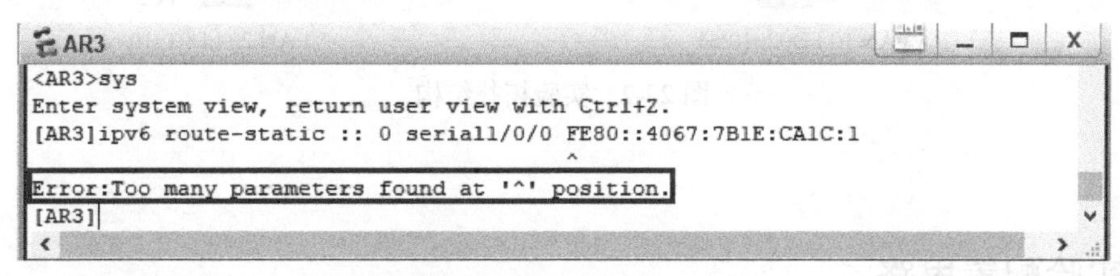

图 27-1　串行链路上配置 IPv6 静态路由同时指定出接口和下一跳为 IPv6 链路本地地址时的错误提示

三、实验拓扑结构和要求

图 27-2 所示，公司有多个部门，每个部门单独划分了一个 VLAN，每个 VLAN 中的设备在不同的 IPv6 唯一本地地址网段中，由接入层交换机连接。核心层有多个连接不同网段的路由器，各个接口的 IPv6 唯一本地地址如图所示（各个接口在不同的 IPv6 网段中）。

现要求分别以 IPv6 唯一本地地址、IPv6 链路本地地址作为下一跳，配置 IPv6 静态路由实现全网三层互通，并通过 IPv6 Ping 测试进行验证。

IPv6 唯一本地地址有一个固定前缀 FC00::/7，即最高 7 位必须是 1111 1110，第 8 位是一个标志位，且 0 用于保留，所以只能选择 1，代表本地网络范围内使用的 IPv6 地址。这样一来，用于局域网内部的 IPv6 唯一本地地址最高 8 位都是固定的，即 1111 1101，对应十六进制的 FD。所以本实验中各个网段的 IPv6 唯一本地地址最高 8 位对应的十六进制均为 FD，后面的 01、02、03、04 可以看成是各个网段的全局 ID（Global ID）。

另外，在本实验中，各个用户 VLAN 与 AR1 之间采用三层连接（不在同一个 IPv6 网段），所以需要把 LSW 的 GE0/0/1 端口以 Access 类型单独加入一个 VLAN 中，然后配置该 VLANIF 接口的 IPv6 地址。当然，LSW 上要同时为各个用户 VLAN 创建对应的 VLANIF 接口，配置对应网段的 IPv6 地址，最终实现各个用户 VLAN 网段与上游 AR1 路由器的三层连接。

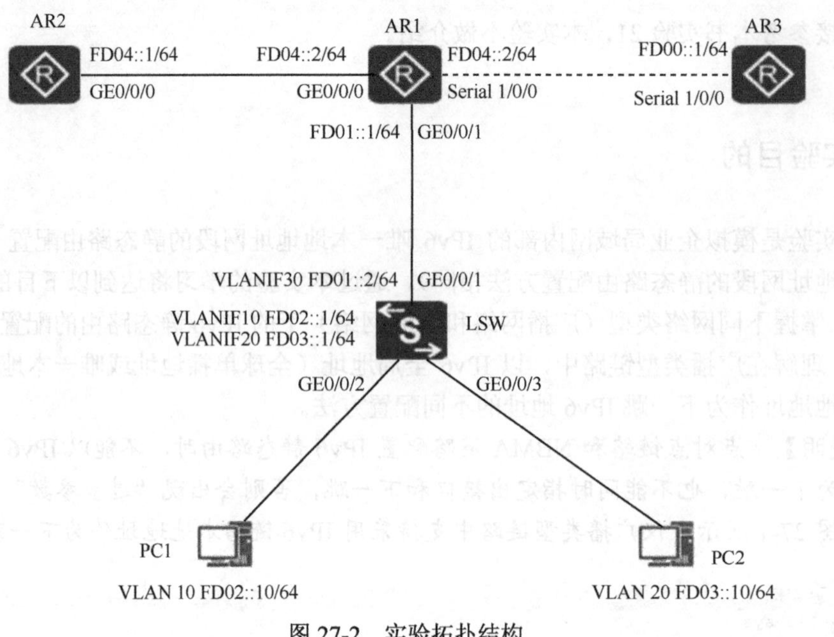

图 27-2　实验拓扑结构

四、实验配置思路

本实验分两种情形进行配置：一种是下一跳（包括 PC 的网关）采用 IPv6 唯一本地地址；另一种是对于以太网链路，下一跳采用 IPv6 链路本地地址，以巩固学习不同情形下 IPv6 静态路由的不同配置方法。

根据以上的实验要求，结合本实验的拓扑结构可得出如下基本配置思路。

① 在 LSW 上创建 VLAN 10、VLAN 20 和 VLAN 30，并把各个交换机端口以 Access 类型加入对应的 VLAN 中；为各 VLAN 创建对应的 VLANIF 接口，配置对应子网的 IPv6 唯一本地地址。

② 在各台路由器上配置各个接口的 IPv6 唯一本地地址。

③ 在各台设备上配置所需的 IPv6 静态路由。

- 在 LSW 上配置到达外部网络的 IPv6 静态默认路由。
- 在 AR1 上配置到达 VLAN 10 和 VLAN 20 所在网段的明细 IPv6 静态路由。
- 在 AR2 和 AR3 上配置到达用户 VLAN 网段的 IPv6 静态默认路由。

④ 配置各台 PC 的 IPv6 唯一本地地址和网关。

五、实验配置和结果验证

以下是根据前面配置思路得出的具体配置步骤。

① LSW 上的 VLAN 和 VLANIF 接口配置。

创建 VLAN 10、VLAN 20 和 VLAN 30，并把各个交换机端口以 Access 类型加入对应的 VLAN 中，然后再配置各个 VLANIF 接口的 IPv6 唯一本地地址。

```
<Huawei> system-view
[Huawei] sysname LSW
[LSW] vlan batch 10 20 30
[LSW] interface gigabitethernet 0/0/1
[LSW-GigabitEthernet0/0/1] port link-type access
[LSW-GigabitEthernet0/0/1] port default vlan 30
[LSW-GigabitEthernet0/0/1] quit
[LSW] interface gigabitethernet 0/0/2
[LSW-GigabitEthernet0/0/2] port link-type access
[LSW-GigabitEthernet0/0/2] port default vlan 10
[LSW-GigabitEthernet0/0/2] quit
[LSW] interface gigabitethernet 0/0/3
[LSW-GigabitEthernet0/0/3] port link-type access
[LSW-GigabitEthernet0/0/3] port default vlan 20
[LSW-GigabitEthernet0/0/3] quit
[LSW] ipv6   #---全局使能 IPv6 功能
[LSW] interface vlan 10
[LSW-Vlanif10] ipv6 enable   #---接口使能 IPv6 功能
[LSW-Vlanif10] ipv6 address FD02::1 64
[LSW-Vlanif10] quit
[LSW] interface vlan 20
[LSW-Vlanif20] ipv6 enable
[LSW-Vlanif20] ipv6 address FD03::1 64
[LSW-Vlanif20] quit
[LSW] interface vlan 30
[LSW-Vlanif30] ipv6 enable
[LSW-Vlanif30] ipv6 address FD01::2 64
[LSW-Vlanif30] quit
```

② 配置各个路由器接口的 IPv6 唯一本地地址。

- AR1 上的配置。

```
<Huawei> system-view
[Huawei] sysname AR1
[AR1] ipv6
[AR1] interface gigabitethernet 0/0/0
[AR1-Gigabitethernet0/0/0] ipv6 enable
[AR1-Gigabitethernet0/0/0] ipv6 address FD04::2 64
[AR1-Gigabitethernet0/0/0] quit
[AR1] interface gigabitethernet 0/0/1
[AR1-Gigabitethernet0/0/1] ipv6 enable
[AR1-Gigabitethernet0/0/1] ipv6 address FD01::1 64
[AR1-Gigabitethernet0/0/1] quit
[AR1] interface serial1/0/0
[AR1-Serial1/0/0] ipv6 enable
[AR1-Serial1/0/0] ipv6 address FD00::2 64
[AR1-Serial1/0/0] quit
```

- AR2 上的配置。

```
<Huawei> system-view
[Huawei] sysname AR2
[AR2] ipv6
[AR2] interface gigabitethernet 0/0/0
[AR2-Gigabitethernet0/0/0] ipv6 enable
```

```
[AR2-Gigabitethernet0/0/0] ipv6 address FD04::1 64
[AR2-Gigabitethernet0/0/0] quit
```

- AR3 上的配置。

```
<Huawei> system-view
[Huawei] sysname AR3
[AR3] ipv6
[AR3] interface serial1/0/0
[AR3-Serial1/0/0] ipv6 enable
[AR3-Serial1/0/0] ipv6 address FD00::1 64
[AR3-Serial1/0/0] quit
```

下面是各台设备分别采用 IPv6 唯一本地地址和 IPv6 链路本地地址（**仅适用广播类型链路**）作为 IPv6 静态路由下一跳和 PC 网关的配置，并进行实验结果验证。

③ 采用 IPv6 唯一本地地址作为 IPv6 静态路由的下一跳和 PC 网关。

- LSW 上的 IPv6 静态路由配置。

配置一条访问外部网络的 IPv6 静态默认路由。因为出接口（LSW1 的 GE0/0/0/1 接口）是以太网接口，所以此时配置 IPv6 静态默认路由时必须指定下一跳（为 AR1 的 GE0/0/1 接口的 IPv6 唯一本地地址 FD01::1），可同时指定出接口。但当到达同一个下一跳有多个出接口时，则必须指定出接口。

```
[LSW] ipv6 route-static :: 0 FD01::1
```

- AR1 上的 IPv6 静态路由配置。

分别为到达 VLAN 10 的 FD02::/64 网段和 VLAN 20 的 FD03::/64 网段配置 IPv6 静态路由。因为出接口（AR1 的 GE0/0/1 接口）是以太网接口，所以此时配置 IPv6 静态默认路由时必须指定下一跳（为 LSW1 的 VLANIF20 接口的 IPv6 唯一本地地址 FD01::2）。

```
[AR1] ipv6 route-static FD02:: 64 FD01::2   #---到达 VLAN 10 网段的 IPv6 静态路由
[AR1] ipv6 route-static FD03:: 64 FD01::2   #---到达 VLAN 20 网段的 IPv6 静态路由
```

- AR2 上的 IPv6 静态路由配置。

配置一条访问内部网络 VLAN 10、VLAN 20 的 IPv6 静态默认路由。因为出接口（AR2 的 GE0/0/0 接口）是以太网接口，所以此时配置 IPv6 静态默认路由时必须指定下一跳（为 AR1 的 GE0/0/0 接口的 IPv6 唯一本地地址 FD04::2）。

```
[AR2] ipv6 route-static :: 0 FD04::2
```

- AR3 上的 IPv6 静态路由配置。

配置一条访问内部网络 VLAN 10、VLAN 20 的 IPv6 静态默认路由。因为出接口（AR3 的 Serial1/0/0 接口）是串行接口，所以此时配置 IPv6 静态默认路由时可仅指定出接口或仅指定下一跳 IPv6 唯一本地地址（**不能同时指定下一跳和出接口**）。此处以仅指定出接口进行配置。

```
[AR3] ipv6 route-static :: 0 serial1/0/0
```

- PC 的 IPv6 唯一本地地址和网关的配置。

各台 PC 以对应 VLAN 的 VLANIF 接口的 IPv6 唯一本地地址作为默认网关，图 27-3 是 PC1 上的配置，其他 PC 上的配置方法一样。

以上配置完成后，可以分别在各台设备上执行 **display ipv6 routing-table** 命令查看配置的 IPv6 静态路由。图 27-4 是在 AR1 上执行本命令后看到的已配置的两条到达内部网络 VLAN 10（对应 FD02::/64 网段）和 VLAN 20（对应 FD03::/64 网段）的 IPv6 静态路由。其他设备上的 IPv6 静态路由查看方法一样。

PC1

基础配置　命令行　组播　UDP发包工具　串口

主机名：

MAC 地址：54-89-98-4B-5B-B1

IPv4 配置

静态　DHCP　自动获取 DNS 服务器地址

IP 地址：0 . 0 . 0 . 0　DNS1：0 . 0 . 0 . 0

子网掩码：0 . 0 . 0 . 0　DNS2：0 . 0 . 0 . 0

网关：0 . 0 . 0 . 0

IPv6 配置

静态　DHCPv6

IPv6 地址：fd02::10

前缀长度：64

IPv6 网关：fd02::1

图 27-3　PC1 上的 IPv6 唯一本地地址网关配置

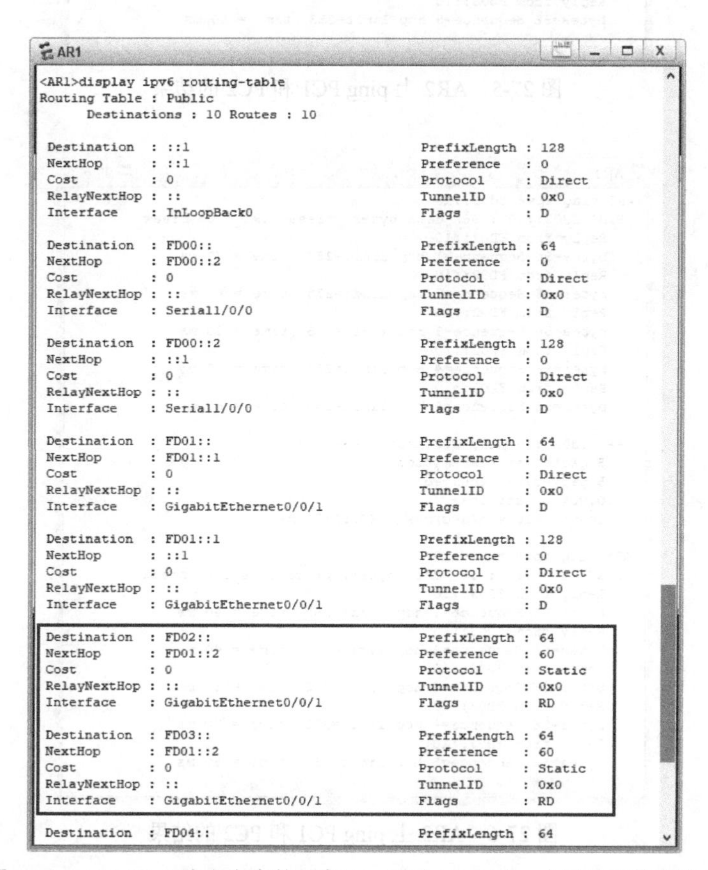

```
<AR1>display ipv6 routing-table
Routing Table : Public
     Destinations : 10 Routes : 10

 Destination  : ::1                        PrefixLength : 128
 NextHop      : ::1                        Preference   : 0
 Cost         : 0                          Protocol     : Direct
 RelayNextHop : ::                         TunnelID     : 0x0
 Interface    : InLoopBack0                Flags        : D

 Destination  : FD00::                     PrefixLength : 64
 NextHop      : FD00::2                    Preference   : 0
 Cost         : 0                          Protocol     : Direct
 RelayNextHop : ::                         TunnelID     : 0x0
 Interface    : Serial1/0/0                Flags        : D

 Destination  : FD00::2                    PrefixLength : 128
 NextHop      : ::1                        Preference   : 0
 Cost         : 0                          Protocol     : Direct
 RelayNextHop : ::                         TunnelID     : 0x0
 Interface    : Serial1/0/0                Flags        : D

 Destination  : FD01::                     PrefixLength : 64
 NextHop      : FD01::1                    Preference   : 0
 Cost         : 0                          Protocol     : Direct
 RelayNextHop : ::                         TunnelID     : 0x0
 Interface    : GigabitEthernet0/0/1       Flags        : D

 Destination  : FD01::1                    PrefixLength : 128
 NextHop      : ::1                        Preference   : 0
 Cost         : 0                          Protocol     : Direct
 RelayNextHop : ::                         TunnelID     : 0x0
 Interface    : GigabitEthernet0/0/1       Flags        : D

 Destination  : FD02::                     PrefixLength : 64
 NextHop      : FD01::2                    Preference   : 60
 Cost         : 0                          Protocol     : Static
 RelayNextHop : ::                         TunnelID     : 0x0
 Interface    : GigabitEthernet0/0/1       Flags        : RD

 Destination  : FD03::                     PrefixLength : 64
 NextHop      : FD01::2                    Preference   : 60
 Cost         : 0                          Protocol     : Static
 RelayNextHop : ::                         TunnelID     : 0x0
 Interface    : GigabitEthernet0/0/1       Flags        : RD

 Destination  : FD04::                     PrefixLength : 64
```

图 27-4　AR1 IPv6 路由表中的两条下一跳为 IPv6 唯一本地地址的静态路由

然后在 AR2、AR3 上分别进行 IPv6 ping 操作，测试与 PC1 和 PC2 的通信，结果都是通的，分别如图 27-5 和图 27-6 所示。

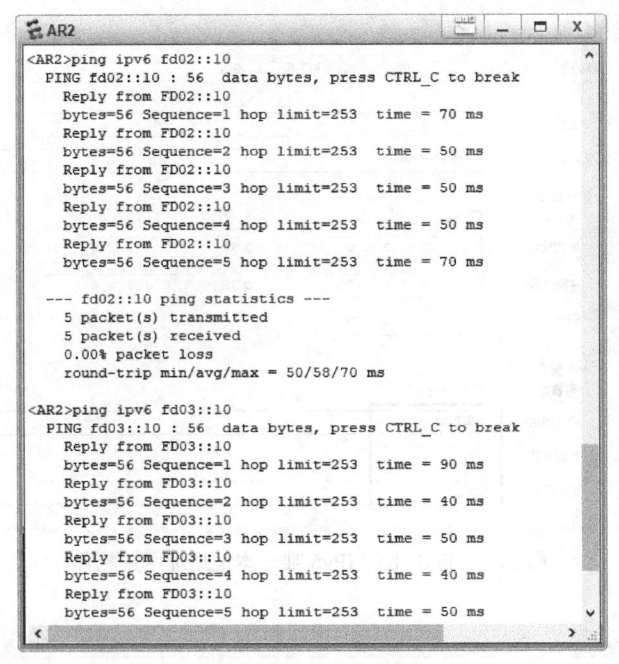

图 27-5 AR2 上 ping PC1 和 PC2 的结果

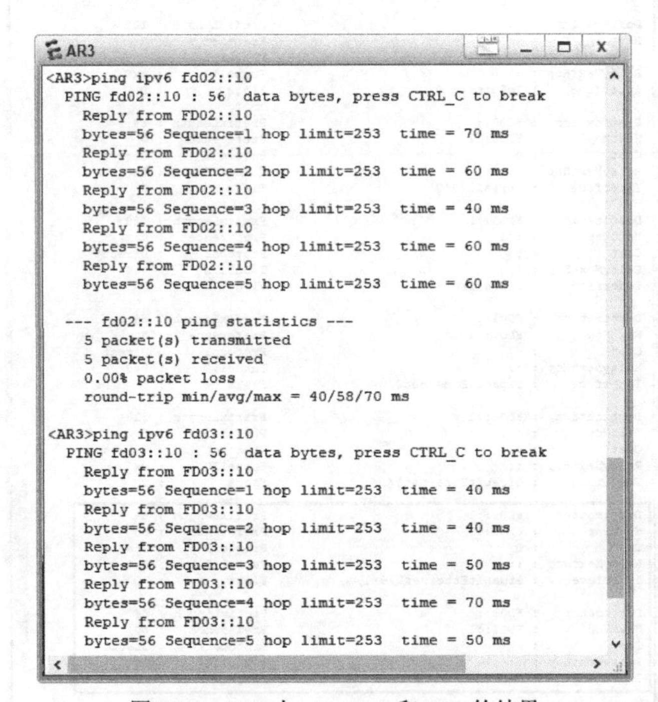

图 27-6 AR3 上 ping PC1 和 PC2 的结果

通过以上测试，证明前面的配置是正确的。下面再把所有以太网链路上配置的 IPv6 静态路由的下一跳和 PC 机的网关均改为链路对端接口的 IPv6 链路本地地址，再验证配置效果。**配置前要删除原来的 IPv6 静态路由配置。**

④ 在以太网链路上采用 IPv6 链路本地地址作为 IPv6 静态路由下一跳和 PC 机网关。

当指定的下一跳为 IPv6 链路本地地址时，IPv6 静态路由必须同时指定出接口。否则会显示如下错误提示。

```
Error: An interface must be specefied for a link-local next-hop.
```

因为下一跳要指定为 IPv6 链路本地地址，则首先要获取到下一跳接口对应的 IPv6 链路本地地址，可以在任意视图下通过 **display ipv6 interface** 命令查看，如图 27-7 所示。

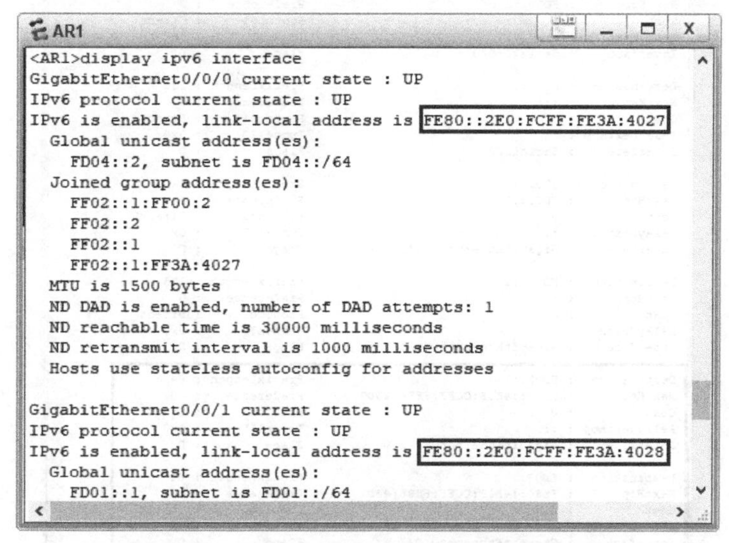

图 27-7　在 AR1 上查看 IPv6 配置信息的输出

因为 AR3 与 AR1 是通过串行链路连接的，不能采用 IPv6 链路本地地址作为下一跳，所以其上面的静态路由可不变。下面是其他设备上的 IPv6 静态路由和 PC 网关配置。

- LSW 上的配置。

```
[LSW] undo ipv6 route-static :: 0 FD01::1
[LSW] ipv6 route-static :: 0 gigabitethernet0/0/1 FE80::2E0:FCFF:FE3A:4028
```

- AR1 上的配置。

```
[AR1] undo ipv6 route-static FD02:: 64 FD01::2
[AR1] ipv6 route-static FD02:: 64 gigabitethernet0/0/1 FE80::4E1F:CCFF:FE86:43D7
  #---到达 VLAN 10 网段的 IPv6 静态路由
[AR1] undo ipv6 route-static FD03:: 64 FD01::2
[AR1] ipv6 route-static FD03:: 64 gigabitethernet0/0/1 FE80::4E1F:CCFF:FE86:43D7
  #---到达 VLAN 20 网段的 IPv6 静态路由
```

- AR2 上的配置。

```
[AR2] undo ipv6 route-static :: 0 FD04::2
[AR2] ipv6 route-static :: 0 FE80::2E0:FCFF:FE3A:4027
```

- PC 网关的配置。

以所在 VLAN 的 VLANIF 接口的 IPv6 链路本地地址作为网关。

以上配置完成后，同样可以在各设备上查执行 **display ipv6 routing-table** 命令查看所配置的 IPv6 静态路由，如图 27-8 所示。再在 AR2 和 AR3 上分别进行 IPv6 Ping 操作，测试与 PC1、PC2 之间的通信，仍然是通畅的，参见图 27-6 和图 27-7。由此证明，对于广播类型链路中的 IPv6 静态路由下一跳是可以采用 IPv6 链路本地地址。

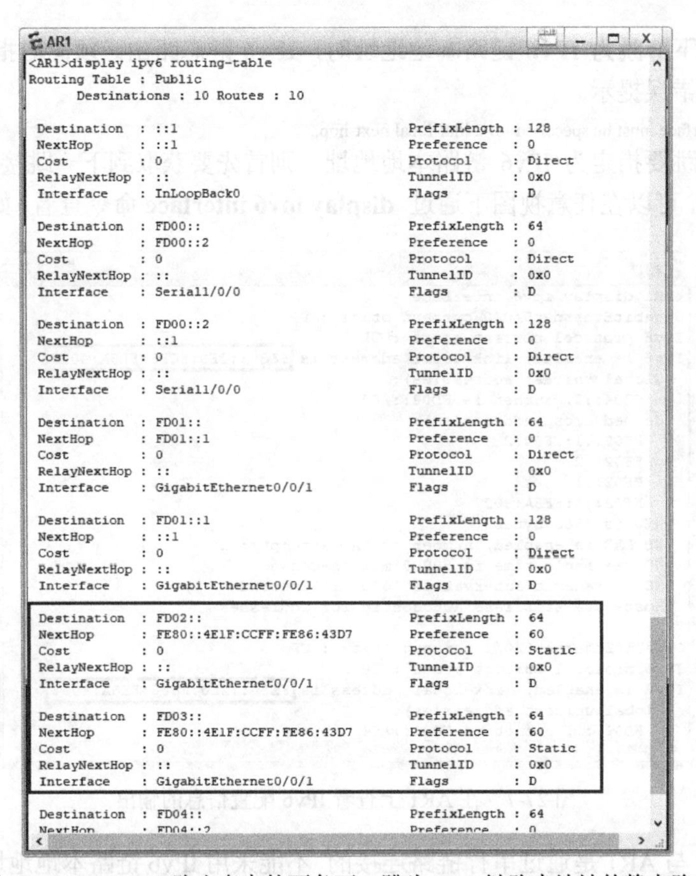

```
<AR1>display ipv6 routing-table
Routing Table : Public
      Destinations : 10 Routes : 10

 Destination  : ::1                                 PrefixLength : 128
 NextHop      : ::1                                 Preference   : 0
 Cost         : 0                                   Protocol     : Direct
 RelayNextHop : ::                                  TunnelID     : 0x0
 Interface    : InLoopBack0                         Flags        : D

 Destination  : FD00::                              PrefixLength : 64
 NextHop      : FD00::2                             Preference   : 0
 Cost         : 0                                   Protocol     : Direct
 RelayNextHop : ::                                  TunnelID     : 0x0
 Interface    : Serial1/0/0                         Flags        : D

 Destination  : FD00::2                             PrefixLength : 128
 NextHop      : ::1                                 Preference   : 0
 Cost         : 0                                   Protocol     : Direct
 RelayNextHop : ::                                  TunnelID     : 0x0
 Interface    : Serial1/0/0                         Flags        : D

 Destination  : FD01::                              PrefixLength : 64
 NextHop      : FD01::1                             Preference   : 0
 Cost         : 0                                   Protocol     : Direct
 RelayNextHop : ::                                  TunnelID     : 0x0
 Interface    : GigabitEthernet0/0/1                Flags        : D

 Destination  : FD01::1                             PrefixLength : 128
 NextHop      : ::1                                 Preference   : 0
 Cost         : 0                                   Protocol     : Direct
 RelayNextHop : ::                                  TunnelID     : 0x0
 Interface    : GigabitEthernet0/0/1                Flags        : D

 Destination  : FD02::                              PrefixLength : 64
 NextHop      : FE80::4E1F:CCFF:FE86:43D7           Preference   : 60
 Cost         : 0                                   Protocol     : Static
 RelayNextHop : ::                                  TunnelID     : 0x0
 Interface    : GigabitEthernet0/0/1                Flags        : D

 Destination  : FD03::                              PrefixLength : 64
 NextHop      : FE80::4E1F:CCFF:FE86:43D7           Preference   : 60
 Cost         : 0                                   Protocol     : Static
 RelayNextHop : ::                                  TunnelID     : 0x0
 Interface    : GigabitEthernet0/0/1                Flags        : D

 Destination  : FD04::                              PrefixLength : 64
 NextHop      : FD04::2                             Preference   : 0
```

图 27-8 AR1 IPv6 路由表中的两条下一跳为 IPv6 链路本地地址的静态路由

有关 IPv6 静态路由的主/备备份功能参见本书实验 21 中 IPv4 静态路由相应功能介绍。

实验 28 配置 DHCPv6 客户端和服务器

本章主要内容

一、背景知识

二、实验目的

三、实验拓扑结构和要求

四、实验配置思路

五、实验配置

六、实验结果验证

一、背景知识

DHCPv6 是 IPv6 网络中的 DHCP，可自动地为 DHCPv6 客户端进行 IPv6 地址和网络参数分配。其基本工作原理与 IPv4 网络中的 DHCPv4 类似。

1. IPv6 地址配置方式

设备接口的 IPv6 单播地址有多种配置方式，如手工配置、自动配置、通过 EUI-64 规范生成。IPv6 全球单播地址和唯一本地地址的自动配置方式中又分无状态自动配置和有状态自动配置两种。其中，无状态自动配置是通过路由通告方式自动生成的，而有状态自动配置是由 DHCPv6 自动进行 IPv6 地址分配的。

在无状态自动配置方案中，设备并不记录所分配的 IPv6 地址信息，可管理性差；而且当前无状态自动配置方式不能使 IPv6 主机获取 DNS 服务器的 IPv6 地址等配置信息，可用性较差。DHCPv6 自动分配方式可解决无状态自动配置方式的不足，除了可为 DHCPv6 客户端分配 IPv6 地址外，还可以为客户端分配 DNS 服务器 IPv6 地址等网络配置参数；而且，DHCPv6 不仅可以记录为 DHCPv6 客户端分配的 IPv6 地址信息，还可以为特定的客户端静态分配 IPv6 地址，便于网络管理。

DHCPv6 方式也分为有状态自动分配和无状态自动分配两种。

① DHCPv6 有状态自动分配：DHCPv6 服务器自动为 DHCP 客户端分配 IPv6 地址和其他网络配置参数（如 DNS、NIS、SNTP 服务器地址等参数）。

② DHCPv6 无状态自动分配：主机 IPv6 地址仍通过路由通告方式自动生成，DHCPv6 服务器只分配除 IPv6 地址以外的配置参数，如 DNS、NIS、SNTP 服务器等参数。

2. DHCPv6 服务器配置注意事项

DHCPv6 在进行 IPv6 地址分配时，DHCPv6 客户端是**以组播方式**向 DHCPv6 服务器发送报文的，目的 IPv6 地址代表所有 DHCPv6 服务器和中继设备的组播地址 FF02::1:2，而 DHCPv6 服务器是**以单播方式**向 DHCPv6 客户端发送报文的，目的地址是客户端的链路本地地址。**所有 DHCPv6 报文的源 IPv6 地址都是发送设备的链路本地地址**。

在配置上，DHCPv6 服务器与 DHCPv4 服务器既有相似之处，又有许多不同的地方。

（1）服务器功能使能方法相似但不同

与 DHCPv4 中有全局地址池和接口地址池类似，DHCPv6 使能 DHCPv6 服务器的方式也有两种：在系统视图下的全局使能和在具体接口下的接口使能。全局使能 DHCPv6 服务器将对本地设备所有活动接口生效，接口使能仅对当前接口生效。虽然这两种 DHCPv6 服务器使能方式均同时适用于 DHCPv6 客户端和 DHCPv6 服务器直连或非直连（需要部署 DHCPv6 中继设备）场景，**但在 DHCPv6 客户端和 DHCPv6 服务器直连场景，我们通常选择的是接口使能 DHCPv6 服务器方式，因为如果采取全局使能方式，DHCPv6 服务器仅可通过 DHCPv6 无状态方式为客户端分配网络参数，客户端的 IPv6 地址仍然通过路由通告方式自动生成。**

（2）DHCPv6 地址池不配置网关，也不自动排除网关接口全局 IPv6 地址

DHCPv4 服务器中可以指定客户端网关，但 DHCPv6 服务器中没有相关配置，因为客户端会自动以 DHCPv6 服务器发送 DHCPv6 报文时的出接口链路本地地址作为网关 IPv6 地址。也正因如此，DHCPv6 地址池的排除地址不会自动包括网关接口的全局地址，需要手动排除。

（3）绑定的是 DHCPv6 客户端的 DUID，而不是 MAC 地址

在 DHCPv4 服务器中，若要为某客户端静态分配一个 IPv4 地址时，则需要绑定客户端的 MAC 地址，但在 DHCPv6 服务器中绑定的是客户端的 DUID（DHCPv6 Unique Identifier，DHCP 设备唯一标识符）。

3. DHCPv6 服务器基本配置思路

DHCPv6 服务器基本功能配置很简单，仅包括以下两项配置任务。

（1）配置 IPv6 地址池

在这项配置任务中要指定地址池中 IPv6 地址的网络前缀，还可配置地址有效生命周期、优先生命周期。有效生命周期是从获取 IPv6 地址开始到该 IPv6 地址被强制释放的整段时间，相当于 IPv4 地址池中所说 IPv4 地址租期；优先生命周期是指允许 DHCPv6 客户端可以向 DHCPv6 服务器提出 IPv6 地址租约更新申请（可以提两次申请，一次是在优先生命周期的 50%时，一次是在优先生命周期的 80%时）的时间段，要小于等于有效生命周期，默认为 1/2 有效生命周期。

另外在 IPv6 地址池中还可配置 IPv6 地址排除和静态绑定等选项。

（2）使能 DHCPv6 服务器功能

可以在系统视图下全局使能 DHCPv6 服务器功能，将作用于本地设备的所有活动接口；也可在特定的接口视图下使能，但此时仅作用于该接口。对于 DHCPv6 客户端和 DHCPv6 服务器直连情形，建议在具体接口下使能 DHCPv6 服务器功能，如果采用全局使能方法，则 DHCPv6 服务器只会为客户端分配网络参数，而不能分配 IPv6 地址。

二、实验目的

本实验是模拟企业局域网中通过 DHCPv6 服务器自动为 DHCPv6 客户端分配 IPv6 唯一本地地址和网络参数的配置方法，同时也介绍了华为设备担当 DHCPv6 客户端的配置方法。通过本实验的学习，读者将达到以下目的。

① 掌握 IPv6 唯一本地地址、DHCPv6 服务器和客户端的基本配置思路和配置方法；

② 理解 DHCPv6 服务器与 DHCPv4 服务器在配置上的区别。

三、实验拓扑结构和要求

图 28-1 所示，一个公司内有 3 个部门，每个部门单独划分了一个 VLAN，每个 VLAN 中的设备的 IPv6 唯一本地地址网段不同。现要求由公司的 AR 担当 DHCPv6 服务器的角色，为 3 个 VLAN 中的用户主机提供 IPv6 唯一本地地址和 DNS 服务器 IP 地址自动分

配服务（DNS 服务器在 VLAN 10 中）。具体要求如下。

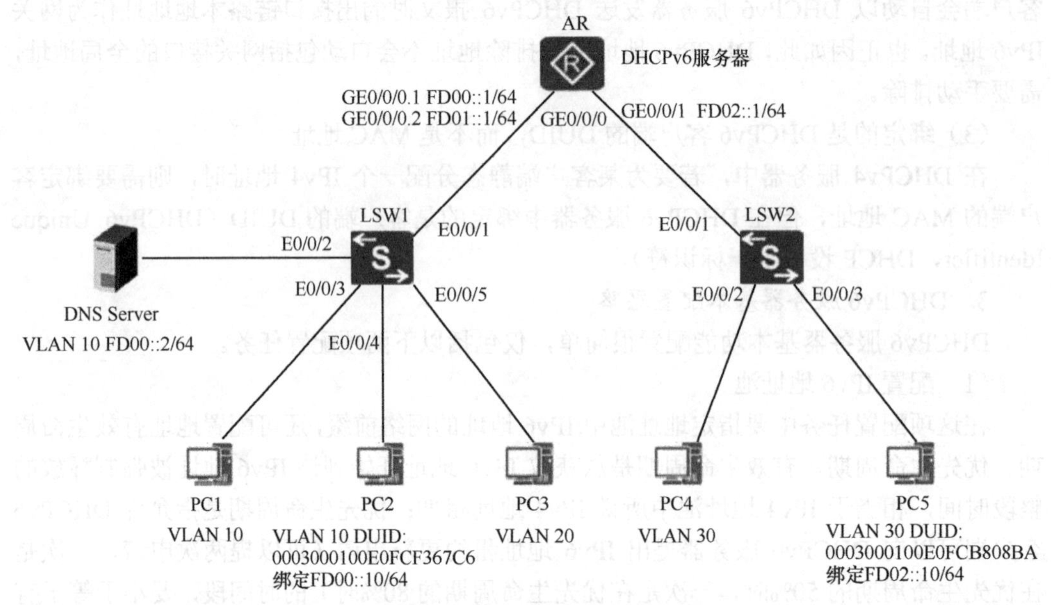

图 28-1　实验拓扑结构

① VLAN 10 中的用户主机需要分配 FD00::/64 网段的 IPv6 唯一本地地址，并且部门主管使用的主机（PC2）需要静态绑定 FD00::10/64 地址。DNS 服务器位于 VLAN 10 中，静态配置了 IPv6 地址 FD00::2/64，为各 VLAN 中的用户主机提供 DNS 服务。

② VLAN 20 中的用户主机需要分配 FD01::/64 网段的 IPv6 唯一本地地址。

③ VLAN 30 中的用户主机需要分配 FD02::/64 网段的 IPv6 唯一本地地址，并且部门主管使用的主机（PC5）要静态绑定 FD02::10/64 地址。

四、实验配置思路

在本实验拓扑结构中，LSW1 交换机下面连接了位于不同 VLAN、需要分配不同 IPv6 地址网段的 DHCPv6 客户端，而 LSW1 与 AR 之间仅通过一条物理链路连接。为了满足 DHCPv6 客户端与 DHCPv6 服务器直连的要求，需要在 AR 连接 LSW1 交换机的 GE0/0/0 接口上划分子接口，每个子接口终结一个用户 VLAN。而 LSW2 交换机下面仅连接了同一个 VLAN 中的用户，可以直接满足 DHCPv6 客户端与 DHCPv6 服务器直连的要求。

根据以上分析，并结合本实验的拓扑结构，我们可得出如下基本配置思路。

① 在 LSW1 上创建 VLAN 10、VLAN 20，然后把各端口加入对应的 VLAN 中，要确保通过 E0/0/1 端口发送到 AR1 的 VLAN 10 和 VLAN 20 的数据帧带 VLAN 标签传输。

② 在 LSW2 上创建 VLAN 30，各端口均以 Access 类型端口加入 VLAN 30 中。

③ 在 AR1 上进行如下配置。

- 在 GE0/0/0 端口上划分两个子接口 GE0/0/0.1 和 GE0/0/0.2，分别用于终结 VLAN 10 和 VLAN 20，然后为这两个子接口配置对应网段的 IPv6 唯一本地地址，同时配置 GE0/0/1 接口的 IPv6 唯一本地地址。
- 为 VLAN 10 中的用户创建一个 IPv6 地址池，基本配置如下：
  - ➢ 地址池中 IPv6 地址范围为 FD00::/64 网段，配置有效生命周期为 1 天，优先生命周期为半天；
  - ➢ DNS 服务器 IPv6 地址为 FD00::2/64；
  - ➢ 排除网关子接口 G0/0/0.1 的 IPv6 地址和 DNS 服务器的 IPv6 地址；
  - ➢ 为 PC2 静态绑定 IP 地址 FD00::10/64；
  - ➢ 在网关子接口 GE0/0/0.1 上启用 DHCPv6 服务器功能。
- 为 VLAN 20 中的用户创建一个 IPv6 地址池，基本配置如下：
  - ➢ 地址池中 IPv6 地址范围为 FD01::/64 网段，有效生命周期和优先生命周期均采用默认配置（分别为 2 天和 1 天）；
  - ➢ DNS 服务器 IP 地址为 FD00::2/64；
  - ➢ 排除网关子接口 GE0/0/0.2 静态配置的 IPv6 地址；
  - ➢ 在网关子接口 GE0/0/0.2 上启用 DHCPv6 服务器功能。
- 为 VLAN 30 中的用户创建 IPv6 地址池，基本配置如下：
  - ➢ 地址池中 IP 地址范围为 FD02::/64 网段，有效生命周期和优先生命周期均采用默认配置；
  - ➢ DNS 服务器 IP 地址为 FD00::2/64；
  - ➢ 排除网关接口 GE0/0/1 静态配置的 IPv6 地址；
  - ➢ 在网关接口 GE0/0/1 上启用 DHCPv6 服务器功能。

④ 配置 DHCPv6 客户端。可用 AR 代替 PC，模拟 DHCPv6 客户端。

五、实验配置

本实验是为 DHCPv6 客户端分配仅作用于公司局域网内部的 IPv6 唯一地址，全部在接口下使能 DHCPv6 服务器功能。以下是根据前面配置思路得出的具体配置步骤。

【说明】 *在用 ENSP 模拟器做实验时，拓扑结构中的各 PC 用 AR 代替，因为模拟器的 PC 执行不了最后的 IPv6 Ping 测试，也查看不了 DUID，所查看到的 IPv6 地址分配信息也有一些错误。此时需要在路由器上配置 DHCPv6 客户端，以下仅以 PC1 为例进行介绍。*

```
<Huawei> system-view
[Huawei] sysname PC1
[PC1] ipv6
[PC1]interface GigabitEthernet0/0/0
[PC1-Gigabitethernet0/0/0] ipv6 enable
[PC1-Gigabitethernet0/0/0] ipv6 address auto link-local   #---自动配置接口的 IPv6 链路本地地址，也可以手动配置链路本地地址，因为 DHCPv6 报文发送时，源 IPv6 地址是接口的链路本地地址
[PC1-Gigabitethernet0/0/0] ipv6 address auto dhcp   #---使能 DHCPv6 客户端功能
[PC1-Gigabitethernet0/0/0] quit
```

1. LSW1 上的配置

创建 VLAN 10 和 VLAN 20，因为 LSW1 上游连接的是 AR 的两个以太网子接口，而以太网子接口只能接收带 VLAN 标签的帧，所以在 E0/0/1 端口上配置 Trunk 端口类型（也可以是 Hybrid 端口类型），且允许 VLAN 10 和 VLAN 20 中的帧以带标签的方式通过，其他各端口均以 Access 类型端口分别加入对应的 VLAN 中。

```
<Huawei> system-view
[Huawei] sysname LSW1
[LSW1] vlan batch 10 20
[LSW1] interface ethernet 0/0/1
[LSW1-Ethernet0/0/1] port link-type trunk
[LSW1-Ethernet0/0/1] port trunk allow-pass vlan 10 20
[LSW1-Ethernet0/0/1] quit
[LSW1] interface ethernet 0/0/2
[LSW1-Ethernet0/0/2] port link-type access
[LSW1-Ethernet0/0/2] port default vlan 10
[LSW1-Ethernet0/0/2] quit
[LSW1] interface ethernet 0/0/3
[LSW1-Ethernet0/0/3] port link-type access
[LSW1-Ethernet0/0/3] port default vlan 10
[LSW1-Ethernet0/0/3] quit
[LSW1] interface ethernet 0/0/4
[LSW1-Ethernet0/0/4] port link-type access
[LSW1-Ethernet0/0/4] port default vlan 10
[LSW1-Ethernet0/0/4] quit
[LSW1] interface ethernet 0/0/5
[LSW1-Ethernet0/0/5] port link-type access
[LSW1-Ethernet0/0/5] port default vlan 20
[LSW1-Ethernet0/0/5] quit
```

2. LSW2 上的配置

因为 LSW2 下面只连接了一个 VLAN，而 E0/0/1 端口连接的是上游 AR 的三层物理接口，只能接收不带 VLAN 标签的帧，所以各端口均以 Access 类型加入 VLAN 30 中。

```
<Huawei> system-view
[Huawei] sysname LSW2
[LSW2] vlan batch 30
[LSW2] interface ethernet 0/0/1
[LSW2-Ethernet0/0/1] port link-type access
[LSW2-Ethernet0/0/1] port default vlan 30
[LSW2-Ethernet0/0/1] quit
[LSW2] interface ethernet 0/0/2
[LSW2-Ethernet0/0/2] port link-type access
[LSW2-Ethernet0/0/2] port default vlan 30
[LSW2-Ethernet0/0/2] quit
[LSW2] interface ethernet 0/0/3
[LSW2-Ethernet0/0/3] port link-type access
[LSW2-Ethernet0/0/3] port default vlan 30
[LSW2-Ethernet0/0/3] quit
```

3. AR 上的配置

（1）配置 Dot1q 终结子接口和其他接口

IPv6 中的 Dot1q 终结子接口的配置与 IPv4 中的 Dot1q 终结子接口的配置方法类似，但因为 IPv6 没有 ARP，也没有广播通信方式，所以必须使能子接口的 NS 请求报文的组播发送能力，否则会导致子接口无法通过 NS 报文获取下一跳的 MAC 地址，子接口在发送 DHCPv6 报文时也无法进行目的 MAC 地址的封装。

```
<Huawei> system-view
[Huawei] sysname AR
[AR] ipv6    #---全局使能 IPv6 功能
[AR] interface gigabitethernet 0/0/0.1
[AR-Gigabitethernet0/0/0.1] ipv6 enable
[AR-Gigabitethernet0/0/0.1] ipv6 address FD00::1 64
[AR-Gigabitethernet0/0/0.1] dot1q termination vid 10    #---终结 VLAN 10
[AR-Gigabitethernet0/0/0.1] ipv6 nd ns multicast-enable    #---使能子接口以组播方式发送 NS 报文的能力
[AR-Gigabitethernet0/0/0.1] quit
[AR] interface gigabitethernet 0/0/0.2
[AR-Gigabitethernet0/0/0.2] ipv6 enable
[AR-Gigabitethernet0/0/0.2] ipv6 address FD01::1 64
[AR-Gigabitethernet0/0/0.2] dot1q termination vid 20
[AR-Gigabitethernet0/0/0.2] ipv6 nd ns multicast-enable
[AR-Gigabitethernet0/0/0.2] quit
[AR] interface gigabitethernet 0/0/1
[AR-Gigabitethernet0/0/1] ipv6 enable
[AR-Gigabitethernet0/0/1] ipv6 address FD02::1 64
[AR-Gigabitethernet0/0/1] quit
```

（2）配置 VLAN10 地址池

在 VLAN 10 中的 IPv6 地址池 FD00::/64 网段中，配置有效生命周期、优先生命周期、IPv6 地址排除、DNS 服务器 IPv6 地址和 PC2 的静态 IPv6 地址绑定。

因为在VLAN 10地址池中需要对PC2静态绑定IPv6地址FD00::10/64，而DHCPv6中IPv6地址的静态绑定是通过DUID进行的，所以需要先查看PC2的DUID。

物理主机上可以通过**ipconfig /all**命令查看DUID，如图28-2所示，但在配置DUID时要去掉各段中间的“-”连接符。如果是AR担当DHCPv6客户端，则可在任意视图下执行**display dhcpv6 duid**命令获取其DUID，图28-3所示的是PC2的DUID——0003000100E0FCF367C6。

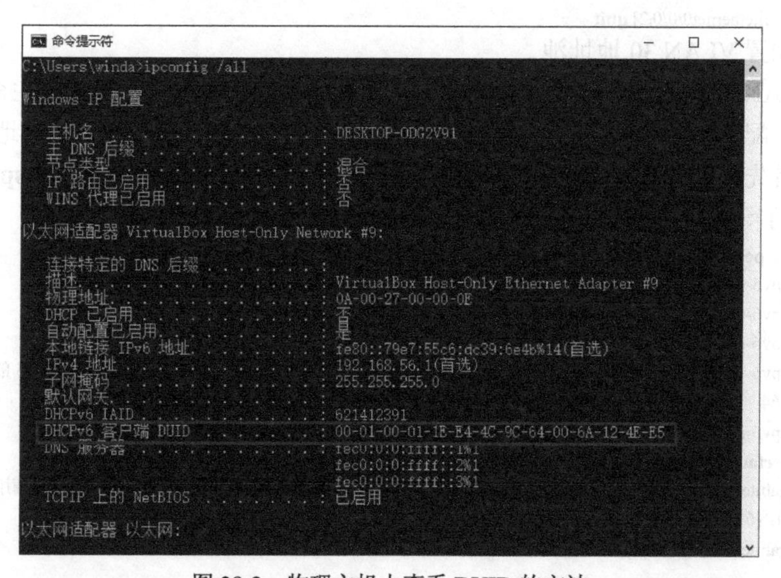

图 28-2　物理主机上查看 DUID 的方法

[AR] **dhcp enbale**　#---全局使能 DHCPv6 服务

[AR] **ipv6 pool** vlan10

[AR-dhcpv6-pool-vlan10] **address prefix** FD00::/64 **life-time** 86400 43200　#---配置地址池的 IPv6 地址网段为 FD00::/64，有效生命周期为 86400s（1 天），优先生命周期为 43200s（12h）

[AR-dhcpv6-pool-vlan10] **excluded-address** FD00::1 **to** FD00::2　#---排除网关子接口 IPv6 地址和 DNS 服务器 IPv6 地址

[AR-dhcpv6-pool-vlan10] **dns-server** FD00::2　#---指定 DNS 服务器 IPv6 地址

[AR-dhcpv6-pool-vlan10] **static-bind address** FD00::10 **duid** 0003000100E0FCF367C6　#---绑定 PC2 的 DUID 和 IPv6 地址 FD00::10/64

[AR-dhcpv6-pool-vlan10] **quit**

[AR] **interface** gigabitethernet 0/0/0.1

[AR-Gigabitethernet0/0/0.1] **dhcpv6 server** vlan10　#---使能 GE0/0/0.1 子接口的 DHCPv6 服务器功能，并调用 vlan10 地址池为客户端进行 IPv6 地址和网络参数分配

[AR-Gigabitethernet0/0/0.1] **quit**

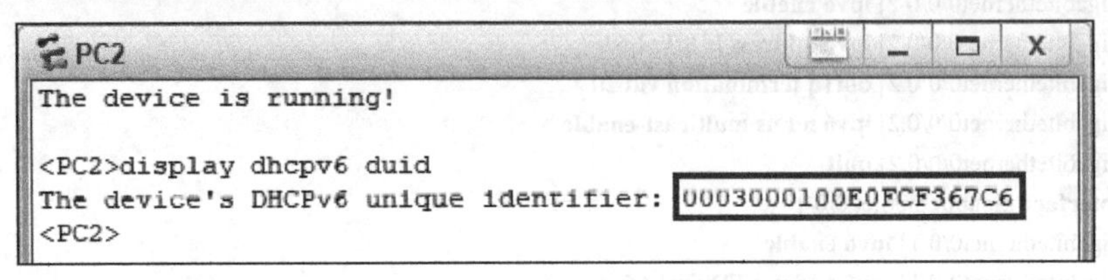

图 28-3　AR 上查看 DUID 的方法

（3）配置 VLAN 20 地址池

在 VLAN20 中的 IPv6 地址池 FD01::/64 网段中，有效生命周期和优先生命周期均采用默认值，配置 IPv6 排除地址和 DNS 服务器 IPv6 地址。

[AR] **ipv6 pool** vlan20

[AR-dhcpv6-pool-vlan20] **address prefix** FD01::/64　#---配置地址池的 IPv6 地址网段为 FD01::/64

[AR-dhcpv6-pool-vlan20] **excluded-address** FD01::1 #---排除网关子接口 IPv6 地址

[AR-dhcpv6-pool-vlan20] **dns-server** FD00::2　#---指定 DNS 服务器 IPv6 地址

[AR-dhcpv6-pool-vlan20] **quit**

[AR] **interface** gigabitethernet 0/0/0.2

[AR-Gigabitethernet0/0/0.2] **dhcpv6 server** vlan20　#---使能 GE0/0/0.2 子接口的 DHCPv6 服务器功能，并调用 vlan20 地址池为客户端进行 IPv6 地址和网络参数分配

[AR-Gigabitethernet0/0/0.2] **quit**

（4）配置 VLAN 30 地址池

在 VLAN30 中的 IPv6 地址池 FD02::/64 网段中，有效生命周期和优先生命周期均采用默认值，配置 IPv6 排除地址、DNS 服务器 IPv6 地址和 PC5 的静态 IPv6 地址绑定。

我们首先获取 PC5 的 DUID，假设 PC5 以 AR 代替，在任意视图下执行 **display dhcpv6 duid** 命令可得到 PC5 的 DUID 为 0003000100E0FCB808BA。

[AR] **ipv6 pool** vlan30

[AR-dhcpv6-pool-vlan30] **address prefix** FD02::/64　#---配置地址池的 IPv6 地址网段为 FD02::/64

[AR-dhcpv6-pool-vlan30] **excluded-address** FD02::1 #---排除网关接口 IPv6 地址

[AR-dhcpv6-pool-vlan30] **dns-server** FD00::2　#---指定 DNS 服务器 IPv6 地址

[AR-dhcpv6-pool-vlan30] **static-bind address** FD02::10 **duid** 0003000100E0FCB808BA　#---绑定 PC5 的 DUID 和 IPv6 地址 FD02::10/64

[AR-dhcpv6-pool-vlan30] **quit**

[AR] **interface** gigabitethernet 0/0/1

[AR-Gigabitethernet0/0/1] **dhcpv6 server** vlan30　#---使能 GE0/0/1 接口的 DHCPv6 服务器功能，并调用 vlan30 地址池为客户端进行 IPv6 地址和网络参数分配

[AR-Gigabitethernet0/0/1] **quit**

六、实验结果验证

以上配置完成后，我们可以进行最后的实验结果验证。

1. 检查 IPv6 地址池配置

在 AR 上执行 **display dhcpv6 pool** 命令，查看所配置的 IPv6 地址池，如图 28-4 所示，从中可以看到，3 个地址池中的各项配置与我们前面的配置是一样的，并且从中还可以获知各个地址池中已分配使用的地址数。

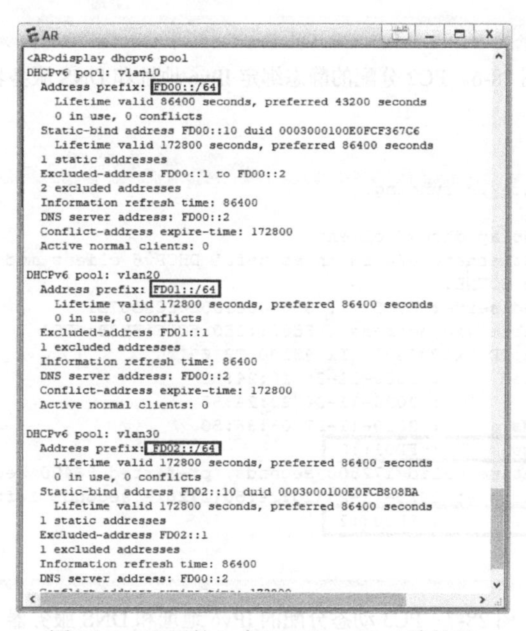

图 28-4　配置的 3 个 DHCPv6 IPv6 地址池

2. 查看 DHCPv6 客户端所分配的 IPv6 地址和网络参数

如果 DHCPv6 客户端是物理 PC 主机，则在命令行提示符下执行 **ipconfig /all** 命令；如果 DHCPv6 客户端是 AR，则可在任意视图下执行 **display dhcpv6 client** 命令，均可查看所分配的 IPv6 地址和其他网络参数，如图 28-5～图 28-9 所示。

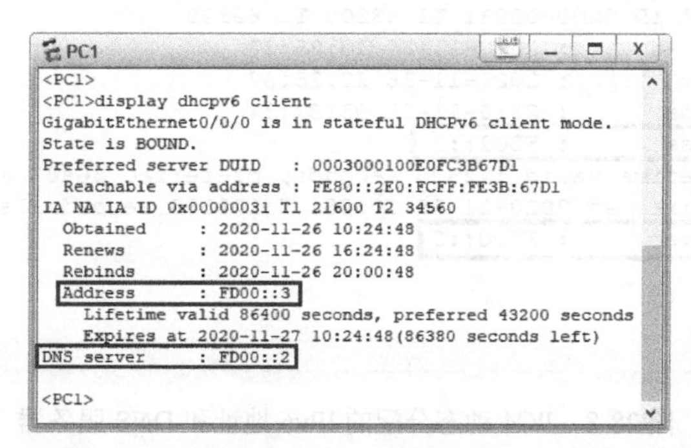

图 28-5　PC1 动态分配的 IPv6 地址和 DNS 服务器

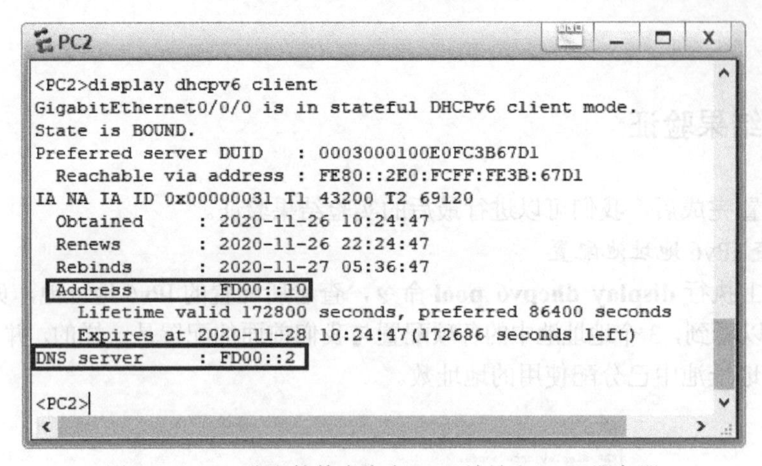

图 28-6　PC2 分配的静态绑定 IPv6 地址和 DNS 服务器

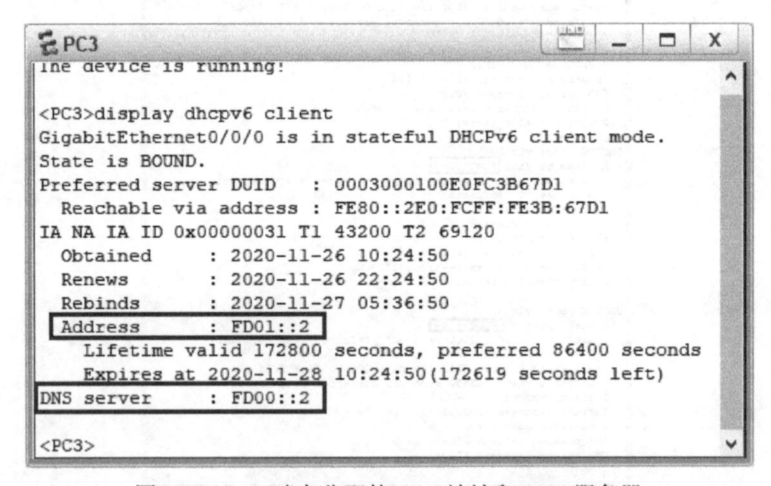

图 28-7　PC3 动态分配的 IPv6 地址和 DNS 服务器

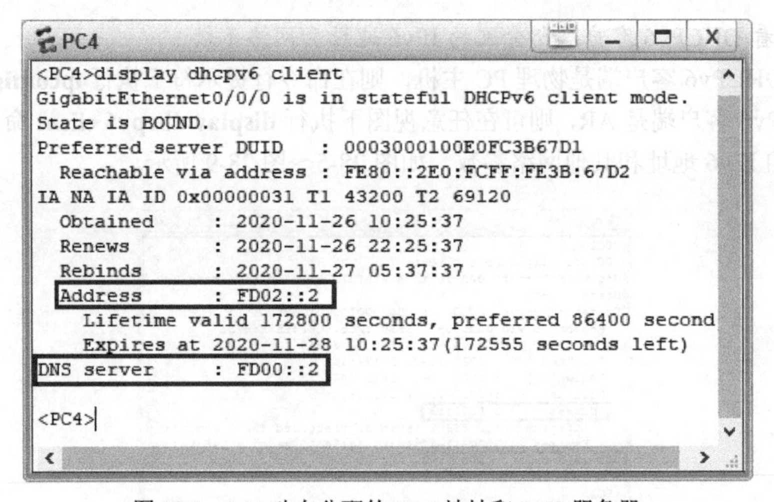

图 28-8　PC4 动态分配的 IPv6 地址和 DNS 服务器

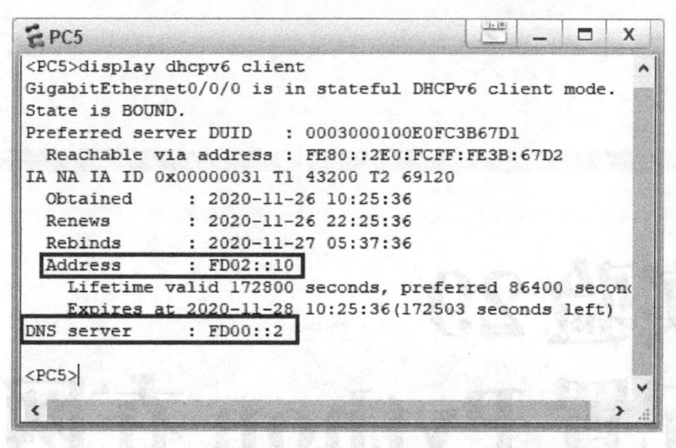

图 28-9　PC5 分配的静态绑定 IPv6 地址和 DNS 服务器

另外，还可抓包查看 DHCPv6 服务器进行 IPv6 地址和网参数分配的四大步骤，如图 28-10 所示。

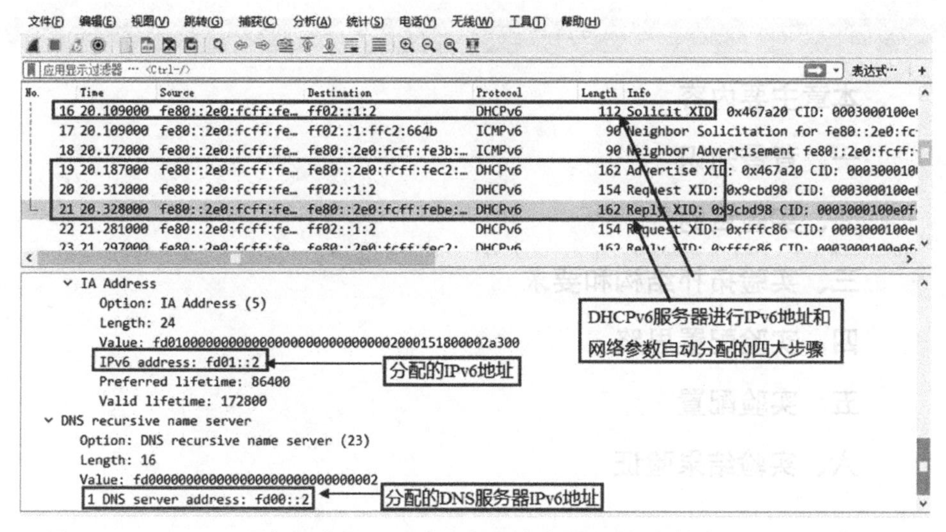

图 28-10　DHCPv6 服务器进行 IPv6 地址分配的过程及网络参数自动分配的四大步骤

实验29 配置Python在网络自动运维中的应用

本章主要内容

一、背景知识

二、实验目的

三、实验拓扑结构和要求

四、实验配置思路

五、实验配置

六、实验结果验证

一、背景知识

Python 在网络自动运维中的一个典型应用就是通过调用软件自带的 Telnetlib 模块程序，Telnet 登录到网络设备中，然后进行配置添加、修改与管理。

Telnetlib 模块程序可在 Python 程序安装目录下找到，如图 29-1 所示，可以用 Pyhton 编辑器或记事本程序打开，里面已定义好了 Telnet 类及在不同场景下应用所需的各种方法（即函数），所以可以通过调用 Telnetlib 模块而调用其下面已定义好的各种函数，非常方便。

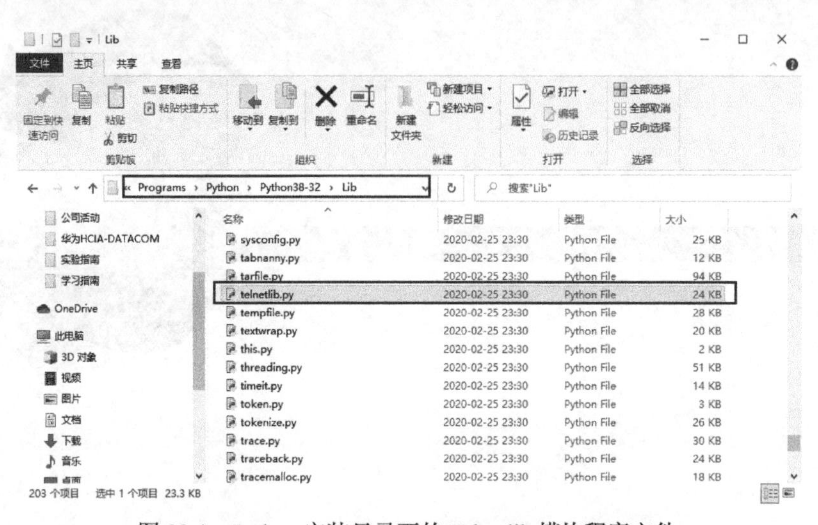

图 29-1 Python 安装目录下的 Telnetlib 模块程序文件

通过调用 Telnetlib 模块实现对网络设备的自动运维的配置，配置包括以下两个步骤。

① 调用 Telnetlib 模块程序，配置自动 Telnet 登录到设备的参数，如设备主机名（通常以 IP 地址代替）、Telnet 登录时所用 TCP 端口、登录超时等，通过 read_until()函数读取 Telnet 登录用户名和密码输入的提示信息（采用密码认证模式时仅会提示输入登录密码），通过 write()函数写入 Telnet 登录用户名和密码。被登录设备事先要配置好 Telnet 服务器功能，并确保 Telnet 客户端有正确的路由访问它。

② 成功 Telnet 登录到设备后通过 write()函数进行设备配置添加、修改与管理，通过 print()函数显示输入信息到控制台。

【注意】 在读取用户名和密码输入提示信息时，Python 程序要通过“b”关键字把 Python 中默认的 unicode 编码转换成 Byte（字节），在输入用户名和密码时 Python 程序又要通过“ascii”关键词转换为 ASCII 字符串，输入完后还要通过“\n”换行（相当于输入后按下回车键结束输入，输入完命令后也要在后面加上“\n”）。

另外，由于 Python 默认的是不间断的执行代码，如果执行完某行代码需要显示较多信息时，就可能无法及时显示这些信息。为此，还需要调用 time 模块程序中的 sleep( ) 函数，让程序在执行完某行代码后等待相应的时间，以便有足够的时间显示上行代码的输出信息。

二、实验目的

在本实验中，用户通过编写 Python 脚本实验实现对网络中的交换机进行自动的 Telnet 登录，并对其自动进行设备配置与维护。通过本实验的学习，用户可达到以下目的。

① 掌握调用 Telnetlib 模块自动 Telnet 登录到网络设备的基本配置思路和配置方法；

② 掌握自动配置和维护网络设备的 Python 代码编写方法。

三、实验拓扑结构和要求

公司网络中新增了几台交换机作为接入设备，为了简化配置工作量，希望采用 Pyhton 自动运维配置方案，我们需在 Telnet 客户端上运行 Python 程序，通过调用 Python 中的 Telnetlib 模块自动对 LSW1 进行配置与管理。下面以图 29-2 所示的一台交换机为例进行介绍（如果 Telnet 客户端与网络设备不是直接连接，则需要在网络设备上配置路由）。

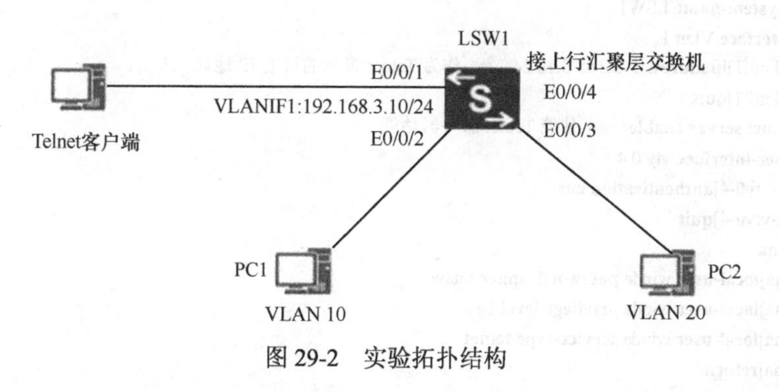

图 29-2　实验拓扑结构

① Telnet 客户端可自动以 AAA 本地认证方式（用户名为 winda，密码为 huawei）Telnet 登录到 LSW1 上。Telnet 登录时所用的目的 IP 地址是 LSW1 上配置的 VLANIF1 接口 IP 地址 192.168.3.10/24。

② 把 LSW1 的 E0/0/2 端口以 Access 类型加入 VLAN 10 中，把 E0/0/3 端口以 Access 类型加入 VLAN 20 中，通过 E0/0/4 端口上行连接到汇聚层交换机，然后查看当前配置，并以 lsw1vrp.cfg 名称保存配置文件。

四、实验配置思路

利用 Python 中的 Telnetlib 模块进行设备的 Telnet 自动登录、配置与维护主要包括两方面的配置任务：①在被 Telnet 登录的设备上配置 Telnet 服务器；②在运行 Python 的

Telnet 客户端主机上，通过调用 Telnetlib 模块程序编写 Telnet 自动登录、添加或修改配置的 Python 程序文件。

根据以上分析并结合本实验的拓扑结构，我们可得出如下配置思路。

① 在 LSW1 上创建 VLANIF1 接口，并为其配置 IP 地址 192.168.3.10/24，同时配置采用 AAA 本地认证方案的 Telnet 服务器。

② 在 Python 自带的 IDLE 编辑器（也可以是其他编辑器）编写用于通过调用 Telnetlib 模块实现 Telnet 自动登录、配置和维护设备的 Python 程序。

五、实验配置

下面是根据以上配置思路得出的具体配置步骤。

1. 在 LSW1 上配置 Telnet 服务器

本实验中，Telnet 客户端通过 VLANIF1 接口 IP 地址进行 Telnet 登录，因此连接 Telnet 客户端的 E0/0/1 接口保持默认加入 VLAN 1 配置即可。本实验中采用 AAA 本地认证方案，用户名为 winda，密码为 huawei，下面是具体的配置。

```
<Huawei>system-view
[Huawei]system-name LSW1
[LSW1]interface Vlan 1
[LSW1-Vlanif1]ipaddress 192.168.3.10 24   #---作为 Telnet 登录的目的 IP 地址
[LSW1-Vlanif1]quit
[LSW1]telnet server enable   #---使能 Telnet 服务器功能
[LSW1]user-interface vty 0 4
[LSW1-ui-vty0-4]authentication aaa
[LSW1-ui-vty0-4]quit
[LSW1] aaa
[LSW1-aaa]local-user winda password cipher huawei
[LSW1-aaa]local-user winda privilege level 15
[LSW1-aaa]local-user winda service-type telnet
[LSW1-aaa]return
<LSW1> save
```

配置好以上信息后，在 Telnet 客户端的命令行中执行 **telnet** 192.168.3.10 命令，按提示输入用户名和密码，正确输入后就可成功登录到设备上，如图 29-3 所示。

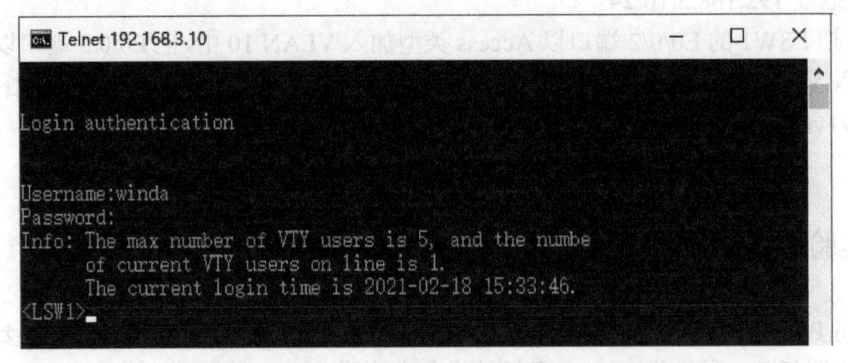

图 29-3 Telnet 客户端成功登录 LSW1 的界面

2. 在 Telnet 客户端，编写实现自动 Telnet 登录、配置与维护的 Python 程序

调用 Telnetlib 模块，实现对 LSW1 的自动 Telnet 登录。用户名为 winda，密码为 huawei，目的 IP 地址为 192.168.3.10。

打开 Python 自带的 IDLE 编辑器，输入以下代码。

```
import telnetlib    #---调用 telnetlib 模块
import time   #---调用 time 模块，用调用下面的 sleep 方法暂停程序执行一定时间

host = '192.168.3.10'   #---定义一个名为 host（Telnet 目的主机 IP 地址）的变量，值为字符串“192.168.3.10”
username = 'winda'   #---定义一个名为 username（用户名）的变量，值为字符串“winda”
password = 'huawei'      #---定义一个名为 password（用户密码）的变量，值为字符串“lycb”
tn = telnetlib.Telnet(host)     #---调用 telnetlib 模块中的 Telnet 类，使用的参数为前面定义的 host 参数，进行 Telnet 登录

tn.read_until(b"Username:")      #---读取到显示“Username:”为止。前面的"b"表示将默认的 unicode 编码转换为字节，这是函数对数据输入的要求
tn.write(username.encode('ascii') + b"\n")      #---写入变量 username 的值 winda。“ascii”表示把输入的密码转换为 ASCII 字符串，“\n”是换行符，相当于输入后单击回车键
time.sleep(1)   #---等待 2s（时间也可以更长一些），等待回显完信息
tn.read_until(b"Password:")   #---读取到显示“Password:”为止
tn.write(password.encode('ascii')+b"\n")    #---写入变量 password 的 ASCII 格式字符串值 huawei 并换行
time.sleep(1)    #---等待 2s（时间也可以更长一些），等待回显完信息
```

继续在 IDLE 编辑器中输入以下代码，完成对 LSW1 各端口的 VLAN 配置，查看当前配置，并以 lsw1vrp.cfg 名称保存配置文件。

```
tn.write(b'sys \n')   #---执行“sys”（system-view 命令的缩写）命令，进入系统视图
tn.write(b'vlan batch 10 20 \n')   #---批量创建 VLAN 10 和 VLAN 20
tn.write(b'interface ethernet0/0/2 \n')   #---进入 E0/0/2 接口视图
tn.write(b'port link-type access \n')   #---把 E0/0/2 配置为 Access 类型
tn.write(b'port default vlan 10 \n')   #---把 E0/0/2 端口加入 VLAN 10 中
tn.write(b'quit \n')   #---返回系统视图
tn.write(b'interface ethernet0/0/3 \n')   #---进入 E0/0/3 接口视图
tn.write(b'port link-type access \n')   #---把 E0/0/3 配置为 Access 类型
tn.write(b'port default vlan 20 \n')   #---把 E0/0/3 端口加入 VLAN 20 中
tn.write(b'quit \n')   #---返回系统视图
tn.write(b'interface ethernet0/0/4 \n')   #---进入 E0/0/4 接口视图
tn.write(b'port link-type trunk \n')   #---把 E0/0/4 配置为 Trunk 类型
tn.write(b'port trunk allow-pass vlan 10 20 \n')   #---配置 E0/0/4 端口允许 VLAN 10 和 VLAN 20 中的帧通过
tn.write(b'return \n')   #---返回用户视图

tn.write(b'display cu \n')   #---查看当前运行配置
time.sleep(2)   #---等待 2s（时间也可以更长一些），等待回显完信息
tn.write(b"   \n")   #---按空格键显示下一屏
time.sleep(2)
tn.write(b"   \n")   #---按空格键显示下一屏
time.sleep(2)

tn.write(b'save lsw1vrp.cfg \n')   #---以 lsw1vrp.cfg 文件名保存配置文件
tn.write(b"y \n")   #---根据提示输入 Y 键，保存配置
time.sleep(2)
print(tn.read_very_eager().decode('ascii'))   #---尽可能多地读取数据，并将其转换为 ASCII 字符串
tn.close()   #---关闭连接
```

在 IDLE 编辑器中执行【File】→【New File】菜单操作，在打开的对话框中输入以上代码，然后执行【File】→【save】菜单操作，以 telnet-LSW1.py 文件名保存（此处保

存在 H 盘的根目录下），如图 29-4 所示。

telnet-LSW1.py - H:/telnet-LSW1.py (3.8.2)

File　Edit　Format　Run　Options　Window　Help

```
import telnetlib
import time
host = '192.168.3.10'
username = 'winda'
password = 'huawei'
tn = telnetlib.Telnet(host)
tn.read_until(b"Username:")
tn.write(username.encode('ascii') + b"\n")
time.sleep(1)
tn.read_until(b"Password:")
tn.write(password.encode('ascii')+b"\n")
time.sleep(1)
tn.write(b'sys \n')
tn.write(b'vlan batch 10 20 \n')
tn.write(b'interface ethernet0/0/2 \n')
tn.write(b'port link-type access \n')
tn.write(b'port default vlan 10 \n')
tn.write(b'quit \n')
tn.write(b'interface ethernet0/0/3 \n')
tn.write(b'port link-type access \n')
tn.write(b'port default vlan 20 \n')
tn.write(b'quit \n')
tn.write(b'interface ethernet0/0/4 \n')
tn.write(b'port link-type trunk \n')
tn.write(b'port trunk allow-pass vlan 10 20 \n')
tn.write(b'return \n')
tn.write(b'display cu \n')
time.sleep(2)
tn.write(b"  \n")
time.sleep(2)
tn.write(b"  \n")
time.sleep(2)
tn.write(b'save lsw1vrp.cfg \n')
tn.write(b"y \n")
time.sleep(2)
print(tn.read_very_eager().decode('ascii'))
```

Ln: 29　Col: 0

图 29-4　在 IDLE 编辑器中输入的程序代码

六、实验结果验证

以上配置完成后，可以进行最后的实验结果验证。

在图 29-4 界面中执行【Run】→【Run Module】菜单操作，即会自动在 IDLE 编辑器运行前面保存的 telnet-LSW1 Python 程序，结果如图 29-5 和图 29-6 所示。从中可以看出，客户端已成功 Telnet 登录到 LSW1 上，完成了 LSW1 设备相关 VLAN 配置，并以 lsw1vrp.cfg 文件名保存了配置文件。

另外，我们也可在 Telnet 客户端命令行提示符下执行以下命令，运行以上 telnet-LSW1 Python 程序，也可验证成功 Telnet 自动登录且已完成 LSW1 设备相关 VLAN 配置，并以 lsw1vrp.cfg 文件名保存配置文件，图 29-7 只显示了其中一部分输出内容。

```
python h:\telnet-LSW1.py
```

此时可在 LSW1 设备用户视图下执行 **dir** 命令，验证已成功保存名为 lsw1vrp.cfg 的配置文件，如图 29-8 所示。执行 **display current-configuration** 命令，查看当前配置，验证已创建了 VLAN 10 和 VLAN 20，并完成了以上各端口的 VLAN 配置，如图 29-9 所示。

图 29-5 在 IDLE 编辑器中运行 telnet-LSW1 程序的结果（一）

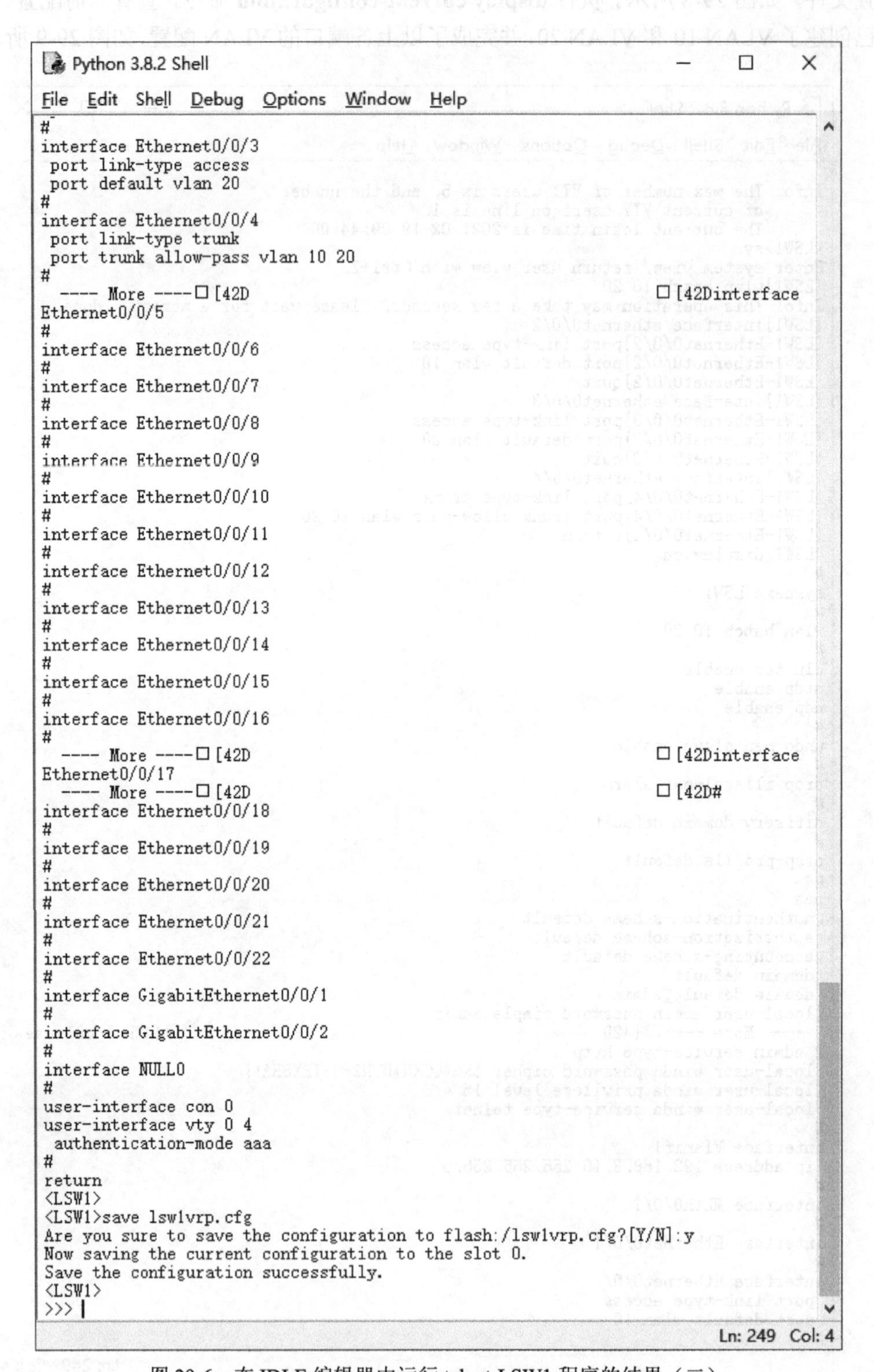

图 29-6 在 IDLE 编辑器中运行 telnet-LSW1 程序的结果（二）

```
命令提示符
C:\Users\winda>python h:\telnet-LSW1.py

Info: The max number of VTY users is 5, and the number
      of current VTY users on line is 1.
      The current login time is 2021-02-18 17:15:02.
<LSW1>sys
Enter system view, return user view with Ctrl+Z.
[LSW1]vlan batch 10 20
Info: This operation may take a few seconds. Please wait for a moment...done.
[LSW1]interface ethernet0/0/2
[LSW1-Ethernet0/0/2]port link-type access
[LSW1-Ethernet0/0/2]port default vlan 10
[LSW1-Ethernet0/0/2]quit
[LSW1]interface ethernet0/0/3
[LSW1-Ethernet0/0/3]port link-type access
[LSW1-Ethernet0/0/3]port default vlan 20
[LSW1-Ethernet0/0/3]quit
[LSW1]interface ethernet0/0/4
[LSW1-Ethernet0/0/4]port link-type trunk
[LSW1-Ethernet0/0/4]port trunk allow-pass vlan 10 20
[LSW1-Ethernet0/0/4]return
<LSW1>display cu
#
sysname LSW1
#
vlan batch 10 20
#
cluster enable
ntdp enable
ndp enable
#
drop illegal-mac alarm
#
diffserv domain default
#
drop-profile default
#
aaa
 authentication-scheme default
 authorization-scheme default
 accounting-scheme default
 domain default
 domain default_admin
 local-user admin password simple admin
 local-user admin service-type http
 local-user winda password cipher $K&%QCXM$NYNZPO3JBXBHA!!
  ---- More ----
□42D                                   □42D local-user winda privilege
level 15
 local-user winda service-type telnet
#
interface Vlanif1
```

图 29-7　在命令行提示符下运行 telnet-LSW1 程序文件后的部分输出

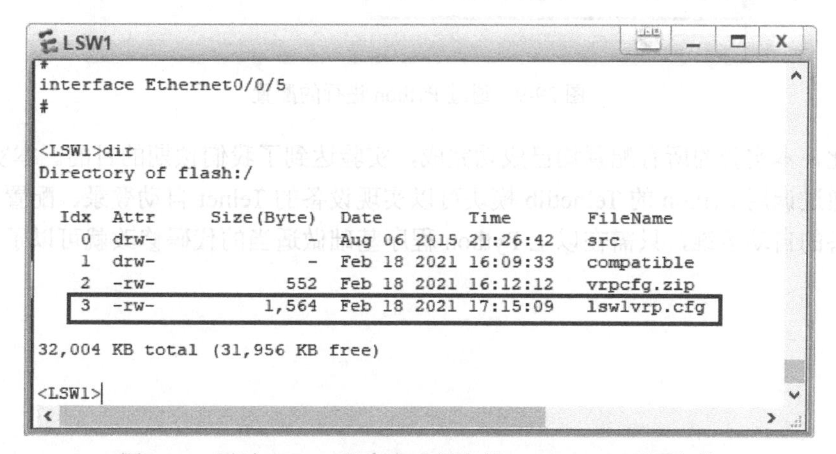

```
LSW1
#
interface Ethernet0/0/5
#

<LSW1>dir
Directory of flash:/

  Idx  Attr     Size(Byte)  Date        Time       FileName
    0  drw-              -  Aug 06 2015 21:26:42   src
    1  drw-              -  Feb 18 2021 16:09:33   compatible
    2  -rw-            552  Feb 18 2021 16:12:12   vrpcfg.zip
    3  -rw-          1,564  Feb 18 2021 17:15:09   lswlvrp.cfg

32,004 KB total (31,956 KB free)

<LSW1>
```

图 29-8　通过 Python 程序自动保存的 lsw1vrp.cfg 配置文件

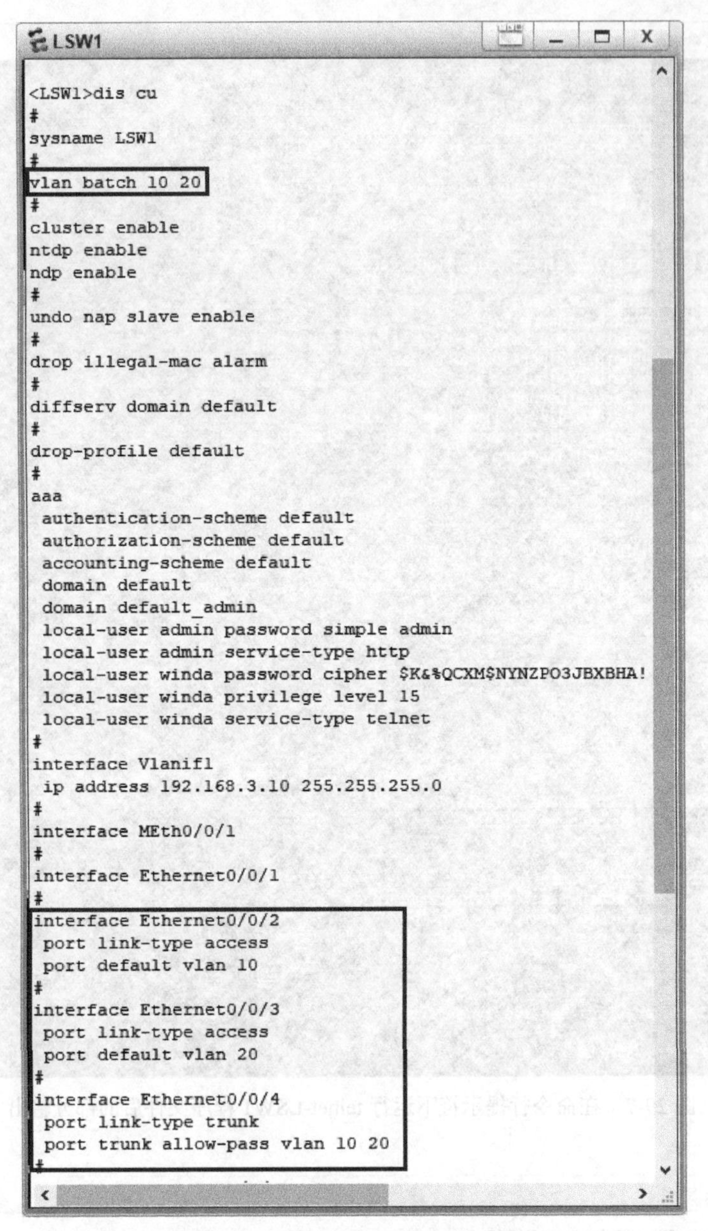

图 29-9 通过 Python 进行的配置

至此，本实验的所有配置均已成功完成，实验达到了我们预期的目的。本实验也已证明，通过调用 Python 的 Telnetlib 模块可以实现设备的 Telnet 自动登录、配置与管理。其他设备的自动运维，只需在以上 Python 程序基础做适当的代码修改就可以了。

实验 30 配置中小型企业综合网络

本章主要内容

一、实验简介

二、实验拓扑结构

三、实验要求

四、实验配置思路

五、实验配置和结果验证

一、实验简介

本实验是一个综合实验，将结合本书前面实验中所介绍的实战技能，以一个有线与无线混合园区网络为例，介绍一个典型的中型企业网络组网方案。本实验将涉及以下知识和技能：VLAN、WLAN、DHCP 服务器、OSPF 路由、静态路由、ACL、NAPT 和 NAT Server。

园区网络中的内部网络一般分为三层结构，即接入层、汇聚层和核心层，另外还有一个 Internet 接入的出口部分，这部分通常是一台 Internet 接入路由器。

规划设计人员进行园区网络设计的三步骤：首先要详尽分析每一层的网络连接性能、连接设备数量，以及不同带宽或不同介质类型的端口数量等需求；然后根据具体的用户应用、安全等，规划好各部分的二层或三层连接方式，各二层网络所属的 VLAN，各三层网络所属的 IP 网段，各三层接口的 IP 地址、路由方案，选择适当的功能实现方案；最后按照接入层、汇聚层和核心层，以及 Internet 出口的层次结构设计符合应用需求，且最为精简的网络拓扑结构。

二、实验拓扑结构

本实验是一个中型企业综合网络，拓扑结构如图 30-1 所示。整个网络分布在同一建筑物的 3 个楼层，其中第一楼层是核心机房，第二楼层、第三楼层各有一个小机房。

第一楼层的核心机房中主要安装核心网络设备，其中包括一些公共服务器，一台核心交换机（CoreSW）、多台接入层交换机（图中仅列出两台，分别为 F1-ACC1 和 F1-ACC2）和 Internet 出口路由器，以及用于管理整个公司 WLAN 的 AC（Access Controller，访问控制器）。AC 与 CoreSW 为三层连接。第一楼层还有一个供访客休息的大厅，可提供 Wi-Fi 无线上网服务。

【说明】 出于网络可靠性和实用性考虑，中型企业网络通常会有两台核心交换机。这两台核心交换机采用 CSS 集群连接。这样既可解决单台核心交换机性能和端口不足的问题，又可使两台核心交换机相互备份，提高核心层网络的可靠性和实用性。

第二楼层机房中包括一台汇聚层交换机（F2-AGG）和多台接入层交换机（图中仅列出两台，分别为 F2-ACC1 和 F2-ACC2），是市场部和研发部办公区域的机房，既有有线连接，又有 Wi-Fi 连接。

第三楼层机房中也包括一台汇聚层交换机（F3-AGG）和多台接入层交换机（图中仅列出两台，分别为 F3-ACC1 和 F3-ACC2），是总经理办公室（简称 ZJL）和行政部（简称 XZ）办公区域的机房，既有有线连接，又有 Wi-Fi 连接。

【说明】 对于中小型企业网络来说，多台汇聚层交换机也可以选择 iStack 堆叠或 CSS 集群连接方式（集群连接方式目前仅支持两台），同样既可以解决单台交换机性能、端口不足的问题，又可提高汇聚层网络连接的可靠性和实用性。

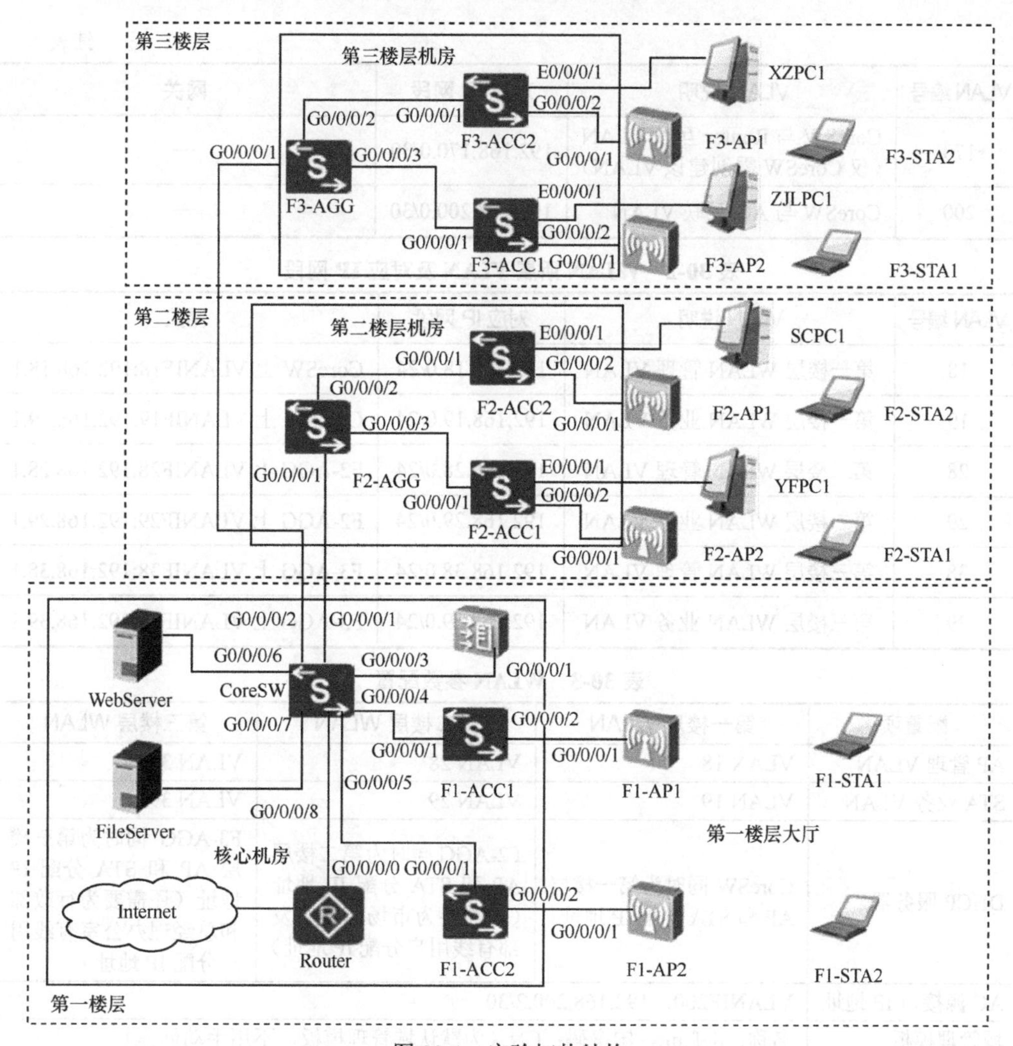

图 30-1　实验拓扑结构

图 30-1 中各有线网络所属 VLAN 及对应的 IP 网段见表 30-1，各 WLAN 所属 VLAN 及对应 IP 网段见表 30-2，WLAN 参数配置见表 30-3。

表 30-1　有线网络所属 VLAN 及对应 IP 网段

VLAN 编号	VLAN 说明	对应 IP 网段	网关
100	第一楼层各服务器所属 VLAN	192.168.100.0/24	CoreSW 上 VLANIF100:192.168.100.1
110	第三楼层总经理办公室所属 VLAN	192.168.110.0/24	F3-AGG 上 VLANIF110:192.168.110.1
120	第三楼层行政部所属 VLAN	192.168.120.0/24	F3-AGG 上 VLANIF120:192.168.120.1
130	第二楼层研发部所属 VLAN	192.168.130.0/24	F2-AGG 上 VLANIF130:192.168.130.1
140	第二楼层市场部所属 VLAN	192.168.140.0/24	F2-AGG 上 VLANIF140:192.168.140.1
150	F2-AGG 与 CoreSW 互联 VLAN	192.168.150.0/30	—
160	F3-AGG 与 CoreSW 互联 VLAN	192.168.160.0/30	—

续表

VLAN 编号	VLAN 说明	对应 IP 网段	网关
170	CoreSW 与 Router 互联 VLAN（仅 CoreSW 需创建该 VLAN）	192.168.170.0/30	—
200	CoreSW 与 AC 互联 VLAN	192.168.200.0/30	—

表 30-2 WLAN 所属 VLAN 及对应 IP 网段

VLAN 编号	VLAN 说明	对应 IP 网段	网关
18	第一楼层 WLAN 管理 VLAN	192.168.18.0/24	CoreSW 上 VLANIF18:192.168.18.1
19	第一楼层 WLAN 业务 VLAN	192.168.19.0/24	CoreSW 上 VLANIF19:192.168.19.1
28	第二楼层 WLAN 管理 VLAN	192.168.28.0/24	F2-AGG 上 VLANIF28:192.168.28.1
29	第二楼层 WLAN 业务 VLAN	192.168.29.0/24	F2-AGG 上 VLANIF29:192.168.29.1
38	第三楼层 WLAN 管理 VLAN	192.168.38.0/24	F3-AGG 上 VLANIF38:192.168.38.1
39	第三楼层 WLAN 业务 VLAN	192.168.39.0/24	F3-AGG 上 VLANIF39:192.168.39.1

表 30-3 WLAN 参数配置

配置项	第一楼层 WLAN	第二楼层 WLAN	第三楼层 WLAN
AP 管理 VLAN	VLAN 18	VLAN 28	VLAN 38
STA 业务 VLAN	VLAN 19	VLAN 29	VLAN 39
DHCP 服务器	CoreSW 同时为第一楼层 AP 和 STA 分配 IP 地址	F2-AGG 同时为第二楼层 AP 和 STA 分配 IP 地址（还需要为市场部和研发部有线用户分配 IP 地址）	F3-AGG 同时为第三楼层 AP 和 STA 分配 IP 地址（还需要为行政部和总经理办公室有线用户分配 IP 地址）
AC 源接口 IP 地址	VLANIF200：192.168.200.2/30		
域管理模板	名称：default，国家码：CN（为默认域管理模板，不用手动创建）		
AP 组	名称：AP-F1 引用 VAP 模板：VAP-F1 引用域管理模板：default（为默认配置，不用手动配置）	名称：AP-F2 引用 VAP 模板：VAP-F2 引用域管理模板：default（为默认配置，不用手动配置）	名称：AP-F3 引用 VAP 模板：VAP-F3 引用域管理模板：default（为默认配置，不用手动配置）
SSID 模板	名称：WLAN-F1 SSID 名称：WLAN-F1	名称：WLAN-F2 SSID 名称：WLAN-F2	名称：WLAN-F3 SSID 名称：WLAN-F3
安全模板	名称：SCU-F1 安全策略： WPA2+PSK+AES 密码：F1@dage.com	名称：SCU-F2 安全策略： WPA2+PSK+AES 密码：F2@dage.com	名称：SCU-F3 安全策略： WPA2+PSK+AES 密码：F3@dage.com
VAP 模板	名称：VAP-F1 转发模式：直接转发（为默认配置，不用手动配置） 业务 VLAN：VLAN 19	名称：VAP-F2 转发模式：直接转发（为默认配置，不用手动配置） 业务 VLAN：VLAN 29	名称：VAP-F3 转发模式：直接转发（为默认配置，不用手动配置） 业务 VLAN：VLAN 39

三、实验要求

本实验要求如下。

① 所有 WLAN STA 和办公区域 PC 均采用 DHCP 服务器进行自动 IP 地址和网关分配，各服务器均采用静态 IP 地址和网关配置。

② 各有线用户以及第二楼层和第三楼层的 WLAN 用户均可访问公司内部网络，但第一楼层 WLAN 用户不能访问公司内部网络，包括各服务器。

③ 仅 WLAN 用户可以访问 Internet，使用公司注册的公网 IP 地址 100.100.10.4、100.100.10.5 进行地址转换。

④ 仅允许外网用户访问公司 Web 服务器（私网 IP 地址为 192.168.100.2/24，端口号为 TCP 80），映射的公网 IP 地址为 100.100.10.3。

四、实验配置思路

要实现有线和 WLAN 用户访问公司内部网络，公司内部网络的二层和三层必须实现互通。二层是通过 VLAN 配置的，三层采用 OSPF 路由方案。禁止第一楼层 WLAN 访客访问公司内部网络的需求，可以通过调用 ACL 的简化流策略来实现；仅允许 WLAN 访问 Internet 的需求，可以通过基于 ACL 访问控制的 NAT 来实现；外网用户访问公司内部 Web 服务器的需求，可以通过 NAT Server 功能实现。

在网络互通方面，本实验有线网络部分比较好配置，关键是 WLAN 无线网络部分，配置会比较复杂。在本实验中，AC 与各 AP 之间不是直接二层的连接，而是隔离了三层网络，所以 AP 的 AC 发现不能采用默认的广播方式，而需要采用 DHCP 或 DNS 方式。本实验采用 DHCP 方式。各楼层的 AP 和 STA 的 IP 地址均由对应楼层汇聚交换机（第一楼层为核心交换机）配置的 DHCP 服务器分配。

根据以上分析，再结合本实验的拓扑结构和安全需求可得出如下基本配置思路。

① 在第一楼层核心交换机（CoreSW）、第二楼层汇聚层交换机（F2-AGG）、第三楼层汇聚层交换机（F3-AGG）、AC 和 Router 上配置 VLAN、VLANIF 接口/物理接口 IP 地址、OSPF 路由和静态路由，以实现与所连接设备的二层或三层互通。

② 在各楼层的接入层交换机配置 VLAN，实现与所连接的 AP 或有线 PC 二层互通。

③ 在第一楼层核心交换机（CoreSW）、第二楼层汇聚层交换机（F2-AGG）和第三楼层汇聚层交换机（F3-AGG）上配置 DHCP 服务器，分别为对应楼层的 AP、STA 和有线用户分配 IP 地址。因为这些为 AP 分配 IP 地址的 DHCP 服务器与 AC 之间是三层互联关系，不能通过直接广播方式查找 AC，所以在配置为 AP 分配 IP 地址的 DHCP 服务器时需要采用全局地址池配置，同时需要通过 DHCP Option 43 指定 AC 的 IP 地址。

④ 在 AC 上配置 AP 上线和 STA 上线。

⑤ 在 CoreSW 各内部网络 VLAN 中配置基于源 IP 地址过滤报文基本 ACL，禁止第

一楼层 WLAN 用户（IP 地址在 192.168.19.0/24 网段）访问内部网络。

⑥ 在 Router 上配置仅允许 WLAN 用户进行 NAPT 地址转换，访问 Internet。

⑦ 在 Router 上配置 NAT Server，仅允许外网用户访问内部网络中的 Web 服务器。

五、实验配置和结果验证

1. 在 CoreSW、F2-AGG、F3-AGG 和 AC 上配置 VLAN、VLANIF、物理接口、OSPF 路由和静态路由

（1）CoreSW 上的配置

CoreSW 上的 VLAN、VLANIF 和 OSPF 路由涉及以下几方面的配置（OSPF 路由器 ID 设为 1.1.1.1）。

① WebServer 和 FileServer 等各服务器加入 VLAN 100 中，静态配置 192.168.100.0/24 网段 IP 地址，网关为 VLANIF100 接口 IP 地址 192.168.100.1/24。

② CoreSW 与 F2-AGG、F3-AGG 分别通过 VLAN 150、VLAN 160 互联，可以配置为任意普通二层端口类型（如 Access、Trunk 或 Hybrid），分别通过配置 VLANIF150 接口 IP 地址（在 192.168.150.0/30 网段）、VLANIF160 接口 IP 地址（在 192.168.160.0/30 网段）实现三层互联。

③ CoreSW 与 AC 通过 VLAN 200 互联，也可以配置为任意普通二层端口类型，通过配置 VLANIF200 接口 IP 地址（在 192.168.200.0/30 网段）实现三层互联。

④ CoreSW 与 Router 通过 VLAN 170 互联，配置 Access 端口类型（也可是其他类型，但必须确保发送的报文不带 VLAN 标签，因为对端 Router 的 GE0/0/0 接口为三层物理接口，不能接收带 VLAN 标签的报文），通过配置 VLANIF170 接口 IP 地址（在 192.168.170.0/30 网段）实现三层互联。

⑤ CoreSW 与 F1-ACC1 和 F1-ACC2 采用二层连接，同时允许第一楼层 WLAN 管理 VLAN 18 和业务 VLAN 19 的帧带 VLAN 标签通过（通常采用 Trunk 端口类型）。因为 CoreSW 还要担当为第一楼层 WLAN AP 和 STA 分配 IP 地址的 DHCP 服务器的角色，所以也需要分别创建 VLANIF18 和 VLANIF19 接口，并配置 IP 地址。

⑥ CoreSW 与 Router 之间采用静态路由互联，其余各三层网段通过 OSPF 协议实现互联，OSPF 网络中所有网段都加入同一 OSPF 区域中（不同设备的 OSPF 进程号可以相同，也可以不同）。

以上具体配置如下（各服务器静态 IP 地址和网关配置略）。

```
<Huawei> system-view
[Huawei] sysname CoreSW
[CoreSW] vlan batch 18 19 100 150 160 170 200
[CoreSW] interface GigabitEthernet0/0/1
[CoreSW-GigabitEthernet0/0/1] port link-type trunk
[CoreSW-GigabitEthernet0/0/1] port trunk allow-pass vlan 150
[CoreSW-GigabitEthernet0/0/1] quit
[CoreSW] interface GigabitEthernet0/0/2
[CoreSW-GigabitEthernet0/0/2] port link-type trunk
[CoreSW-GigabitEthernet0/0/2] port trunk allow-pass vlan 160
```

```
[CoreSW-GigabitEthernet0/0/2] quit
[CoreSW] interface GigabitEthernet0/0/3
[CoreSW-GigabitEthernet0/0/3] port link-type trunk
[CoreSW-GigabitEthernet0/0/3] port trunk allow-pass vlan 200
[CoreSW-GigabitEthernet0/0/3] quit
[CoreSW] interface GigabitEthernet0/0/4
[CoreSW-GigabitEthernet0/0/4] port link-type trunk
[CoreSW-GigabitEthernet0/0/4] port trunk allow-pass vlan 18 19   #---同时允许 WLAN 管理 VLAN 18、业务 VLAN 19 的帧带 VLAN 标签通过
[CoreSW-GigabitEthernet0/0/4] quit
[CoreSW] interface GigabitEthernet0/0/5
[CoreSW-GigabitEthernet0/0/5] port link-type trunk
[CoreSW-GigabitEthernet0/0/5] port trunk allow-pass vlan 18 19
[CoreSW-GigabitEthernet0/0/5] quit
[CoreSW] interface GigabitEthernet0/0/6
[CoreSW-GigabitEthernet0/0/6] port link-type access
[CoreSW-GigabitEthernet0/0/6] port default vlan 100
[CoreSW-GigabitEthernet0/0/6] quit
[CoreSW] interface GigabitEthernet0/0/7
[CoreSW-GigabitEthernet0/0/7] port link-type access
[CoreSW-GigabitEthernet0/0/7] port default vlan 100
[CoreSW-GigabitEthernet0/0/7] quit
[CoreSW] interface GigabitEthernet0/0/8
[CoreSW-GigabitEthernet0/0/8] port link-type access
[CoreSW-GigabitEthernet0/0/8] port default vlan 170
[CoreSW-GigabitEthernet0/0/8] quit
[CoreSW] interface Vlanif18
[CoreSW-Vlanif18] ip address 192.168.18.1 255.255.255.0
[CoreSW-Vlanif18] quit
[CoreSW] interface Vlanif19
[CoreSW-Vlanif19] ip address 192.168.19.1 255.255.255.0
[CoreSW-Vlanif19] quit
[CoreSW] interface Vlanif100
[CoreSW-Vlanif100] ip address 192.168.100.1 255.255.255.0
[CoreSW-Vlanif100] quit
[CoreSW] interface Vlanif150
[CoreSW-Vlanif150] ip address 192.168.150.1 255.255.255.252
[CoreSW-Vlanif150] quit
[CoreSW] interface Vlanif160
[CoreSW-Vlanif160] ip address 192.168.160.1 255.255.255.252
[CoreSW-Vlanif160] quit
[CoreSW] interface Vlanif170
[CoreSW-Vlanif170] ip address 192.168.170.1 255.255.255.252
[CoreSW-Vlanif170] quit
[CoreSW] interface Vlanif200
[CoreSW-Vlanif200] ip address 192.168.200.1 255.255.255.252
[CoreSW-Vlanif200] quit
[CoreSW] ospf 1 router-id 1.1.1.1
[CoreSW-ospf-1] area 0.0.0.0
[CoreSW-ospf-1-area-0.0.0.0] network 192.168.18.0 0.0.0.255
[CoreSW-ospf-1-area-0.0.0.0] network 192.168.19.0 0.0.0.255
[CoreSW-ospf-1-area-0.0.0.0] network 192.168.100.0 0.0.0.255
[CoreSW-ospf-1-area-0.0.0.0] network 192.168.150.0 0.0.0.3
[CoreSW-ospf-1-area-0.0.0.0] network 192.168.160.0 0.0.0.3
[CoreSW-ospf-1-area-0.0.0.0] network 192.168.200.0 0.0.0.3
```

```
[CoreSW-ospf-1-area-0.0.0.0] quit
[CoreSW-ospf-1] quit
```

CoreSW 上还要配置用于指导内网用户（本实验中仅限定为 WLAN 用户）访问 Internet 的静态默认路由，因为 Internet 的 IP 网段不确定，只能通过默认路由实现。

```
[CoreSW] ip route-static 0.0.0.0 0 192.168.170.2   #---配置内部网络用户访问 Internet 的静态默认路由
```

（2）F2-AGG 上的配置

F2-AGG 上的 VLAN、VLANIF 和 OSPF 路由涉及以下几方面的配置（OSPF 路由器 ID 设为 2.2.2.2）。

① F2-AGG 与 CoreSW 通过 VLAN 150 互联，可以配置为任意普通二层端口类型，通过配置 VLANIF150 接口 IP 地址实现三层互联。

② F2-AGG 与 F2-ACC1 和 F2-ACC2 采用二层连接，同时允许第二楼层 WLAN 管理 VLAN 28 和业务 VLAN 29，以及对应的有线用户 VLAN130（研发部）、VLAN 140（市场部）的帧带 VLAN 标签通过（通常采用 Trunk 端口类型）。因为 F2-AGG 还要担当为第二楼层 WLAN AP、STA 和研发部、市场部有线用户分配 IP 地址的 DHCP 服务器的角色，所以也需要分别创建 VLANIF28、VLANIF29、VLANIF130 和 VLANIF140 接口，并配置 IP 地址。

③ 各三层网段通过 OSPF 协议实现互联。

具体配置如下。

```
<Huawei> system-view
[Huawei] sysname F2-AGG
[F2-AGG] vlan batch 28 29 130 140 150
[F2-AGG] interface GigabitEthernet0/0/1
[F2-AGG-GigabitEthernet0/0/1] port link-type trunk
[F2-AGG-GigabitEthernet0/0/1] port trunk allow-pass vlan 150
[F2-AGG-GigabitEthernet0/0/1] quit
[F2-AGG] interface GigabitEthernet0/0/2
[F2-AGG-GigabitEthernet0/0/2] port link-type trunk
[F2-AGG-GigabitEthernet0/0/2] port trunk allow-pass vlan 28 29 140   #---同时允许 WLAN 管理 VLAN 28、业务 VLAN 29 和市场部有线用户 VLAN 140 的帧带标签通过
[F2-AGG-GigabitEthernet0/0/2] quit
[F2-AGG] interface GigabitEthernet0/0/3
[F2-AGG-GigabitEthernet0/0/3] port link-type trunk
[F2-AGG-GigabitEthernet0/0/3] port trunk allow-pass vlan 28 29 130   #---同时允许 WLAN 管理 VLAN 28、业务 VLAN 29 和研发部有线用户 VLAN 130 的帧带标签通过
[F2-AGG-GigabitEthernet0/0/3] quit
[F2-AGG] interface Vlanif28
[F2-AGG-Vlanif28] ip address 192.168.28.1 255.255.255.0
[F2-AGG-Vlanif28] quit
[F2-AGG] interface Vlanif29
[F2-AGG-Vlanif29] ip address 192.168.29.1 255.255.255.0
[F2-AGG-Vlanif29] quit
[F2-AGG] interface Vlanif130
[F2-AGG-Vlanif130] ip address 192.168.130.1 255.255.255.0
[F2-AGG-Vlanif130] quit
[F2-AGG] interface Vlanif140
[F2-AGG-Vlanif140] ip address 192.168.140.1 255.255.255.0
[F2-AGG-Vlanif140] quit
[F2-AGG] interface Vlanif150
[F2-AGG-Vlanif150] ip address 192.168.150.2 255.255.255.252
```

```
[F2-AGG-Vlanif150] quit
[F2-AGG] ospf 1 router-id 2.2.2.2
[F2-AGG-ospf-1] area 0.0.0.0
[F2-AGG-ospf-1-area-0.0.0.0] network 192.168.28.0 0.0.0.255
[F2-AGG-ospf-1-area-0.0.0.0] network 192.168.29.0 0.0.0.255
[F2-AGG-ospf-1-area-0.0.0.0] network 192.168.130.0 0.0.0.255
[F2-AGG-ospf-1-area-0.0.0.0] network 192.168.140.0 0.0.0.255
[F2-AGG-ospf-1-area-0.0.0.0] network 192.168.150.0 0.0.0.3
[F2-AGG-ospf-1-area-0.0.0.0] quit
[F2-AGG-ospf-1] quit
```

（3）F3-AGG 上的配置

F3-AGG 上的 VLAN、VLANIF 和 OSPF 路由涉及到以下几方面的配置（OSPF 路由器 ID 设为 3.3.3.3）。

① F3-AGG 与 CoreSW 通过 VLAN 160 互联，可以配置为任意普通二层端口类型，通过配置 VLANIF160 接口 IP 地址实现三层互连。

② F3-AGG 与 F3-ACC1 和 F3-ACC2 采用二层连接，同时允许第三楼层 WLAN 管理 VLAN 38 和业务 VLAN 39，以及对应的有线用户 VLAN110（总经理办公室）、VLAN 120（行政部）帧带 VLAN 标签通过。因为 F3-AGG 还要担当为第三楼层 WLAN AP、STA 和有线用户分配 IP 地址的 DHCP 服务器角色，所以也需要分别创建 VLANIF38、VLANIF39、VLANIF110 和 VLANIF120 接口，并配置其 IP 地址。

③ 各三层网段通过 OSPF 协议实现互联。

具体配置如下。

```
<Huawei> system-view
[Huawei] sysname F3-AGG
[F3-AGG] vlan batch 38 39 110 120 160
[F3-AGG] interface GigabitEthernet0/0/1
[F3-AGG-GigabitEthernet0/0/1] port link-type trunk
[F3-AGG-GigabitEthernet0/0/1] port trunk allow-pass vlan 160
[F3-AGG-GigabitEthernet0/0/1] quit
[F3-AGG] interface GigabitEthernet0/0/2
[F3-AGG-GigabitEthernet0/0/2] port link-type trunk
[F3-AGG-GigabitEthernet0/0/2] port trunk allow-pass vlan 38 39 120 #---同时允许 WLAN 管理 VLAN 38、业务 VLAN 39 和行政部有线用户 VLAN 120 的帧带标签通过
[F3-AGG-GigabitEthernet0/0/2] quit
[F3-AGG] interface GigabitEthernet0/0/3
[F3-AGG-GigabitEthernet0/0/3] port link-type trunk
[F3-AGG-GigabitEthernet0/0/3] port trunk allow-pass vlan 38 39 110 #---同时允许 WLAN 管理 VLAN 38、业务 VLAN 39 和总经理办公室有线用户 VLAN 110 的帧带标签通过
[F3-AGG-GigabitEthernet0/0/3] quit
[F3-AGG] interface Vlanif38
[F3-AGG-Vlanif38] ip address 192.168.38.1 255.255.255.0
[F3-AGG-Vlanif38] quit
[F3-AGG] interface Vlanif39
[F3-AGG-Vlanif39] ip address 192.168.39.1 255.255.255.0
[F3-AGG-Vlanif39] quit
[F3-AGG] interface Vlanif110
[F3-AGG-Vlanif110] ip address 192.168.110.1 255.255.255.0
[F3-AGG-Vlanif110] quit
[F3-AGG] interface Vlanif120
[F3-AGG-Vlanif120] ip address 192.168.120.1 255.255.255.0
```

```
[F3-AGG-Vlanif120] quit
[F3-AGG] interface Vlanif160
[F3-AGG-Vlanif160] ip address 192.168.160.2 255.255.255.252
[F3-AGG-Vlanif160] quit
[F3-AGG] ospf 1 router-id 3.3.3.3
[F3-AGG-ospf-1] area 0.0.0.0
[F3-AGG-ospf-1-area-0.0.0.0] network 192.168.38.0 0.0.0.255
[F3-AGG-ospf-1-area-0.0.0.0] network 192.168.39.0 0.0.0.255
[F3-AGG-ospf-1-area-0.0.0.0] network 192.168.110.0 0.0.0.255
[F3-AGG-ospf-1-area-0.0.0.0] network 192.168.120.0 0.0.0.255
[F3-AGG-ospf-1-area-0.0.0.0] network 192.168.160.0 0.0.0.3
[F3-AGG-ospf-1-area-0.0.0.0] quit
[F3-AGG-ospf-1] quit
```

（4）AC 上的配置

AC 仅通过 VLANIF200 与 CoreSW 三层连接，配置很简单（OSPF 路由器 ID 设为 4.4.4.4）。

```
<Huawei> system-view
[Huawei] sysname AC
[AC] vlan batch 200
[AC] interface GigabitEthernet0/0/1
[AC-GigabitEthernet0/0/1] port link-type trunk
[AC-GigabitEthernet0/0/1] port trunk allow-pass vlan 200
[AC-GigabitEthernet0/0/1] quit
[AC] interface Vlanif200
[AC-Vlanif200] ip address 192.168.200.2 30
[AC-Vlanif200] quit
[AC] ospf 1 router-id 4.4.4.4
[AC-ospf-1] area 0.0.0.0
[AC-ospf-1-area-0.0.0.0] network 192.168.200.0 0.0.0.3
[AC-ospf-1-area-0.0.0.0]
```

（5）Router 上的配置

Router 上要配置外网访问内网（本实验中仅限定可通过 Web 方式访问 Web 服务器）的静态路由，同时配置用于引导内网用户访问 Internet 流量通过 Outbound 接口 GE0/0/1 进行 NAT 地址转换的静态默认路由。此处假设 Router 对端的 Internet 设备接口 IP 地址为 100.100.10.2/24。

```
<Huawei> system-view
[Huawei] sysname Router
[Router] interface GigabitEthernet0/0/0
[Router-GigaEthernet0/0/0] ip address 192.168.170.2 30
[Router-GigaEthernet0/0/0] quit
[Router] interface GigabitEthernet0/0/1
[Router-GigaEthernet0/0/1] ip address 100.100.10.1 24
[Router-GigaEthernet0/0/1] quit
[Router] ip route-static 192.168.0.0 16 192.168.170.1 #---配置外网访问内网的静态路由
[Router] ip route-static 0.0.0.0 0 100.100.10.2   #---配置引导内网用户访问 Internet 流量进行 NAT 地址转换的静态默认路由
```

以上配置完成后，我们可以分别在 CoreSW、F2-AGG、F3-AGG 和 AC 上查看 OSPF 路由表，验证各台交换机已学习到 OSPF 网络中各网段的 OSPF 路由，具体分别如图 30-2～图 30-5 所示。

```
<CoreSW>display ospf 1 routing

     OSPF Process 1 with Router ID 1.1.1.1
          Routing Tables

 Routing for Network
 Destination        Cost  Type       NextHop         AdvRouter       Area
 192.168.18.0/24    1     Stub       192.168.18.1    1.1.1.1         0.0.0.0
 192.168.19.0/24    1     Stub       192.168.19.1    1.1.1.1         0.0.0.0
 192.168.100.0/24   1     Stub       192.168.100.1   1.1.1.1         0.0.0.0
 192.168.150.0/30   1     Transit    192.168.150.1   1.1.1.1         0.0.0.0
 192.168.160.0/30   1     Transit    192.168.160.1   1.1.1.1         0.0.0.0
 192.168.200.0/30   1     Transit    192.168.200.1   1.1.1.1         0.0.0.0
 192.168.28.0/24    2     Stub       192.168.150.2   2.2.2.2         0.0.0.0
 192.168.29.0/24    2     Stub       192.168.150.2   2.2.2.2         0.0.0.0
 192.168.38.0/24    2     Stub       192.168.160.2   3.3.3.3         0.0.0.0
 192.168.39.0/24    2     Stub       192.168.160.2   3.3.3.3         0.0.0.0
 192.168.110.0/24   2     Stub       192.168.160.2   3.3.3.3         0.0.0.0
 192.168.120.0/24   2     Stub       192.168.160.2   3.3.3.3         0.0.0.0
 192.168.130.0/24   2     Stub       192.168.150.2   2.2.2.2         0.0.0.0
 192.168.140.0/24   2     Stub       192.168.150.2   2.2.2.2         0.0.0.0

 Total Nets: 14
 Intra Area: 14  Inter Area: 0  ASE: 0  NSSA: 0

<CoreSW>
```

图 30-2　CoreSW 上的 OSPF 路由表

```
<F2-AGG>display ospf 1 routing

     OSPF Process 1 with Router ID 2.2.2.2
          Routing Tables

 Routing for Network
 Destination        Cost  Type       NextHop         AdvRouter       Area
 192.168.28.0/24    1     Stub       192.168.28.1    2.2.2.2         0.0.0.0
 192.168.29.0/24    1     Stub       192.168.29.1    2.2.2.2         0.0.0.0
 192.168.130.0/24   1     Stub       192.168.130.1   2.2.2.2         0.0.0.0
 192.168.140.0/24   1     Stub       192.168.140.1   2.2.2.2         0.0.0.0
 192.168.150.0/30   1     Transit    192.168.150.2   2.2.2.2         0.0.0.0
 192.168.18.0/24    2     Stub       192.168.150.1   1.1.1.1         0.0.0.0
 192.168.19.0/24    2     Stub       192.168.150.1   1.1.1.1         0.0.0.0
 192.168.38.0/24    3     Stub       192.168.150.1   3.3.3.3         0.0.0.0
 192.168.39.0/24    3     Stub       192.168.150.1   3.3.3.3         0.0.0.0
 192.168.100.0/24   2     Stub       192.168.150.1   1.1.1.1         0.0.0.0
 192.168.110.0/24   3     Stub       192.168.150.1   3.3.3.3         0.0.0.0
 192.168.120.0/24   3     Stub       192.168.150.1   3.3.3.3         0.0.0.0
 192.168.160.0/30   2     Transit    192.168.150.1   3.3.3.3         0.0.0.0
 192.168.200.0/30   2     Transit    192.168.150.1   4.4.4.4         0.0.0.0

 Total Nets: 14
 Intra Area: 14  Inter Area: 0  ASE: 0  NSSA: 0

<F2-AGG>
```

图 30-3　F2-AGG 上的 OSPF 路由表

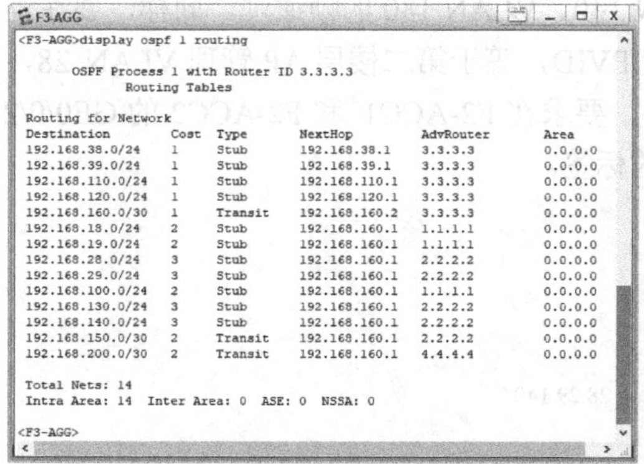

```
<F3-AGG>display ospf 1 routing

     OSPF Process 1 with Router ID 3.3.3.3
          Routing Tables

 Routing for Network
 Destination        Cost  Type       NextHop         AdvRouter       Area
 192.168.38.0/24    1     Stub       192.168.38.1    3.3.3.3         0.0.0.0
 192.168.39.0/24    1     Stub       192.168.39.1    3.3.3.3         0.0.0.0
 192.168.110.0/24   1     Stub       192.168.110.1   3.3.3.3         0.0.0.0
 192.168.120.0/24   1     Stub       192.168.120.1   3.3.3.3         0.0.0.0
 192.168.160.0/30   1     Transit    192.168.160.2   3.3.3.3         0.0.0.0
 192.168.18.0/24    2     Stub       192.168.160.1   1.1.1.1         0.0.0.0
 192.168.19.0/24    2     Stub       192.168.160.1   1.1.1.1         0.0.0.0
 192.168.28.0/24    3     Stub       192.168.160.1   2.2.2.2         0.0.0.0
 192.168.29.0/24    3     Stub       192.168.160.1   2.2.2.2         0.0.0.0
 192.168.100.0/24   2     Stub       192.168.160.1   1.1.1.1         0.0.0.0
 192.168.130.0/24   3     Stub       192.168.160.1   2.2.2.2         0.0.0.0
 192.168.140.0/24   3     Stub       192.168.160.1   2.2.2.2         0.0.0.0
 192.168.150.0/30   2     Transit    192.168.160.1   2.2.2.2         0.0.0.0
 192.168.200.0/30   2     Transit    192.168.160.1   4.4.4.4         0.0.0.0

 Total Nets: 14
 Intra Area: 14  Inter Area: 0  ASE: 0  NSSA: 0

<F3-AGG>
```

图 30-4　F3-AGG 上的 OSPF 路由表

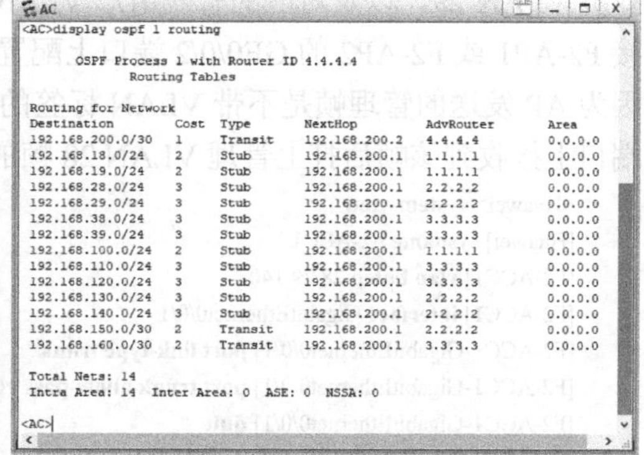

```
<AC>display ospf 1 routing

     OSPF Process 1 with Router ID 4.4.4.4
          Routing Tables

 Routing for Network
 Destination        Cost  Type       NextHop         AdvRouter       Area
 192.168.200.0/30   1     Transit    192.168.200.2   4.4.4.4         0.0.0.0
 192.168.18.0/24    2     Stub       192.168.200.1   1.1.1.1         0.0.0.0
 192.168.19.0/24    2     Stub       192.168.200.1   1.1.1.1         0.0.0.0
 192.168.28.0/24    3     Stub       192.168.200.1   2.2.2.2         0.0.0.0
 192.168.29.0/24    3     Stub       192.168.200.1   2.2.2.2         0.0.0.0
 192.168.38.0/24    3     Stub       192.168.200.1   3.3.3.3         0.0.0.0
 192.168.39.0/24    3     Stub       192.168.200.1   3.3.3.3         0.0.0.0
 192.168.100.0/24   2     Stub       192.168.200.1   1.1.1.1         0.0.0.0
 192.168.110.0/24   3     Stub       192.168.200.1   3.3.3.3         0.0.0.0
 192.168.120.0/24   3     Stub       192.168.200.1   3.3.3.3         0.0.0.0
 192.168.130.0/24   3     Stub       192.168.200.1   2.2.2.2         0.0.0.0
 192.168.140.0/24   3     Stub       192.168.200.1   2.2.2.2         0.0.0.0
 192.168.150.0/30   2     Transit    192.168.200.1   2.2.2.2         0.0.0.0
 192.168.160.0/30   2     Transit    192.168.200.1   3.3.3.3         0.0.0.0

 Total Nets: 14
 Intra Area: 14  Inter Area: 0  ASE: 0  NSSA: 0

<AC>
```

图 30-5　AC 上的 OSPF 路由表

2. 配置各楼层接入层交换机 VLAN，实现与所连接的 AP 或有线 PC 二层互通

（1）F1-ACC1 和 F1-ACC2 上的配置

F1-ACC1 和 F1-ACC2 下面均只连接了 WLAN AP，接入用户也只有 WLAN STA，故要求分别与 CoreSW、F1-AP1 或 F1-AP2 连接的两端口均同时允许第一楼层 WLAN 管理 VLAN 18 和业务 VLAN 19 的帧通过，且要在连接 F1-AP1 或 F1-AP2 的 GE0/0/2 端口上配置 PVID，等于第一楼层 AP 管理 VLAN 18，因为 AP 发送的管理帧是不带 VLAN 标签的，要求在 F1-ACC1 和 F1-ACC2 的 GE0/0/2 端口上接收到该帧后打上管理 VLAN 18 帧的标签。

```
<Huawei> system-view
[Huawei] sysname F1-ACC1
[F1-ACC1] vlan batch 18 19
[F1-ACC1] interface GigabitEthernet0/0/1
[F1-ACC1-GigabitEthernet0/0/1] port link-type trunk
[F1-ACC1-GigabitEthernet0/0/1] port trunk allow-pass vlan 18 19
[F1-ACC1-GigabitEthernet0/0/1] quit
[F1-ACC1] interface GigabitEthernet0/0/2
[F1-ACC1-GigabitEthernet0/0/2] port link-type trunk
[F1-ACC1-GigabitEthernet0/0/2] port trunk allow-pass vlan 18 19
[F1-ACC1-GigabitEthernet0/0/2] port trunk pvid vlan 18
[F1-ACC1-GigabitEthernet0/0/2] quit

<Huawei> system-view
```

```
[Huawei] sysname F1-ACC2
[F1-ACC2] vlan batch 18 19
[F1-ACC2] interface GigabitEthernet0/0/1
[F1-ACC2-GigabitEthernet0/0/1] port link-type trunk
[F1-ACC2-GigabitEthernet0/0/1] port trunk allow-pass vlan 18 19
[F1-ACC2-GigabitEthernet0/0/1] quit
[F1-ACC2] interface GigabitEthernet0/0/2
[F1-ACC2-GigabitEthernet0/0/2] port link-type trunk
[F1-ACC2-GigabitEthernet0/0/2] port trunk allow-pass vlan 18 19
[F1-ACC2-GigabitEthernet0/0/2] port trunk pvid vlan 18
[F1-ACC2-GigabitEthernet0/0/2] quit
```

（2）F2-ACC1 和 F2-ACC2 上的配置

F2-ACC1 和 F2-ACC2 下面同时连接了 WLAN AP 和有线用户，故要求分别与 F2-AGG、F2-AP1 或 F2-AP2 连接的两端口均同时允许第二楼层 WLAN 管理 VLAN 28、业务 VLAN 29，以及对应的有线用户 VLAN 140、VLAN 130 的帧通过。同样，要在连接 F2-AP1 或 F2-AP2 的 GE0/0/2 端口上配置 PVID，等于第二楼层 AP 管理 VLAN 28，因为 AP 发送的管理帧是不带 VLAN 标签的，要求在 F2-ACC1 和 F2-ACC2 的 GE0/0/2 端口上接收到该帧后打上管理 VLAN 28 帧的标签。

```
<Huawei> system-view
[Huawei] sysname F2-ACC1
[F2-ACC1] vlan batch 28 29 140
[F2-ACC1] interface GigabitEthernet0/0/1
[F2-ACC1-GigabitEthernet0/0/1] port link-type trunk
[F2-ACC1-GigabitEthernet0/0/1] port trunk allow-pass vlan 28 29 140
[F2-ACC1-GigabitEthernet0/0/1] quit
[F2-ACC1] interface GigabitEthernet0/0/2
[F2-ACC1-GigabitEthernet0/0/2] port link-type trunk
[F2-ACC1-GigabitEthernet0/0/2] port trunk allow-pass vlan 28 29
[F2-ACC1-GigabitEthernet0/0/2] port trunk pvid vlan 28
[F2-ACC1-GigabitEthernet0/0/2] quit
[F2-ACC1] interface Ethernet0/0/1
[F2-ACC1-Ethernet0/0/1] port link-type access
[F2-ACC1-Ethernet0/0/1] port default vlan 140
[F2-ACC1-Ethernet0/0/1] quit

<Huawei> system-view
[Huawei] sysname F2-ACC2
[F2-ACC2] vlan batch 28 29 130
[F2-ACC2] interface GigabitEthernet0/0/1
[F2-ACC2-GigabitEthernet0/0/1] port link-type trunk
[F2-ACC2-GigabitEthernet0/0/1] port trunk allow-pass vlan 28 29 130
[F2-ACC2-GigabitEthernet0/0/1] quit
[F2-ACC2] interface GigabitEthernet0/0/2
[F2-ACC2-GigabitEthernet0/0/2] port link-type trunk
[F2-ACC2-GigabitEthernet0/0/2] port trunk allow-pass vlan 28 29
[F2-ACC2-GigabitEthernet0/0/2] port trunk pvid vlan 28
[F2-ACC2-GigabitEthernet0/0/2] quit
[F2-ACC2] interface Ethernet0/0/1
[F2-ACC2-Ethernet0/0/1] port link-type access
[F2-ACC2-Ethernet0/0/1] port default vlan 130
[F2-ACC2-Ethernet0/0/1] quit
```

（3）F3-ACC1 和 F3-ACC2 上的配置

F3-ACC1 和 F3-ACC2 下面同时连接了 WLAN AP 和有线用户，故要求分别与 F3-AGG、F3-AP1 或 F3-AP2 连接的两端口均同时允许第三楼层 WLAN 管理 VLAN 38、业务 VLAN 39，以及对应的有线用户 VLAN 120、VLAN 110 的帧通过。同样，要在连接 F3-AP1 或 F3-AP2 的 GE0/0/2 端口上配置 PVID，等于第三楼层 AP 管理 VLAN 38，因为 AP 发送的管理帧是不带 VLAN 标签的，要求在 F3-ACC1 和 F3-ACC2 的 GE0/0/2 端口上接收到该帧后打上管理 VLAN 38 帧的标签。

```
<Huawei> system-view
[Huawei] sysname F3-ACC1
[F3-ACC1] vlan batch 38 39 120
[F3-ACC1] interface GigabitEthernet0/0/1
[F3-ACC1-GigabitEthernet0/0/1] port link-type trunk
[F3-ACC1-GigabitEthernet0/0/1] port trunk allow-pass vlan 38 39 120
[F3-ACC1-GigabitEthernet0/0/1] quit
[F3-ACC1] interface GigabitEthernet0/0/2
[F3-ACC1-GigabitEthernet0/0/2] port link-type trunk
[F3-ACC1-GigabitEthernet0/0/2] port trunk allow-pass vlan 38 39
[F3-ACC1-GigabitEthernet0/0/2] port trunk pvid vlan 38
[F3-ACC1-GigabitEthernet0/0/2] quit
[F3-ACC1] interface Ethernet0/0/1
[F3-ACC1-Ethernet0/0/1] port link-type access
[F3-ACC1-Ethernet0/0/1] port default vlan 120
[F3-ACC1-Ethernet0/0/1] quit

<Huawei> system-view
[Huawei] sysname F3-ACC2
[F3-ACC2] vlan batch 38 39 110
[F3-ACC2] interface GigabitEthernet0/0/1
[F3-ACC2-GigabitEthernet0/0/1] port link-type trunk
[F3-ACC2-GigabitEthernet0/0/1] port trunk allow-pass vlan 38 39 110
[F3-ACC2-GigabitEthernet0/0/1] quit
[F3-ACC2] interface GigabitEthernet0/0/2
[F3-ACC2-GigabitEthernet0/0/2] port link-type trunk
[F3-ACC2-GigabitEthernet0/0/2] port trunk allow-pass vlan 38 39
[F3-ACC2-GigabitEthernet0/0/2] port trunk pvid vlan 38
[F3-ACC2-GigabitEthernet0/0/2] quit
[F3-ACC2] interface Ethernet0/0/1
[F3-ACC2-Ethernet0/0/1] port link-type access
[F3-ACC2-Ethernet0/0/1] port default vlan 110
[F3-ACC2-Ethernet0/0/1] quit
```

3. 在 CoreSW、F2-AGG 和 F3-AGG 上配置 DHCP 服务器，分别为对应楼层的 AP、STA 和有线用户分配 IP 地址

所有 WLAN STA 及办公区域各部门有线用户 PC 均采用 DHCP 服务器进行 IP 地址和网关自动分配，具体配置略。

（1）CoreSW 上的配置

CoreSW 要为第一楼层 AP 分配 192.168.18.0/24 网段 IP 地址，网关为 VLANIF18 接口 IP 地址 192.168.18.1。因为 AP 与 AC 之间是三层连接的，所以需要在该 DHCP 服务

器上配置 Option 43 选项，**必须采用全局地址池配置方式**，指定 AC 的 IP 地址为 192.168.200.2。

另外，CoreSW 还要为第一楼层 STA 分配 192.168.19.0/24 网段 IP 地址，网关为 VLANIF19 接口 IP 地址 192.168.19.1，可采用全局或接口地址池配置方式，这里采用接口地址池配置方式。

```
[CoreSW] dhcp enable
[CoreSW] ip pool F1-AP
[CoreSW-ip-pool-f1-ap] network 192.168.18.0 mask 24
[CoreSW-ip-pool-f1-ap] gateway-list 192.168.18.1
[CoreSW-ip-pool-f1-ap] option 43 sub-option 3 ascii 192.168.200.2   #---指定 AC IP 地址为 192.168.200.2
[CoreSW-ip-pool-f1-ap] quit
[CoreSW] interface Vlanif18
[CoreSW-Vlanif18] dhcp select global   #---使能全局地址池功能，为第一楼层 AP 分配 IP 地址
[CoreSW-Vlanif18] quit
[CoreSW] interface Vlanif19
[CoreSW-Vlanif19] dhcp select interface   #---使能接口地址池功能，为第一楼层 STA 分配 IP 地址
[CoreSW-Vlanif19] quit
```

（2）F2-AGG 上的配置

F2-AGG 要为第二楼层 AP 分配 192.168.28.0/24 网段 IP 地址，网关为 VLANIF28 接口 IP 地址 192.168.28.1。同样因为 AP 与 AC 之间是三层连接的，所以需要在该 DHCP 服务器上配置 Option 43 选项，**必须采用全局地址池配置方式**，指定 AC 的 IP 地址为 192.168.200.2。

F2-AGG 要为第二楼层 STA 分配 192.168.29.0/24 网段 IP 地址，网关为 VLANIF29 接口 IP 地址 192.168.29.1，可采用全局或接口地址池配置方式，这里以采用接口地址池配置方式。

F2-AGG 还要为第二楼层市场部用户分配 192.168.140.0/24 网段 IP 地址，网关为 VLANIF140 接口 IP 地址 192.168.140.1；为第二楼层研发部用户分配 192.168.130.0/24 网段 IP 地址，网关为 VLANIF130 接口 IP 地址 192.168.130.1。这两个地址池均可采用全局或接口地址池配置方式，这里采用接口地址池配置方式。

```
[F2-AGG] dhcp enable
[F2-AGG] ip pool F2-AP
[F2-AGG-ip-pool-f1-ap] network 192.168.28.0 mask 24
[F2-AGG-ip-pool-f1-ap] gateway-list 192.168.28.1
[F2-AGG-ip-pool-f1-ap] option 43 sub-option 3 ascii 192.168.200.2
[F2-AGG-ip-pool-f1-ap] quit
[F2-AGG] interface Vlanif28
[F2-AGG-Vlanif28] dhcp select global   #---使能全局地址池功能，为第二楼层 AP 分配 IP 地址
[F2-AGG-Vlanif28] quit
[F2-AGG] interface Vlanif29
[F2-AGG-Vlanif29] dhcp select interface   #---使能接口地址池功能，为第二楼层 STA 分配 IP 地址
[F2-AGG-Vlanif29] quit
[F2-AGG] interface Vlanif130
[F2-AGG-Vlanif130] dhcp select interface   #---使能接口地址池功能，为第二楼层研发部用户分配 IP 地址
[F2-AGG-Vlanif130] quit
[F2-AGG] interface Vlanif140
[F2-AGG-Vlanif140] dhcp select interface   #---使能接口地址池功能，为第二楼层市场部用户分配 IP 地址
[F2-AGG-Vlanif140] quit
```

（3）F3-AGG 上的配置

F3-AGG 要为第三楼层 AP 分配 192.168.38.0/24 网段 IP 地址，网关为 VLANIF38 接口 IP

地址 192.168.38.1。同样因为 AP 与 AC 之间是三层连接的，所以需要在该 DHCP 服务器上配置 Option 43 选项，**必须采用全局地址池配置方式**，指定 AC 的 IP 地址为 192.168.200.2。

F3-AGG 要为第三楼层 STA 分配 192.168.39.0/24 网段 IP 地址，网关为 VLANIF39 接口 IP 地址 192.168.39.1，可采用全局或接口地址池配置方式，这里采用接口地址池配置方式。

F3-AGG 还要为第三楼层行政部用户分配 192.168.120.0/24 网段 IP 地址，网关为 VLANIF120 接口 IP 地址 192.168.120.1；为第三楼层总经理办公室用户分配 192.168.110.0/24 网段 IP 地址，网关为 VLANIF110 接口 IP 地址 192.168.110.1。这两个地址池均可采用全局或接口地址池配置方式，这里采用接口地址池配置方式。

```
[F3-AGG] dhcp enable
[F3-AGG] ip pool F3-AP
[F3-AGG-ip-pool-f1-ap] network 192.168.38.0 mask 24
[F3-AGG-ip-pool-f1-ap] gateway-list 192.168.38.1
[F3-AGG-ip-pool-f1-ap] option 43 sub-option 3 ascii 192.168.200.2   #---指定 AC IP 地址为 192.168.200.2
[F3-AGG-ip-pool-f1-ap] quit
[F3-AGG] interface Vlanif38
[F3-AGG-Vlanif38] dhcp select global   #---使能全局地址池功能，为第三楼层 AP 分配 IP 地址
[F3-AGG-Vlanif38] quit
[F3-AGG] interface Vlanif39
[F3-AGG-Vlanif39] dhcp select interface   #---使能接口地址池功能，为第三楼层 STA 分配 IP 地址
[F3-AGG-Vlanif39] quit
[F3-AGG] interface Vlanif110
[F3-AGG-Vlanif110] dhcp select interface #---使能接口地址池功能，为第三楼层总经理办公室用户分配 IP 地址
[F3-AGG-Vlanif110] quit
[F3-AGG] interface Vlanif120
[F3-AGG-Vlanif120] dhcp select interface   #---使能接口地址池功能，为第三楼层行政部用户分配 IP 地址
[F3-AGG-Vlanif120] quit
```

以上配置完成后，有线 PC 用户可以自动分配到 IP 地址了，可执行 **ipconfig** 命令查看，同时也可以与内部网络其他有线 PC 及各服务器通信了。图 30-6 是行政部 XZPC1 分配到的一个位于 192.168.120.0/24 网段的 IP 地址 192.168.120.254/24 和网关 192.168.120.1，以及成功 Ping Web 服务器的结果。但 WLAN STA 用户目前仍不能分配到 IP 地址，因为其目前还没有配置 WLAN，AP 和 STA 均未上线。

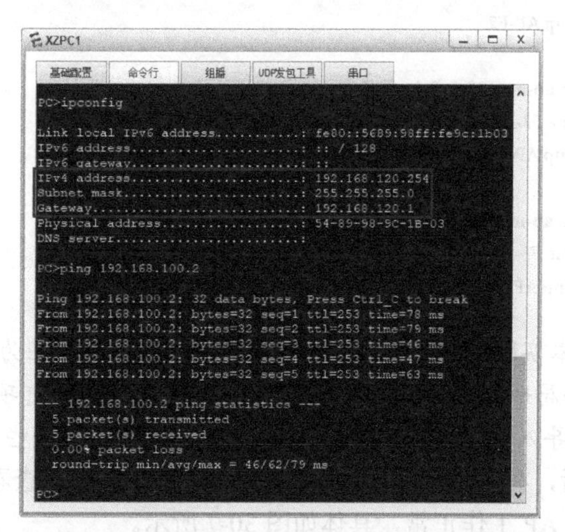

图 30-6　有线 PC 从 DHCP 服务器自动获取的 IP 地址及与内部网络通信的测试结果

4. 在AC上配置AP上线和STA上线

（1）配置AP上线

AP上线配置主要包括指定AC源接口（用于与AP建立CAPWAP隧道）、创建AP组（可选）、创建域管理模板（可选，此处采用默认的default域管理模板）、导入AP（此处采用离线导入方式）。

① 配置AC源接口为VLANIF200。

```
[AC] capwap source interface vlanif200
```

② 分别为第一楼层、第二楼层和第三楼层AP各创建一个AP组。

```
[AC] wlan
[AC-wlan-view] ap-group name AP-F1
[AC-wlan-ap-group-ap-f1] quit
[AC-wlan-view] ap-group name AP-F2
[AC-wlan-ap-group-ap-f2] quit
[AC-wlan-view] ap-group name AP-F3
[AC-wlan-ap-group-ap-f3] quit
```

③ 离线导入AP。采用默认的MAC地址认证方式，从各AP上获取MAC地址。

```
[AC-wlan-view] ap auth-mode mac-auth
[AC-wlan-view] ap-id 1 ap-mac 00e0-fce5-7720
[AC-wlan-ap-1] ap-name F1-AP1
[AC-wlan-ap-1] ap-group AP-F1   #---加入AP-F1组中
[AC-wlan-ap-1] quit
[AC-wlan-view] ap-id 2 ap-mac 00e0-fce6-3580
[AC-wlan-ap-2] ap-name F1-AP2
[AC-wlan-ap-2] ap-group AP-F1
[AC-wlan-ap-2] quit
[AC-wlan-view] ap-id 3 ap-mac 00e0-fc6c-6c20
[AC-wlan-ap-3] ap-name F2-AP1
[AC-wlan-ap-3] ap-group AP-F2
[AC-wlan-ap-3] quit
[AC-wlan-view] ap-id 4 ap-mac 00e0-fcd6-1260
[AC-wlan-ap-4] ap-name F2-AP2
[AC-wlan-ap-4] ap-group AP-F2
[AC-wlan-ap-4] quit
[AC-wlan-view] ap-id 5 ap-mac 00e0-fc4a-6e60
[AC-wlan-ap-5] ap-name F3-AP1
[AC-wlan-ap-5] ap-group AP-F3
[AC-wlan-ap-5] quit
[AC-wlan-view] ap-id 6 ap-mac 00e0-fc8f-6960
[AC-wlan-ap-6] ap-name F3-AP2
[AC-wlan-ap-6] ap-group AP-F3
[AC-wlan-ap-6] quit
```

【注意】 因为本实验中AP与AC是三层连接方式，所以在为AP配置DHCP服务器时，一定要采用全局地址池模式，且要通过DHCP Option 43选项指定AC的IP地址，否则，AC即使离线导入了AP，也不会生效，AC上也见不到这些AP。

以上配置完成后，在AC上执行**display ap all**命令，即可查看已识别到的AP。状态中显示**nor**，表示AP工作正常，具体如图30-7所示。

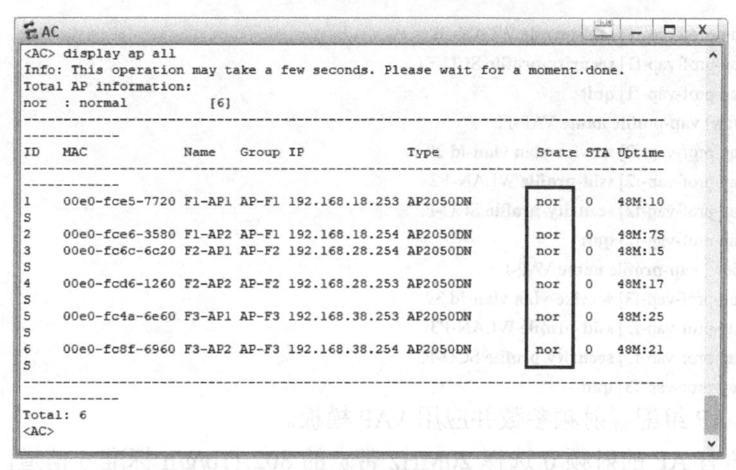

图 30-7　在 AC 上已正常识别并管理的 AP

（2）配置 STA 上线

STA 上线配置主要包括创建安全模板、创建 SSID 模板、创建并配置 VAP 模板、基于 AP 组配置射频参数并应用 VAP 模板。

① 创建安全模板。

分别为第一楼层、第二楼层和第三楼层 STA 各创建一个安全模板，均采用 WPA2+PSK+AES 安全策略，密码分别为 F1@dage.com、F2@dage.com 和 F3@dage.com。

```
[AC-wlan-view] security-profile name SCU-F1
[AC-wlan-sec-prof-scu-f1] security wpa2 psk pass-phrase F1@dage.com aes
[AC-wlan-sec-prof-scu-f1] quit
[AC-wlan-view] security-profile name SCU-F2
[AC-wlan-sec-prof-scu-f2] security wpa2 psk pass-phrase F2@dage.com aes
[AC-wlan-sec-prof-scu-f2] quit
[AC-wlan-view] security-profile name SCU-F3
[AC-wlan-sec-prof-scu-f3] security wpa2 psk pass-phrase F3@dage.com aes
[AC-wlan-sec-prof-scu-f3] quit
```

② 创建 SSID 模板。

分别为第一楼层、第二楼层和第三楼层 STA 各创建一个安全模板，SSID 分别为 WLAN-F1、WLAN-F2 和 WLAN-F3。

```
[AC-wlan-view] ssid-profile name WLAN-F1
[AC-wlan-ssid-prof-wlan-f1] ssid WLAN-F1
[AC-wlan-ssid-prof-wlan-f1] quit
[AC-wlan-view] ssid-profile name WLAN-F2
[AC-wlan-ssid-prof-wlan-f2] ssid WLAN-F2
[AC-wlan-ssid-prof-wlan-f2] quit
[AC-wlan-view] ssid-profile name WLAN-F3
[AC-wlan-ssid-prof-wlan-f3] ssid WLAN-F3
[AC-wlan-ssid-prof-wlan-f3] quit
```

③ 创建并配置 VAP 模板。

在 VAP 模板中应用前面创建的安全模板和 SSID 模板，并指定 WLAN 业务数据转发方式（此处采用默认的直接转发方式，可不配置）和业务 VLAN（或业务 VLAN 池）。

```
[AC-wlan-view] vap-profile name VAP-F1
[AC-wlan-vap-prof-vap-f1] service-vlan vlan-id 19
```

```
[AC-wlan-vap-prof-vap-f1] ssid-profile WLAN-F1
[AC-wlan-vap-prof-vap-f1] security-profile SCU-F1
[AC-wlan-vap-prof-vap-f1] quit
[AC-wlan-view] vap-profile name VAP-F2
[AC-wlan-vap-prof-vap-f2] service-vlan vlan-id 29
[AC-wlan-vap-prof-vap-f2] ssid-profile WLAN-F2
[AC-wlan-vap-prof-vap-f2] security-profile SCU-F2
[AC-wlan-vap-prof-vap-f2] quit
[AC-wlan-view] vap-profile name VAP-F3
[AC-wlan-vap-prof-vap-f3] service-vlan vlan-id 39
[AC-wlan-vap-prof-vap-f3] ssid-profile WLAN-F3
[AC-wlan-vap-prof-vap-f3] security-profile SCU-F3
[AC-wlan-vap-prof-vap-f3] quit
```

④ 基于 AP 组配置射频参数并应用 VAP 模板。

此处，所有 AP 的射频 0 选择 20MHz 带宽的 802.11b/g/n 标准 6 信道，射频 1 选择 20MHz 带宽的 802.11ac 标准 149 信道。

```
[AC-wlan-view] ap-group name AP-F1
[AC-wlan-ap-group-ap-AP-F1] radio 0
[AC-wlan-group-radio-AP-F1/0] vap-profile VAP-F1 wlan 1
[AC-wlan-group-radio-AP-F1/0] channel 20mhz 6
[AC-wlan-group-radio-AP-F1/0] coverage distance 1
[AC-wlan-group-radio-AP-F1/0] quit
[AC-wlan-ap-group-ap-AP-F1] radio 1
[AC-wlan-group-radio-AP-F1/1] vap-profile VAP-F1 wlan 2
[AC-wlan-group-radio-AP-F1/1] channel 20mhz 149
[AC-wlan-group-radio-AP-F1/1] coverage distance 1
[AC-wlan-group-radio-AP-F1/1] quit
[AC-wlan-ap-group-ap-AP-F1] quit
[AC-wlan-view] ap-group name AP-F2
[AC-wlan-ap-group-ap-AP-F2] radio 0
[AC-wlan-group-radio-AP-F2/0] vap-profile VAP-F2 wlan 1
[AC-wlan-group-radio-AP-F2/0] channel 20mhz 6
[AC-wlan-group-radio-AP-F2/0] coverage distance 1
[AC-wlan-group-radio-AP-F2/0] quit
[AC-wlan-ap-group-ap-AP-F2] radio 1
[AC-wlan-group-radio-AP-F2/1] vap-profile VAP-F2 wlan 2
[AC-wlan-group-radio-AP-F2/1] channel 20mhz 149
[AC-wlan-group-radio-AP-F2/1] coverage distance 1
[AC-wlan-group-radio-AP-F2/1] quit
[AC-wlan-ap-group-ap-AP-F2] quit
[AC-wlan-view] ap-group name AP-F3
[AC-wlan-ap-group-ap-AP-F3] radio 0
[AC-wlan-group-radio-AP-F3/0] vap-profile VAP-F3 wlan 1
[AC-wlan-group-radio-AP-F3/0] channel 20mhz 6
[AC-wlan-group-radio-AP-F3/0] coverage distance 1
[AC-wlan-group-radio-AP-F3/0] quit
[AC-wlan-ap-group-ap-AP-F3] radio 1
[AC-wlan-group-radio-AP-F3/1] vap-profile VAP-F3 wlan 2
[AC-wlan-group-radio-AP-F3/1] channel 20mhz 149
[AC-wlan-group-radio-AP-F3/1] coverage distance 1
[AC-wlan-group-radio-AP-F3/1] quit
[AC-wlan-ap-group-ap-AP-F3] quit
```

以上配置完成后，在 AC 上执行 **display vap all** 命令即可查看到所有 VAP 模板及其在各 AP 中的应用情形及状态（为 ON 表示正常），具体如图 30-8 所示。

```
AC
<AC>display vap all
Info: This operation may take a few seconds, please wait.
WID : WLAN ID
-------------------------------------------------------------------------------
AP ID AP name RfID WID  BSSID          Status  Auth type  STA   SSID
-------------------------------------------------------------------------------
1     F1-AP1  0    1    00E0-FCE5-7720 ON      WPA2-PSK   0     WLAN-F1
1     F1-AP1  1    2    00E0-FCE5-7731 ON      WPA2-PSK   0     WLAN-F1
2     F1-AP2  0    1    00E0-FCE6-3580 ON      WPA2-PSK   0     WLAN-F1
2     F1-AP2  1    2    00E0-FCE6-3591 ON      WPA2-PSK   0     WLAN-F1
3     F2-AP1  0    1    00E0-FC6C-6C20 ON      WPA2-PSK   0     WLAN-F2
3     F2-AP1  1    2    00E0-FC6C-6C31 ON      WPA2-PSK   0     WLAN-F2
4     F2-AP2  0    1    00E0-FCD6-1260 ON      WPA2-PSK   0     WLAN-F2
4     F2-AP2  1    2    00E0-FCD6-1271 ON      WPA2-PSK   0     WLAN-F2
5     F3-AP1  0    1    00E0-FC4A-6E60 ON      WPA2-PSK   0     WLAN-F3
5     F3-AP1  1    2    00E0-FC4A-6E71 ON      WPA2-PSK   0     WLAN-F3
6     F3-AP2  0    1    00E0-FC8F-6960 ON      WPA2-PSK   0     WLAN-F3
6     F3-AP2  1    2    00E0-FC8F-6971 ON      WPA2-PSK   0     WLAN-F3
-------------------------------------------------------------------------------
Total: 12
<AC>
```

图 30-8　VAP 模板及其在 AP 中的应用

此时打开各 WLAN STA，双击相应 AP 组中所需的 WLAN 信道，正确输入 SSID 密码，即可开始连接，从 STA 配置的 DHCP 服务器上获取 IP 地址，图 30-9 是 F1-STA1 的 WLAN VAP 列表界面。在 STA 上执行 **ipconfig** 命令，验证已成功从其对应的 DHCP 服务器上分配到所属 IP 网段的 IP 地址。图 30-10 是 F1-STA1 获取的一个位于 192.168.19.0/24 网段的 IP 地址和网关 192.168.19.1。

F1-STA1

Vap 列表　命令行　UDP发包工具

MAC 地址：54-89-98-D4-60-B0

IPv4 配置

○静态　◉DHCP

IP 地址：　子网掩码：

网关：

Vap 列表

SSID	加密方式	状态	VAP MAC	信道	射频类型
WLAN-F2	WPA2	未连接	00-E0-FC-D6-12-60	6	802.11bgn
WLAN-F2	WPA2	未连接	00-E0-FC-D6-12-71	149	
WLAN-F1	WPA2	已连接	00-E0-FC-E5-77-20	6	802.11bgn
WLAN-F1	WPA2	未连接	00-E0-FC-E5-77-31	149	
WLAN-F1	WPA2	未连接	00-E0-FC-E6-35-80	6	802.11bgn
WLAN-F1	WPA2	未连接	00-E0-FC-E6-35-91	149	

连接　断开　更新　应用

图 30-9　F1-STA1 的 WLAN VAP 列表

```
F1-STA1
Vap 列表  命令行  UDP发包工具
STA>ipconfig

Link local IPv6 address..........: ::
IPv6 address.....................: :: / 128
IPv6 gateway.....................: ::
IPv4 address.....................: 192.168.19.254
Subnet mask......................: 255.255.255.0
Gateway..........................: 192.168.19.1
Physical address.................: 54-89-98-D4-60-B0
DNS server.......................:

STA>
```

图 30-10　F1-STA1 从其 DHCP 服务器分配的 IP 地址 192.168.19.254/24

此时，所有 WLAN 均可成功连接，在 ENSP 中做这个实验时会显示图 30-11 所示的各 WLAN AP 的无线连接范围图（只显示了 F1-STA1 的无线连接）。因为是在 ENSP 模拟器中做实验，所以图中各 AP 的无线连接范围有重叠，在实际的组网环境中可以调整 AP 间的距离，使它们的覆盖范围不重叠。

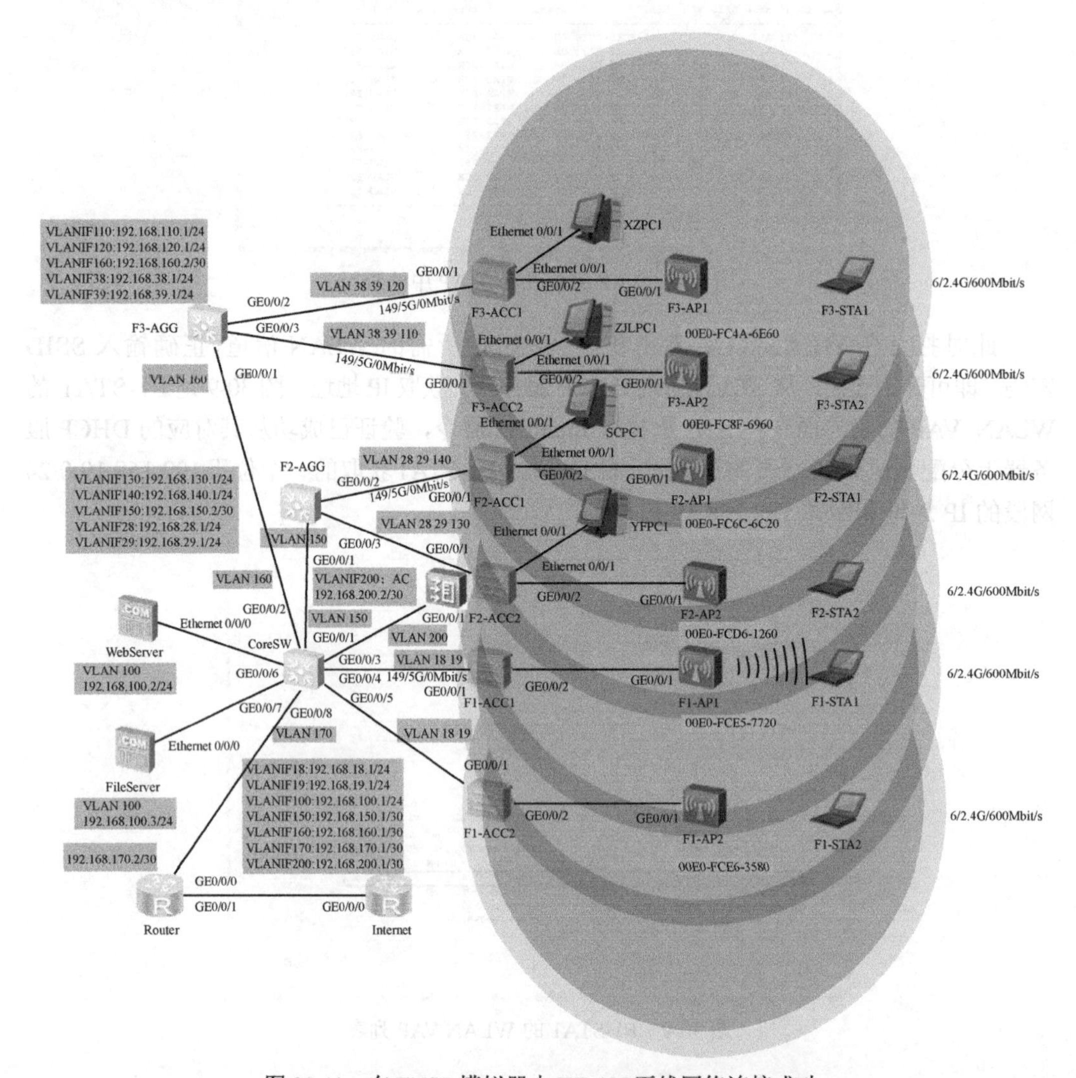

图 30-11　在 ENSP 模拟器中 WLAN 无线网络连接成功

5. *在 CoreSW 各内部网络 VLAN 中配置基于报文源 IP 地址过滤，拒绝第一楼层 WLAN 用户访问内部网络*

本实验中，第一楼层 WLAN 用户访问内部网络只能通过三层方式，因为第一楼层 WLAN 用户与内部网络其他设备在不同 IP 网段中，如第一楼层各服务器所在的 192.168.100.0/24 网段，第二楼层研发部所在的 192.168.130.0/24 网段、市场部所在的 192.168.140.0/24 网段、第二楼层 WALN 用户所在的 192.168.29.0/24 网段、第三楼层总经理办公室所在的 192.168.110.0/24 网段、行政部所在的 192.168.120.0/24 网段、第三楼层 WALN 用户所在的 192.168.39.0/24 网段。对此，我们可以通过在第一楼层 WLAN 用户访问这些资源时必经的 CoreSW GE0/0/4 和 GE0/0/5 接口入方向配置基于高级 ACL 的报文过滤，具体配置如下。

```
[CoreSW] acl 3001
[CoreSW-acl-adv-3001] rule deny ip source 192.168.19.0 0.0.0.255 destination 192.168.29.0 0.0.0.255
[CoreSW-acl-adv-3001] rule deny ip source 192.168.19.0 0.0.0.255 destination 192.168.39.0 0.0.0.255
[CoreSW-acl-adv-3001] rule deny ip source 192.168.19.0 0.0.0.255 destination 192.168.100.0 0.0.0.255
[CoreSW-acl-adv-3001] rule deny ip source 192.168.19.0 0.0.0.255 destination 192.168.110.0 0.0.0.255
[CoreSW-acl-adv-3001] rule deny ip source 192.168.19.0 0.0.0.255 destination 192.168.120.0 0.0.0.255
[CoreSW-acl-adv-3001] rule deny ip source 192.168.19.0 0.0.0.255 destination 192.168.130.0 0.0.0.255
[CoreSW-acl-adv-3001] rule deny ip source 192.168.19.0 0.0.0.255 destination 192.168.140.0 0.0.0.255
[CoreSW-acl-adv-3001] quit
[CoreSW] interface gigabitethernet 0/0/4
[CoreSW-GigabitEthernet0/0/4] traffic-filter inbound acl 3001
[CoreSW-GigabitEthernet0/0/4] quit
[CoreSW] interface gigabitethernet 0/0/5
[CoreSW-GigabitEthernet0/0/5] traffic-filter inbound acl 3001
[CoreSW-GigabitEthernet0/0/5] quit
```

经过以上配置后，原来第一楼层 WLAN 用户可以访问的以上内部网络资源（如访问 Web 服务器），现在都不行了。图 30-12 中上半部分是 F1-SAT1 在应用以上基于 ACL 的简化流策略进行过滤前可以 Ping 通 Web 服务器的结果，下半部分是应用了以上基于 ACL 的简化流策略进行过滤后不能 Ping 通 Web 服务器的结果。其他第一楼层 WLAN 用户访问内网中以上资源的结果也是一样的。

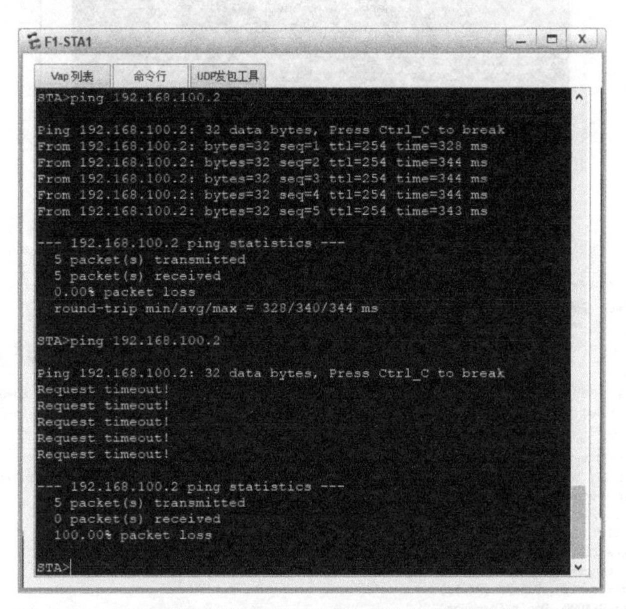

图 30-12 F1-STA1 在应用简化流策略进行报文过滤前后访问 Web 服务器的结果

6. 在 Router 上配置仅允许 WLAN 用户进行 NAPT 地址转换，访问 Internet

WLAN 用户包括第一楼层的 192.168.19.0/24 网段，第二楼层的 192.168.29.0/24 网段和第三楼层的 192.168.39.0/24 网段，因此，我们可以基于基本 ACL 在 Router 上配置 NAPT 地址转换。

另外，在本实验中，WLAN 用户以 NAPT 方式访问 Internet 的公网地址池中包括

100.100.10.4 和 100.100.10.5 两个公网的 IP 地址。具体配置如下。

```
[Router] acl 2001
[Router-acl-basic-2001] rule permit source 192.168.19.0 0.0.0.255
[Router-acl-basic-2001] rule permit source 192.168.29.0 0.0.0.255
[Router-acl-basic-2001] rule permit source 192.168.39.0 0.0.0.255
[Router-acl-basic-2001] quit
[Router] nat address-group 1 100.100.10.4 100.100.10.5
[Router] interface gigabitethernet 0/0/1
[Router-GigabitEthernet0/0/1] nat outbound 2001 address-group 1
```

此时，第一楼层 WLAN 用户可以访问 Internet，且流量经过 Router 时，其私网源 IP 地址会转换成为公网地址池中的 IP 地址 100.100.10.4 或 100.100.10.5，第一楼层不同 WLAN 用户转换后的公网 IP 地址可能一样，但在 TCP 应用时转换的传输层端口肯定不一样，因此此处配置 NAPT。图 30-13 显示的是 F1-STA1 成功 Ping 通 Internt 设备（100.100.10.2）的结果。图 30-14 显示的是 F1-STA1 Ping 100.100.10.2 时，经过 Router NAPT 转换后的 ICMP 包，发现其源 IP 地址变成了公网地址池中的 IP 地址 100.100.10.4。

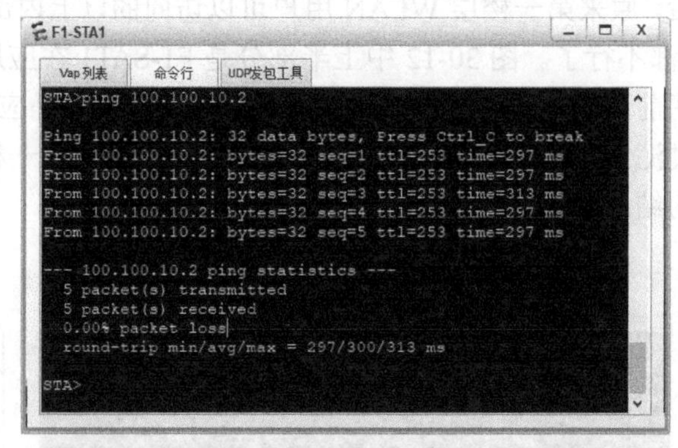

图 30-13 F1-STA1 成功 Ping 通 Internt 设备的结果

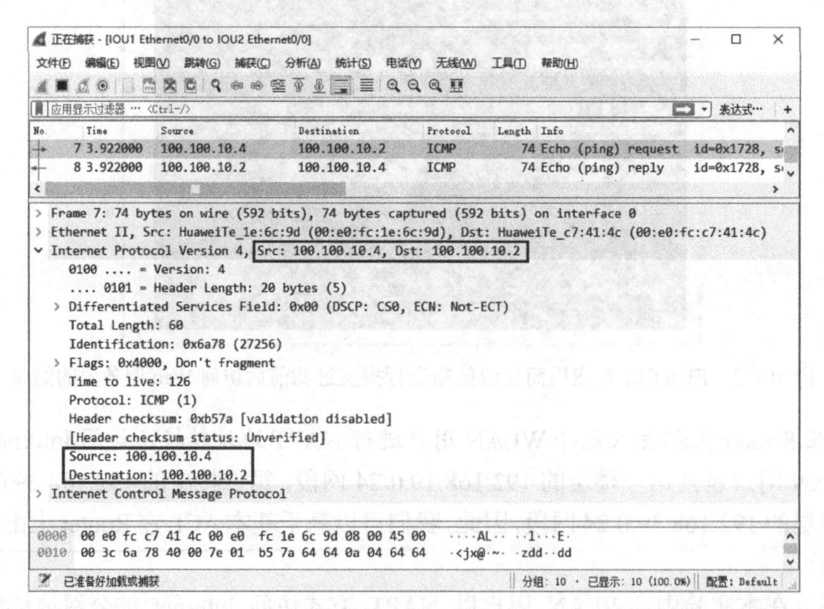

图 30-14 F1-STA1 访问 Internet 设备的 ICMP 报文在 Router 上进行的 NAT 地址转换

因为在前面的 ACL 配置中仅允许第一楼层、第二楼层和第三楼层的 WLAN 用户在规定的 IP 网段，因此仅 WLAN 用户可以访问 Internet，第二楼层和第三楼层办公区域有线用户均不能访问 Internet，符合实验要求。

7. *在 Router 上配置 NAT Server，仅允许外网用户访问内部网络中的 Web 服务器*

内部网络 Web 服务器的私网 IP 地址为 192.168.100.2，端口号为 TCP 80，映射后的公网 IP 地址为 100.100.10.3，端口号也为 TCP 80。

```
[Router] interface gigabitethernet 0/0/1
[Router-GigabitEthernet0/0/1] nat server protocol tcp global 100.100.10.3 80 inside 192.168.100.2 80
[Router-GigabitEthernet0/0/1] quit
```

此时如果用 ENSP 模拟器来做实验，需要在 Web 服务器上启用 HTTP 服务，配置好根目录和 TCP 端口号，如图 30-15 所示。代表 Internet 设备的要使用 Client 设备，选择 HttpClient 项，然后在右边的地址栏中输入 http://100.100.10.3/default.htm（注意，**此处的 IP 地址是 Web 服务器的映射后的公网 IP 地址** 100.100.10.3），点击“获取”按钮，如能显示网页内容，则表示外网用户成功以 Web 访问了内网中的 Web 服务器，具体如图 30-16 所示。

图 30-15　Web 服务器的配置界面

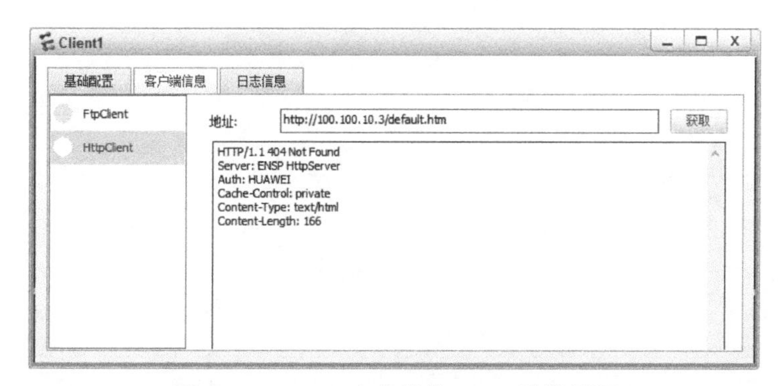

图 30-16　HTTP 客户端的 HTTP 连接界面

如果在 Router 的 GE0/0/0 接口上抓包，会发现 HTTP 报文中的目的 IP 地址由原来的 100.100.10.3 转换成了 Web 服务器的私网 IP 地址 192.168.100.2（源 IP 地址不变，仍为外网用户公网 IP 地址 100.100.10.2），如图 30-17 所示。因为在 NAT Server 中没有配置其他服务器或设备的私网地址和公网地址映射，因此外网用户不能访问内部网络中的其他服务器或设备。

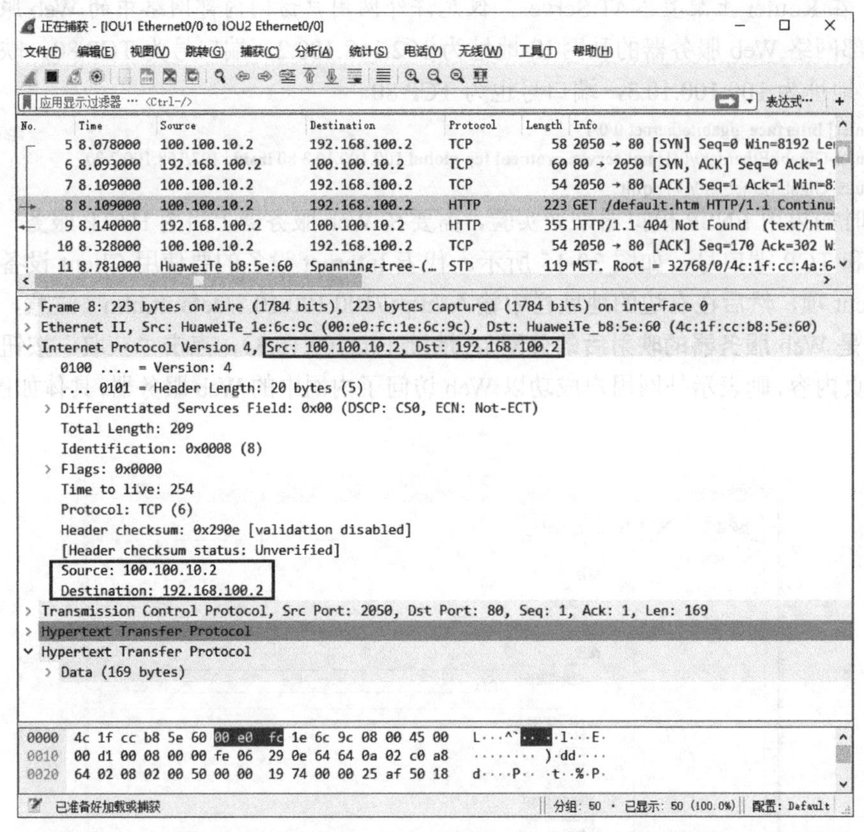

图 30-17　外网 HTTP 客户端在 Router 经过目的 IP 地址转换后的 HTTP 报文